U0180514

普通高等教育"十四五"规划教材

信息安全导论

印润远　彭灿华　主编

中国铁道出版社有限公司
CHINA RAILWAY PUBLISHING HOUSE CO., LTD.

内 容 简 介

　　本书从信息安全的基本原理出发，对信息安全技术，如信息加密技术、数字签名技术、鉴别与防御技术、入侵检测技术、防火墙技术、VPN 技术、身份认证技术、信息隐藏技术及信息安全的体系结构和安全等级等做了详细的介绍，旨在让读者在学习过程中清楚地了解信息安全问题及其解决方案。

　　全书采用理论与实践相结合的编写风格，准确、详细地阐述每一个概念，重要公式给出推导过程并与现实生活相关联。

　　本书适合作为普通高等院校计算机、信息类等相关专业"信息安全"课程的教材，也可作为相关技术人员的参考用书。

图书在版编目（CIP）数据

信息安全导论／印润远，彭灿华主编. —2 版. —北京：
中国铁道出版社有限公司，2021.1 （2024.1 重印）
普通高等教育"十四五"规划教材
ISBN 978-7-113-27474-0

Ⅰ. ①信… Ⅱ. ①印… ②彭… Ⅲ. ①信息安全 – 高等
学校 – 教材　Ⅳ. ①TP309

中国版本图书馆 CIP 数据核字（2020）第 246284 号

书　　名：信息安全导论
作　　者：印润远　彭灿华

策　　划：祝和谊	编辑部电话：（010）63549501	
责任编辑：贾　星		
封面设计：曾　程		
责任校对：孙　玫		
责任印制：樊启鹏		

出版发行：中国铁道出版社有限公司（100054，北京市西城区右安门西街 8 号）
网　　址：http://www.tdpress.com/51eds/
印　　刷：北京市科星印刷有限责任公司
版　　次：2011 年 3 月第 1 版　2021 年 1 月第 2 版　2024 年 1 月第 3 次印刷
开　　本：787 mm×1 092 mm　1/16　印张：19.5　字数：498 千
书　　号：ISBN 978-7-113-27474-0
定　　价：52.00 元

前 言

互联网与生俱来的开放性、交互性和分散性特征使人类所需要的信息共享、开放、灵活和快速等需求得到满足。网络环境为信息共享、信息交流、信息服务创造了理想空间，网络技术的迅速发展和广泛应用，为人类社会的进步提供了巨大推动力。然而，正是由于网络的上述特性，产生了许多安全问题。随着我国国民经济信息化进程的推进，各行各业对计算机技术和计算机网络的依赖程度越来越高，这种高度依赖将使社会变得十分"脆弱"，一旦信息系统受到攻击，不能正常工作甚至全部瘫痪，就会使整个社会陷入危机。人类对计算机技术和计算机网络的依赖性越大，信息安全知识的普及要求就会越强烈。因此，计算机类专业和非计算机类专业的学生学习信息安全的课程，是十分重要和必要的。现在在校的学生，将是接受过良好教育并对国家未来走向产生巨大影响的群体，他们的网络素质如果跟不上时代的发展，那么整个国家也很难在未来的数字经济时代成为强国。对此，教育和引导大学生树立信息安全法律观念、正确运用网络已成为推动社会进步的重要举措。

信息安全包括设备的安全和数据的安全。设备安全涉及计算机和网络的物理环境和基础设施的安全，数据安全涉及的面较广，有日常的数据维护、保密措施、病毒防治、入侵检测及侵害后的处理、数据受损后的恢复等。其中安全法规、安全技术和安全管理，是信息安全的三个部分。

本书首先对信息安全的理论进行了详细介绍，并从理论与实践相结合的指导思想出发，分析了相关领域的安全问题及相应的解决方案。第1~12章以信息理论为核心，讲述信息安全的基础理论，包括信息安全概述、信息加密技术、数字签名技术、鉴别与防御黑客、防火墙技术、入侵检测、身份认证与访问控制、虚拟专用网、预防病毒、PKI/PMI系统、信息隐藏技术等内容；第13章以信息安全实验为重点，介绍信息安全学在网络中的应用实践，包括操作系统安全设置、密码系统、网络攻防、防火墙技术、虚拟专用网技术、入侵检测技术和安全审计系统等实验内容。为了照顾不同层次和不同水平的读者，本书在内容安排上由浅入深，循序渐进，同时各章的习题难度也兼顾不同的需求。

本书在上一版的基础上对案例进行了更新。仍延续理论与实践相结合、经典与前沿相结合的编写风格。理论方面，着重强调基本概念、重要定理的阐述和推导，每个定理和算法都举例说明；应用方面，在不失系统性的前提下，编写了操作系统安全设置、密码系统、网络攻防、防火墙技术、虚拟专用网技术、入侵检测技术、网络安全审计系统等10个实验指导，有助于读者深入理解和掌握信息安全学。

本书由上海思博职业技术学院印润远、桂林电子科技大学彭灿华任主编。编者根据多年总结国内外信息安全领域的设计和工程经验，结合在本科及高职院校的信息安全学课程上的一线教学成果，并参阅了大量国内外科技文献后编写而成。在编写的过程中，广泛征求了业内专家、研究生、本科及高职学生的意见和建议，力求把本书写成一本既反映学科前沿，又具有较高的理论水平和实用价值的教材。

由于编写时间仓促，书中难免存在疏漏和不足之处，欢迎各位读者、广大教师、同行和专家批评指正。

本书提供教学用的电子教案，读者可到中国铁道出版社有限公司网站 http://www.tdpress.com/51eds/免费下载。

感谢中国铁道出版社有限公司对本书的出版给予的支持；感谢全国高等学校计算机教育研究会理事、华东高等院校计算机基础教学研究会理事、上海市计算机基础教育协会理事薛万奉教授对本书的改版提出的宝贵意见；感谢上海思博职业技术学院皋玉蒂校长、张学龙副校长对本书的改版提出的实践与指导意见；感谢几十年来理解和支持我的事业的家人；感谢给予我支持的朋友、同仁和学生们！

编 者

2020 年 1 月

目 录

第1章 信息安全概述

1.1 信息与信息安全

20世纪中期，计算机的出现从根本上改变了人类加工信息的手段，突破了人类大脑及感觉器官加工利用信息的能力。应用计算机、通信卫星、光导纤维组成的现代信息技术革命的成果，使人类进入飞速发展的信息化时代，成为人类历史上最重要的一次信息技术革命。当今以"云计算、物联网、大数据、智能技术"为标志的信息技术革命正在横扫整个社会，无论是产业还是家庭，人类生活的各个领域无不受其影响，它改变了人们的生活方式和商业形态，使各领域相辅相成、互惠互利。

1.1.1 信息与信息资产

近代控制论的创始人维纳有一句名言："信息就是信息，不是物质，也不是能量。"这句话听起来有点抽象，但指明了信息与物质和能量具有不同的属性。信息、物质和能量，是人类社会赖以生存和发展的三大要素。

1. 信息的定义

信息的定义有广义的和狭义的两个层次。从广义上讲，信息是任何一个事物的运动状态以及运动状态形式的变化，它是一种客观存在。例如，日出、月落、花谢、鸟啼以及气温的高低变化、股市的涨跌等，都是信息。它是一种"纯客观"的概念，与人们主观上是否感觉到它的存在没有关系。而狭义的信息的含义却与此不同。狭义的信息，是指信息接收主体所感觉到并能被理解的东西。中国古代有"周幽王烽火戏诸侯"和"梁红玉击鼓战金山"的典故，这里的"烽火"和"击鼓"都代表了能为特定接收者所理解的军情，因而可称为"信息"；相反，至今仍未能破译的一些刻在石崖上的文字和符号，尽管它们是客观存在的，但由于人们不能理解，因而从狭义上讲仍算不上是"信息"。同样道理，从这个意义上讲，鸟语是鸟类的信息，而对人类来说却算不上是"信息"。可见，狭义的信息是一个与接收主体有关的概念。

ISO13335《信息技术安全管理指南》是一部重要的国际标准，其中对信息给出了明确的定义：信息是通过在数据上施加某些约定而赋予这些数据的特殊含义。信息是无形的，借助于信息媒体以多种形式存在和传播；同时，信息也是一种重要资产，具有价值，需要保护。通常的信息资产分类如表1-1所示。

表 1-1　信息资产分类

分类	示　例
数据	电子媒介中的各种数据资料，包括源代码、数据库数据、系统文档、运行管理规程、计划、报告、用户手册等
软件	应用软件、系统软件、开发工具和资源库等
硬件	计算机硬件、路由器、交换机、硬件防火墙、程控交换机、布线、备份存储设备等
服务	操作系统、WWW、SMTP、POP3、FTP、MRPII、DNS、呼叫中心、内部文件服务、网络连接、网络隔离保护、网络管理、网络安全保障、入侵监控及各种业务生产应用等
文档	纸质的各种文件、传真、电报、财务报告、发展计划等
设备	电源、空调、保险柜、文件柜、门禁、消防设施等
人员	各级雇员和雇主、合同方雇员等
其他	企业形象、客户关系等

2. 信息的特点

我们更为关注的是狭义信息。就狭义信息而论，它们具有如下共同特征：

（1）信息与接收信息的对象以及要达到的目的有关。例如，一份尘封已久的重要历史文献，在还没有被人发现时，它只不过是混迹在废纸堆中的单纯印刷品，而当人们阅读并理解它的价值时，它才成为信息。又如，公元前巴比伦和阿亚利亚等地广泛使用的楔形文字，很长时间里人们都读不懂它，那时候，还不能说它是"信息"。后来，经过许多语言学家的努力，它能被人们理解了，于是，它也就成了信息。

（2）信息的价值与接收信息的对象有关。例如，有关移动电话辐射对人体的影响问题的讨论，对城市居民特别是手机使用者来说是重要信息，而对于生活在偏远农村或从不使用手机的人来说，就可能是没有多大价值的信息。

（3）信息有多种多样的传递手段。例如，人与人之间的信息传递可以用符号、语言、文字或图像等为媒体来进行；而生物体内部的信息可以通过电化学变化，经过神经系统来传递；等等。

（4）信息在使用中不仅不会被消耗掉，还可以加以复制，这就为信息资源的共享创造了条件。

1.1.2　信息安全

1. 信息安全的发展

信息安全的发展历经了三个主要阶段：

1）通信保密阶段

在第一次和第二次世界大战期间，参战军方为了实现作战指令的安全通信，将密码学引入实际应用，各类密码算法和密码机被广泛使用，如 Enigma 密码机，在这个阶段中，关注的是通信内容的保密性属性，保密等同于信息安全。

2）信息安全阶段

计算机的出现以及网络通信技术的发展，使人类对于信息的认识逐渐深化，对于信息安全的理解也在扩展。人们发现，在原来所关注的保密性属性之外，还有其他方面的属性也应当是信息安全所关注的，这其中最主要的是完整性和可用性属性，由此构成了支撑信息安全体系的三个属性。

3）安全保障阶段

信息安全的保密性、完整性、可用性三个主要属性，大多集中于安全事件的事先预防，属于保护（Protection）的范畴。但人们逐渐认识到安全风险的本质，认识到不存在绝对的安全，事先预防措施不足以保证不会发生安全事件，一旦发生安全事件，那么事发时的处理以及事后的处理，都应当是信息安全要考虑的内容，安全保障的概念随之产生。所谓安全保障，就是在统一安全策略的指导下，安全事件的事先预防（保护）、事发处理（检测和响应）、事后恢复三个主要环节相互配合，构成一个完整的保障体系。

2. 信息安全的定义

ISO 国际标准化组织对于信息安全给出了精确的定义，这个定义的描述是：信息安全是为数据处理系统建立和采用的技术和管理的安全保护，保护计算机硬件、软件和数据不因偶然和恶意的原因而遭到破坏、更改和泄露。

ISO 的信息安全定义清楚地回答了人们所关心的信息安全主要问题，它包括三方面含义：

1）信息安全的保护对象

信息安全的保护对象是信息资产，典型的信息资产包括计算机硬件、软件和数据。

2）信息安全的目标

信息安全的目标就是保证信息资产的三个基本安全属性。信息资产被泄露意味着保密性受到影响，被更改意味着完整性受到影响，被破坏意味着可用性受到影响，而保密性、完整性和可用性三个基本属性是信息安全的最终目标。

3）实现信息安全目标的途径

实现信息安全目标的途径要借助两方面的控制措施，即技术措施和管理措施。从这里就能看出技术和管理并重的基本思想，重技术轻管理，或者重管理轻技术，都是不科学的，并且是有局限性的错误观点。

3. 信息安全的基本属性

信息安全包括保密性、完整性和可用性三个基本属性，如图 1-1 所示。

图 1-1　信息安全的三个基本属性

（1）保密性（Confidentiality）。确保信息在存储、使用、传输过程中不会泄露给非授权的用户或者实体。

（2）完整性（Integrity）。确保信息在存储、使用、传输过程中不被非授权用户篡改；防止授权用户对信息进行不恰当的篡改；保证信息的内外一致性。

（3）可用性（Availability）。确保授权用户或者实体对于信息及资源的正常使用不会被异常拒绝，允许其可靠而且及时地访问信息及资源。

4. 信息安全模型

人们一直致力于用确定、简洁的安全模型来描述信息安全，在信息安全领域中有多种安全模型，如 PDR 模型、PPDRR 模型等。

1）PDR 模型（见图 1-2）

图 1-2　PDR 模型

PDR 模型之所以著名，是因为它是第一个从时间关系描述一个信息系统是否安全的模型。PDR 模型中的 P 代表保护、D 代表检测、R 代表响应，该模型中使用了三个时间参数：

P_t：有效保护时间，是指信息系统的安全控制措施所能有效发挥保护作用的时间。

D_t：检测时间，是指安全检测机制能够有效发现攻击、破坏行为所需的时间。

R_t：响应时间，是指安全响应机制做出反应和处理所需的时间。

PDR 模型用下列时间关系表达式来说明信息系统是否安全：

（1）$P_t > D_t + R_t$ 时，系统安全。即在安全机制针对攻击、破坏行为做出了成功的检测和响应时，安全控制措施依然在发挥有效的保护作用，攻击和破坏行为未给信息系统造成损失。

（2）$P_t < D_t + R_t$ 时，系统不安全。即信息系统的安全控制措施的有效保护作用，在正确的检测和响应做出之前就已经失效，破坏和攻击行为已经给信息系统造成了实质性破坏和影响。

2）PPDRR 模型

正如信息安全保障所描述的，一个完整的信息安全保障体系，应当包括安全策略（Policy）、保护（Protection）、检测（Detection）、响应（Reaction）、恢复（Restoration）五个主要环节。PPDRR 模型的内容如图 1-3 所示。

图 1-3　PPDRR 模型内容

保护、检测、响应和恢复四个环节需要在策略的统一指导下构成相互作用的有机整体。PPDRR模型从体系结构上给出了信息安全的基本模型。

5. 信息安全保障体系

要想真正为信息系统提供有效的安全保护，必须系统地进行安全保障体系的建设，避免孤立、零散地建立一些控制措施，而是要使之构成一个有机的整体。在这个体系中，包括安全技术、安全管理、人员组织、教育培训、资金投入等关键因素。信息安全建设的内容多、规模大，必须进行全面的统筹规划，明确信息安全建设的工作内容、技术标准、组织机构、管理规范、人员岗位配备、实施步骤、资金投入，才能保证信息安全建设有序可控地进行，才能使信息安全体系发挥最优的保障效果。

信息安全保障体系由一组相互关联、相互作用、相互弥补、相互推动、相互依赖、不可分割的信息安全保障要素组成。一个系统的、完整的、有机的信息安全保障体系的作用远远大于各个信息安全保障要素的保障能力之和。在此框架中，以安全策略为指导，融汇了安全技术、安全组织与管理和运行保障三个层次的安全体系，达到系统可用性、可控性、抗攻击性、完整性、保密性的安全目标。信息安全保障体系的总体结构如图 1-4 所示。

图 1-4 信息安全保障体系总体结构

1）安全技术体系

安全技术体系是整个信息安全体系框架的基础，包括安全基础设施平台、安全应用系统平台和安全综合管理平台三个部分，以统一的安全基础设施平台为支撑，以统一的安全应用系统平台为辅助，在统一的安全综合管理平台管理下的技术保障体系框架。

安全基础设施平台是以安全策略为指导，从物理和通信安全防护、网络安全防护、主机系统安全防护、应用安全防护等多个层次出发，立足于现有的成熟安全技术和安全机制，建立起的各个部分相互配合的、完整的安全技术防护体系。

安全应用系统平台处理安全基础设施与应用信息系统之间的关联和集成问题。应用信息系统通过使用安全基础设施平台所提供的各类安全服务，提升自身的安全等级，以更加安全的方式，提供业务服务和信息管理服务。

安全综合管理平台的管理范围尽可能地涵盖安全技术体系中涉及的各种安全机制与安全设备，对这些安全机制和安全设备进行统一的管理和控制，负责管理和维护安全策略，配置管理相应的安全机制，确保这些安全技术与设施能够按照设计的要求协同运作，可靠运行。它在传统的信息系统应用体系与各类安全技术、安全产品、安全防御措施等安全手段之间搭起桥梁，使得各类安全手段能与现有的信息系统应用体系紧密地结合，实现"无缝连接"，促成信息系统安全与信息系统应用真正的一体化，使得传统的信息系统应用体系逐步过渡为安全的信息系统应用体系。

统一的安全管理平台有助于各种安全管理技术手段的相互补充和有效发挥，也便于从系统整体的角度进行安全的监控和管理，从而提高安全管理工作的效率，使人为的安全管理活动参与量大幅下降。

2）安全组织与管理体系

安全组织与管理体系是安全技术体系真正有效发挥保护作用的重要保障，安全组织与管理体系的设计立足于总体安全策略，并与安全技术体系相互配合，增强技术防护体系的效率和效果，同时也弥补当前技术无法完全解决的安全缺陷。

技术和管理是相互结合的，一方面，安全防护技术措施需要安全管理措施来加强；另一方面，安全防护技术措施也是对安全管理措施贯彻执行的监督手段。安全组织与管理体系的设计要参考和借鉴国际信息安全管理标准 BS7799（ISO/IEC 17799）的要求。

信息安全管理体系由若干信息安全管理类组成，每项信息安全管理类可分解为多个安全目标和安全控制。每个安全目标都有若干安全控制与其相对应，这些安全控制是为了达成相应安全目标的管理工作和要求。

信息安全管理体系包括以下管理类：安全策略与制度、安全风险管理、人员和组织安全管理、环境和设备安全管理、网络和通信安全管理、主机和系统安全管理、应用和业务安全管理、数据安全和加密管理、项目工程安全管理、运行和维护安全管理、业务连续性管理、合规性（符合性）管理。

3）运行保障体系

运行保障体系由安全技术和安全管理紧密结合的内容所组成，包括系统可靠性设计、系统数据的备份计划、安全事件的应急响应计划、安全审计、灾难恢复计划等，运行保障体系对于网络和信息系统的可持续性运营提供了重要的保障手段。

1.2　信息系统面临的威胁及其脆弱性

信息社会化与社会的信息化，使广为应用的计算机信息系统在推动社会发展的同时，也面临着形形色色的威胁和攻击。外因是条件，内因是根据，外因必须通过内因才能起作用。计算机信息系统本身，无论是在存取运行的基本原理上，还是系统本身的设计、技术、结构、工艺等方面都存在亟待完善的缺陷。或者说，计算机信息系统本身的脆弱性，成为被攻击的目标或被利用为有效的攻击途径。

1.2.1　信息系统面临的威胁

计算机信息系统面临的威胁主要来自自然灾害的威胁、人为或偶然事故构成的威胁、计算机犯罪构成的威胁、计算机病毒构成的威胁以及信息战构成的威胁等几个方面。

1．自然灾害构成的威胁

自然灾害构成的威胁主要是指火灾、水灾、风暴、地震等的破坏，以及环境（温度、湿度、振动、冲击、污染）的影响。

例如，有些机房因没有防震、防火、防水、避雷、防电磁泄漏或干扰等措施，接地系统疏于周到考虑，抵御自然灾害和意外事故的能力较差、事故不断，因断电而造成设备损坏、数据丢失的现象也屡见不鲜。

2．人为或偶然事故构成的威胁

常见的事故有：

（1）硬、软件的故障引起策略失效。

（2）工作人员的错误操作使系统出错，使信息严重破坏或无意中让别人看到了机密信息。

（3）自然灾害的破坏，如洪水、地震、风暴、泥石流，使计算机系统受到严重破坏。

（4）环境因素的突然变化，如高温或低温、各种污染破坏了空气洁净度，电源突然掉电或冲击造成系统信息出错、丢失或破坏。

3．计算机犯罪构成的威胁

计算机犯罪是利用暴力和非暴力形式，故意泄露或破坏系统中的机密信息，以及危害系统实体和信息安全的不法行为。暴力形式是对计算机设备和设施进行物理破坏，如使用武器摧毁计算机设备、炸毁计算机中心建筑等。而非暴力形式是利用计算机技术知识及其他技术进行犯罪活动。

1）计算机犯罪的类型

人为地利用计算机实施危害及犯罪活动，始于 20 世纪 60 年代末，在 20 世纪 70 年代迅速增长，到 20 世纪 80 年代形成威胁，成为发达国家和发展中国家不得不予以关注的社会公共安全问题。计算机犯罪的主要形式有：

（1）非法入侵计算机信息系统。利用窃取口令等手段渗入计算机系统，用以干扰、篡改、窃取或破坏。

（2）利用计算机传播反动和色情等有害信息。

（3）针对电子出版物和计算机软件的侵权。

（4）利用计算机实施贪污、盗窃、诈骗和金融犯罪等活动。

（5）破坏计算机系统。

2）计算机犯罪常用的技术手段

（1）数据欺骗。非法篡改数据或输入假数据。

（2）特洛伊木马术。非法装入秘密指令或程序，由计算机实施犯罪活动。

（3）香肠术。利用计算机从金融信息系统中一点一点地窃取存款，如窃取各账户上的利息尾数，积少成多。

（4）逻辑炸弹。输入犯罪指令，以便在指定的时间或条件下删除数据文件或破坏系统的功能。

（5）陷阱术。利用程序中为便于调试、修改或扩充功能而特设的断点，插入犯罪指令或在硬件中相应地方增设犯罪用的装置。总之，是利用计算机硬、软件的某些断点或接口插入犯罪指令或装置。

（6）寄生术。用某种方式紧跟享有特权的用户进入系统或在系统中装入"寄生虫"。

（7）超级冲杀。用共享程序突破系统防护，进行非法存取或破坏数据及系统功能。

（8）异步攻击。将犯罪指令掺杂在正常作业程序中，以获取数据文件。

（9）废品利用。从废品资料、磁盘、磁带中提取有用信息或进一步分析系统密码等。

（10）伪造证件。伪造他人信用卡、磁卡、存折等。

3）计算机犯罪行为的特点

（1）损失巨大。据有关方面统计，由于计算机犯罪而遭受的损失，美国每年超过百亿美元；德国约 50 亿美元；英国约 30 亿美元；法国约 100 亿法郎。我国的计算机犯罪，近几年发展也很快，上升幅度较大。

（2）危害领域不断扩大。最初，危害领域主要是金融系统。现在，已发展到邮电、科研、卫生、生产等几乎所有使用计算机的领域。受害的往往是整个地区、行业系统、社会或国家，以致于称为公害。

（3）计算机违法犯罪社会化。原先主要是内部的计算机专业技术人员作案，现在非计算机专业技术人员和部门内熟悉业务及其他外部人员作案增多。

（4）计算机危害国际化。不仅可在一个国家内作案，甚至通过互联网或计算机技术产品和媒体等跨国作案。

（5）危害目的多样化。计算机信息系统已日益成为各个行业、各个地区国家的核心机密的集散部位。信息的保护与窃取，历来是异常激烈的看不见的战场。以前作案，多以获取钱财为目的；现在，各政治经济集团、敌对势力之间，纷纷利用各种计算机危害手段来达到各自的目的。国外甚至有人声称，计算机战争的威胁，远远超过核武器，包括计算机病毒在内的各种危害手段，已受到各国军方的高度重视。

（6）计算机犯罪者年轻化。

（7）危害手段更趋隐蔽复杂。

（8）能不留痕迹地瞬间作案。

4．计算机病毒构成的威胁

计算机病毒，是指编制或者在计算机程序中插入的破坏计算机功能或者毁坏数据，影响计算机使用，并能自我复制的一组计算机指令或者程序代码。

计算机病毒是通过连接来扩散的。计算机病毒就像其他程序一样是一种计算机程序，具有以下特征：

（1）潜伏与自我复制能力。计算机病毒程序把自己附着在其他程序上，当这些程序运行时，病毒即进入到系统中。

（2）扩散能力。

（3）制造损害。一台计算机感染病毒后，轻则系统运行效率下降，部分文件丢失，重则造成系统死机。

5. 信息战构成的威胁

所谓信息战，就是为了国家和军事战略取得信息优势，干扰敌方的信息和信息系统，同时保卫自己的信息和信息系统所采取的行动。这种对抗形式的目标并不是集中打击敌方的人员或战斗技术装备，而是集中打击敌方的计算机信息系统，使其神经中枢似的指挥系统瘫痪。

某些发达国家已经指望借助于现代信息技术，将其作为信息武器，成为对敌方施加军事、政治压力的有力手段，把恫吓的概念，提高到一个新的水平，在枪响之前就能取得胜利。继原子武器、生物武器、化学武器之后，信息武器已被列为第四类战略武器。据有关媒介报导，发达国家，特别是美国，每年用于信息安全研究的费用高达 150 亿美元。在美军部队中，已经有一批毕业于美国国防大学的以信息战为主要职业的军官。

信息武器大体可分为三类：
（1）具有特定骚扰或破坏功能的程序。
（2）具有扰乱或迷惑性能的数据信号。
（3）具有针对性信息擦除或干扰运行的噪声信号。

1.2.2　信息系统受到的威胁和攻击

1. 威胁和攻击的对象

按被威胁和攻击的对象划分，可分为两类：一类是对计算机信息系统实体的威胁和攻击；另一类是对信息的威胁和攻击。计算机犯罪和计算机病毒则包括对计算机系统实体和信息两个方面的威胁和攻击。

（1）对实体的威胁和攻击。对实体的威胁和攻击主要指对计算机及其外围设备和网络的威胁和攻击，如各种自然灾害与人为的破坏、设备故障、场地和环境因素的影响、电磁场的干扰或电磁泄漏、战争的破坏、各种媒体的被盗和散失等。

（2）对信息的威胁和攻击。对信息的威胁和攻击主要有两种：一种是信息的泄露；另一种是信息的破坏。

① 信息泄露。信息泄露就是偶然地或故意地获得（侦收、截获、窃取或分析破译）目标中的信息，特别是敏感信息，造成泄露事件。

② 信息破坏。信息破坏是指由于偶然事故或人为破坏，使信息的正确性、完整性和可用性受到破坏，使得系统的信息被修改、删除、添加、伪造或非法复制，造成大量信息被破坏、修改或丢失。

人为的信息破坏有以下几种手段：
- 利用系统本身的脆弱性。
- 滥用特权身份。
- 不合法地使用。
- 修改或非法复制系统中的数据。

2. 主动攻击与被动攻击

就攻击的方式而言，可归纳为被动攻击和主动攻击两类。

被动攻击是在不干扰系统正常工作的情况下进行侦收、截获、窃取系统信息，以便破译分析；

利用观察信息、控制信息的内容来获得目标系统的设置、身份；利用研究机密信息的长度和传递的频度获得信息的性质。被动攻击不容易被用户察觉出来，因此它的攻击持续性和危害性都很大。

被动攻击的主要方法有：

（1）直接侦收。利用电磁传感器或隐藏的收发信息设备直接侦收或搭线侦收信息系统的中央处理机、外围设备、终端设备、通信设备或线路上的信息。

（2）截获信息。系统及设备在运行时，散射的寄生信号容易被截获。例如，离计算机显示终端（CRT）百米左右，辐射信息强度可达 30dBuV 以上，因此，可以在那里接收到稳定、清晰可辨的信息图像。此外，短波、超短波、微波和卫星等无线电通信设备有相当大的辐射面，市话线路、长途架空明线等电磁辐射也相当严重，因此可利用系统设备的电磁辐射截获信息。

（3）合法窃取。利用合法用户身份，设法窃取未授权的信息。例如，在统计数据库中，利用多次查询数据的合法操作，推导出不该了解的机密信息。

（4）破译分析。对于已经加密的机密信息，利用各种破译分析手段，获得机密信息。

（5）从遗弃的文本中分析获取信息。例如，从信息中心遗弃的打印纸、各种记录和统计报表或丢失的磁盘片中获得有用信息。

主动攻击是指篡改信息的攻击。它不仅是窃密，而且威胁到信息的完整性和可靠性。它是以各种各样的方式，有选择地修改、删除、添加、伪造和复制信息内容，造成信息破坏。

主动攻击的主要方法有：

（1）窃取并干扰通信线路中的信息。

（2）返回渗透。有选择地截取系统中央处理机的通信，然后将伪造信息返回系统用户。

（3）线间插入。当合法用户已占用信道而终端设备还没有动作时，插入信道进行窃听或信息破坏活动。

（4）非法冒充。采取非常规的方法和手段，窃取合法用户的标识符，冒充合法用户进行窃取或信息破坏。

（5）系统人员的窃密和毁坏系统数据、信息的活动等。

1.2.3　信息系统的脆弱性

计算机信息系统不仅面临着种种威胁，其本身也存在着一些脆弱性，抵御攻击的能力较弱，自身的一些缺陷常被非授权用户利用。这种非法访问使系统中存储信息的完整性受到威胁，使信息被修改或破坏而不能继续使用；更为严重的是，系统中有价值的信息被非法篡改、伪造、窃取或删除而不留任何痕迹；另外，计算机还容易受各种自然灾害和各种错误操作的破坏。认识计算机系统的这种脆弱性，可以找出有效的措施保证计算机系统的安全。

1. 信息处理环节中存在的不安全因素

计算机信息系统的脆弱性可从几个角度来分析。首先从信息处理的各个环节看，都可能存在不安全因素。例如：

（1）数据输入部分。数据通过输入设备进入系统，输入数据容易被篡改或输入假数据。

（2）数据处理部分。数据处理部分的硬件容易被破坏或盗窃，并且容易受电磁干扰或因电磁辐射而造成信息泄露。

（3）数据传输。通信线路上的信息容易被截获，线路容易被破坏或盗窃。

（4）软件。操作系统、数据库系统和程序容易被修改或破坏。

（5）输出部分。输出信息的设备容易造成信息泄露或被窃取。

（6）存取控制部分。系统的安全存取控制功能还比较薄弱。

2. 计算机信息系统自身的脆弱性

从计算机信息系统自身的体系结构方面分析，也存在着先天的不足，而这些缺陷在短时间内是无法解决的。

（1）计算机操作系统的脆弱性。计算机操作系统的脆弱性是信息不安全的重要原因。

① 操作系统脆弱性的首要原因是操作系统结构体制造成的，操作系统的程序是可以动态连接的，包括 I/O 的驱动程序与系统服务，都可以用打补丁的方式进行动态连接。这种动态连接也是计算机病毒产生的环境。

② 操作系统支持在网络上传输文件，包括可以执行的文件映像，即在网络上加载程序。

③ 操作系统不安全的原因还在于可以创建进程，甚至支持在网络的结点上进行远程进程的创建与激活，更为重要的是被创建的进程还继承创建进程的权限。本条与上一条结合起来，构成在远程服务器上安装"间谍"软件的条件。再加上第一条，还可以把这种"间谍"软件以打补丁的方式打在一个合法的用户上，尤其打在一个特权用户上，可以做到系统进程与作业的监视程序都看不到它的存在。

④ 操作系统通常都提供 DAEMON 软件，这种软件实际上都是一些系统进程，它们总在等待一些条件的出现，一旦条件出现，程序便可以运行下去。这些软件通常都是"黑客"利用的手段。问题不在于有没有 DAEMON，而在于这种 DAEMON 在 UNIX、Windows NT 操作系统中具有与其他操作系统核心层软件同等的权力。

⑤ 操作系统提供远程过程调用（RPC）服务。操作系统提供 NFS 服务，NFS 系统是基于 RPC 网络文件系统的。

⑥ 操作系统的 Debug 与 Wizard。许多从事系统软件研究的人员，他们的基本技能就是 patching + 系统 Debug，有了这两种技术，几乎可以研究"黑客"的所有事情。

⑦ 操作系统安排的无口令入口，实际上它是为系统开发人员提供的便捷入口。另外，操作系统还有隐蔽信道。

（2）计算机网络系统的脆弱性。最初 ISO7498 网络协议的形成，基本上没有顾及安全的问题，到了后来才加进了五种安全服务和八种安全机制，形成了 ISO7498-2 开放系统互连安全体系结构。

互联网的 TCP/IP 也存在类似的问题。

网络层 IP 对来自物理层的数据包，并没有对发送顺序和内容是否正确进行必要的确认，因此，IP 数据包是不可靠的。

高层的 TCP 和 UDP 服务在接收数据包时，通常总是默认数据包中的源地址是有效的，这为源主机造成了能够随意填写、冒名顶替的机会。

UDP 与 TCP 位于同一层，它对包的错误不作修正，对包丢失也不要求重传，而 UDP 又没有建立初始化的连接，因此，UDP 包容易受到欺骗。

由于 Internet/Intranet 的出现，网络的安全问题更加严重。可以说，基于 TCP/IP 协议的网络提供的 FTP、Telnet、E-mail、NFS、RPC 等都包含许多不安全的因素，存在许多漏洞。

"黑客"对防火墙通常采用 SourcePorting、source routing、SOCKs、TCP 序列预测，采用远程调用进行直接扫描等方法对防火墙进行攻击。

另外，连接信息系统的通信有不少弱点：通过未受保护的外部线路可以从外界访问到系统内部的数据；通信线路和网络可能被搭线窃听或破坏。这种威胁增加了通信和网络的不安全性。

（3）数据库管理系统的脆弱性。首先，数据库管理系统安全必须与操作系统的安全进行配套，例如 DBMS 的安全级别是 B2 级，那么操作系统的安全级别也应当是 B2 级。数据库的安全管理也是建立在分级管理概念上的，也要依靠 TCB 方式，所以，DBMS 的安全也是脆弱的。

3．其他不安全因素

（1）存储密度高。在一张磁盘或一条磁带中可以存储大量信息，容易受到损坏或丢失，造成信息的大量丢失。

（2）数据可访问性。数据信息可以很容易地被复制下来而不留任何痕迹。一台远程终端上的用户可以通过计算机网络连到信息中心的计算机上，在一定的条件下，终端用户可以访问到系统中的所有数据，并可以按他的需要将其复制、删改或破坏。

（3）信息聚生性。信息系统的特点之一，就是能将大量信息收集在一起进行自动、高效的处理，产生很有价值的结果。当信息以分离的小块形式出现时，它的价值往往不大，但当大量信息聚集在一起时，信息之间的相关特性，将极大地显示出这些信息的重要价值。信息的这种聚生性与其安全密切相关。

（4）保密困难性。计算机系统内的数据都是可用的，尽管可以利用许多方法在软件内设定一些关卡，但对一个熟悉计算机的人来说，可轻易突破这些关卡，因此想要保密是很困难的。

（5）介质的剩磁效应。存储介质中的信息有时擦除不干净或不能完全擦除掉，会留下可读信息的痕迹，一旦被利用，就会泄密。另外，在大多数信息系统中，所谓删除文件的操作，删除的仅仅是该文件在目录中的文件名，并相应释放存储空间，而文件的真正内容还原封不动地保留在存储介质上。利用这一特性，可以窃取机密信息。

（6）电磁泄漏性。计算机设备工作时能够辐射出电磁波，任何人都可以借助仪器设备在一定的范围内收到它，尤其是利用高灵敏度仪器可以清晰地看到计算机正在处理的机密信息。

电磁泄漏是计算机信息系统的一大隐患。各种设备之间的连接电缆、计算机联网的通信线路等，电磁泄漏就很严重。不少外围设备，如键盘、打印机、显示器、印制电路板等，都存在同样的问题。电磁泄漏的主要危害之一是信息的泄露，为信息的侦窃提供了方便；另一主要危害是干扰其他电磁设备的正常工作。

信息的电磁泄漏与侦截，是无线电技术领域中的老课题，利用计算机及其外围设备电磁泄漏，侦截各种情报资料，是驾轻就熟的情报战的新热点。利用"黑客"窃取口令等手段，渗入计算机系统，用以干扰、篡改、窃取或破坏，也已屡见不鲜。

（7）信息介质的安全隐患。在磁盘信息恢复技术方面，国外达到的水平是，硬盘被格式化多遍，其残留信息仍能被恢复；在进行磁盘"以坏换新"时，大多数人并没有注意这种形式的信息外泄。

1.3　信息安全政策

1.3.1　我国信息化发展战略与安全保障工作

1. 信息化发展战略

2006 年，我国发布了《2006—2020 年国家信息化发展战略》，指出信息化是当今世界发展的大趋势，是推动经济社会变革的重要力量。大力推进信息化，是覆盖我国现代化建设全局的战略举措，是贯彻落实科学发展观、全面建设小康社会、构建社会主义和谐社会和建设创新型国家的迫切需要和必然选择。

国家信息化领导小组对信息化发展重点进行了全面部署，做出了推行电子政务、振兴软件产业、加强信息安全保障、加强信息资源开发利用、加快发展电子商务等一系列重要决策。各地区、各部门从实际出发，认真贯彻落实，不断开拓进取，我国信息化建设取得了可喜的进展。其中，重要的成就之一是信息安全保障工作逐步加强，制定并实施了国家信息安全战略，初步建立了信息安全管理体制和工作机制。基础信息网络和重要信息系统的安全防护水平明显提高，互联网信息安全管理进一步加强。但是，在信息安全领域依然存在不足，信息安全问题仍比较突出。在全球范围内，计算机病毒、网络攻击、垃圾邮件、系统漏洞、网络窃密、虚假有害信息和网络违法犯罪等问题日渐突出，如应对不当，会给经济社会发展和国家安全带来不利影响。

国家对信息化发展提出了九大发展战略，分别是：

（1）推进国民经济信息化。

（2）推行电子政务。

（3）建设先进网络文化。

（4）推进社会信息化。

（5）完善综合信息基础设施。

（6）加强信息资源的开发利用。

（7）提高信息产业竞争力。

（8）建设国家信息安全保障体系。

（9）提高国民信息技术应用能力，造就信息化人才队伍。

应全面加强国家信息安全保障体系建设。坚持积极防御、综合防范，探索和把握信息化与信息安全的内在规律，主动应对信息安全挑战，实现信息化与信息安全协调发展。坚持立足国情，综合平衡安全成本和风险，确保重点，优化信息安全资源配置。

建立和完善信息安全等级保护制度，重点保护基础信息网络和关系国家安全、经济命脉、社会稳定的重要信息系统，加强密码技术的开发利用，建设网络信任体系，加强信息安全风险评估工作。建设和完善信息安全监控体系，提高对网络安全事件的应对和防范能力，防止有害信息传播。高度重视信息安全应急处置工作，健全完善信息安全应急指挥和安全通报制度，不断完善信息安全应急处置预案。从实际出发，促进资源共享，重视灾难备份建设，增强信息基础设施和重要信息系统的抗毁能力和灾难恢复能力。大力增强国家信息安全保障能力。积极跟踪、研究和掌握国际信息安全领域的先进理论、前沿技术和发展动态，抓紧开展对信息技术产品漏洞、后门的发现研究，掌握核心安全技术，提高关键设备装备能力，促进我国信息安全技术和产业的自主发展。加快信息安全人才培养，增强国民信息安全意识。不断提高信息安全的法律保障能力、基础支撑能力、网络舆论宣传的驾驭能力和我国在国际信息安全领域的影响力，建立和完善维护国家信息安全的长效机制。

2. 信息安全保障工作

2003 年 7 月 22 日，国家信息化领导小组第三次会议指出，大力推进信息化，是党中央顺应时代进步潮流和世界发展趋势做出的重大决策，是我国实现工业化、现代化的必然选择，是促进生产力跨越式发展、增强综合国力和国际竞争力、维护国家安全的关键环节，是覆盖现代化建设全局的战略举措。会议分析了我国信息安全工作面临的形势，充分肯定了近年来信息安全保障工作的成绩，深刻阐述了信息安全保障工作的极端重要性，明确了做好新形势下信息安全保障工作的指导方针、基本原则和主要任务，是一次具有里程碑意义的会议。这次会议标志着我国的信息安全保障工作进入了一个新的阶段，必将使我国信息安全保障工作提高到一个新的水平。

我国国民经济和社会信息化进程全面加快，信息技术得到广泛应用，网络与信息系统的基础性、全局性作用进一步增强，成为国家的关键基础设施。随着信息化的发展，信息安全问题日益增加、日渐突出。网络攻击、病毒传播、垃圾邮件等迅速增长，利用网络进行盗窃、诈骗、敲诈勒索、窃密等案件增多，严重影响了网络的正常秩序，损害了人民群众的利益；网上色情、暴力等不良和有害信息的传播，严重危害了青少年的身心健康；针对网络和信息系统的破坏活动，以及网络与信息系统自身的安全问题严重影响着通信、金融、能源、交通等关键基础设施的正常运转和安全；境内外敌对组织和势力利用网络与信息技术手段所进行的反动宣传、渗透和攻击，对社会政治稳定造成威胁。

总之，信息安全已经不单是一个技术问题、一个业务工作问题，也不仅是信息化本身的问题，而是上升为事关国家经济安全、社会稳定的全局性的战略问题，是国家安全的重要组成部分。因此，必须从促进经济发展、维护社会稳定、保障国家安全、加强精神文明建设的高度，充分认识加强信息安全保障工作的极端重要性，增强做好这项工作的紧迫感、责任感和自觉性。

《国家信息化领导小组关于加强信息安全保障工作的意见》中提出，加强信息安全保障工作，必须遵循以下原则：立足国情，以我为主，坚持管理与技术并重；正确处理安全与发展的关系，以安全保发展，从发展中求安全；统筹规划，突出重点，强化基础性工作；明确国家、企业、个人的责任和义务，充分发挥各方面的积极性，共同构筑国家信息安全保障体系。

信息安全保障工作必须充分认识到信息安全风险和威胁，立足安全防护，加强信息安全应急处理，在推进信息化发展中同步规划、同步建设信息安全，坚决防止不设防、重建设轻管理、重发展轻安全的问题；要用发展的办法、积极的措施解决信息安全问题，具备应对各种威胁和挑战的能力与手段，而不是通过不上网、不共享、不互联互通，或者片面强调建专网等封闭的方式保安全；要从法律、管理、技术、人员等多个方面，从预防应急和打击犯罪等多个环节采取多种措施，全面提高信息安全防护水平。

要坚持一手抓发展，一手抓安全，正确处理发展和安全的关系，坚持以安全保发展，在发展中求安全。应该全面理解加强信息安全保障，不能简单地认为"加强"就是要管得更紧、管得更严，要用封闭的方式保安全，"关起门来"搞信息化。要以保障和促进信息化发展为宗旨，防止信息安全问题危害国家安全和社会稳定，防止因信息安全问题过度增加信息化成本和降低信息化的效益，防止因信息安全问题影响信息系统和信息资源为国民经济服务，为老百姓服务。应该认识到，如果信息安全得不到保障，不仅国家安全会受到威胁，而且有价值的信息不能上网，可以利用网络处理的业务不能用网络来处理，就难以发挥信息化的巨大效益，信息化发展将受到严重制约。

要坚持以改革开放求安全，用新思路、新机制、新办法解决信息安全保障工作与信息化发展不相适应的问题，走出一条信息安全保障的新路子。在改革开放进一步深入、经济全球化进一步发展这样一个大环境下推进信息化发展、加强信息安全保障工作，只能坚持用改革的思路、发展的办法。信息安全是发展中的新问题，并随着信息化的发展而变得突出。解决信息安全问题不存在一成不变的模式，不存在普遍适用的解决方案，不存在一劳永逸解决问题的技术和产品，在信息安全保障工作中必须坚持与时俱进，开拓创新。多年来，我们在信息安全保障工作中形成了一套行之有效的制度，积累了许多宝贵的经验。但必须认识到，确有一些思想观念、政策规定、管理方法不完全适应形势的发展，应该积极加以研究，逐步加以完善和提高。

要坚持管理与技术并重，大力发展信息安全技术，具备坚实的物质基础和先进的技术手段，同时也要着力提高信息安全管理水平。信息安全保障是技术的对抗，从长远看，解决信息安全问题还是要靠信息安全技术和产品，这是信息安全保障的物质基础，也是为信息安全管理提供手段和支持，从而大大降低管理成本，提高管理效率。同时也要看到，科学的管理是信息安全技术转化为信息安全保障能力的必要条件，是弥补技术不足的重要途径，如果缺乏严格的管理，再好的技术和产品也难以发挥作用。特别是在核心技术、关键设备还相对落后的情况下，更要充分发挥我们的政治优势、制度优势，通过科学管理来弥补技术上的不足。

要坚持统筹兼顾、突出重点，即统筹信息化发展与信息安全保障，统筹信息安全技术与管理，统筹经济效益与社会效益，统筹当前和长远，统筹中央和地方。我国的信息化发展很不平衡，各地区、各部门处于信息化发展的不同阶段，面临的信息安全形势和问题也有较大差别，必须从各自的实际出发，确定工作重点，进行信息安全建设和管理。

《国家信息化领导小组关于加强信息安全保障工作的意见》指出，加强信息安全基础性工作和基础设施建设是当务之急。信息安全保障工作专业性、政策性强，涉及方方面面，但当务之急是要加强信息安全基础性工作和基础设施建设，包括实行信息安全等级保护和开展信息安全风险评估，加强以密码技术为基础的信息保护和网络信任体系建设，加强信息安全应急处理工作，等等。

《国家信息化领导小组关于加强信息安全保障工作的意见》的出台为我国信息产业乃至信息安全产业的发展创造了崭新的、良好的政策环境，各级政府部门、党政机关及社会各界将在《国家信息化领导小组关于加强信息安全保障工作的意见》指导下，结合各地方、各行业的具体情况，积极推动和落实信息安全保障工作，构建我国的信息安全保障体系，进一步推动我国信息化建设健康、有序的发展。

1.3.2　美国信息安全国家战略

1998 年 5 月，美国政府颁发了《保护美国关键基础设施》总统令（PDD63）。围绕"信息保障"成立了多个组织，其中包括全国信息保障委员会、全国信息保障同盟、关键基础设施保障办公室、首席信息官委员会、联邦计算机事件响应能动组等 10 多个全国性机构。

1998 年美国国家安全局（NSA）制定了《信息保障技术框架》，提出了"深度防御策略"，确定了包括网络与基础设施防御、区域边界防御、计算机环境防御和支撑性基础设施的深度防御在内的目标。

2000年1月，美国政府发布了《保卫美国的计算机空间——保护信息系统的国家计划》。该计划分析了美国关键基础设施所面临的威胁，确定了计划的目标和范围，制定出联邦政府关键基础设施保护计划（其中包括民用机构的基础设施保护方案和国防部基础设施保护计划）以及私营部门、州和地方政府的关键基础设施保障框架。

美国政府认为，美国信息网络的脆弱性可能使美国的关键基础设施和信息系统的安全面临严重威胁。2003年2月14日美国政府公布的《确保网络空间安全的国家战略》报告，强调发动社会力量参与保障网络安全，重视发挥高校和社会科研机构的力量，重视人才的培养和公民的网络安全意识教育，必将对美国未来的国家安全战略指导思想和网络安全管理机制产生深远的影响。

1. 主要内容

2003年2月14日美国公布了《确保网络空间安全的国家战略》报告。该报告共76页，是布什政府对《美国国土安全的国家战略》（2002年7月公布）的补充，并由《保护至关重要的基础设施和关键资产的国家战略》（2003年2月14日公布）作为其补充部分。该报告确定了在网络安全方面的三项总体战略目标和五项具体的优先目标。其中的三项总体战略目标是：

（1）阻止针对美国至关重要的基础设施的网络攻击。

（2）减少美国对网络攻击的脆弱性。

（3）在确实发生网络攻击时，使损害程度最小化、恢复时间最短化。五项优先目标是：

① 建立国家网络安全反应系统。

② 建立一项减少网络安全威胁和脆弱性的国家项目。

③ 建立一项网络安全预警和培训的国家项目。

④ 确保政府各部门的网络安全。

⑤ 国家安全与国际网络安全合作。

《确保网络空间安全的国家战略》报告指出，国土安全部是联邦政府确保网络安全的核心部门，国土安全部将制定确保美国关键资源和至关重要的基础设施安全的全面的国家计划，以便向私营部门和其他政府机构提供危机管理、预警信息和建议、技术援助、资金支持等五项责任。该报告把关键基础设施定义为"那些维持经济和政府最低限度的运作所需要的物理和网络系统，包括信息和通信系统、能源部门、银行与金融、交通运输、水利系统、应急服务部门、公共安全以及保证联邦、州和地方政府连续运作的领导机构"。该报告强调，确保美国网络安全的关键在于美国公共与私营部门的共同参与，以便有效地完成网络预警、培训、技术改进、脆弱性补救等工作。

2. 出台背景

美国自20世纪40年代发明第一台计算机以来，相继建立了信息高速公路（NII）和全球信息基础设施（GII），并涌现出英特尔芯片公司、微软公司、IBM公司等一大批全球信息产业的领头羊。因此，美国的信息技术及其应用水平遥遥领先，成为信息第一大国。信息技术及其产业不仅成为美国经济发展的支柱和动力，而且也成为美国交通、能源、金融、通信乃至国防、情报等赖以存在和发展的基础。美国拥有世界上最为强大的军事和经济力量，这两种力量相互强化，相互依赖，同时也日益依赖于关键基础设施和网络信息系统。这种依赖关系成为脆弱性的根源。因此，在美国政府看来，信息网络的脆弱性已经给美国国家安全提出了一个紧迫的问题，关键基础设施和信息系统的安全成为美国面临的首要威胁之一，"电子珍珠港"事件随时可能爆发，美国必须采取措施保障关键基础设施和信息系统的安全，避免"信息灾难"。

由大量信息系统组成的国家信息基础结构，已成为美国经济的命脉和国家的生命线，也成为容易受到攻击的高价值的战略目标。1988 年，美国康奈尔大学计算机系研究生罗伯特·莫里斯制造出震惊世界的"莫里斯蠕虫病毒"事件，造成全球 6 000 多所大学和军事机构的计算机受到感染而瘫痪，而美国遭受的损失最为惨重。美国政府 2001 年公布的评估报告显示，在 2000 年，黑客至少获得了美国的 155 个政府和 18 家民间机构计算机系统的完全控制权；美国商务部对下属部门的计算机系统进行全面监测后，发现存在 5 000 多个安全漏洞，在被监测的 1 200 多台工作站和主机中，有 30% 被划归为"极度危险"类。针对网络安全方面的这些严重事故或隐患，美国前总统克林顿曾忧心忡忡地指出，"这个充满希望的时代也充斥着危险。所有受计算机驱动的系统都容易遭到入侵和破坏。重要经济部门或者政府机构的计算机一旦受到合力攻击，就会产生灾难性的后果。"

从 20 世纪 80 年代开始，美国政府以政府通告、总统行政命令等形式，不断推出有关信息安全的政策方针和各类规章制度，而且每隔数年就重新进行审定，以适应科技的发展趋势。与此同时，通过设立层层主管机构，逐步形成一整套信息安全防范体系。这一防范体系从关键基础设施和信息系统的脆弱性分析入手，要求各级政府和私营企业建立"预警-检测-反应-恢复"体系并制订出完善的补救计划，同时强调推广安全意识的教育，加强保护基础设施的研发工作，并力图在收集和分析有关国家威胁美国基础设施的情报及开展国际合作方面有所建树。

1984 年以来，美国政府共发布了近 10 个涉及关键基础设施和信息安全的国家政策、通告、总统行政命令和国家计划，对如何维护关键基础设施和信息系统的安全提出了具体的要求。例如，美国前总统克林顿于 1998 年 5 月签署的第 63 号总统令（PDD63）规定，拥有最关键系统的政府部门被指定为第一批实施信息安全保护计划的要害部门，其中包括中央情报局、商务部、国防部、能源部、司法部、联邦调查局、交通部、财政部、联邦紧急事务处理局、国家安全局等，他们已经在 1998 年 11 月完成了保护其关键信息系统的计划。2000 年 1 月，根据 PDD63 的要求，美国政府制订了《信息系统保护国家计划》，将信息安全保护分为十项内容，涉及脆弱性评估、信息共享、事件响应、人才培养以及隐私保护、法律改革等。该计划要求在 2000 年 12 月建立一个具备初步运作能力的关键信息系统防备体系，到 2003 年 5 月实现全部运转。该计划力图实现三个主要目标，即准备和预防、侦查和反应及建立牢固的基础设施。

2001 年 10 月美国政府发布了《信息时代保护关键基础设施》的行政命令，组建了总统关键基础设施委员会，其成员包括国务卿、国防部长、司法部长、商务部长、行政管理与预算局局长、科学与技术政策办公室主任、国家经济委员会主席、总统国家安全事务助理、总统国土安全助理等官员。根据该命令，委员会主席将成为总统网络安全事务的特别顾问。他有权了解各部／局内属于其管辖范围的所有情况，并召集和主持委员会的各种会议，制定委员会的议事日程，向相关官员提供保护关键基础设施的政策和方案，并向总统国家安全事务助理和国土安全助理汇报。

2003 年 2 月 14 日美国政府又公布了《确保网络空间安全的国家战略》报告，明确规定国土安全部将成为联邦政府确保网络安全的核心部门，并且在确保网络安全方面充当联邦政府与各州、地方政府和非政府组织，即公共部门、私营部门和研究机构之间的指挥中枢。

3. 作用与影响

《确保网络空间安全的国家战略》报告是美国在网络安全方面专门出台的第一份国家战略,既凸显了美国政府对网络安全的担心与重视,也显示出其在新世纪确保美国信息霸权和安全的长远战略目标,必将对美国未来的国家安全战略指导思想、网络安全管理机制产生深远的影响。

(1)《确保网络空间安全的国家战略》报告显示,确保网络安全已经被提升为美国国家安全战略的一个重要组成部分。美国政府认为,信息技术的迅猛发展与信息网络在美国的普及,已经使美国的国家安全问题不再局限于军事安全、经济安全和政治安全。网络的便捷使美国社会越来越依赖于信息技术,信息技术的发展已使之成为21世纪美国发展的支柱,而网络成为美国发展的神经中枢。以信息化方式运作的金融、商贸、交通、通信、军事等系统,成为美国国家经济与社会的基础。防止敌对组织或个人对美国的信息系统和全国性网络的破坏,已不再只是一个技术层面的概念,而成为与社会、政治、经济、文化等各个方面密切相关的问题,即这些领域的安全已成为直接关系到美国国家安全的重要因素,信息安全已成为美国国家安全的一个重要组成部分,直接影响到美国的国家运转、经济发展和社会稳定。因此,美国政府出台这份《确保网络空间安全的国家战略》报告,显示出其对网络安全的高度重视。

(2)《确保网络空间安全的国家战略》报告是美国在"9•11"事件之后,为确保网络安全而采取的一系列举措中的一个核心步骤。其实,"9•11"事件发生后,美国政府一直担心恐怖分子会对美国发动网络恐怖袭击,因此,采取了一系列预防和打击网络恐怖活动的措施。美国政府经国会批准将反恐开支增加到600亿美元,为2000年反恐经费的5倍。其中,用于打击网络恐怖活动的开支也增加了两倍多;迅速成立了"国土安全办公室"(即已经成立的国土安全部的前身),将打击网络恐怖作为其主要职责之一;任命网络反恐怖专家理查德•克拉克为总统网络安全顾问,并出任在"国土安全办公室"统辖下新设立的"电脑信息网络安全委员会"主席,负责制定、协调全美政府机构反恐计划和行动;着手建立一个政府网络,使它与现行互联网分离,以保障政府通信信息网络的安全性和保护美国国家信息基础设施;由副总统理查德•切尼、司法部长约翰•阿什克罗夫特召集有美国十大网络供应商高官参加的"网络恐怖袭击对策"会议;在美联邦调查局内新设反网络犯罪局,专门负责打击网络犯罪;指令美军加强网络战准备,防范网络恐怖袭击以及打击网络恐怖活动和支持网络恐怖的国家。美国总统布什还对美国指认的所谓纵容网络恐怖主义的国家发出警告称:"如果任何国家为网络恐怖主义者提供安全的避风港,国际社会将切断它与国际互联网的联系,把它排斥在互联网之外。"《确保网络空间安全的国家战略》报告明确提出,美国在网络安全方面的管理机构将会进一步加以整合,最终使国土安全部成为联邦政府确保网络安全的核心部门。

(3)《确保网络空间安全的国家战略》报告尤其强调发动社会力量对网络安全进行全民防御。虽然美国历届政府在维护信息系统安全方面采取了众多的措施,但它也意识到,仅仅依靠政府的力量是不够的,必须建立起一个全方位的防御体系,动员一切可以动员的社会力量。因此,美国政府十分重视与私营企业之间建立合作关系,重视发挥学术研究机构的优势,同时也重视培养美国公民的信息安全意识。

① 美国历届政府把建立政府和私营企业间的合作关系作为一个主要内容来抓,政府强调保护美国的关键基础设施仅仅依靠联邦政府是不行的,必须与企业界、各州及地方政府进行积极有

效的合作。例如，1998 年 11 月，能源部、天然气研究所和电力研究所共同主办了能源论坛，邀请了 100 余家电力、天然气和石油企业和政府代表参加；1999 年 10 月 1 日，由政府和私营企业联合发起建立了金融服务信息共享及分析中心；2001 年 1 月，包括 lBM 在内的 500 多家公司加入了 FBI 成立的一个被称作"InfraGard"的组织，共同打击日趋嚣张的网络犯罪活动。《确保网络空间安全的国家战略》报告也多次指出，"确保美国网络安全的关键在于美国公共与私营部门的共同参与"。

② 重视发挥大专院校和社会科研机构的力量。许多大学都设有与信息技术和信息安全相关的学院、研究中心和专业。例如，卡内基·梅隆大学的软件工程研究所、乔治敦大学的计算机信息安全研究所、美国全国计算机安全协会、国际战略研究中心（CSIS）的技术委员会，卡内基国际和平研究所的信息革命与国际关系研究项目等。目前，美国还开始利用高等院校的科研实力为其服务。2002 年 2 月，美众议院通过《网络安全研究与发展法案》，同意在 5 年内为大学和研究机构提供 8.7 亿美元的资助，用来研究保护美国信息网络不受恐怖主义分子和黑客袭击的技术。政府与这些机构展开合作的最好事例就是，由国防部高级研究计划局出资，在卡内基·梅隆大学软件工程研究所内设立了计算机应急处理小组协调中心，该中心提供 24 小时紧急情况联络点，通过与世界范围内 IT 界和专家之间的交流，提高人们对计算机安全的认识。

③ 重视人才的培养和公民的安全意识教育。《确保网络空间安全的国家战略》报告认为，还没有"电子珍珠港"事件能够唤醒公众采取行动保护美国网络的意识。许多美国人没有认识到美国经济和国家安全对计算机和信息系统依赖到何种程度。而保卫美国的网络空间则需要所有美国人的行动，包括最普通的大众。《确保网络空间安全的国家战略》报告提出的具体措施包括：完善"网络公民计划"，对美国儿童进行有关网络道德和正确使用互联网和其他通信方式的教育；借助"关键基础设施安全伙伴"建立美国企业和信息技术精英间的合作关系；保证政府雇员具备保护信息系统安全的意识。在上述行动的基础上，把提高安全意识的活动推广到其他私营部门和普通公众。

1.3.3　俄罗斯信息安全学说

俄罗斯在 1995 年颁布了《联邦信息、信息化和信息保护法》，为提供高效益、高质量的信息保障创造条件，明确界定了信息资源开放和保密的范畴，提出了保护信息的法律责任。1997 年，俄罗斯出台的《俄罗斯国家安全构想》明确提出，"保障国家安全应把保障经济安全放在第一位"，而"信息安全又是经济安全的重中之重"。2000 年 6 月，普京总统批准了俄罗斯安全委员会的《国家信息安全学说》，明确了联邦信息安全建设的目的、任务、原则和主要内容，第一次明确指出了俄罗斯在信息领域的利益是什么、受到的威胁是什么以及为确保信息安全首先要采取的措施等。

《国家信息安全学说》把信息安全作为一种战略问题来考虑，并且开始从理论与实践上加强准备，认真探讨进行信息斗争的各种措施，在俄罗斯尚属首次。该文件的通过，标志着俄罗斯信息安全战略的诞生，为俄罗斯进一步制定未来的信息政策奠定了基础。

《国家信息安全学说》的主要任务包括四个方面的内容：第一，确保遵守宪法规定的公民获取信息和利用信息的各项权利和自由，保护俄罗斯的精神更新，维护社会的道德观，弘扬爱国主义和人道主义，加强文化和科学潜力；第二，发展现代信息通信技术和本国的信息产业，包括信息化工具和通信邮电事业，保证本国产品打入国际市场；第三，为信息和电视网络系统提供安全保障；第四，为国家的活动提供信息保障，保护信息资源，防止未经许可的信息扩散。

1. 由来与背景

俄罗斯制定的《国家信息安全学说》是典型的信息时代的产物。俄罗斯的信息技术和信息产业一直远远落后于西方。为了迎接第三次信息革命的浪潮，为了在即将到来的信息世纪中占有一席之地，俄罗斯自 1994 年开始着手制定信息安全政策和信息产业发展战略，但由于各种原因未能成功。1995 年 4 月俄罗斯前总统叶利钦签署了国家权力机关加强信息化建设的总统令，俄美两国专家就信息战问题举行了联合专题研讨。同年 11 月，联邦安全会议根据研究机构的咨询意见，向国家首脑呈报了关于俄罗斯信息安全的报告，首次比较系统地阐述了信息安全和信息斗争的意义和对策。到 1997 年，在美国如火如荼的军事革命的影响下，俄罗斯逐渐认识到信息优势是未来政治、经济和军事斗争的核心和重要支柱。从那时起，俄罗斯当局开始认真考虑如何推进本国的信息化建设、如何加强信息产业等问题，并重新提出要深入研讨信息时代的国家安全问题以及建立有关信息安全机构的设想。此后，俄联邦安全会议组织有关部门专家、学者着手制定俄联邦信息安全学说，俄军对"信息斗争"的准备开始走向正轨。

科索沃战争的爆发为俄罗斯《国家信息安全学说》的尽快出台起到了巨大的催化作用。科索沃战争可以说是一场典型的信息战，美军强大的信息优势完全主导了战争的进程和结局。这使俄方认识到，"信息正被对手积极地用作武器，其效力有时甚至超过空军和炮兵的威力"。在此背景下，俄军陆续制定了一些有关信息战的规划，主要目的在于加强信息化建设的领导和协调，加快信息基础设施的建设。与此同时，俄军非常重视全面加强信息网络的安全工作，并着手制定有关网络安全政策，以便严厉打击犯罪集团和恐怖分子对计算机系统进行的渗透和破坏。

"爱虫"病毒对计算机系统的破坏使俄罗斯的《国家信息安全学说》提早诞生。"爱虫"病毒侵袭了世界许多国家的信息网络，也给俄罗斯信息系统的正常运转带来了极大的威胁，这使俄罗斯进一步认识到其信息系统已处于极易遭受攻击和破坏的危险之中。在俄罗斯领导层的大力倡导下，俄罗斯《国家信息安全学说》终于诞生了。

2. 主要内容

俄罗斯《国家信息安全学说》的内容主要分为四个部分：

（1）保证信息安全是国家利益的要求。

（2）保证信息安全的方法。

（3）国家在保证信息安全时应采取的基本原则。

（4）信息安全的组织基础。其核心内容是在同西方的信息竞争中确保俄罗斯的生存与发展，为同西方进行信息战做准备。

《国家信息安全学说》指出，信息安全是俄罗斯国家利益的一个独立组成部分。在军事领域，"信息战日趋激化"，"以侵略为目的的信息操作"已成为令世界形势不稳定的主要原因之一。"敌对信息活动"、"对信息基础设施的攻击"和"信息争夺"已成为未来军事、政治斗争初期的重要形式，"确保信息安全并在激烈的信息对抗中获得优势"是保证未来军事行动成功和军事行动安全的重要任务。这些观点秉承了俄罗斯新军事学说中关于信息战部分的主要内容，涵盖了信息竞争中的主要情况，阐述了战争初期有关信息战的重要性，并使新军事学说中有关信息战的许多口号性的东西进一步具体化、可操作化并能在实践中得到贯彻落实。

俄罗斯在制定《国家信息安全学说》时，对其可能面临的信息战威胁进行了评估。俄罗斯认为，敌对国家可能趁俄罗斯新旧体制转轨之时，千方百计地破坏俄罗斯的稳定，给俄罗斯的复兴设置障碍，发动信息攻击将是其最佳手段之一。敌人可能通过政治、经济、军事和社会生活的各个渠道，对俄罗斯国家领导层、武装力量指挥机构和民众实施信息攻击，使领导层做出错误的决策；使武装力量斗志涣散，战斗力下降；使民众心理受到伤害，精神和道德濒于崩溃；使民族之间产生更多的矛盾和隔阂，导致国家分裂。另外，一些西方国家将竭力阻止俄罗斯掌握先进的信息技术，把俄罗斯排除在先进的信息网络之外，以求长期保持对俄罗斯的信息技术优势。

关于信息斗争的打击目标，俄罗斯认为，未来军事斗争中，信息打击的目标将更广泛。军事目标中，首当其冲的是武装力量的指挥控制系统，包括各级各类指挥所、情报中心和控制中心。民用目标中，最易受攻击的是行政管理系统、银行等金融系统以及民众的心理。从某种意义上说，对武装力量人员和居民心理等软目标实施的信息攻击，可能比对硬目标实施信息攻击所产生的效果还要好。

关于信息斗争的打击手段，俄罗斯认为，未来信息战中，广播、电台、报纸等大众新闻媒介将被广泛用于军事政治目的，特殊的信息武器如计算机病毒、信息炸弹、逻辑炸弹、被赋予特殊使命的计算机芯片、能产生电磁脉冲的爆炸装置、超高频发生器、电子生物武器等，也将越来越广泛地用于破坏、阻塞和瘫痪敌国军事指挥系统和各类武器系统、国家通信系统、金融计算机系统、陆海空管制系统以及其他与国家安全密切相关的系统。信息战可以单独实施，也可以同其他类型的作战手段配合实施。

3. 准备措施

《国家信息安全学说》明确了俄罗斯在信息对抗领域中的国家政策，为俄罗斯制定了许多确保俄国家安全和公民权利的具体措施，如规定政府和军方共同协调防范信息犯罪活动；建立预防机制；提高整体防范和打击能力；加强国有信息基础设施建设和信息防卫工作，建立网络监控系统，加强网络的安全防范，要求加大对网络犯罪的打击力度等。俄罗斯联邦政府通信和情报署、国防部、俄罗斯联邦安全局、俄罗斯国家技术委员会等一些国家权力机关还与其他一些私营企业和民营组织共同努力，寻找提高信息传送安全系数的途径。其主要措施有：

（1）由新成立的国家信息安全与信息对抗领导机构，统一指导信息斗争的准备工作，并协调有关保护信息安全与反信息战部门的活动。

俄罗斯 1998 年成立了隶属于总统的国家信息政策委员会，目前正计划建立相应的职能机构。这种机构负有确保军队乃至国家信息安全的使命，包括保护关税，支持国内信息安全技术的开发，保护国内市场，避免潜在的信息武器成分对国内市场的渗透等使命。

（2）建立信息对抗教育防范体系。

俄罗斯认为，稳定国民和武装力量的心理状态，是抗击信息打击的一个重要前提。针对西方把信息攻击作为信息战主要手段的情况，俄罗斯专门提出了"信息心理对抗"的概念，包括达成进攻的突然性、迷惑敌人、涣散其民心和军队士气、夺取信息优势、压制其信息系统和进行自我信息保护等，指出必须在全国范围内，特别是在武装力量和其他强力部门内建立全新的"信息对抗、信息心理对抗教育和防范体系"。这一体系应包括技术防护、宣传解释、思想教育等，特别是应重视对公民和全体军人进行爱国主义和民族凝聚力的教育。

（3）建立进行信息斗争的特种部队，采取对抗敌方信息打击的主动措施，以有效保障信息安全，确保信息对抗中的主动地位。

特种信息部队负责信息战的防护与实施，消除信息战后果，起着信息斗争准备中尖刀部队的作用。俄军还注重研究先机制敌的主动性信息攻击措施，包括对敌指挥系统的信息网络实施攻击，以破坏、篡改或阻塞其网络中的信息，致使对方指挥系统瘫痪；对敌指挥系统和信息武器实施火力突击、电子突击以及其他主动攻击手段。

（4）发展进行信息斗争的关键技术和手段。

俄罗斯认为，要达到对敌人的信息优势，首先必须取得对敌人的决定性技术优势，即计算机武器、电子武器和信息占有优势。信息斗争武器可以替代目前的大规模杀伤性武器，对未来战争的进程起到非常重要的作用。针对自身信息斗争武器总体上落后于美国，尚不能进行大规模信息化建设的情况，俄罗斯强调着重发展关键领域和技术，包括战略和战场 C3I 系统、战略防御体系的信息系统、电子对抗系统、武器平台控制系统和自己的信息武器系统。《国家信息安全学说》提出重点开发的"关键技术"包括：高性能计算机技术、智能化技术、信息攻击与防护技术以及相关的软件技术等；另外，有选择地从国外购买信息技术，以弥补自己的技术不足，加快信息化的步伐。

（5）改组指挥控制系统，增强战场生存能力。

为了适应现代条件下信息斗争的需要，俄罗斯政府为国家权力机关建立了专用的信息远距离通信系统。与此同时，军队指挥控制系统的改组也已开始。俄军已决定将指挥控制系统由集中控制式组网改为分布式组网，以提高其战场生存能力。

《国家信息安全学说》的通过，将大大促进俄罗斯的电信、网络技术、信息服务行业和信息保护行业的发展。《国家信息安全学说》是继俄罗斯《新军事学说》之后的又一部纲领性、战略性、法规性的文件，是俄罗斯对西方信息战的回应。可以预计，在今后的国际舞台上，可能出现一种全新的对抗领域，这种以信息领域中的科技成果为基础的对抗有可能引发新一轮的高层次、高质量的军备竞赛。

1.4 信息安全法律体系

1.4.1 我国信息安全法律体系

1. 体系结构

1）法律体系

我国法律体系也称部门法体系，是指我国的全部现行法律规范，按照一定的标准和原则，划分为不同的法律部门而形成的内部和谐一致、有机联系的整体。法律体系是一国国内法构成的体系，不包括完整意义的国际法即国际公法。

在信息安全方面，我国法律体系中对信息安全保护都有规定。例如，宪法第四十条规定："中华人民共和国公民的通信自由和通信秘密受法律的保护。除因国家安全或者追查刑事犯罪的需要，由公安机关或者检察机关依照法律规定的程序对通信进行检查外，任何组织或者个人不得以任何理由侵犯公民的通信自由和通信秘密。"刑法第二百八十五条规定："违反国家规定，侵入国家事务、国防建设、尖端科学技术领域的计算机信息系统的，处三年以下有期徒刑或者拘役。"

2）政策体系

政府制定相应的法规、规章及规范性文件强制性加大对信息安全系统保护的力度。

3）强制性技术标准

发布了多个技术标准，并且是强制性地执行，如《计算机信息系统安全保护等级划分准则》。

2．信息系统安全保护法律规范的法律地位

1）信息系统安全立法的必要性和紧迫性

没有信息安全，就没有完全意义上的国家安全，也没有真正的政治安全、军事安全和经济安全。

在综合国力竞争十分激烈、国际局势瞬息万变的形势下，一个国家支配信息资源能力越强，就越有战略主动权，而一旦丧失了对信息的控制权和保护权，就很难把握自己的命运，就没有国家主权可言。作为信息战的战场，敌对国家之间、地区之间、竞争对手之间通过网络攻击对方的信息系统，窃取机密情报、实施破坏。信息安全的保障能力是 21 世纪综合国力、经济竞争实力和生存发展能力的重要组成部分，我们应将其上升到国家和民族利益的高度，作为一项基本国策加以重视。

2）信息系统安全保护法律规范的作用

（1）指引作用：是指法律作为一种行为规范，为人们提供了某种行为模式，指引人们可以这样行为，必须这样行为或不得这样行为。

（2）评价作用：是指法律具有判断、衡量他人行为是否合法或违法以及违法性质和程度的作用。

（3）预测作用：是指当事人可以根据法律预先估计到他们相互将如何行为以及某行为在法律上的后果。

（4）教育作用：是指通过法律的实施对一般人今后的行为所产生的影响。

（5）强制作用：是指法律对违法行为人具有制裁、惩罚的作用。

1.4.2　法律、法规介绍

1．刑法相关内容

相较于 1979 年刑法，1997 年刑法中增加了计算机犯罪的法条，对非法侵入重要计算机信息系统以及违反《计算机信息系统安全保护条例》并造成严重后果构成犯罪的，依法追究其刑事责任。

我国刑法关于计算机犯罪的三个专门条款，分别规定了非法侵入计算机信息系统罪；破坏计算机信息系统罪；利用计算机实施金融诈骗、盗窃、贪污、挪用公款、窃取国家秘密或者其他犯罪，并将其一并归入分则第六章"妨害社会管理秩序罪"第一节"扰乱公共秩序罪"。

刑法有关网络犯罪的规定，总体上可以分为两大类：一类是纯粹的网络犯罪，即刑法第 285 条、第 286 条单列的两种网络犯罪独立罪名；另一类不是纯粹的网络犯罪，而是隐含于其他犯罪罪名中的网络犯罪形式，例如，刑法第二百八十七条规定："利用计算机实施金融诈骗、盗窃、贪污、挪用公款、窃取国家秘密或者其他犯罪的，依照本法有关规定定罪处罚。"之所以要区分这两种类别，是因为第二类犯罪与传统犯罪之间并无本质区别，只是在犯罪工具使用上有所不同而已，因此，不需要为其单列罪名；而第一类犯罪不仅在具体手段和侵犯客体方面与传统犯罪存在差别，而且由其特殊性所决定，传统犯罪各罪名已无法包括这些犯罪形式，因此为其单列罪名。

2. 治安管理处罚法相关内容

治安管理处罚法中第二十九条规定："有下列行为之一的，处五日以下拘留；情节较重的，处五日以上十日以下拘留：

（1）违反国家规定，侵入计算机信息系统，造成危害的。

（2）违反国家规定，对计算机信息系统功能进行删除、修改、增加、干扰，造成计算机信息系统不能正常运行的。

（3）违反国家规定，对计算机信息系统中存储、处理、传输的数据和应用程序进行删除、修改、增加的。

（4）故意制作、传播计算机病毒等破坏性程序，影响计算机信息系统正常运行的。

3.《计算机信息系统安全保护条例》

1994 年 2 月 18 日国务院发布了《计算机信息系统安全保护条例》。

1）条例的宗旨和特点

条例的宗旨就是为了保障计算机及其相关的和配套的设备、设施（含网络）的安全，运行环境的安全，保障信息的安全，保障计算机功能的正常发挥，以维护计算机信息系统的安全运行。

条例的特点就是重点维护国家事务、经济建设、国防建设、尖端科学技术等重要领域的计算机信息系统的安全。

2）条例的适用

条例适用于任何组织或者个人。任何组织或者个人，不得利用计算机信息系统从事危害国家利益、集体利益和公民合法利益的活动，不得危害计算机信息系统的安全。中华人民共和国境内的计算机信息系统的安全保护，适用本条例。

3）条例的主要内容

（1）准确标明了安全保护工作的性质。保障计算机及其相关的和配套的设备、设施（含网络）的安全，运行环境的安全，保障信息的安全，保障计算机功能的正常发挥，以维护计算机信息系统的安全运行。

（2）科学界定了计算机信息系统的概念。计算机信息系统，是指由计算机及其相关的和配套的设备、设施（含网络）构成的，按照一定的应用目标和规则对信息进行采集、加工、存储、传输、检索等处理的人机系统。

（3）系统设置了安全保护的制度。其主要体现在计算机信息媒体进出境申报制、计算机信息系统安全管理负责制、计算机信息系统发生案件时的报告及有害数据的防治研究归口管理，用以下几个条款加以规范：第十二条规定"运输、携带、邮寄计算机信息媒体进出境的，应当如实向海关申报"。第十三条规定"计算机信息系统的使用单位应当建立健全安全管理制度，负责本单位计算机信息系统的安全保护工作"。第十四条规定"对计算机信息系统中发生的案件，有关使用单位应当在 24 小时内向当地县级以上人民政府公安机关报告"。第十五条规定"对计算机病毒和危害社会公共安全的其他有害数据的防治研究工作，由公安部归口管理"。

（4）明确确定了安全监督的职权。条例明确确定了公安机关安全监督的职权，主要体现在以下几个条款：第十七条规定"公安机关对计算机信息系统安全保护工作行使下列监督职权：监督、检查、指导计算机信息系统安全保护工作；查处危害计算机信息系统安全的违法犯罪案件；履行计算机信息系统安全保护工作的其他监督职责。"。第十八条规定"公安机关发现影响计算机信息系统安全的隐患时，应当及时通知使用单位采取安全保护措施。"

（5）全面规定了违法者的法律责任。条例全面规定了违法者的法律责任及处罚规范，其主要体现在以下条款：第二十条规定"违反本条例的规定，有下列行为之一的，由公安机关处以警告或者停机整顿：违反计算机信息系统安全等级保护制度，危害计算机信息系统安全的；违反计算机信息系统国际联网备案制度的；不按照规定时间报告计算机信息系统中发生的案件的；接到公安机关要求改进安全状况的通知后，在限期内拒不改进的；有危害计算机信息系统安全的其他行为的。"第二十二条规定"运输、携带、邮寄计算机信息媒体进出境，不如实向海关申报的，由海关依照《中华人民共和国海关法》和本条例以及其他有关法律、法规的规定处理"。第二十三条规定"故意输入计算机病毒以及其他有害数据危害计算机信息系统安全的，或者未经许可出售计算机信息系统安全专用产品的，由公安机关处以警告或者对个人处以 5 000 元以下的罚款、对单位处以 15 000 元以下的罚款；有违法所得的，除予以没收外，可以处以违法所得 1 至 3 倍的罚款"。第二十五条规定"任何组织或者个人违反本条例的规定，给国家、集体或者他人财产造成损失的，应当依法承担民事责任"。

计算机信息系统安全专用产品，是指用于保护计算机信息系统安全的专用硬件和软件产品。

4．全国人民代表大会常务委员会《关于维护互联网安全的决定》

2000 年 12 月 28 日第九届全国人民代表大会常务委员会第十九次会议通过《关于维护互联网安全的决定》。

1）制定决定的目的

我国的互联网，在国家大力倡导和积极推动下，在经济建设和各项事业中得到日益广泛的应用，使人们的生产、工作、学习和生活方式已经开始并将继续发生深刻的变化，对于加快我国国民经济、科学技术的发展和社会服务信息化进程具有重要作用。同时，如何保障互联网的运行安全和信息安全问题已经引起全社会的普遍关注。为了兴利除弊，促进我国互联网的健康发展，维护国家安全和社会公共利益，保护个人、法人和其他组织的合法权益，2000 年 12 月 28 日第九届全国人民代表大会常务委员会第十九次会议通过了《关于维护互联网安全的决定》。

2）界定违法犯罪行为

为了保障互联网的运行安全，对有下列行为之一，构成犯罪的，依照刑法有关规定追究刑事责任：

（1）侵入国家事务、国防建设、尖端科学技术领域的计算机信息系统。

（2）故意制作、传播计算机病毒等破坏性程序，攻击计算机系统及通信网络，致使计算机系统及通信网络遭受损害。

（3）违反国家规定，擅自中断计算机网络或者通信服务，造成计算机网络或者通信系统不能正常运行。

为了维护国家安全和社会稳定，对有下列行为之一，构成犯罪的，依照刑法有关规定追究刑事责任：

（1）利用互联网造谣、诽谤或者发表、传播其他有害信息，煽动颠覆国家政权、推翻社会主义制度，或者煽动分裂国家、破坏国家统一。

（2）通过互联网窃取、泄露国家秘密、情报或者军事秘密。

（3）利用互联网煽动民族仇恨、民族歧视，破坏民族团结。

（4）利用互联网组织邪教组织、联络邪教组织成员，破坏国家法律、行政法规实施。

为了维护社会主义市场经济秩序和社会管理秩序，对有下列行为之一，构成犯罪的，依照刑法有关规定追究刑事责任：

（1）利用互联网销售伪劣产品或者对商品、服务作虚假宣传。

（2）利用互联网损害他人商业信誉和商品声誉。

（3）利用互联网侵犯他人知识产权。

（4）利用互联网编造并传播影响证券、期货交易或者其他扰乱金融秩序的虚假信息。

（5）在互联网上建立淫秽网站、网页，提供淫秽站点链接服务，或者传播淫秽书刊、影片、音像、图片。

为了保护个人、法人和其他组织的人身、财产等合法权利，对有下列行为之一，构成犯罪的，依照刑法有关规定追究刑事责任：

（1）利用互联网侮辱他人或者捏造事实诽谤他人。

（2）非法截获、篡改、删除他人电子邮件或者其他数据资料，侵犯公民通信自由和通信秘密。

（3）利用互联网进行盗窃、诈骗、敲诈勒索。

3）行动指南

利用互联网实施本决定第一条、第二条、第三条、第四条所列行为以外的其他行为，构成犯罪的，依照刑法有关规定追究刑事责任。

利用互联网实施违法行为，违反社会治安管理，尚不构成犯罪的，由公安机关依照治安管理处罚法予以处罚；违反其他法律、行政法规，尚不构成犯罪的，由有关行政管理部门依法给予行政处罚；对直接负责的主管人员和其他直接责任人员，依法给予行政处分或者纪律处分。利用互联网侵犯他人合法权益，构成民事侵权的，依法承担民事责任。

各级人民政府及有关部门要采取积极措施，在促进互联网的应用和网络技术的普及过程中，重视和支持对网络安全技术的研究和开发，增强网络的安全防护能力。有关主管部门要加强对互联网的运行安全和信息安全的宣传教育，依法实施有效的监督管理，防范和制止利用互联网进行的各种违法活动，为互联网的健康发展创造良好的社会环境。从事互联网业务的单位要依法开展活动，发现互联网上出现违法犯罪行为和有害信息时，要采取措施，停止传输有害信息，并及时向有关机关报告。任何单位和个人在利用互联网时，都要遵纪守法，抵制各种违法犯罪行为和有害信息。人民法院、人民检察院、公安机关、国家安全机关要各司其职，密切配合，依法严厉打击利用互联网实施的各种犯罪活动。要动员全社会的力量，依靠全社会的共同努力，保障互联网的运行安全与信息安全，促进社会主义精神文明和物质文明建设。

5.《计算机信息网络国际联网安全保护管理办法》

1997 年 12 月 11 日经国务院批准，1997 年 12 月 16 日公安部发布了《计算机信息网络国际联网安全保护管理办法》。

1）制定办法的重要性和必要性

制定办法的重要性和必要性在于为加强对计算机信息网络国际联网的安全保护，维护公共秩序和社会稳定。

2）制定办法的指导思想

（1）体现促进发展的原则。

（2）体现保障安全的原则。

（3）体现严格管理的原则。

（4）体现与国家现行法律体系一致性的原则。

3）办法的适用范围、调整对象和公安机关职责

办法的适用范围：中华人民共和国境内的计算机信息网络国际联网安全保护管理。

办法的调整对象：从事国际联网业务的单位和个人。

公安机关职责：公安网监部门负责计算机信息网络国际联网的安全保护管理工作。公安网监部门应当保护计算机信息网络国际联网的公共安全，维护从事国际联网业务的单位和个人的合法权益和公众利益。

4）安全保护责任、义务和法律责任

（1）安全保护责任和义务。从事国际联网业务的单位和个人应当接受公安机关的安全监督、检查和指导，如实向公安机关提供有关安全保护的信息、资料及数据文件，协助公安机关查处通过国际联网的计算机信息网络的违法犯罪行为。

（2）法律责任。违反法律、行政法规，有本办法第五条、第六条所列行为之一的，由公安机关给予警告，有违法所得的，没收违法所得，对个人可以并处 5 000 元以下的罚款，对单位可以并处 15 000 元以下的罚款；情节严重的，并可以给予 6 个月以内停止联网、停机整顿的处罚，必要时可以建议原发证、审批机构吊销经营许可证或者取消联网资格；构成违反治安管理行为的，依照治安管理处罚法的规定处罚；构成犯罪的，依法追究刑事责任。违反本办法第四条、第七条规定的，依照有关法律、法规予以处罚。

6.《互联网安全保护技术措施规定》

2005 年 11 月 23 日公安部部长办公会议通过了《互联网安全保护技术措施规定》，于 2005 年 12 月 13 日正式发布，并于 2006 年 3 月 1 日起施行。

规定是和《计算机信息网络国际联网安全保护管理办法》配套的一部部门规章。规定从保障和促进我国互联网发展出发，根据《计算机信息网络国际联网安全保护管理办法》的有关规定，对互联网服务提供者和联网使用单位落实安全保护技术措施提出了明确、具体和可操作性的要求，保证了安全保护技术措施的科学、合理和有效的实施，有利于加强和规范互联网安全保护工作，提高互联网服务提供者和联网使用单位的安全防范能力和水平，预防和制止网上违法犯罪活动。规定的发布对于保障我国互联网安全将起到促进作用。

1）规定的制定背景

随着我国互联网的发展和普及，互联网安全问题日益突显。网上论坛、电子邮件、网上短消息、网络游戏、电子商务和搜索引擎等网上服务已经成为人民群众工作学习、生活娱乐的重要工具，互联网在经济社会发展中的作用越来越突出。与此同时，互联网上淫秽色情、赌博等有害信

息传播、垃圾电子邮件和垃圾短信息泛滥，计算机病毒传播和网络攻击破坏频繁发生，网上违法犯罪活动不断增多，严重危害了上网用户的合法权益和互联网服务提供者的正常运营，对我国互联网的发展带来严重的负面影响。

落实安全保护技术措施是有效防范、打击网上违法犯罪活动和治理有害垃圾信息的重要保障。1997年经国务院批准、公安部发布施行的《计算机信息网络国际联网安全保护管理办法》第十条明确规定，互联网服务提供者和联网使用单位应当落实安全保护技术措施，保障本网络的运行安全和信息安全。为了尽快改变互联网服务提供者和联网单位安全保护技术措施滞后，不适应当前互联网安全保护工作要求的现状，使安全保护技术措施更加科学、合理、有效，公安部在广泛征求互联网服务提供者、联网单位、相关专家和政府有关部门意见的基础上，制定、发布了《互联网安全保护技术措施规定》。

2）规定的主要内容

规定包括立法宗旨、适用范围、互联网服务提供者和联网使用单位及公安机关的法律责任、安全保护技术措施要求、措施落实与监督和相关名词术语解释等六个方面的内容，共19条2 000余字，主要内容有：

（1）明确了互联网安全保护技术措施，是指保障互联网网络安全和信息安全、防范违法犯罪的技术设施和技术方法，并且规定了互联网安全保护技术措施负责落实的责任主体是互联网服务提供者和联网使用单位，负责实施监督管理工作的责任主体是各级公安机关公共信息网络安全监察部门。

（2）强调了互联网服务提供者和联网使用单位要建立安全保护技术措施管理制度，保障安全保护技术措施的实施不得侵犯用户的通信自由和通信秘密，除法律和行政法规规定外，任何单位和个人未经用户同意不得泄露和公开用户注册信息。

（3）规定了互联网服务提供者和联网使用单位应当落实的基本安全保护技术措施，并分别针对互联网接入服务单位、互联网信息服务单位、互联网数据中心服务单位和互联网上网服务单位规定了各自应当落实的安全保护技术措施。安全保护技术措施主要包括：防范计算机病毒、防范网络入侵攻击和防范有害垃圾信息传播，以及系统运行和用户上网登录时间和网络地址记录留存等技术措施。

（4）为了保证安全保护技术措施的科学合理和统一规范，规定安全保护技术措施应当符合国家标准，没有国家标准的应当符合公共安全行业标准。为了及时发现报警和预警防范网上计算机病毒、网络攻击和有害信息传播，规定了安全保护技术措施应当具有符合公共安全行业技术标准的联网接口。

（5）为保证安全保护技术措施的正常运行，规定明确了互联网服务提供者和联网单位不得实施故意破坏安全保护技术措施、擅自改变措施功能和擅自删除、篡改措施运行记录等行为。同时，规定作为《计算机信息网络国际联网安全保护管理办法》的完善和补充，不再设立新的罚则，对违反规定的行为将依照《计算机信息网络国际联网安全保护管理办法》第二十一条的规定予以处罚。

（6）明确了公安机关监督管理责任和规范了公安机关监督检查行为。规定明确公安机关应当依法对辖区内互联网服务提供者和联网使用单位安全保护技术措施的落实情况进行指导、监督和检查。同时规定，公安机关在依法监督检查时，监督检查人员不得少于2人，并应当出示执法身份证件，互联网服务提供者、联网使用单位应当派人参加。

习　　题

1. 信息安全的发展历经了哪几个主要阶段？
2. 信息安全的基本属性是什么？
3. PDR 模型如何说明信息系统是否安全？
4. 信息系统面临着哪些主要的威胁？
5. 简述我国国家信息化工作的九大发展战略。
6. 信息安全保障工作必须遵循哪些原则？

第2章 | 安全体系结构与安全等级

安全体系结构、安全框架、安全模型及安全技术等一系列术语被认为是相互关联的。安全体系结构定义了最一般的关于安全体系结构的概念，如安全服务、安全机制等；安全框架定义了提供安全服务的最一般方法，如数据源、操作方法以及它们之间的数据流向；安全模型是指在一个特定的环境中，为保证提供一定级别的安全保护所奉行的基本思想，它表示安全服务和安全框架是如何结合的，主要是为了开发人员开发安全协议时采用；而安全技术被认为是一些最基本的模块，它们构成了安全服务的基础，同时可以相互任意组合，以提供更强大的安全服务。

2.1 安全体系结构

2.1.1 ISO/OSI 安全体系结构

国际标准化组织于 1989 年对 OSI 开放互连环境的安全性进行了深入的研究，在此基础上提出了 OSI 安全体系，作为研究设计计算机网络系统以及评估和改进现有系统的理论依据。OSI 安全体系定义了安全服务、安全机制、安全管理及有关安全方面的其他问题。此外，它还定义了各种安全机制以及安全服务在 OSI 中的层位置。为对付现实中的种种情况，OSI 定义了 11 种威胁，例如伪装、非法连接和非授权访问，等等。

1. 安全服务

在对威胁进行分析的基础上，规定了以下五种标准的安全服务：

1）对象认证安全服务

用于识别对象的身份和对身份的证实。OSI 环境可提供对等实体认证和信源认证等安全服务。对等实体认证是用来验证在某一关联的实体中，对等实体的声称是一致的，它可以确认对等实体没有假冒身份；而信源认证是用于验证所收到的数据来源与所声称的来源是否一致，它不提供防止数据中途被修改的功能。

2）访问控制安全服务

提供对越权使用资源的防御措施。访问控制可分为自主访问控制、强制访问控制两类。实现机制可以是基于访问控制属性的访问控制表、基于安全标签或用户和资源分档的多级访问控制等。

3）数据保密性安全服务

它是针对信息泄露而采取的防御措施，可分为信息保密、选择段保密和业务流保密。它的基础是数据加密机制的选择。

4）数据完整性安全服务

防止非法篡改信息，如修改、复制、插入和删除等。它有五种形式：可恢复连接完整性、无恢复连接完整性、选择字段连接完整性、无连接完整性和选择字段无连接完整性。

5）防抵赖性安全服务

它是针对对方抵赖的防范措施，用来证实发生过的操作，它可分为对发送方抵赖、对递交方抵赖和进行公证。

2．安全机制

一个安全策略和安全服务可以单个使用，也可以组合起来使用，在上述提到的安全服务中可以借助以下安全机制：

（1）加密机制。借助各种加密算法对存放的数据和流通中的信息进行加密。DES 算法已通过硬件实现，效率非常高。

（2）数字签名。采用公钥体制，使用私钥进行数字签名，使用公钥对签名信息进行证实。

（3）访问控制机制。根据访问者的身份和有关信息，决定实体的访问权限。

（4）数据完整性机制。判断信息在传输过程中是否被篡改过，与加密机制有关。

（5）认证交换机制。用来实现同级之间的认证。

（6）防业务流量分析机制。通过填充冗余的业务流量来防止攻击者对流量进行分析，填充过的流量需通过加密进行保护。

（7）路由控制机制。防止不利的信息通过路由。目前典型的应用为网络层防火墙。

（8）公证机制。由公证人（第三方）参与数字签名，它基于通信双方对第三者都绝对相信。

3．安全管理

为了更有效地运用安全服务，需要有其他措施来支持它们的操作，这些措施即为安全管理。安全管理是对安全服务和安全机制进行管理，把管理信息分配到有关的安全服务和安全机制中，并收集与它们的操作有关的信息。

OSI 概念化的安全体系结构是一个多层次的结构，它本身是面向对象的，给用户提供了各种安全应用，安全应用由安全服务来实现，而安全服务又是由各种安全机制来实现的。

OSI 提出了每一类安全服务所需要的各种安全机制，而安全机制如何提供安全服务的细节可以在安全框架内找到。表 2-1 表明了安全机制和安全服务的关系。

表 2-1　OSI 各种安全机制和安全服务的关系

安全服务	安全机制							
	加密	数字签名	访问控制	数据完整性	认证交换	防业务流量分析	路由控制	公证
对象认证	√	√			√			
访问控制		√	√					
数据保密性	√					√	√	
数据完整性	√	√		√				
防抵赖性		√		√				√

2.1.2 动态的自适应网络安全模型

单纯的防护技术容易导致系统的盲目建设，这种盲目包括两方面：一方面是不了解安全威胁的严峻，不了解当前的安全现状；另一方面是安全投入过大而又没有真正抓住安全的关键环节，导致不必要的浪费。对于网络系统的攻击日趋频繁，安全的概念已经不仅仅局限于信息的保护，人们需要的是对整个信息和网络系统的保护和防御，以确保它们的安全性，包括对系统的保护、检测和反应能力等。

总的来说，安全模型已经从以前的被动保护转到了现在的主动防御，强调整个生命周期的防御和恢复。PDR 模型就是最早提出的体现这样一种思想的安全模型。所谓 PDR 模型，指的就是基于防护（Protection）、检测（Detection）、响应（Reaction）的安全模型。

20 世纪 90 年代末，美国国际互联网安全系统公司（ISS）提出了自适应网络安全模型 ANSM（Adaptive Network Security Model），并联合其他厂商组成 ANS 联盟，试图在此基础上建立网络安全的标准。该模型即可量化、可由数学证明、基于时间的、以 PDR 为核心的安全模型，亦称 P2DR 模型，这里 P2DR 是 Policy（安全策略）、Protection（防护）、Detection（检测）和 Response（响应）的缩写，如图 2-1 所示。

图 2-1 P2DR 安全模型

1. Policy（安全策略）

根据风险分析产生的安全策略描述了系统中哪些资源需要得到保护，以及如何实现对它们的保护等。安全策略是 P2DR 安全模型的核心，所有的防护、检测、响应都是依据安全策略实施的，企业安全策略为安全管理提供管理方向和支持手段。

2. Protection（防护）

通过修复系统漏洞、正确设计开发和安装系统来预防安全事件的发生；通过定期检查来发现可能存在的系统脆弱性；通过教育等手段，使用户和操作员正确使用系统，防止意外威胁；通过访问控制、监视等手段来防止恶意威胁。

3. Detection（检测）

在 P2DR 模型中，检测是非常重要的一个环节，检测是动态响应和加强防护的依据，它也是强制落实安全策略的有力工具，通过不断地检测和监控网络和系统，来发现新的威胁和弱点，通过循环反馈及时做出有效的响应。

4．Response（响应）

紧急响应在安全系统中占有最重要的地位，是解决安全潜在性问题最有效的办法。从某种意义上讲，安全问题就是要解决紧急响应和异常处理问题。

信息系统的安全是基于时间特性的，P2DR 安全模型的特点就在于动态性和基于时间的特性。下面先定义几个时间值：

（1）攻击时间(P_t)：表示从入侵开始到侵入系统的时间。攻击时间的衡量特性包括两个方面：

① 入侵能力。

② 系统脆弱性。高水平的入侵及安全薄弱的系统都能增强攻击的有效性，使攻击时间 P_t 缩短。

（2）检测时间(D_t)：系统安全检测包括发现系统的安全隐患和潜在攻击检测，以利于系统的安全评测。改进检测算法和设计可缩短 D_t，提高对抗攻击的效率。检测系统按计划完成所有检测的时间为一个检测周期。检测与防护是相互关联的，适当的防护措施可有效缩短检测时间。

（3）响应时间(R_t)：包括检测到系统漏洞或监控到非法攻击到系统启动处理措施的时间。例如，一个监控系统的响应可能包括监视、切换、跟踪、报警、反击等内容。而安全事件的后处理（如恢复、总结等）不纳入事件响应的范畴之内。

（4）系统暴露时间(E_t)：指系统处于不安全状况的时间，可以定义为 $E_t = D_t + R_t - P_t$。

我们认为，系统的检测时间与响应时间越长，或对系统的攻击时间越短，则系统的暴露时间越长，系统就越不安全。如果 $R_t \leq 0$（即 $D_t + R_t \leq P_t$），那么可以基于 P2DR 模型，认为该系统是安全的。所以，从 P2DR 模型可以得出这样一个结论：安全的目标实际上就是尽可能地增大保护时间，尽量减少检测时间和响应时间。

PPDRR 模型是在 P2DR 模型的基础上新增加了一点 Recovery 即恢复，一旦发生系统安全事故，也能恢复系统功能和数据，恢复系统的正常运行等。

2.2　网络安全体系

2.2.1　五层网络安全体系

一般来说，网络会涉及以下几方面：首先是网络硬件，即网络的实体；第二是网络操作系统，即对于网络硬件的操作与控制；第三是网络中的应用程序。有了这三部分，一般认为便可构成一个网络整体。若要实现网络的整体安全，考虑上述三方面的安全问题也即足够。但事实上，这种分析和归纳是不完整和不全面的。在应用程序的背后，还隐藏着大量的数据作为对前者的支持，而这些数据的安全性问题也应被考虑在内。同时，还有最重要的一点，即无论是网络本身还是操作系统与应用程序，它们最终都是由人来操作和使用的，所以还有一个重要的安全问题就是用户的安全性。

在经过系统和科学的分析之后，国际著名的网络安全研究公司 Hurwitz Group 得出在考虑网络安全问题的过程中，应该主要考虑以下五方面的问题的结论：

（1）网络层是否安全。

（2）操作系统是否安全。

（3）用户是否安全。

（4）应用程序是否安全。

（5）数据是否安全。

这个五层次的网络系统安全体系理论已得到了国际网络安全界的广泛承认和支持，并将这一安全体系理论应用在其产品中。下面逐一对每一层的安全问题做出简单的阐述和分析。

1．网络层的安全性

网络层的安全性问题核心在于网络是否得到控制，即任何一个 IP 地址来源的用户是否都能进入网络。如果将整个网络比作一幢办公大楼，对于网络层的安全考虑就如同为大楼设置警卫一样。警卫会仔细查看每一位来访者，一旦发现危险的来访者，便会将其拒之门外。

通过网络通道对网络系统进行访问时，每一个用户都会拥有一个独立的 IP 地址，这一 IP 地址能够大致表明用户的来源所在地和来源系统。目标网站通过对来源 IP 进行分析，便能初步判断来自这一 IP 的数据是否安全，是否会对本网络系统造成危害，以及来自这一 IP 的用户是否有权使用本网络的数据。一旦发现某些数据来自于不可信任的 IP 地址，系统便会自动将这些数据阻挡在系统之外，并且大多数系统能够自动记录那些曾经造成过危害的 IP 地址，使得它们的数据无法第二次造成危害。

用于解决网络层安全性问题的产品主要有防火墙产品和 VPN（虚拟专用网）。防火墙的主要目的在于判断来源 IP，将危险或未经授权的 IP 数据拒之于系统之外，而只让安全的 IP 数据通过。一般来说，公司的内部网络若要与公众 Internet 相连，则应该在二者之间配置防火墙产品，以防止公司内部数据的外泄。VPN 主要解决的是数据传输的安全问题，如果公司各部在地域上跨度较大，使用专网、专线过于昂贵，则可以考虑使用 VPN。其目的在于保证公司内部的敏感关键数据能够安全地借助公共网络进行频繁地交换。

2．系统的安全性

在系统的安全性问题中，主要考虑的问题有两个：一是病毒对于网络的威胁，二是黑客对于网络的破坏和侵入。

病毒的主要传播途径已由过去的软盘、光盘等存储介质变成了网络，多数病毒不仅能够直接感染网络上的计算机，也能将自身在网络上进行复制。同时，电子邮件、文件传输（FTP）以及网络页面中的恶意 Java 小程序和 ActiveX 控件，甚至文档文件都能够携带对网络和系统有破坏作用的病毒。这些病毒在网络上进行传播和破坏的多种途径和手段，使得网络环境中的防病毒工作变得更加复杂，网络防病毒工具必须能够针对网络中各个可能的病毒入口进行防护。

对于网络黑客而言，他们的主要目的在于窃取数据和非法修改系统，其手段之一是窃取合法用户的口令，在合法身份的掩护下进行非法操作；其手段之二便是利用网络操作系统的某些合法但不为系统管理员和合法用户所熟知的操作指令。例如，在 UNIX 系统的默认安装过程中，会自动安装大多数系统指令，据统计，其中大约有 300 个指令是大多数合法用户根本不会使用的，但这些指令往往会被黑客所利用。

要弥补这些漏洞，就需要使用专门的系统风险评估工具，来帮助系统管理员找出哪些指令是不应该安装的，哪些指令是应该缩小其用户使用权限的。在完成了这些工作之后，操作系统自身的安全性问题将在一定程度上得到保障。

3. 用户的安全性

对于用户的安全性问题，所要考虑的问题是：是否只有那些真正被授权的用户才能够使用系统中的资源和数据？

首先要做的是应该对用户进行分组管理，并且这种分组管理应该是针对安全性问题而考虑的分组。也就是说，应该根据不同的安全级别将用户分为若干等级，每一等级的用户只能访问与其等级相对应的系统资源和数据。

其次应该考虑的是强有力的身份认证，其目的是确保用户的密码不会被他人猜测到。在大型的应用系统中，有时会存在多重的登录体系，用户如需进入最高层的应用，往往需要多次输入多个不同的密码，如果管理不严，多重密码的存在也会造成安全问题上的漏洞。所以在某些先进的登录系统中，用户只需要输入一个密码，系统就能自动识别用户的安全级别，从而使用户进入不同的应用层次。这种单点登录（Single-Sign On，SSO）体系要比多重登录体系能够提供更大的系统安全性。

4. 应用程序的安全性

在这一层中需要回答的问题是：是否只有合法的用户才能对特定的数据进行合法的操作？

这涉及两方面的问题：一是应用程序对数据的合法权限；二是应用程序对用户的合法权限。例如，在公司内部，上级部门的应用程序应该能够存取下级部门的数据，而下级部门的应用程序一般不应该允许存取上级部门的数据。同级部门的应用程序的存取权限也应有所限制，例如同一部门不同业务的应用程序也不应该互相访问对方的数据，一方面可以避免数据的意外损坏，另一方面也是安全方面的考虑。

5. 数据的安全性

数据的安全性问题所要回答的问题是：机密数据是否还处于机密状态？

在数据的保存过程中，机密的数据即使处于安全的空间，也要对其进行加密处理，以保证万一数据失窃，偷盗者（如网络黑客）也读不懂其中的内容。这是一种比较被动的安全手段，但往往能够收到最好的效果。

2.2.2　六层网络安全体系

基于 Hurwitz Group 的五层网络安全体系，加上人们实际的经验总结，又提出了六层网络安全体系，即一套完整的网络安全解决方案需要从网络硬件设备的物理安全、网络传输的链路安全、网络级的安全、信息安全、应用安全和用户安全六个方面综合考虑。图 2-2 展示了这样一个六层安全体系结构。

（1）物理安全。主要防止物理通路的损坏、物理通路的窃听、对物理通路的攻击（干扰等）。保证计算机信息系统各种设备的物理安全是整个计算机信息系统安全的前提，它通常包括环境安全（指系统所在环境的安全保护）、设备安全和媒体安全三个方面。抗干扰、防窃听是物理层安全措施制定的重点。现在物理实体的安全管理现已有大量标准和规范，如计算机场地安全要求（GB/T 9361—2011）、计算机场地技术条件（GFB2887—88）等。

图 2-2　六层安全体系结构

（2）链路安全。需要保证通过网络链路传送的数据不被窃听，主要针对公用信道的传输安全。在公共链路上采用一定的安全手段可以保证信息传输的安全，对抗通信链路上的窃听、篡改、重放、流量分析等攻击。在局域网内可以采用划分 VLAN（虚拟局域网）来对物理和逻辑网段进行有效的分割和隔离，消除不同安全级别逻辑网段间的窃听可能。如果是远程网，可以采用链路加密等手段。

（3）网络级安全。需要从网络架构、网络访问控制、漏洞扫描、网络监控与入侵检测等多方面加以保证。首先要保证网络架构的正确，路由正确；采用防火墙、安全网关、VPN 等实施网络层的安全访问控制；此外可以采用漏洞扫描、网络监控与入侵检测系统等与防火墙结合使用，形成主动性的网络防护体系。

（4）信息安全。它涉及信息传输安全、信息存储安全和信息审计等问题。保证信息传输安全需要保证信息的完整性、机密性、不可抵赖和可用性等；而对于信息存储安全，主要包括纯粹的数据信息和各种功能信息两大类，为确保这些数据的安全，可以采用数据备份和恢复、数据访问控制措施、数据机密性保护、数据完整性保护、防病毒、备份数据的安全保护等措施；此外，为防止与追查网上机密信息的泄露行为，并防止不良信息的流入，可在网络系统与因特网的连接处，对进出网络的信息流实施内容审计。

（5）应用安全。它包括应用平台、应用程序的安全。应用平台的安全包括操作系统、数据库服务器、Web 服务器等系统平台的安全，由于应用平台的系统非常复杂，通常采用多种技术来增强应用平台的安全性。应用程序完成网络系统的最终目的——为用户服务，应用程序可以使用应用平台提供的安全服务来保证基本安全，如通信内容安全、通信双方的认证、审计等手段。

（6）用户安全。主要是用户的合法性，是用户的身份认证和访问控制。通常采用强有力的身份认证，确保密码难以被他人猜测到；并可以根据不同的安全等级对用户进行分组管理，不同等级的用户只能访问与其等级相对应的系统资源和数据。

2.2.3　基于六层网络安全体系的网络安全解决方案

基于以上分析，这里给出了一个多层次、全方位、分布式的企业级网络安全解决方案（假设该企业有异地的分公司）。所谓多层次，指的是这个方案满足物理安全、链路安全、网络级安全、信息安全、应用安全和用户安全这个六层网络安全体系；另外一个意思是多层防御，攻击者在突破第一道防线后，可以延缓或阻断其到达攻击目标。所谓全方位，指的是方案覆盖了从静态的被动防御到动态主动防御，从入侵事前安全漏洞扫描、事中入侵检测与审计到事后取证，从系统到桌面等多方位。所谓分布式，指的是采取的安全措施是从主机到网络分布式的结构，给网络系统以全面的保护。该方案的简要结构如图 2-3 所示。

图 2-3　基于六层安全体系的分布式网络安全解决方案结构图

下面对该方案作进一步的功能说明。

1. 物理安全保证

为保障网络硬件设备的物理安全，应在产品保障、运行安全、防电磁辐射和保安方面采取有效措施。产品保障方面主要指产品采购、运输、安装等方面的安全措施。运行安全方面指网络中的设备特别是安全类产品在使用过程中，必须能够从生产厂家或供货单位得到迅速的技术支持服务，对一些关键设备和系统，应设置备份系统。防电磁辐射方面，所有重要涉密的设备都需要安装防电磁辐射产品，如辐射干扰机。保安方面主要是防盗、防火等，还包括网络系统所有网络设备、计算机、安全设备的安全防护。

2. 通信链路安全

在局域网内采用划分 VLAN（虚拟局域网）来对物理和逻辑网段进行有效的分割和隔离，消除不同安全级别逻辑网段间的窃听可能。对于远程网，可以用链路加密机解决链路安全问题，也可以用 VPN 技术在通信链路级构筑各个分公司的安全通道，实现流量管理、服务质量管理和传输信息的加密，保证了各个分公司网的通信安全，同时减少租用专线的昂贵费用。

3．基于防火墙的网络访问控制体系

防火墙能有效地实现网络访问控制、代理服务、身份认证，实现企业级网络系统与外界的安全隔离，保护企业内的关键信息资产和网络组件，不影响网络系统的工作效率。通过对特定网段、服务建立的访问控制体系，将大多数攻击阻止在外部。

4．基于 PKI 的身份认证体系

按照需要可以在大型的企业网络内部建立基于 PKI 的身份认证体系（有必要的话还可以建立起基于 PMI 的授权管理体系），实现增强型的身份认证，并为实现内容完整性和不可抵赖性提供支持。在身份认证机制上还可以考虑采用 IC 卡、USB 令牌、一次性口令、指纹识别器等辅助硬件实现双因素或三因素的身份认证功能。特别注意对移动用户拨入的身份认证和授权访问控制。

5．漏洞扫描与安全评估

采用安全扫描技术，定期检测分析、修补弱点漏洞，定期检查，纠正网络系统的不当配置，保证系统配置与安全策略的一致，减少攻击者攻击的机会。

6．分布式入侵检测与病毒防护系统

对于大规模企业网络，采用分布式入侵检测与病毒防护系统。典型的企业需要保护整个网络所支持的分布式主机集合，尽管通过每个主机上使用单独的入侵检测与病毒防护系统来安装防御设旋是可能的，但通过网络上入侵检测与病毒防护系统的协调与合作可以实现更有效的防御。在每个网段上我们都安装一台网络入侵检测与病毒防护系统，可以实时监视各个网段的访问请求，并及时将信息反馈给控制台，这样全网任何一台主机受到攻击时系统都可以及时发现。

7．审计与取证

在审计和取证方面，能够对流经网络系统的全部信息流进行过滤和分析，有效地对敏感信息进行基于规则的监控和响应；能够对非法行为进行路由与反路由跟踪，为打击非法活动提供证据。

8．系统级安全

操作系统是网络系统的基础，数据库也是应用系统的核心部件，它们的安全在网络安全中有着举足轻重的位置。对于重要的主机，尽量采用安全的操作系统与数据库或是经过安全增强的操作系统与数据库，还需要及时填补新发现的漏洞，周期检查系统设置，注意用户管理安全、系统监控安全、故障诊断等系统问题，有效加强整个系统的病毒防护等。

9．桌面级安全

对于一般的主机要实现桌面级的安全，应该及时填补安全漏洞，关闭一些不安全的服务，禁止开放一些不常用而又比较敏感的端口，采用桌面级的防病毒软件以及个人防火墙等；对重要的主机还要安装基于主机的入侵检测、安全审计等系统。

10．应急响应和灾难恢复

安全不是绝对的，在实际的系统中，即使实施了网络安全工程，还是有可能发生这样那样的

意外情况，因此应急响应和灾难恢复也是安全技术中的重要一环，它能够在出现意外事件时进行应急响应和保护，具有良好的备份和恢复机制。可在攻击造成损失时，能尽快地恢复数据和系统服务。此外，还可以采用网页恢复技术来保护 Web 页面的安全。

本方案与前面提出的六层网络安全体系的对应关系如表 2-2 所示。

表 2-2　本方案与前面的六层网络安全体系的对应关系

安全措施	六层网络安全体系					
	物理安全	链路安全	网络级安全	信息安全	用户安全	应用安全
物理安全保证	√					
通信链路安全		√		√		
基于防火墙的网络访问控制			√			
基于 PKI 的身份认证体系				√	√	√
漏洞扫描与安全评估			√			
分布式入侵检测与病毒防护			√	√		√
审计与取证				√		
系统级安全						√
桌面级安全						√
应急响应和灾难恢复				√		√

当然，本方案中的安全措施不一定要全部实施，可以根据不同的场合、不同的需求，灵活地加以组合、变通实现。

实际网络系统的安全性，往往并不能通过以上所描述安全措施的简单组合来实现，事实上再好的安全产品和技术，如果没有良好的安全策略和管理手段做后盾，是无法确保网络安全的，因此还要强调网络安全策略和管理手段的重要性。对于多级网络系统，各结点具有不同的网络规模、应用和管理权限，安全系统的配置也需要具体进行用户化。管理性和技术性的安全措施是相辅相成的，在对技术性措施进行设计的同时，必须考虑安全管理措施。因为诸多的不安全因素恰恰反映在组织管理和人员使用方面，而这又是计算机网络安全所必须考虑的基本问题，所以应引起各计算机网络应用部门领导的重视。

2.3　安全等级与标准

安全防护体系的基础性工作之一是制定安全访问制度，健全的规章制度可以使企业避免陷入法律诉讼、利润损失以及维护公司形象；另一基础性工作则是制定安全等级与标准，即需要有一整套用于规范计算机信息系统安全建设和使用的标准，以及相应的管理办法。

安全评价标准及技术作为各种计算机系统安全防护体系的基础，已被许多企业和咨询公司用于指导 IT 产品安全设计以及衡量一个 IT 产品和评测系统安全性的依据。

国际上比较重要和公认的安全标准有美国 TCSEC（橙皮书）、欧洲 ITSEC、加拿大 CTCPEC、美国联邦准则（FC）、联合公共准则（CC）和英国标准 7799（BS7799），以及国际标准化组织（ISO

组织）发布的以 BS7799 标准为基础的 ISO7799 标准，它们的关系如图 2-4 所示。

图 2-4　几个重要国际安全标准的关系

近 20 年来，人们一直在寻求制定和努力发展安全标准，众多标准化组织在安全需求服务分析指导、安全技术机制开发、安全评估标准等方面制定了许多标准。

2.3.1　TCSEC 标准

1985 年美国国防部制定的计算机安全标准——可信计算机系统评价准则 TCSEC（Trusted Computer System Evaluation Criteria），即橙皮书。橙皮书中使用了可信计算基础 TCB（Trusted Computing Base）这一概念，即计算机硬件与支持不可信应用及不可信用户的操作系统的组合体。橙皮书是一个比较成功的计算机安全标准，它在较长的一段时间得到了广泛的应用，并且也成为其他国家和国际组织制定计算机安全标准的基础和参照，具有划时代的意义。

TCSEC 标准为计算机安全产品的评测提供了测试和方法，指导信息安全产品的制造和应用，它给出一套标准来定义满足特定安全等级所需的安全功能及其保证的程度。

TCSEC 标准定义了系统安全的五个要素：

（1）安全策略。

（2）可审计机制。

（3）可操作性。

（4）生命期保证。

（5）建立并维护系统安全的相关文件。

同时，TCSEC 标准定义了系统安全等级来描述以上所有要素的安全特性，它将安全分为四个方面（安全政策、可说明性、安全保障和文档）和七个安全级别（从低到高依次为 D、C1、C2、B1、B2、B3 和 A 级）。

（1）D 级：最低保护（Minimal Protection），指未加任何实际的安全措施，D1 的安全等级最低。D1 系统只为文件和用户提供安全保护。D1 系统最普遍的形式是本地操作系统，或一个完全没有保护的网络，如 DOS 被定为 D1 级。

（2）C 级：被动的自主访问策略（Disretionary Access Policy Enforced），提供审慎的保护，并

为用户的行动和责任提供审计能力，由两个级别组成：C1 和 C2。

①C1 级：具有一定的自主型存取控（DAC）机制，通过将用户和数据分开达到安全的目的，用户认为 C1 系统中所有文档均具有相同的机密性。如 UNIX 的 owner / group / other 存取控制。

② C2 级：具有更细分（每一个单独用户）的自主型存取控制（DAC）机制，且引入了审计机制。在连接到网络上时，C2 系统的用户分别对各自的行为负责。C2 系统通过登录过程、安全事件和资源隔离来增强这种控制。C2 系统具有 C1 系统中所有的安全性特征。

（3）B 级：被动的强制访问策略（Mandatory Access Policy Enforced）。由 B1、B2 和 B3 三个级别组成。B 系统具有强制性保护功能，目前较少有操作系统能够符合 B 级标准。

① B1 级：满足 C2 级所有的要求，且需具有所用安全策略模型的非形式化描述，实施了强制型存取控制（MAC）。

② B2 级：系统的 TCB 是基于明确定义的形式化模型，并对系统中所有的主体和客体实施了自主型存取控制（DAC）和强制型存取控制（MAC）。另外，具有可信通路机制、系统结构化设计、最小特权管理以及对隐通道的分析和处理等。

③ B3 级：系统的 TCB 设计要满足能对系统中所有的主体对客体的访问进行控制，TCB 不会被非法篡改，且 TCB 设计要小巧且结构化以便于分析和测试其正确性。支持安全管理者（Security Administrator）的实现，审计机制能实时报告系统的安全性事件，支持系统恢复。

（4）A 级：形式化证明的安全（Formally Proven Security）。A 安全级别最高，只包含 1 个级别 A1。

A1 级：类同于 B3 级，它的特色在于形式化的顶层设计规格 FTDS（Formal Top level Design Specification）、形式化验证 FTDS 与形式化模型的一致性和由此带来的更高的可信度。

上述细分的等级标准能够用来衡量计算机平台（如操作系统及其基于的硬件）的安全性。在 TCSEC 彩皮书（Rainbow Books）中，给出标准来衡量系统组成（如加密设备、LAN 部件）和相关数据库管理系统的安全性。

2.3.2　欧洲 ITSEC

20 世纪 90 年代西欧四国（英、法、荷、德）联合提出了信息技术安全评估标准 ITSEC，又称欧洲白皮书，带动了国际计算机安全的评估研究，其应用领域为军队、政府和商业。该标准除了吸收 TCSEC 的成功经验外，首次提出了信息安全的保密性、完整性、可用性的概念，并将安全概念分为功能与评估两部分，使可信计算机的概念提升到可信信息技术的高度。ITSEC 标准的一个基本观点是：分别衡量安全的功能和安全的保证。

ITSEC 标准对每个系统赋予两种等级：F（Functionality）即安全功能等级，E（European Assurance）即安全保证等级。功能准则从 F1～F10 共分 10 级，其中前 5 种安全功能与橙皮书中的 C1～B3 级非常相似。F6～F10 级分别对应数据和程序的完整性、系统的可用性、数据通信的完整性、数据通信的保密性以及机密性和完整性的网络安全。它定义了从 E0 级（不满足的品质）到 E6 级（形式化验证）的 7 个安全等级，分别是测试、配置控制和可控的分配，能访问详细设计和源码、详细的脆弱性分析、设计与源码明显对应以及设计与源码在形式上一致。

一个系统可能有最高等级所需的所有安全功能（F6），但由于某些功能不能保证到最高等级，从而使该系统的安全保证等级较低（E4），此系统的安全等级将是 F6/E4。

在 ITSEC 中，另一个观点是：被评估的应是整个系统（硬件、操作系统、数据库管理系统、应用软件），而不仅是计算平台，因为一个系统的安全等级可能比其每个组成部分的安全等级都高（或低）。另外，某个等级所需的总体安全功能可能分布在系统的不同组成中，而不是所有组成都要重复这些安全功能。

ITSEC 标准成为欧共体信息安全计划的基础，并对国际信息安全的研究、实施带来深刻的影响。

2.3.3　加拿大 CTCPEC 评价标准

1993 年，加拿大发布"加拿大可信计算机产品评价准则"CTCPEC，该准则综合了美国 TCSEC 和欧洲 ITSEC 两个准则。CTCPE 专门针对政府需求设计，该标准将安全分为功能性需求和保证性需要两部分。功能性需求共分为四个层次：机密性、完整性、可靠性和可说明性，每种安全需求又可分成很多系统来表示安全性的差别，分级为 0 ~ 5 级。

2.3.4　美国联邦准则 FC

1993 年，美国对 TCSEC 做了补充和修改，也吸纳了 ITSEC 的优点，发表了"信息技术安全性评价联邦准则"FC。该标准将安全需求分为四个层次：机密性、完整性、可靠性和可说明性。其目的是提供 TCSEC 的升级版本，同时保护已有投资。该标准在美国政府、民间和商业领域得到广泛应用。

2.3.5　CC 标准

1993 年 6 月，六国七方（美国国家安全局和国家技术标准研究所、加、英、法、德、荷）经协商同意，共同提出了"信息技术安全评价通用准则"（CC for ITSEC）。1996 年发表了 CC 的第一版本，1998 年 5 月发表第二版。1999 年 10 月，国际标准化组织和国际、电联（ISO/IEC）通过了将 CC 作为国际标准 ISO/IEC 15408 信息技术安全评估准则的最后文本。随着信息技术的发展，CC 全面地考虑了与信息技术安全性有关的基础准则，定义了作为评估信息技术产品和系统安全性的基础准则，提出了国际上公认的表达信息技术安全性的结构，即将安全要求分为规范产品和系统安全行为的功能要求以及解决如何正确有效地实施这些功能的保证要求。

CC 标准的主要思想和框架，结合了 FC 及 ITSEC 的主要特征，它强调将安全的功能与保障分离，并将功能需求分为 9 类 63 族，将保障分为 7 类 29 族。它综合了过去信息安全的准则和标准，形成了一个更全面的框架。CC 主要面向信息系统的用户、开发者和评估者，通过建立这样一个标准，使用户可以用它确定对各种信息产品的信息安全要求，使开发者可以用它来描述其产品的安全特性，使评估者可以对产品安全性的可信度进行评估。不过，CC 并不涉及管理细节和信息安全的具体实现、算法、评估方法等，也不作为安全协议、安全鉴定等，CC 的目的是形成一个关于信息安全的单一国际标准。CC 是安全准则的集合，也是构建安全要求的工具，对于信息系统的用户、开发者和评估者都有重要的意义。

（1）CC 标准分为三个部分，三者相互依存，缺一不可。这三部分的有机结合具体体现在"保护轮廓"和"安全目标"中。

第一部分：简介和一般模型，介绍了 CC 中的有关术语、基本概念和一般模型以及与评估有关的一些框架，附录部分主要介绍"保护轮廓"和"安全目标"的基本内容。

第二部分：安全功能要求，提出技术要求，按"类→子类→组件"的方式提出安全功能要求，每一个类除正文外，还有对应的提示性附录做进一步解释。

第三部分：安全保证要求，提出了非技术要求和对开发过程的要求，定义了评估保证级别，介绍了"保护轮廓"和"安全目标"的评估，并按"类—子类—组件"的方式提出安全保证要求。

（2）CC 的先进性体现在四个方面：

① 结构的开放性，即功能和保证要求都可以在具体的"保护轮廓"和"安全目标"中进一步细化和扩展，如可以增加"备份和恢复"方面的功能要求或一些环境安全要求。这种开放式的结构更适应信息技术和信息安全技术的发展。

② 表达方式的通用性，即给出通用的表达方式。如果用户、开发者、评估者、认可者等目标读者都使用 CC 的语言，互相之间就更容易理解沟通。例如，用户使用 CC 的语言表述自己的安全需求，开发者就可以更具针对性地描述产品和系统的安全性，评估者也更容易、有效地进行客观评估，并确保评估结果对用户而言更容易理解。这种特点对规范实用方案的编写和安全性测试评估都具有重要意义。

③ 结构和表达方式的内在完备性，具体体现在"保护轮廓"和"安全目标"的编制上。"保护轮廓"主要用于表达一类产品或系统的用户需求，在标准化体系中可以作为安全技术类标准对待。"安全目标"在"保护轮廓"的基础上，通过将安全要求进一步针对性具体化，解决了要求的具体实现。

④ 实用性。常见的实用方案就可以当成"安全目标"对待，通过"保护轮廓"和"安全目标"这两种结构，便于将 CC 的安全性要求具体应用到 IT 产品的开发、生产、测试、评估和信息系统的集成、运行、评估、管理中。

CC 标准是目前系统安全认证方面最权威的标准，它的制定和应用对 IT 安全技术和安全产业产生了深远的影响。

2.3.6　BS 7799 标准

1. 信息安全管理标准 BS7799

信息安全管理标准 BS7799 由英国标准协会 BSI（The British Standards Institution）邀请业界相关厂商为共同追求有国际性质量标准的信息安全管理标准而制定的，于 2000 年 11 月经国际标准化组织 ISO（International Organization for Standardization）审核通过，已逐渐成为国际通用和遵循的信息安全领域中应用最普遍、最典型的标准之一，该标准于 2000 年 12 月正式颁布为 ISO17799 标准。澳大利亚、荷兰、挪威及瑞典等国均相继采用 BS7799 作为其国家的标准，日本、瑞士，以及我国的台湾、香港地区等拟推广或正在推广此标准。同时，众多国家的政府机构、银行、保险公司、电信企业、网络公司及许多跨国公司已采用此标准对自身的信息安全进行管理。

BS7799 规定了建立、实施和信息安全管理体系文件化的要求，以及根据独立组织的需求实施相应的安全控制，它主要提供有效实施 IT 安全管理的建议，介绍安全管理的方法和程序，用户参照此标准制定自己的安全管理计划和实施步骤。该标准是一个组织全面或部分信息安全管理体系评估的基础，同时，也可作为非正式认证方案的依据之一。

BS7799 共分为两部分：

第一部分：1995 年公布的 ISO/IEC 17799：2000，它是信息安全管理系统实施规则（Code of

Practice for Information Security Management System Code），作为开发人员的参考文档。

第二部分：1998 年公布的 BS 7799-2：1999，它是信息安全管理系统验证规范（Specification for Information Security Management System），详细说明了建立、实施和维护信息安全管理系统的要求，指出实施组织需遵循风险评估来鉴定最适宜的控制对象，并对自身的需求采取适当的控制。

BS7799 标准的益处在于着重保护企业/组织的信息资产，包括信息的产生、处理传输及存储机制，此标准包括提供一个客观的测量、比较信息安全管理标准的方法，增加电子商务厂商交易的信心。此认证为任何信息安全系统的评估，提供了可遵循的客观标准，许多公司/企业都以此标准作为评测的参考依据。

以 BS7799 标准为依据运作管理的公司/企业，在与客户的交往中，能增加消费者对厂商的信心及满意度，强化厂商的市场竞争力；在公司/企业内部的管理中，改善内部信息的安全环境，降低信息交易风险，提高公司/企业的经营利润。

BS7799（ISO17799）全面地覆盖了安全的问题。最新版的 BS7799 由四个主段组成，即范围、术语、定义、体系要求和控制细则。其中控制细则部分共有 10 项独立的分析评估领域，又可细分为 36 个目标和 127 项控制，不但控制需求量大，且有些极其复杂，因此，即使对最有意识的安全组织者来说，仍需按实际需要进行选用。

公司/企业在取得 BS7799 认证的过程中可以协助组织辨认所有关键交易活动、加强监控，适当评估信息资产的价值，评估其风险、提供解决策略及提供适当成本的解决方法，信息是现今企业的命脉，迅速获得正确信息是公司/企业具有竞争力的关键因素，要在快速变化且竞争激烈的环境下取得成功，公司/企业必须证明自己能够适当保护信息的安全，包括组织本身、客户及交易厂商的信息，因此，面对日新月异的信息科技，信息安全是一个持续性的挑战。

BS7799 标准是一个非常详细的安全标准，BS 标准有 10 个组成部分，每部分覆盖一个不同的主题或领域，分别是：

1）商务可持续计划

商务可持续计划可消除失误或灾难的影响，恢复商务运转及关键性业务流程的行动计划。

2）系统访问权限控制

（1）控制对信息的访问权限。

（2）阻止对信息系统的非授权访问。

（3）确保网络服务切实有效。

（4）防止非授权访问计算机。

（5）检测非授权行为。

（6）确保使用移动计算机和远程网络设备的信息安全。

3）系统开发和维护

（1）确保可以让人们操控的系统上都已建好安全防护措施。

（2）防止应用系统用户数据的丢失、修改或滥用。

（3）保护信息的机密性、真实性和完整性。

（4）确保 IT 项目及支持活动以安全的方式进行。

（5）维护应用系统软件和数据的安全。

4）物理与环境安全

（1）防止针对业务机密和信息进行的非授权访问、损坏和干扰。

（2）防止企业资产丢失、损坏或滥用，以及业务活动的中断。

（3）防止信息和信息处理设备的损坏或失窃。

5）遵守法律和规定

（1）避免违反任何刑事或民事法律，避免违反法令性、政策性和合同性义务，避免违反安防制度要求。

（2）保证企业的安防制度符合国际和国内的相关标准。

（3）最大限度地发挥企业监督机制的效能，减少其带来的不便。

6）人事安全

（1）减少信息处理设备由人为失误、盗窃、欺骗、滥用所造成的风险。

（2）确保用户了解信息安全的威胁和关注点，在其日常工作过程中进行相应的培训，以利于信息安全方针的贯彻和实施。

（3）从前面的安全事件和故障中吸取教训，最大限度降低安全的损失。

7）安全组织

（1）加强企业内部的信息安全管理。

（2）对允许第三方访问的企业信息处理设备和信息资产进行安全防护。

（3）对外包给其他公司的信息处理业务所涉及的信息进行安全防护。

8）计算机和网络管理

（1）确保对信息处理设备正确和安全操作。

（2）降低系统故障风险。

（3）保护软件和信息的完整性。

（4）保持维护信息处理和通信的完整性和可用性。

（5）确保网上信息的安全防护监控及支持体系的安全防护。

（6）防止有损企业资产和中断公司业务活动的行为。

（7）防止企业间在交换信息时发生丢失、修改或滥用的现象。

9）资产分类和控制

对公司资产加以适当的保护措施，确保无形资产都能得到足够级别的保护。

10）安全方针

安全方针提供信息安全防护方面的管理指导和支持。

2．BS7799 的应用

实施 BS7799 信息安全管理体系标准，旨在促进组织建立信息安全管理体系，确保信息技术的安全使用，保证组织的信息安全业务的正常运营，避免因信息技术失控而造成重大损失。

1）应用范围

BS7799 的用户包括负责开发、执行或维护组织信息安全的管理人员和一般人员。BS7799 应用对象是一个有关信息安全领域的系统或企业，它所涉及的范围遍布整个系统或组织，包括所有信息系统和它的外部接口——通信的 IT 和电子形式、文件的归档、电话会谈、公共关系等方面。

这个标准可作为单一的参考点，以识别信息系统使用的大多数情形所需的控制范围，广泛地用于企业组织中。

2）安全模型

BS7799标准的安全模型主要是建立在风险管理的基础上，通过风险分析的方法，使信息风险的发生概率和结果降低到可接受的水平，并采取措施保证业务不受风险的发生而中断。它主要是对不同的企业针对资产、威胁、脆弱性以及对企业的影响等要素（如发生的可能性）间的关系进行分析，得出潜在的损失，从而确定风险的大小，选出适用于自身企业的目标和控制，根据资产的价值、风险的大小、对抗措施的事先能力、成本等因素采取适当的对抗措施，以减少风险。

3）建立信息安全管理体系（ISMS）的重要意义

企业建立自身的信息安全管理体系，主要基于以下众多的不安全因素：

（1）企业信息系统管理制度不健全

任何企业，不论它在信息技术方面如何努力以及采纳如何新的信息安全技术，实际上在信息安全管理方面都还存在漏洞，例如：

① 缺少信息安全管理论坛，安全导向不明确，管理支持不明显。

② 缺少跨部门的信息安全协调机制。

③ 保护特定资产以及完成特定安全过程的职责还不明确。

④ 雇员信息安全意识薄弱，缺少防范意识，外来人员很容易直接进入生产和工作场所。

（2）企业信息系统主机房安全存在隐患，例如：

① 防火设施存在问题，与危险品仓库同处一幢办公楼等。

② 企业信息系统备份设备仍有欠缺。

③ 企业信息系统安全防范技术投入欠缺。

④ 软件知识产权保护欠缺。

⑤ 计算机房、办公场所等物理防范措施欠缺。

⑥ 档案、记录等缺少可靠存储场所。

⑦ 缺少一旦发生意外时的保证生产经营连续性的措施和计划。

……

通过以上信息管理方面的漏洞以及经常见诸报端的种种信息安全事件表明，任何企业都急需建立信息安全管理体系，以保障其技术和商业机密，保障信息的完整性和可用性，最终保持其生产、经营活动的连续性。

4）信息安全管理体系建立和运行的步骤

BS7799-2：1999标准要求企业建立并保持一个周全的信息安全管理体系，其中应阐明需要保护的资产、企业风险管理的渠道、控制目标及控制方式和需要的保证程度。其建立和运行步骤如下：

（1）制定信息安全方针。

（2）明确信息安全管理体系的范围，根据企业的特性、地理位置、资产和技术来确定界限。

（3）实施适宜的风险评估，识别资产所受到的威胁、薄弱环节和对企业的影响，并确定风险程度。

（4）根据企业的信息安全方针和需要的保证程度来确定应实施管理的风险。

（5）从 BS7799-2 的第四部分"控制细则"中选择适宜的控制目标和控制方式（从 36 个目标，127 种控制方式中选择）；控制目标和控制方式的选择可以参考 BS7799-2：1999 信息安全管理体系实施细则标准，如果标准中没有适合的控制目标和控制方式，企业可选择一些其他适宜的控制方式。

（6）制定可用性声明，将控制目标和控制方式的选择和选择理由文件化，并注明未选择 BS 7799-2：1999 第四部分中的任何内容及其理由。

（7）有效地实施选定的控制目标和控制方式。

（8）进行内部审核和管理评审，保证体系的有效实施和持续适宜。

推广信息安全管理标准的关键是在重视程度和制度落实方面。但是，BS7799 在标准中描述的所有控制方面并非都适合于每种情况，它不可能将当地系统、环境和技术限制考虑在内，企业应视自身发展状况制定相应的标准。此外，BS7799 标准中还包括一个监管标准的实施指南意见。

2.4　我国计算机安全等级划分与相关标准

1994 年，国务院发布了《中华人民共和国计算机信息系统安全保护条例》（以下简称《条例》），该《条例》是计算机信息系统安全保护的法律基础。其中第九条规定：计算机信息系统实行安全等级保护。等级管理的思想和方法具有科学、合理、规范、便于理解、掌握和运用等优点，因此，对计算机信息系统实行安全等级保护制度，是我国计算机信息系统安全保护工作的重要发展思路，对于正在发展中的信息系统安全保护工作更有着十分重要的意义。

为切实加强重要领域信息系统安全的规范化建设和管理，全面提高国家信息系统安全保护的整体水平，使公共信息网络安全监察工作更加科学、规范，指导工作更具体、明确，公安部组织制定了《计算机信息系统安全保护等级划分准则》（以下简称《准则》）国家标准，并于 1999 年 9 月 13 日由国家质量技术监督局审查通过并正式批准发布，已于 2001 年 1 月 1 日执行。该《准则》的发布为计算机信息系统安全法规和配套标准的制定和执法部门的监督检查提供了依据，为安全产品的研制提供了技术支持，为安全系统的建设和管理提供了技术指导，是我国计算机信息系统安全保护等级工作的基础。

对信息系统和安全产品的安全性评估事关国家安全和社会安全，任何国家不会轻易相信和接受由别的国家所作的评估结果，没有一个国家会把事关国家安全利益的信息安全产品和系统的安全可信性建立在别人的评估标准、评估体系和评估结果的基础上，为保险起见，通常要通过本国标准的测试才认为可靠。1989 年，公安部在充分借鉴国际标准的前提下，开始设计起草法律和标准，在起草过程中，经过长期的对国内外安全的广泛调查和研究，特别是对国外的法律法规、政府政策、标准和计算机犯罪的研究，使我们认识到要从法律、管理和技术三个方面着手；采取的措施要从国家制度的角度来看问题，对信息安全要实行等级保护制度。

国家标准《准则》就是要从安全整体上进行保护，从整体上、根本上、基础上来解决等级保护问题。要建立良好的国家整体保护制度，标准体系是基础，由国家的统一标准要求对系统进行评估。《准则》的配套标准分两类：一是《计算机信息系统安全保护等级划分准则应用指南》，它包括技术指南、建设指南和管理指南；二是《计算机信息系统安全保护等级评估准则》，它包括安全操作系统、安全数据库、网关、防火墙、路由器和身份认证管理等。国家已组织有关单位完善信息系统安全等级保护制度的标准体系。

《准则》对计算机信息系统安全保护能力划分了五个等级，计算机信息系统安全保护能力随着安全保护等级的增高，逐渐增强。高级别的安全要求是低级别要求的超集。

《准则》将计算机安全保护划分为以下五个级别：

第一级：用户自主保护级。它的安全保护机制使用户具备自主安全保护的能力，保护用户的信息免受非法的读写破坏。

第二级：系统审计保护级。除具备第一级所有的安全保护功能外，要求创建和维护访问的审计跟踪记录，使所有的用户对自己行为的合法性负责。

第三级：安全标记保护级。除继承前一个级别的安全功能外，还要求以访问对象标记的安全级别限制访问者的访问权限，实现对访问对象的强制访问。

第四级：结构化保护级。在继承前面安全级别安全功能的基础上，将安全保护机制划分为关键部分和非关键部分，对关键部分直接控制访问者对访问对象的存取，从而加强系统的抗渗透能力。

第五级：访问验证保护级。这一个级别特别增设了访问验证功能，负责仲裁访问者对访问对象的所有访问活动。

长期以来，我国一直十分重视信息安全保密工作，并从敏感性、特殊性和战略性的高度，自始至终将其置于国家的绝对领导之下，由国家密码管理部门、国家安全机关、公安机关和国家保密主管部门等分工协作，各司其职，形成维护国家信息安全的管理体系。

习　题

1. OSI 安全体系包括哪些安全机制和安全服务？它们之间有何对应关系？
2. 动态的自适应网络安全模型的思想是什么？请介绍一下 P2DR 模型。
3. 所谓的五层次网络系统安全体系理论是什么？
4. 请尽可能多地列举网络安全技术（不限于本书上）。
5. 请给一个中等规模的局域网（有若干子网）设计一个网络安全解决方案。
6. 什么是 ISO/IEC 17799 信息安全管理标准？
7. BS 标准主要覆盖哪几个领域？
8. CC 标准的先进性体现在哪些方面？
9. 列举信息安全体系的建立和运行的主要步骤。
10. 试给出网络安全等级的划分。

第3章 信息加密技术

加密技术与密码学紧密相连。密码学这门古老而又年轻的学科包含着丰富的内容，本章主要介绍一些与网络数据安全有关的概念：数据加密模型、分组加密体制 DES、公开密钥密码体制 RSA、数字签名和密钥分配协议等。

数据加密的一般模型如图 3-1 所示。明文 M 用加密算法 E 和加密密钥 K_e 得到密文 $C=E_{Ke}(M)$。传递过程中可能出现加密密文截取者。到了接收端，利用解密算法 D 和解密密钥 K_d，解出明文 $M=D_{Ke}(C)$。

图 3-1　数据加密的一般模型

密码编码学是密码体制的设计学，而密码分析学则是在未知密钥的情况下，从密文推演出明文或密钥的技术。密码编码学和密码分析学合起来称为密码学。

如果不论截取者获得了多少密文，但在密文中没有足够的信息来唯一地确定出对应的明文，则这一密码体制称为无条件安全的，或称为理论上不可破的。在无代价限制的条件下，目前几乎所有使用的密码体制都是可破的。因此，人们关心的是要研制出在计算机上是不可破译的密码体制。如果一个密码体制的密码不能被可以使用的计算资源所破译，则这一密码体制称为在计算上是安全的。

早在几千年以前人类就已有了通信保密的思想和方法，但直到 1949 年，信息论创始人 C. E. Shannon 论证了一般经过加密方法得到的密文几乎都是可破的。这引起了密码学研究的危机。但是从 20 世纪 60 年代以来，随着电子技术、计算机技术、结构代数、可计算性技术的发展，产生了数据加密标准 DES（Data Encryption Standard）和公开密钥体制（Public Key Crypt-system），它们成为近代密码学发展史上两个重要的里程碑。

3.1 网络通信中的加密方式

3.1.1 链路-链路加密

用户在网络上相互通信，其安全危险来自于非法窃听。有的黑客入侵者通过搭线窃听，截收线路上传输的信息、有的采用电磁窃听，截收无线电传输的信息。因此，对网络传输的信息进行数据加密，然后在网络信道上传输密文，这样即使密文中途被截获，也无法理解信息内容。

面向链路的加密方法将网络看作链路连接的结点集合，每一个链路被独立地加密。链路-链路加密方式为两个结点之间通信链路中的信息提供安全性，它与这个信息的起始或终结无关，如图 3-2 所示。每一个这样的链接相当于 OSI 参考模型建立在物理层之上的数据链路层。

E_{K_i} 为加密变换，D_{K_i} 为解密变换

图 3-2 链路-链路加密示意图

这种类型的加密最容易实现，也很有意义。因为所有的报文都被加密，黑客攻击者无法获得任何关于报文结构的信息，也无法知道通信者、通信内容、通信时间等信息，因此还可以称为信号流安全。这种加密方式中，密钥管理相对来说是简单的，只在链路的两端结点需要一个共用密钥。加密是在每个通信链路上独立进行的，每个链路上使用不同的加密密钥。因此，一个链路上的错误不会波及其他链路，影响其他链路上的信息安全。

链路-链路信息加密仅限于结点内部，所以，要求结点本身必须是安全的。另一个较重要的问题是维护结点安全性的代价。链路-链路加密的优缺点如下：

（1）加密对用户是透明的，通过链路发送的任何信息在发送前都先被加密。

（2）每个链路只需要一对密钥。

（3）提供了信号流安全机制。

（4）缺点是数据在中间结点以明文形式出现，维护结点安全性的代价较高。

在链路-链路加密方式中，加密对用户是看不见的、透明的，所有的用户拥有一个设备，加密可以用硬件完成。采用的方式是所有的信息都加密，或任何信息都不加密。

3.1.2 结点加密

结点加密指每对结点共用一个密钥，对相邻两结点间（包括结点本身）传送的数据进行加密保护。尽管结点加密能给网络数据提供较高的安全性，但它在操作方式上与链路加密是类似的：两者均在通信链路上为消息的传送提供安全性；都在中间结点先对消息进行解密，然后进行加密。因为要对所有传输的数据进行加密，这一过程在结点上的安全模块中进行。在结点加密方式中，为了将报文传送到指定的目的地，链路上的每个结点必须检查路由选择信息，因此只能对报文的正文进行加密而不能对报头加密，报头和路由信息以明文形式传输，以便中间结点能得到如何处理该报文正文的信息，但是这种方法不利于防止攻击者分析通信业务。

3.1.3 端-端加密

端-端加密方法建立在 OSI 参考模型的网络层和传输层。这种方法要求传送的数据从源端到目的端一直保护密文状态，任何通信链路的错误都不会影响整体数据的安全性，如图 3-3 所示。对于这种方法，密钥管理比较困难。如果加密在应用层或表示层进行，那么加密可以不依赖于所

用通信网的类型。

E_K 为加密变换，D_K 为解密变换

图 3-3　端-端加密示意图

在端-端加密方式中，只加密数据本身，不加密路径控制信息。在发送主机内信息是加密的，在中间结点信息也是加密的。用户必须找到加密算法，可以选择加密，也可以决定施加某种加密手段。加密可以用软件编程实现。

端-端加密方法将网络看作是一种介质，数据能安全地从源端到达目的端。这种加密在 OSI 模型的高三层进行，在源端进行数据加密，在目的端进行解密，而在中间结点及其线路上将一直以密文形式出现。端-端加密的缺点是允许进行通信量分析，而且密钥管理机制较复杂。

3.1.4　ATM 网络加密

ATM 网络环境中使用的加密方法一般有：

（1）链路加密。根据网络结构特性，在物理协议层进行加密是可行的，有时还是合乎需要的。但是仅物理协议层及其传输链路上进行加密，其安全性还是远远不够的，因此有时还需在物理层上方实施加密功能，以进一步提高加密程度。

（2）ATM 信元加密（Cell Encryption）。ATM 信元是 ATM 网络系统传送数据的载体，信元包括 5 字节的头部信息和 48 字节的有效载荷部分。5 字节的头部信息中包含了数据类型、信元来源和信元目的地等信息，主要用于纠正错误、确定交换路径等。以分时、分组传送数据的方式是 ATM 技术的特点，将数据块分组打包成较小的单元，再配置必要的传送码，这样有助于充分利用传输链路的带宽资源。在 ATM 信元上加密就充分利用这一结构的特点。为了防止在交换结点上泄露机密信息，可给用户数据（有效载荷）部分实施加密，而各个信元头部使用明码。在 ATM 信元级加密，最简单的方法是对所有信元都使用同一密钥。但是这种方法不够灵活，并且与 ATM 网络中每个虚拟电路都有一个专用密钥的复杂方法相比，安全性要差一些。

（3）密钥灵活的信元加密方法。密钥灵活是指加密单元拥有动态变换密钥的能力，密钥灵活的理想状态是能够迅速地变换各个密钥。例如，能在通信流的每个虚拟分支上使用不同的密钥，或者是在包交换网的每个目的地上使用专用的密钥。在 ATM 系统中，密钥灵活是指系统中各条有效虚电路拥有专用密钥的能力。在密钥灵活加密法中，对目的地不同的信元分别选用不同的密钥，有效地提高了信元的安全程度。

3.1.5　卫星通信加密

由于卫星通信信号覆盖全球这一特点，使现代的卫星通信技术必然是通信与加密并存的技术，而对卫星通信信息的窃取技术也发展到很高的水平，所以采用卫星通信网时，只要载荷处的卫星信号一经送出，就可以认为它已被非法者截获，并可能已受到破译攻击。卫星通信的移动性、线路可靠性等特点很适合于军事、公安等特殊部门的通信，我国的"三金工程"也都离不开卫星通

信，所以卫星通信的信息保密是很重要的。卫星通信的加密方法可分以下几种：

（1）终端加密。相当于上面说过的端到端加密，在卫星地面站的各个终端都配有相应的加密机。当地面站的某一计算机发送信息时，先将信息送加密机进行加密得到密文，再由计算机把密文送给地面站控制器，控制器根据卫星通信协议进行处理后送发射器发向卫星。空中的通信卫星将接到的密文按协议发向指定的收方地面站，收方地面站控制器先把密文送计算机处理，然后送加密机解密，解密后再送计算机按明文方式处理、输出等。

（2）信道加密。就是地面站的每一个用户终端与站控制器之间安装有加密机，该加密机负责信道信息的加解密。计算机将需要传送的信息送信道加密机加密变成密文，密文被送往地面站控制器，由地面站控制器按通信协议把密文发向相应的地面站，该站控制器进行处理后送信道加密机解密成明文，再将明文送用户的计算机输出。

（3）群路加密。一个地面站会有若干个用户，各用户的业务性质可能不同，如数据用户、语音用户或图形和图像用户等，各种业务性质的信息都先送群路加密机进行加密，群路加密机将加密后的密文送地面站控制器，由控制器发向通信卫星，通信卫星发向相应地面站控制器，然后由该控制器将处理过的密文送群路加密机，解密成为明文后再分送各用户使用。

3.1.6 加密方式的选择

保密是一个相对概念，加密技术是在攻守较量中不断发展和完善，采用什么加密方式，是安全策略研究的重要内容。一个信息系统要有明晰的安全策略，要根据该策略来制定保密策略，选择合理、合适的加密方式。

前面介绍的几个加密方式都是各有其优缺点，具体可参见表 3-1。网络加密在方法上主要采用链路加密和端到端加密方式。

表 3-1　加密方式比较表

方　式	优　点	缺　点
链路加密	（1）包含报头和路由信息在内的所有信息均加密； （2）单个密钥损坏时整个网络不会损坏，每对网络结点可使用不同的密钥； （3）加密对用户透明	（1）消息以明文形式通过每一个结点； （2）因为所有结点都必须有密钥，密钥分发和管理变得困难； （3）由于每个安全通信链路需要两个密码设备，因此费用较高
结点加密	（1）消息的加、解密在安全模块中进行，这使消息内容不会被泄露； （2）加密对用户透明	（1）某些信息（如报头和路由信息）必须以明文形式传输； （2）因为所有结点都必须有密钥，密钥分发和管理变得困难
端到端加密	（1）使用方便，采用用户自己的协议进行加密，并非所有数据加密； （2）网络中数据从源点到终点均受保护； （3）加密对网络结点透明，在网络重构期间可使用加密技术	（1）每一个系统都需要完成相同类型的加密； （2）某些信息（如报头和路由信息）必须以明文形式传输； （3）需采用安全、先进的密钥颁发和管理技术

通过对加密方式的分析，可得出如下结论：

（1）要保护的链路数不多，要求实时通信，不支持端到端加密的远程调用通信等场合宜采用链路加密方式，这样仅需少量的加密设备即可，从而可保证不降低太多的系统性能，不需要太高的加密成本。

（2）在需要保护的链路数较多的场合以及在文件保护、邮件保护、支持端到端加密的远程调用、实时性要求不高的通信等场合，宜采用端到端加密方式，这样可以使网络具有更高的保密性、灵活性、加密成本也较低。

（3）在多个网络互联的环境下，宜采用端到端加密方式。

（4）对于需要防止流量分析的场合，可考虑采用链路加密和端到端加密相结合的加密方式。

与链路加密相比，端到端加密具有成本低、保密性能好等优点，因此应用场合较多。如银行系统的电子资金传送（EFT）系统，国家、办公室自动化等场合应用的电子邮件加密，以及大的分组交换网络和分组广播网络加密都适宜采用端到端加密方式。总之，要根据具体的网络环境和应用要求选择合适的网络加密方式，计算机网络加密课题还涉及密码体制、加密算法、密钥管理以及软硬件实现等多方面的内容，所以要综合考虑。

3.2　密码学原理

计算机、通信技术的发展刺激了密码学理论的发展和完善，反过来，密码学理论的发展也促进了计算机、通信技术的发展。

3.2.1　古典密码系统

1. 仿射密码系统

仿射密码系统是一种典型的单表变换密码系统。所谓单表变换密码，是指明文的所有字母和密文的所有字母之间存在一个固定的映射关系 $f: Z_n \rightarrow Z_n$。

表 3-2 是从明文字母映射到密文字母的一个实例。

表 3-2　明文字母到密文字母的映射

明文	a	b	c	d	e	f	g	h	i	j	k	l	m	n	o	p	q	r	s	t	u	v	w	x	y	z
密文	y	z	a	b	c	d	e	f	g	h	i	j	k	l	m	n	o	p	q	r	s	t	u	v	w	x

有了映射关系后，就可以进行加密和解密。

【例 3-1】 根据表 3-2 对明文 "affine cipher" 进行加密。

根据表 3-2 的映射关系，存在以下加密变换：

$$a \rightarrow y, \ f \rightarrow d, \ i \rightarrow g, \ n \rightarrow l, \ e \rightarrow c, \ c \rightarrow a, \ p \rightarrow n, \ h \rightarrow f, \ r \rightarrow p$$

于是可以得到密文："yddglc agnfcp"

接收方收到密文后，也可以通过表 3-2 进行还原：

$$y \rightarrow a, \ d \rightarrow f, \ g \rightarrow i, \ l \rightarrow n, \ c \rightarrow e, \ a \rightarrow c, \ n \rightarrow p, \ f \rightarrow h, \ p \rightarrow r$$

得到明文："affine cipher"

仿射密码系统的核心是定义在有限域上的线性映射，下面对仿射密码系统进行完整的描述。

在仿射密码系统（Affine Cipher）中，明文空间和密文空间均为 Z_n。

密钥空间：　　　　$K = \{K = (k_0, k_1) \mid \gcd(k_1, n) = 1, k_0, k_1 \in Z_n\}$

加密算法：　　　　$E_k(i) = (ik_1 + k_0) \bmod n$

解密算法：$\qquad D_k(j) = (j-k_0) / k_1 \bmod n$

在解密算法中，有限域下除以 k_1 是指乘以 k_1 的倒数，特别地，当 $k_1=1$ 时，仿射退化成简单的加和减，相应的密码系统称为移位密码系统（Shift Cipher），又称加法密码系统（Additive Cipher）；当 $k_0=0$ 时，仿射退化成乘法，相应的密码系统称为乘法密码系统（Multiplicative Cipher），又称采样密码系统（Decimation Cipher）。

例 3-1 就是一个移位密码系统的例子，其中 $k_0=22$。

下面针对 $k_1 \neq 1$、$k_0 \neq 0$ 的一般情况举例来说明仿射密码系统。

【例 3-2】 在仿射密码系统中，明文空间和密文空间均为 Z_{26}，$k_0=3$，$k_1=5$。

英文明文：$\qquad$"unconditional security"

相应的数字明文："20,13,2,14,13,3,8,19,8,14,13,0,11,18,4,2,20,17,8,19,24"

$\qquad\qquad\qquad$(忽略空格)

实施加密算法：$\qquad E_k(i) = (3i+5) \bmod 26$

得到数字密文："25,16,13,21,16,18,17,20,17,21,16,3,6,15,23,13,25,10,17,20,19"

相应的英文密文："zqnvqsrurvqdg pxnzkrut"

实施解密算法：$\qquad D_k(j) = (j-5) /3 \bmod 26$

还原出数字明文："20,13,2,14,13,3,8,19,8,14,13,0,11,18,4,2,20,17,8,19,24"

还原出英文明文："unconditional security"

显然，与例 3-1 的移位密码系统相比，例 3-2 的仿射密码系统在安全性方面要略好一些。但是，无论如何仿射密码系统都很不安全，因为它是建立在单表变换的基础上的。

2. Vigenère 密码系统

多表变换密码系统是单表变换密码系统的扩展。在单表变换中，加密和解密由一个映射来完成，而多表变换中存在多个映射。

设 $f = (f_1, f_2, \ldots, f_n)$ 是一组映射序列，该序列将明文 $m = (m_1, m_2, \ldots, m_n)$ 加密成密文序列 $f(m) = [f(m_1), f(m_2), \ldots, f(m_n)]$，其中，$f$ 至少由两种以上的不同映射构成，称为多表变换密码系统。如果 f 是周期性序列，则称为周期性多表变换密码系统。

Vigenère 密码系统就是一种典型的周期性多表变换密码系统，它是由法国密码学家 Blaise de Vigenère 于 1858 年提出的算法。

在 Vigenère 密码系统中，明文空间和密文空间均为 Z_n。

密钥：$\qquad k= (k_0, k_1, \ldots, k_d)$，$k_i \in Z_n$

加密算法：$\qquad m_i + td \qquad c_i + td$

$\qquad\qquad\qquad c_i + td = (m_i + td + k_i) \ (\bmod n)$

解密算法：$\qquad c_i + td \qquad m_i + td$

$\qquad\qquad\qquad m_i + td = (c_i + td - k_i) \ (\bmod n)$

【例 3-3】 在 Vigenère 密码系统中，明文和密文都是英文字母串，$n=26$，密钥 $k=\{19,7,8,13,10\}$，明文的英文形式是："the algebraic form of an elliptic curve"。

相应的数字形式是：

$\qquad\qquad$"19,7,4,0,11, $\qquad$ 6,4,1,17,0, $\qquad$ 8,2,5,14,17, $\qquad$ 12,14,5,0,13,

　　　　　　　4,11,11,8,15,　　　　19,8,2,2,20　　　　17,21,4"（忽略空格）

实施加密算法：

19（+19）→ 12　　7（+7）→ 14　　4（+8）→ 12　　0（+13）→ 13　　11（+10）→ 21

6（+19）→ 25　　4（+7）→ 11　　1（+8）→ 9　　17（+13）→ 4　　0（+10）→ 10

8（+19）→ 1　　2（+7）→ 9　　5（+8）→ 13　　14（+13）→ 1　　17（+10）→ 1

12（+19）→ 5　　14（+7）→ 21　　5（+8）→ 13　　0（+13）→ 13　　13（+10）→ 23

4（+19）→ 23　　11（+7）→ 18　　11（+8）→ 19　　8（+13）→ 21　　15（+10）→ 25

19（+19）→ 12　　8（+7）→ 15　　2（+8）→ 10　　2（+13）→ 15　　20（+10）→ 4

17（+19）→ 10　　21（+7）→ 2　　4（+8）→ 12

得到数字密文：

"12,14,12,13,21,　　　25,11,9,4,10,　　　1,9,13,1,1,　　　5,21,13,13,23,

23,18,19,21,25,　　　12,15,10,15,4,　　　10,2,12"

相应的英文密文："mom nvzljekbj nbbf vn nx xstvzmpk pekcm"。

实施解密算法：

12（-19）→ 19　14（-7）→ 7　12（-8）→ 4　13（-13）→ 0　21（-10）→ 11

25（-19）→ 6　11（-7）→ 4　9（-8）→ 1　4（-13）→ 17　10（-10）→ 0

1（-19）→ 8　9（-7）→ 2　13（-8）→ 5　1（-13）→ 14　1（-10）→ 17

5（-19）→ 12　21（-7）→ 14　13（-8）→ 5　1（-13）→ 0　23（-10）→ 13

23（-19）→ 4　18（-7）→ 11　19（-8）→ 11　21（-13）→ 8　25（-10）→ 15

12（-19）→19　15（-7）→ 8　10（-8）→ 2　15（-13）→ 2　4（-10）→ 20

10（-19）→17　2（-7）→ 21　12（-8）→ 4

还原出数字明文：

"19,7,4,0,11,　　　6,4,1,17,0,　　　8,2,5,14,17,　　　12,14,5,0,13,

4,11,11,8,15,　　19,8,2,2,20,　　17,21,4"

还原出英文明文："the algebraic form of an elliptic curve"。

3. Hill 密码系统

　　无论是仿射密码系统，还是 Vigenère 密码系统，都有一个明显缺点：在密文中隐藏着字母的频度信息，这种频度信息使密码系统容易受到统计分析攻击。造成字母频度信息暴露的原因是：仿射密码系统和 Vigenère 密码系统都是以单个字母作为变换对象的。于是，针对单字母变换的缺点，提出了一些多字母变换的密码算法，比较典型的算法是 Hill 密码系统。

　　在 Hill 密码系统中，明文空间和密文空间都是 Z^m_n，明文用（$x_1, x_2, ..., x_m$）表示，密文用（$y_1, y_2, ..., y_m$）表示。

　　密钥：

$$k = \begin{pmatrix} k_{11} & k_{12} & \cdots & k_{1m} \\ k_{21} & k_{22} & \cdots & k_{2m} \\ \vdots & \vdots & & \vdots \\ k_{m1} & k_{m2} & \cdots & k_{mm} \end{pmatrix}$$

加密算法:

$$(y_1, y_2, \ldots, y_m) = (x_1, x_2, \ldots, x_m) \begin{pmatrix} k_{11} & k_{12} & \cdots & k_{1m} \\ k_{21} & k_{22} & \cdots & k_{2m} \\ \vdots & \vdots & & \vdots \\ k_{m1} & k_{m2} & \cdots & k_{mm} \end{pmatrix}$$

即:$y = xk$。

相应的解密算法是:

$$x = yk^{-1}$$

【例 3-4】 Hill 密码系统中,$n = 26$,$m = 2$,明文是 "sunday"。

将明文变成数字,并按每 2 个字母进行分组:

$$(18, 20) \qquad (13, 3) \qquad (0, 24)$$

密钥:

$$k = \begin{pmatrix} 9 & 6 \\ 7 & 11 \end{pmatrix}$$

实施加密算法:

$$(y_1, y_2) = (x_1, x_2) \begin{pmatrix} 9 & 6 \\ 7 & 11 \end{pmatrix}$$

即:

$$\begin{cases} y_1 = 9x_1 + 7x_2 \\ y_2 = 6x_1 + 11x_2 \end{cases}$$

分别得到密文:

$$(16, 16) \qquad (8, 7) \qquad (12, 4)$$

转化为英文密文:"qqihme"。

实施解密算法:

$$(x_1, x_2) = (y_1, y_2) \begin{pmatrix} 9 & 6 \\ 7 & 11 \end{pmatrix}^{-1} = (y_1, y_2) \begin{pmatrix} 23 & 4 \\ 9 & 7 \end{pmatrix}$$

得到明文:

$$(18, 20) \qquad (13, 3) \qquad (0, 24)$$

即 "sunday"。

在实施 Hill 解密算法时,需要计算 k^{-1},二阶矩阵的逆矩阵可以按下列公式求得:

$$k^{-1} = (\det k)^{-1} \begin{pmatrix} k_{22} & -k_{12} \\ -k_{21} & k_{11} \end{pmatrix} \pmod{n}$$

其中:

$$\det k = k_{11}k_{22} - k_{12}k_{21} \pmod{n}$$

特别地,当 k 是对角矩阵时,Hill 密码系统退化成 Vigenère 密码系统。

4. 其他古典密码系统

古典密码系统既像一门科学，又像一种艺术。早期的密码学家只是凭直觉创造出一些算法，其中两种有趣的算法分别是替代密码系统和置换密码系统。

与仿射密码系统相似的替代密码系统是一种单表变换密码系统，只是替代密码系统的对应关系是一种更任意的对照关系，如表 3-3 所示。

表 3-3　替代密码系统

明文	a	b	c	d	e	f	g	h	i	j	k	l	m	n	o	p	q	r	s	t	u	v	w	x	y	z
密文	o	q	f	s	j	n	t	a	g	v	i	c	e	x	p	d	y	m	z	r	b	k	u	h	w	l

替代密码系统的加密和解密算法只能通过查表来实现，而无法通过四则运算来得到。

例如，根据表 3-3，明文 "light" 对应的密文是 "cgtar"。

置换密码系统是一种多字母变换密码系统，通过对明文的字母位置进行换位实现加密。

在置换密码系统中，明文空间和密文空间都是 Z_n^m，明文用 $(x_1, x_2, \cdots, x_m)$ 表示，密文用 $(y_1, y_2, \cdots, y_m)$ 表示，设密钥为 k。

加密算法：

$$(y_1, y_2, \cdots, y_m) = (x_{k(1)}, x_{k(2)}, \cdots, x_{k(m)})$$

解密算法：

$$(x_1, x_2, \cdots, x_m) = (y_{k^{-1}(1)}, y_{k^{-1}(2)}, \cdots, y_{k^{-1}(m)})$$

其中，k^{-1} 是 k 的逆。

【例 3-5】　在置换密码系统中，明文是 "olympic"，设密钥为 k，k 可以用一个置换矩阵来表示：

$$\begin{pmatrix} 0 & 1 & 0 & 0 & 0 & 0 & 0 \\ 0 & 0 & 0 & 1 & 0 & 0 & 0 \\ 0 & 0 & 0 & 0 & 0 & 0 & 1 \\ 0 & 0 & 1 & 0 & 0 & 0 & 0 \\ 0 & 0 & 0 & 0 & 0 & 1 & 0 \\ 1 & 0 & 0 & 0 & 0 & 0 & 0 \\ 0 & 0 & 0 & 0 & 1 & 0 & 0 \end{pmatrix}$$

加密算法：

$$(y_1, y, y_3, y_4, y_5, y_6 y_7) = (x_2, x_4, x_7, x_3, x_6, x_1, x_5)$$

产生密文："lmcyiop"。

解密算法：

$$(x_1, x_2, x_3, x_4, x_5, x_6, x_7) = (y_6, y_1, y_4, y_2, y_7, y_5, y_3)$$

还原出明文："olympic"。

虽然置换密码系统看起来有一些趣味，但实质上，它也是 Hill 密码系统的一个特例。在 Hill 密码系统中，将密钥设成置换矩阵，即可得到置换密码系统。

3.2.2　对称密码系统

在对称密码系统中，加密和解密使用相同的密钥。这个相同的密钥必须妥善保管，防止泄漏，就像一把私人钥匙，因此对称密码系统又称私钥密码系统。

与古典密码系统不同，本节介绍的对称密码系统具有这样的特点：系统安全性不依赖于算法的保密，仅依赖于密钥的保密。

1．DES 算法

1973 年，美国国家标准局开始着手研究除国防部外的其他部门的计算机系统的数据加密标准，于 1973 年 5 月 15 日和 1974 年 8 月 27 日先后两次向公众发出了征求加密算法的公告。加密算法的要求包括以下几点：

（1）提供高质量的数据保护，防止数据未经授权的泄露和未被察觉的修改。

（2）具有相当高的复杂性，使得破译的开销超过可能获得的利益，同时又要便于理解和掌握。

（3）DES 密码体制的安全性应该不依赖于算法的保密，其安全性仅以加密密钥的保密为基础。

（4）实现经济，运行有效，并且适用于多种完全不同的应用。

1977 年 1 月，美国政府声明：采纳 IBM 公司设计的方案作为非机密数据的正式数据加密标准（Data Encryption Standard，DES）。

DES 算法具有对称性，既可用于加密又可用于解密。对称性带来的一个很大的好处在于硬件容易实现，DES 的加密和解密可以用完全相同的器件来实现。

DES 算法的明文分组是 64 位，输出密文也是 64 位。所用密钥的有效位数是 56 位，加上校验位共 64 位。

总体流程如表 3-4 所示：输入的 64 位明文，先经初始 IP 变换，形成 64 位数据，64 位数据被分成两部分，分别是 L 部分和 R 部分；L 和 R 经 16 次迭代，形成新的 64 位数据；新的 64 位数据再经初始逆变换，输出 64 位密文。

表 3-4　DES 算法流程

输入 64 位数据	
初始变换（IP）	
$L(0)$	$R(0)$
$L(1)=R(0)$	$R(1)=L(0)\,xor\,F[R(0)，K(1)]$
$L(2)=R(1)$	$R(2)=L(1)\,xor\,F[R(1)，K(2)]$
……	
$L(15)=R(14)$	$R(15)=L(14)\,xor\,F[R(14)，K(15)]$
$L(16)=R(15)$	$R(16)=L(15)\,xor\,F[R(15)，K(16)]$
$L(17)=R(16)$	$R(17)=L(16)$
初始逆变换（IP^{-1}）	
输出 64 位数据	

下面分步进行描述。

1）初始变换 IP

IP 初始变换由一个 8×8 的变换矩阵来完成，如表 3-5 所示。初始变换是线性变换，它使明文发生位置上的变化。

设 x 是明文，变换后 $x_0 = \mathrm{IP}(x) = L_0R_0$，这里 L_0 和 R_0 都是 32 位。

表 3-5　IP 初始变换表

58	50	42	34	26	18	10	2
60	52	44	36	28	20	12	4
62	54	46	38	30	22	14	6
64	56	48	40	32	24	16	8
57	49	41	33	25	17	9	1
59	51	43	35	27	19	11	3
61	53	45	37	29	21	13	5
63	55	47	39	31	23	15	7

2）迭代运算

迭代运算按如下规则进行：

$$L_i = R_{i-1}$$
$$R_i = L_{i-1} \oplus f(R_{i-1}, k_i)$$

其中，$1 \leq i \leq 16$，即迭代次数是 16 次。

L_i 和 R_i 都已确定，下面来看函数 $f(R,k)$。

函数 $f(R,k)$ 中第一个变量是 32 位，第二个变量是 48 位子密钥，输出是 32 位，如表 3-6 所示。

表 3-6　$F(R(i)，K(i+1))$

$r_{32}^{(i)} \mathrm{xor} k_1^{(i+1)}$	$r_1^{(i)} \mathrm{xor} k_2^{(i+1)}$	…	$r_5^{(i)} \mathrm{xor} k_6^{(i+1)}$
$r_4^{(i)} \mathrm{xor} k_7^{(i+1)}$	$r_5^{(i)} \mathrm{xor} k_8^{(i+1)}$	…	$r_9^{(i)} \mathrm{xor} k_{12}^{(i+1)}$
…	…	…	…
$r_{28}^{(i)} \mathrm{xor} k_{43}^{(i+1)}$	$r_{29}^{(i)} \mathrm{xor} k_{44}^{(i+1)}$	…	$r_1^{(i)} \mathrm{xor} k_{48}^{(i+1)}$

具体过程如下：

（1）将第一个变量 R 经一个扩充函数 E 扩充成 48 位的串，扩充函数如表 3-7 所示。

表 3-7　扩充函数

32	1	2	3	4	5
4	5	6	7	8	9
8	9	10	11	12	13
12	13	14	15	16	17
16	17	18	19	20	21
20	21	22	23	24	25
24	25	26	27	28	29
28	29	30	31	32	

（2）计算 $E(R)\oplus k$，并将所得结果分成 8 个长度为 6 的串，即 $T_1T_2...T_8$。

（3）S 盒处理：

每个 S 盒是一个固定的 4×16 矩阵，它的元素由 0~15 组成，0~15 出现的顺序不同，如表 3-8 所示。

T_i 由 $t_1t_2\cdots t_6$ 构成，$S_i(T_i)$ 是这样一个非线性运算：t_1t_6 对应的整数来确定 S_i 的行，用 $t_2t_3t_4t_5$ 对应的整数来确定 S_i 的列，S_i 在该行该列对应的二进制表示就是 $S_i(T_i)$ 的取值。

表 3-8　S 替换盒

S（1）

14	4	13	1	2	15	11	8	3	10	6	12	5	9	0	7
0	15	7	4	14	2	13	1	10	6	12	11	9	5	3	8
4	1	14	8	13	6	2	11	15	12	9	7	3	10	5	0
15	12	8	2	4	9	1	7	5	11	3	14	10	0	6	13

S（2）

15	1	8	14	6	11	3	4	9	7	2	13	12	0	5	10
3	13	4	7	15	2	8	14	12	0	1	10	6	9	11	5
0	14	7	11	10	4	13	1	5	8	12	6	9	3	2	15
13	8	10	1	3	15	4	2	11	6	7	12	0	5	14	9

S（3）

10	0	9	14	6	3	15	5	1	13	12	7	11	4	2	8
13	7	0	9	3	4	6	10	2	8	5	14	12	11	15	1
13	6	4	9	8	15	3	0	11	1	2	12	5	10	14	7
1	10	13	0	6	9	8	7	4	15	14	3	11	5	2	12

S（4）

7	13	14	3	0	6	9	10	1	2	8	5	11	12	4	15
13	8	11	5	6	15	0	3	4	7	2	12	1	10	14	9
10	6	9	0	12	11	7	13	15	1	3	14	5	2	8	4
3	15	0	6	10	1	13	8	9	4	5	11	12	7	2	14

S（5）

2	12	4	1	7	10	11	6	8	5	3	15	13	0	14	9
14	11	2	12	4	7	13	1	5	0	15	10	3	9	8	6
4	2	1	11	10	13	7	8	15	9	12	5	6	3	0	14
11	8	12	7	1	14	2	13	6	15	0	9	10	4	5	3

S（6）

12	1	10	15	9	2	6	8	0	13	3	4	14	7	5	11
10	15	4	2	7	12	9	5	6	1	13	14	0	11	3	8
9	14	15	5	2	8	12	3	7	0	4	10	1	13	11	6
1	4	3	2	12	9	5	15	10	11	14	1	7	6	0	8

S（7）

4	11	2	14	15	0	8	13	3	12	9	7	5	10	6	1
13	0	11	7	4	9	1	10	14	3	5	12	2	15	8	6
1	4	11	13	12	3	7	14	10	15	6	8	0	5	9	2
6	11	13	8	1	4	10	7	9	5	0	15	14	2	3	12

S（8）

13	2	8	4	6	15	11	1	10	9	3	14	5	0	12	7
1	15	13	8	10	3	7	4	12	5	6	11	0	14	9	2
7	11	4	1	9	12	14	2	0	6	10	13	15	3	5	8
2	1	14	7	4	10	8	13	15	12	9	0	3	5	6	11

【例 3-6】　S_1（101110）。

将 101110 按 1、6 和 2、3、4、5 进行组合，得到 10 和 0111，转化为十进制分别是 2 和 7。查询 S（1）替代盒，从中找出第 2 行、第 7 列（注意：S 盒中的行号和列号都是从 0 开始），相应的值是 11。于是可得：

$$S_1（101110）= 1011$$

（4）每一组 6 位串 T_i 在通过 S 盒后将变成 4 位串，48 位串在通过 8 个 S 盒后将形成 32 位的串，记为 $C = C_1 C_2...C_{32}$，C 再经过一个换位变换 P，得到 $f(R,k)$，如表 3-9 所示。

3）初始变换的逆变换 IP^{-1}

表 3-10 是初始变换 IP 的逆变换。

表 3-9　$f(R(i)，K(i+1))$

16	7	20	21
29	12	28	17
1	15	23	26
5	18	31	10
2	8	24	14
32	27	3	9
19	13	30	6

表 3-10　初始变换的逆变换 IP^{-1}

40	8	48	16	56	24
39	7	47	15	55	23
38	6	46	14	54	22
37	5	45	13	52	21
36	4	44	12	52	20
35	3	43	11	51	19
34	2	42	10	50	18
33	1	41	9	49	17

接下来介绍 DES 子密码的生成，表 3-11 描述了子密码的生成流程。

原始的 64 位密钥并不是全部有效，在位置 8、16、…、64 上的数据是校验位，因此有效密钥长度实际上只有 56 位。

表 3-11　子密码生成流程

原始 64 位密钥		
经换位选择 1 得到 56 位密钥		
C（0）（28 位）	D（0）（28 位）	
C（1）= δσ(1)C(0)(左移位)	D（1）= δσ(1)D(0)(左移位)	拼接 C(1)D(1)，经换位选择 2 得 K(1)
C（2）= δσ(2)C(1)	D（2）= δσ(2)D(1)	K(2)
...		
C（15）= δσ(15)C(14)	D（15）= δσ(15)D(14)	K(15)
C（16）= δσ(16)C(15)	D（16）= δσ(16)D(15)	K(16)

初始密钥首先经过换位选择，换位选择矩阵如表 3-12 所示。

表 3-12　换位选择 1

57	49	41	33	25	17	9
1	58	50	42	34	26	18
10	2	59	51	43	35	27
19	11	3	60	52	44	36
63	55	47	39	31	23	15
7	62	54	46	38	30	22
14	6	61	53	45	37	29
21	13	5	28	20	12	4

换位选择 1 的矩阵是 8×7 的矩阵，正好是 56 位，没有包含 8、16、…、64 等，实质上是将校验位排除在外。

经换位选择 1 后的 56 位串经过 16 次迭代，每次迭代产生一个 64 位子密钥。迭代过程主要是移位处理和换位选择 2 处理。

移位函数 $\lambda\sigma(i)$ 是一个非线性函数，如表 3-13 所示。

表 3-13　移位函数

i	1	2	3	4	5	6	7	8	9	10	11	12	13	14	15	16
$\sigma(i)$	1	1	2	2	2	2	2	2	1	2	2	2	2	2	2	1

换位选择 2 是一个 8×6 的矩阵，如表 3-14 所示。

表 3-14　换位选择 2

14	17	11	24	1	5
3	28	15	6	21	10
23	19	12	4	26	8
16	7	27	20	13	2
41	52	31	37	47	55
30	40	51	45	33	48
44	49	39	56	34	53
46	42	50	36	29	32

DES 算法的加密子密钥和解密子密钥是相反的序列，即 $k_d(i) = k_e(16-i)$。

DES 算法颁布之后，引起了学术界和企业界的广泛重视。众多厂商开始生产实现 DES 算法的硬件产品，一些公司在市场上买到高效率的 DES 硬件产品后，开始对重要数据进行加密，从而大大推动了密码技术的发展。

与此同时，学术界在对 DES 密码进行了深入的研究后，围绕它的安全性展开了激烈的争论。实际上，DES 的怀疑者和批评者并不比拥护者少。

DES 算法自 1977 年首次公布以来，人们就一直对密钥的长度、迭代次数及 S 盒的设计争论不休。从技术上说，对 DES 的批评主要集中在以下三个方面：

（1）作为分组密码，DES 的加密单位仅有 64 位二进制，这对于数据传输来说太小，因为每个分组仅含 8 个字符，而且其中某些位还要用于奇偶校验。

（2）密钥也只有 56 位二进制，未免太短，各次迭代中使用的密钥是递推产生的，这种相关必然降低密码体制的安全性。

（3）实现替代函数 S 所用的 S 盒的设计原理尚未公开，可能留有某种"后门"，知道秘密的人或许可以轻易地破解密文。

针对以上 DES 的缺陷，研究者提出了几种增强 DES 安全性的方法，主要包括以下三种：

① 三重 DES 算法。用 3 个不同密钥的三重加密，即为：

$$C = E_{k3}[D_{k2}(E_{k1}P)]$$

$$P = D_{k1}[E_{k2}(D_{k3}C)]$$

这种方法由密码专家 Merkle 和 Hellman 推荐。

② 具有独立子密钥的 DES 算法。每一轮迭代都使用一个不同的子密钥，而不是由一个 56 位二进制的密钥产生。由于 16 轮迭代的每一轮使用一个 48 位二进制的密钥，所以该方法通过降低子密钥的相关性，增强了 DES 的加密强度。

③ 使用交换 S 盒的 DES 算法。Biham 及 Shamir 证明通过优化 S 盒的设计，或变换 S 盒本身的顺序，可以增强 DES 算法的加密强度。

2. 其他对称密码系统

在 DES 成为标准的几十多年中，密码学的理论和应用的发展可谓日新月异。寻找一种能替代 DES 的、具有更高安全性和效率的对称密码算法是顺理成章的事。密码学研究者相继提出了多种新的分组密码体制。

下面对其中一些重要算法进行简单的介绍。

1）LOKI 算法

LOKI 算法于 1990 年在密码学界首次亮相。

同 DES 一样，LOKI 算法以 64 位二进制分组加密数据，也使用 64 位密钥，不同的是在密钥中无奇偶校验位。

专家证明，小于 14 轮的 LOKI 算法极易受到差分密码分析的攻击。不过，即便如此，LOKI 算法仍被认为优于 56 位密钥的 DES。

LOKI 较新版本 LOKI-91 对原算法进行了一些改进。

2）Khufu 和 Khafre 算法

1990 年，由 Merhie 设计的 Khufu 和 Khafre 算法也是一个很有特点的算法。该算法具有较长的密钥，适合于软件实现。

Khufu 和 Khafre 算法的总体设计类似于 DES，只不过密钥长度是 512 位。由于 Khufu 算法具有可变的 S 盒，因此可以有效地抵抗差分密码分析的攻击。

3）FEAL-8 密码

FEAL 密码算法是由日本 NTT（日本电报电话公司）的 Shimizi 和 Miyaguchi 设计的一种算法，其主要思路是增加每一轮迭代的算法强度。

FEAL 密码算法是一个算法族，如 FEAL-8 表示 8 轮迭代的 FEAL 密码算法。

4）IDEA 算法

1990 年，XueJia Lai 和 Massey 首次提出 IDEA 密码系统，当时称为建议加密标准（PES）。1991 年，根据有关专家对该密码算法的分析结果，设计者在原算法的基础上又进行了强化，并更名为 IPES（改进的建议加密标准）。此后，该算法于 1992 年正式更名为 IDEA（国际数据加密标准）。

IDEA 的明文和密文分组都是 64 位，密钥长度为 128 位，算法具有对称性，同一种算法既可用于加密，又可用于解密。

5）RC5 算法

RC5 是由 RSA 公司的首席科学家 Ron Rivest 于 1994 年设计、1995 年正式公开的一个很实用的加密算法。

RC5 的特点是分组长度、密钥长度和迭代轮数都可变。自 RC5 公布以来至今还没有发现攻击它的有效手段，但一些理论文章也分析出了 RC5 的某些弱点。

6）高级加密标准 AES 算法

1997 年，NIST（美国标准和技术协会）发起征集高级加密标准 AES（Advanced Encryption Standard）算法的活动，并设立了 AES 工作组，目的是寻找一种算法公开的分组密码算法，以取代 DES 算法。

AES 的基本要求是比三重 DES 快，但安全性不低于三重 DES 算法，分组长度建议为 128 位，密钥长度建议为 128 / 192 / 256 位。

1997 年 9 月 12 日，NIST 的联邦登记处（ER）公布了征集 AES 候选算法的通告。1998 年 4 月 15 日，结束了 AES 的全面征集工作。同年 8 月 20 日举办了首届 AES 候选会议，初步选出了 15 个候选者，进入第二轮技术评价的 15 种算法如表 3-15 所示。

表 3-15　进入第二轮技术评价的 15 种算法

候选算法	结 构	迭代圈数	简单评述	分析	速度
CAST - 256	EXT.Feistel	48	加拿大的 Entrust Canada 公司开发的 CAST-128 的新一版本。算法的速度适中，对它的保密性尚有争议	一	中
Crypton	SP Network	12	韩国 Future System 公司开发。这种 Square 算法在加/解密过程中执行相同操作。许多人指出其速度问题，尤其在 Java 环境下的速度	弱	快
DEAL	Feistel	6, 8	加拿大 Outerbridge 公司开发。算法分析揭示与三重 DES 有许多相似之处。没有料到它会通过第一轮	弱	中
DFC	Feistel	8	法国 ENS/CNRS 实验室联合开发。DFC 即使不算最快，也算得上使用 64 位处理器时的最佳实施算法	弱	中
E2	Feistel	12	日本 NTT 公司开发。已通过一系列演示向与会者证明 E2 算法，尤其在使用 Pentium Pro/Ⅱ 处理器进行的试验中突出表现了 E2 的速度	弱	快
Frog	SP Network	8	哥斯达黎加 TecApro 公司开发，其设计和面向比特的结构显示 Frog 算法是针对 32 位处理器而创造的，它是竞争中的最慢算法之一	弱	中
HPC	Omin		五种美国开发的算法之一，由于过多地注重 64 位 CPU，HPC 未能赢得广泛关注	一	慢
LOK197	Feistel	16	澳大利亚公司开发。澳大利亚密码学家拒绝放弃其算法会力挫群雄的希望。然而，密码分析似乎已经揭示出它的某些安全缺陷	弱	中
Magenta	Feistel	6, 8	德国德意志电信公司开发。对 Magenta 的试验持续了好几天时间，不少密码专家认为它不可能在竞争中取胜	弱	慢
MARS	EXT.Feistel	32	美国 IBM 公司开发。MARS 的知识产权地位有些朦胧不清，尽管有不少论文表达了赞赏意见，但这种缺少透明度的情况势必妨碍它的竞争力	一	快
RC6	Feistel	16	美国 RSA 公司开发。里维斯特（Rivest）认为主要的焦点是保密性和在特定环境下的性能，RC6 是 Sun 系统公司例举的具有最佳 Java 性能的 5 种算法之一	一	快
Rijndael	Square	10, 12, 14	比利时公司开发。这个欧洲产算法是最受宠的算法之一，非常完整、非常适合于散列函数	一	快

续表

候选算法	结　　构	迭代圈数	简单评述	分析	速度
SAFER+	SP Network	8, 12, 16	美国 Cylink 公司开发。密码学家们非常看好这个算法，即使未被选中 AES，它也有可能被用在许多产品之中	弱	中
Serpent	SP Network	32	以色列、英国、挪威三国密码学家联合开发。以色列密码学家比哈姆（Biham）证实，在使用奔腾器（Pentium Pro）时，算法可达到 DES 的性能水准。然而，有人指出，这个性能用 C 语言实现，所以完全取决于用作基准的编译程序	弱	中
Twofish	Feistel	16	美国 Counterpane 公司开发。Twofish 算法在 32 位 CPU 和低到中级智能卡上性能卓著。Twofish 是密码学家们进行过最彻底试验的算法之一而且还被认为是最完美地遵守 NIST 提出的原则的算法之一	弱	中

说明："—"表示无已知弱点，"快"表示约为 25MIPS，"中"表示约为 8MIPS，"慢"表示约为 2MIPS。

1999 年 3 月 22 日，举行了第二次 AES 候选会议，从候选算法中进一步选出 5 个，入选 AES 的五种算法分别是 MARS、RC6、Serpent、Twofish 和 Rijndael 算法。

2000 年 10 月，美国商务部部长 Norman 宣布：经过 3 年来世界各著名密码专家之间的竞争，"Rijndael 数据加密算法"最终获胜。

2001 年，AES 算法正式公布。

AES 采用了两位比利时密码学家 Proton World International 的 Joan daemen 博士和 Katholieke Universiteit Leuven 电子工程系的 Vincent Rijmen 博士后的密码算法方案，称为 Rijndael 算法。

AES 算法是一个分组迭代密码，其原形是 Square 算法，它采用宽轨迹策略（Wide Trajl Strategy），专门针对差分分析和线性分析而提出。

AES 算法具有可变的分组长度和密钥长度，分别设计了三个密钥长度 128 / 192 / 256 位，用于加密长度为 128 / 192 / 256 位的分组，相应的轮数为 10 / 12 / 14。

AES 算法具有安全、性能好、效率高、易于实现和灵活等优势。此外，AES 算法对内存的需求也特别低，非常适合于内存受限的环境。

3.2.3　公钥密码系统

1976 年，Diffie 和 Hellman 在《密码学的新方向》一文中，率先提出了公钥密码的新思想。在公钥密码系统中，加密和解密由一对密钥来完成，分别称为公钥和私钥，公钥可以公开，私钥则需保密。公钥密码系统也被称为非对称密码系统。

1. RSA 公钥密码系统

1978 年，Rivest、Shamir 和 Adleman 在论文 *A Method for Obtaining Digital Signatures and Public-Key Cryptosystems* 中首次提出了一种比较完善的公钥密码体制，这就是著名的 RSA 算法。

RFC 小组在 RFC2313 中对 RSA1.5 版进行了描述，RSA 2.1 版的算法描述详见 RFC3447。

除 RFC3447 外，RSA 算法的应用标准或草案还包括：

RFC2537：RSA / MD5 KEYs and SIGs in the Domain Name System（DNS）。

RFC2792：DSA and RSA Key and Signature Encoding for the KeyNote Trust Management System。

RFC3110：RSA / SHA-1 SIGs and RSA KEYs in the Domain Name System（DNS）。

RSA 公钥密码体制的形成利用了欧拉定理和大数分解的难解问题。下面是 RSA 公钥密码系统的具体描述：

设 $n = pq$，p 和 q 是素数。

明文空间和密文空间：

$$P = C = Z_n$$

密钥：

$$K=\{(n, p, q, a, b): ab \equiv 1 (\mod \varphi(n))\}$$

其中，n、b 是公钥，p、q、a 是私钥。

RSA 加密算法：

$$e_k(x) = x^b \mod n$$

相应的解密算法：

$$d_k(y) = y^a \mod n$$

由于 $n = pq$，所以有：

$$\varphi(n) = (p-1)(q-1)$$

可对解密算法进行简单的验证：

$$y^a \mod n$$
$$= (x^b)^a \mod n$$
$$\equiv x^{t\varphi(n)+1} (\mod n)$$
$$\equiv (x^{\varphi(n)})^t x (\mod n)$$
$$\equiv x (\mod n)$$

以上验证说明通过解密可以还原出明文。

【例 3-7】 RSA 公钥密码系统中，已知 $p = 499$，$q = 929$，则：

$$n = 499 \times 929 = 463\ 571$$
$$\varphi(n) = (499-1)(929-1) = 462\ 144$$

取：

$$a = 255\ 157，b = 9\ 949$$

对明文 $x = 200\ 412$ 实施 RSA 加密算法：

$$y = 200\ 412^{9\ 949} \mod 463\ 571 = 418\ 883$$

实施 RSA 解密算法：

$$x = 418\ 883^{255\ 157} \mod 463\ 571 = 200\ 412$$

下面对 RSA 的安全性进行分析。

既然 $n = pq$ 的大数分解问题是个难解问题，那么有没有避开大数分解问题而破解 RSA 公钥密码系统的可能？

由于 n、b 是公钥，私钥 b 和公钥 a 有以下联系：

$$ab \equiv 1 [\mod \varphi(n)]$$

所以，如果能得到 $\varphi(n)$ 将是避开大数分解问题的最佳办法。但是，下面的定理将要说明求 $\varphi(n)$ 与大数分解等价。

定理：大数 $n = pq$ 的因式分解等价于求 $\varphi(n)$。

证明：$n = pq$，如果 p 和 q 已求出，那么

$$\varphi(n) = (p-1)(q-1)$$

反过来，如果已知 $\varphi(n)$，则：

$$\varphi(n) = (p-1)(q-1) = pq - p - q + 1 = n - (p+q) + 1$$

于是有：

$$p + q = n - \varphi(n) + 1$$

结合 $pq = n$ 得：

$$p - q = \sqrt{(p+q)^2 - 4pq} = \sqrt{(p+q)^2 - 4n}$$

联合以上两个式子，可得：

$$p = (n - \varphi(n) + 1 + \sqrt{(p+q)^2 - 4n})/2$$
$$q = (n - \varphi(n) + 1 - \sqrt{(p+q)^2 - 4n})/2$$

命题得证。

从上面的定理可以看到求 $\varphi(n)$ 和大数分解是等价的，也就是说，求 $\varphi(n)$ 与大数分解同样困难。虽然不可能通过求 $\varphi(n)$ 来破解因式分解问题，但是避免大数分解问题直接攻击 RSA 的可能性依然存在，下面就是一个例子。

【例 3-8】 RSA 公钥密码系统中，已知 $p=23$，$q=31$，那么

$$n = 23 \times 31 = 713$$
$$\varphi(n) = (23-1)(31-1) = 660$$

取：

$$a = 569, \quad b = 29$$

对明文 $x = 25$ 进行加密：

$$y(0) = 25^{29} \mod 713 = 36$$

在不知道私钥 a 的情况下，再进行几遍加密：

$$y(1) = 36^{29} \mod 713 = 676$$
$$y(2) = 676^{29} \mod 713 = 625$$
$$y(3) = 625^{29} \mod 713 = 583$$
$$y(4) = 583^{29} \mod 713 = 656$$
$$y(5) = 656^{29} \mod 713 = 614$$
$$y(6) = 614^{29} \mod 713 = 501$$
$$y(7) = 501^{29} \mod 713 = 397$$
$$y(8) = 397^{29} \mod 713 = 532$$
$$y(9) = 532^{29} \mod 713 = 25$$
$$y(10) = 25^{29} \mod 713 = 36$$

于是，通过若干次的连续加密后，明文被恢复出来，RSA 算法受到攻击。通常将这种攻击方式称作循环攻击。

究竟什么情况能产生循环攻击？

反复进行 RSA 加密的序列可表示成：

$$x^b \bmod n$$
$$(x^b)^b \bmod n$$
$$\cdots$$
$$[(x^b)^b \cdots]^b \bmod n$$

令：

$$[(x^b)^b \cdots]^b = x \bmod n$$

即：

$$x^{b^k} = x \bmod n$$

因为 $p=pq$，所以上式可分解成同余方程组：

$$\begin{cases} x^{b^k} = x \bmod p \\ x^{b^k} = x \bmod q \end{cases} \tag{3-1}$$

因为 p、q 为素数，假设 $x \neq p$，$x \neq q$，所以：

$$\begin{cases} x^{\varphi(p)} = 1 \bmod p \\ x^{\varphi(q)} = 1 \bmod q \end{cases} \tag{3-2}$$

结合式（3-1）和式（3-2）可得：

$$\varphi(p) \mid (b^k - 1)$$
$$\varphi(q) \mid (b^k - 1)$$

显然，这就是产生循环攻击可能性的条件。

通过验证，例 3-8 正好满足此条件：

$$\varphi(23) = 10, \quad \varphi(30) = 8$$
$$29^{10} = 420\ 707\ 233\ 300\ 201$$
$$10 \mid (420\ 707\ 233\ 300\ 201 - 1)$$
$$8 \mid (420\ 707\ 233\ 300\ 201 - 1)$$

循环攻击是一种典型的仅知密文攻击，除循环攻击之外，对 RSA 公钥密码系统的常见攻击方式还有同模攻击。

假设两个 RSA 公钥密码系统共享同一个 n，但参数 b 各不相同，分别为 b_1 和 b_2，攻击者已获得同一个明文对应的两个密文 y_1 和 y_2，那么攻击者将能得到明文 x。计算步骤如下：

（1）计算 $c_1 = b_1^{-1} \bmod b_2$。

（2）计算 $c_2 = (c_1 b_1 - 1)/b_2 \bmod n$。

（3）计算 $x = y_1^{c_1} (y_2^{c_2})^{-1} \bmod n$。

【例 3-9】 RSA 公钥密码系统中，已知 $p = 89$，$q = 137$，$n = 89 \times 137 = 12\ 193$。

取：

$$a_1 = 10\ 429, \quad b_1 = 661$$
$$a_2 = 4\ 468, \quad b_2 = 1\ 181$$

分别对明文 $x = 2005$ 进行加密：

$$y1 = 2\ 005^{661} \bmod 12\ 193 = 3\ 429$$

$$y2 = 2\ 005^{1181} \bmod 12\ 193 = 11\ 196$$

实施同模攻击算法为：

$$c_1 = 661^{-1} \bmod 1\ 181 = 1\ 047$$

$$c_2 = (1\ 047 \times 661 - 1) / 1\ 181 \bmod 12\ 193 = 586$$

$$x = 3\ 429^{1047}(11\ 196^{586})^{-1} \bmod 12\ 193 = 2\ 005$$

同模攻击的前提是有相同的 n 和相同的明文。在实际应用中，明文相同是经常发生的。要避免同模攻击，关键是应在设计密钥时避免不同的通信中使用相同的 n。

无论是同模攻击还是循环攻击，对 RSA 算法并不能构成真正的威胁，因为它们的攻击都是建立在参数选取不当的基础之上。

真正的威胁来自于大数分解问题的求解。已有一些大数因式分解问题的解决方案，如 $p-1$ 法、Dixon 算法等等。

$p-1$ 算法由 Pollard 于 1974 年提出。具体流程如下：

（1）$a = 2$。

（2）for $i = 2$ to 6。

（3）$a = a^i \bmod n$。

（4）$d = \gcd(a-1, n)$。

（5）if $1 < d < n$　then。

（6）d 是 n 的素因子。

（7）else。

（8）寻找 n 的素因子失败。

$p-1$ 法有两个输入，一个是要分解的数 n，一个是边界值 b。

假设 p 是 n 的一个素数因子，如果对每一个素数幂 $q \mid (p-1)$，有 $q \leq b$，则必有：

$$(p-1) \mid b! \tag{3-3}$$

在第（3）步结束时有：

$$a = 2^{b!} \bmod n$$

于是：

$$a = 2^{b!} \bmod p \tag{3-4}$$

根据欧拉定理可得：

$$2^{p-1} = 1 \bmod p \tag{3-5}$$

由式（3-3）、（3-4）、（3-5）得：

$$a = 1 \bmod p$$

所以：

$$p \mid d = \gcd(a-1, n)$$

【例 3-10】 设 $n = 29\ 389\ 613\ 454\ 601$，取 $b = 600$，运用 $p-1$ 算法进行因式分解：

在第（3）步结束时，得到：

$$a = 22\ 058\ 222\ 139\ 834$$

于是：

$$d = \gcd\ (\ 22\ 058\ 222\ 139\ 833，\ 29\ 389\ 613\ 454\ 601\ ) = 6\ 210\ 433$$

进一步检验：

$$29\ 389\ 613\ 454\ 601 = 6\ 210\ 433 \times 4\ 732\ 297$$

说明因式分解成功。

同样的例子，如果 b 选取不当，比如 $b = 200$，在第（3）步结束时，得到：

$$a = 8\ 688\ 934\ 735\ 738$$

于是：

$$d = \gcd\ (\ 8\ 688\ 934\ 735\ 737，\ 29\ 389\ 613\ 454\ 601\ ) = 1$$

说明因式分解失败。

Dixon 算法建立在一个简单的事实基础上：

如果 $x \neq \pm y\ (\bmod\ n)$ 且 $x^2 = y^2\ (\bmod\ n)$，那么 $\gcd\ (\ x - y，\ n\ )$ 是 n 的非平凡因子。

该算法首先建立一个小素数集合 B，然后找出一些整数 x，使得 $x^2 \bmod n$ 的所有素因子都在因子集合 B 之中。接下来，将某些 x 相乘使得每一个素数出现偶数次，于是就形成了同余方程：$x^2 = y^2\ (\bmod\ n)$。

【例 3-11】 设 $n = 52\ 487\ 693$，令 $B = \{3, 5, 13\}$，以下等式成立：

$$14\ 071\ 835^2 = 3 \times 7\ (\bmod\ 52\ 487\ 693)$$
$$35\ 191\ 901^2 = 3 \times 13\ (\bmod\ 52\ 487\ 693)$$
$$19\ 785\ 682^2 = 7 \times 13\ (\bmod\ 52\ 487\ 693)$$

将上面 3 个式子相互乘起来：

$$(\ 14\ 071\ 835 \times 35\ 191\ 901 \times 19\ 785\ 682\ )^2 = (\ 3 \times 7 \times 13\ )^2\ (\bmod\ 52\ 487\ 693)$$

即：

$$43\ 632\ 496^2 = 273^2\ (\bmod\ 52\ 487\ 693)$$

于是：

$$\gcd\ (\ 43\ 632\ 496 - 273，\ 15\ 770\ 708\ 441\ ) = 4\ 007$$

得到了 n 的一个因子是 4 007。

因为 4 007 是一个素数，所以另一个因子是：

$$52\ 487\ 693 / 4\ 007 = 13\ 099$$

写成因式分解的形式是：

$$52\ 487\ 693 = 4\ 007 \times 13\ 099$$

RSA 在美国申请了专利，而没有在其他国家申请专利，不过，RSA 的专利期限已于 2000 年底到期。

2．Rabin 公钥密码系统

同样是利用素数因子分解难题，还可以构造出其他公钥密码系统，比较典型的有 Rabin 公钥密码系统。

设 $n = pq$ 是 p 和 q 两个互不相同的大素数的乘积，且

$$p, q \equiv 3 \ (\mathrm{mod}\ 4)$$

明文空间和密文空间：$P = C = Z_n$

密钥：$K = \{(n, p, q, B)\}$

其中，$0 \leqslant B \leqslant n - 1$

加密算法：

$$e_k(x) = x(x + B) \bmod n$$

解密算法：

$$d_k(y) = \left(\sqrt{\frac{B^2}{4} + y} - \frac{B}{2} \right) \bmod n$$

在 Rabin 公钥密码系统中，加密算法非常简单，而解密算法却要复杂得多，而且解密算法中出现了一个有限域内求"平方根"的问题。

下面将讨论如何求解模 n 的"平方根"。

因为 $n = pq$，所以可以将模 n 的"平方根"问题 $x^2 \equiv c \ (\mathrm{mod}\ n)$ 转化为一个等价的同余式方程组：

$$\begin{cases} x^2 \equiv c \ (\mathrm{mod}\ p) \\ x^2 \equiv c \ (\mathrm{mod}\ q) \end{cases} \tag{3-6}$$

针对 $x^2 \equiv c \ (\mathrm{mod}\ p)$，显然要么无解，要么有两个解。

事实上，在 Rabin 公钥密码系统中，$x^2 \equiv c \ (\mathrm{mod}\ p)$ 应该有两个解：

$$x = \pm c^{(p+1)/4}$$

这是因为 $p \ (\mathrm{mod}\ 3) = 4$，所以 $(p+1)/4$ 是整数，于是

$$(\pm c^{(p+1)/4})^2$$
$$\equiv c^{(p+1)/4} \ (\mathrm{mod}\ p)$$
$$\equiv c^{(p-1)/4} c \ (\mathrm{mod}\ p)$$
$$\equiv c \ (\mathrm{mod}\ p)$$

接下来可将式（3-6）转化为四个同余式方程组，分别是：

$$\begin{cases} x \equiv c^{(p+1)/4} \ (\mathrm{mod}\ p) \\ x \equiv c^{(q+1)/4} \ (\mathrm{mod}\ q) \end{cases} \qquad \begin{cases} x \equiv -c^{(p+1)/4} \ (\mathrm{mod}\ p) \\ x \equiv +c^{(q+1)/4} \ (\mathrm{mod}\ q) \end{cases}$$

$$\begin{cases} x \equiv +c^{(p+1)/4} \ (\mathrm{mod}\ p) \\ x \equiv -c^{(q+1)/4} \ (\mathrm{mod}\ q) \end{cases} \qquad \begin{cases} x \equiv -c^{(p+1)/4} \ (\mathrm{mod}\ p) \\ x \equiv -c^{(q+1)/4} \ (\mathrm{mod}\ q) \end{cases}$$

以上四个方程组可用中国剩余定理来求解。

【例 3-12】 Rabin 密码系统参数：$p = 31$，$q = 71$，$b = 23$，$n = 2\ 201$。

对明文 $x = 2\ 003$ 实施 Rabin 加密算法：

$$y = 2\ 003^2 + 23 \times 2\ 003 \bmod 2\ 201 = 1\ 635$$

实施 Rabin 解密算法：

$$x = \sqrt{556 + 1\ 635} - 1\ 112 \bmod 2\ 201 = \sqrt{2\ 191} - 1\ 112 \bmod 2\ 201$$

接下来，求解 $\sqrt{2\ 191} \bmod 2\ 201$。

将求解 $\sqrt{2191} \bmod 2201$ 转化为求解方程组：

$$\begin{cases} t = \sqrt{2\ 191} \bmod 31 \\ t = \sqrt{2\ 191} \bmod 71 \end{cases}$$

进一步转化为：

$$\begin{cases} t = \pm 16 \bmod 31 \\ t = \pm 9 \bmod 71 \end{cases}$$

$$t = \pm 16 \bmod 3 \text{ 的求解为例：}$$
$$\text{以 } t = \pm 9 \bmod 71$$

$$\begin{cases} a_1 = 16 \quad m_1 = 31 \quad y_1 = 71^{-1} \bmod 31 = 7 \quad a_1\ m_2 y_1 = 1349 \\ a_2 = 9 \quad m_2 = 71 \quad y_2 = 31^{-1} \bmod 71 = 55 \quad a_2\ m_1 y_2 = 2139 \end{cases}$$
$$t = (1349 + 2139) \bmod 2191 = 1287$$
$$x_1 = (1287 - 1112) \bmod 2201 = 175$$

同理，解另外三个方程组得：

$$x_2 = (790 - 1112) \bmod 2201 = 1879$$
$$x_3 = (1411 - 1112) \bmod 2201 = 299$$
$$x_4 = (914 - 1112) \bmod 2201 = 2203$$

其中，x_4 正是明文。

3. Elgamal 公钥密码系统

与 RSA 和 Rabin 公钥密码系统不同，Elgamal 公钥密码系统是基于另外一个难解问题：离散对数问题。

1）离散对数问题

有限群 G 和 G 上定义的运算 "*"，$a \in G$，$H = \{a^i : i > 0\}$ 是由 a 产生的子群，$\beta \in H$，其中 a^i 表示：

$$\underbrace{a * a * a \cdots * a}_{i\uparrow}$$

离散对数问题的目标是：寻找满足唯一的 $0 \leqslant a \leqslant |H| - 1$ 使得 $\beta = a^a$，也相当于求取对数 $\log_a \beta$。

应该说离散对数问题是难解的，目前还没有找到离散对数问题的多项式时间算法，这也是离散对数问题对公钥系统有用的原因。

虽然没有找到离散对数问题的多项式时间的求解算法，但离散对数问题是可解的，至少可以用穷举搜索的方法来解决，因此要求 H 必须足够大。比较有名的解决离散对数问题的方法有 Shanks 算法、Plhlig-Hellman 算法和指标计算（Index Calculus）方法，有兴趣的读者可参考相关文献。

2）Elgamal 公钥密码系统

p 是使 Z_p 存在难解离散对数问题的素数，$a \in Z_p^*$ 是本原元。

明文空间：$P = Z_p^*$。

密文空间：$C = Z_p^* \times Z_p^*$。

密钥：$K = \{ (p, a, a, \beta): \beta = a^a \pmod{p} \}$。其中，$p$、$a$、$\beta$ 是公钥，a 是私钥。

加密算法：

$$e_k(x, k) = (y_1, y_2)$$
$$y_1 = a^k \bmod p$$
$$y_2 = x\beta^k \bmod p$$

其中，k 是满足 $k \in Z_{p-1}$ 的随机数。

解密算法：

$$d_k(y_1, y_2) = y_2(y_1^a)^{-1} \bmod p$$

其中，$y_1, y_2 \in Z_p^*$。

与 RSA 和 Rabin 公钥密码体制不同，Elgamal 公钥密码体制引入了一个辅助参数 k。k 的存在增加了 Elgamal 的安全性，即使明文和密钥都相同，密文也会随着 k 的不同取值而各不相同，这种非一一对应的特性将增加破解的难度。

【例 3-13】 在 Elgamal 公钥密码系统中，已知 $p = 2111$，明文空间是 Z_{2111}^*，密文空间是 $Z_{2111}^* \times Z_{2111}^*$，设密钥：

$$a = 2,\ a = 666,\ \beta = 2^{666} \bmod 2111 = 219$$

对明文 $x = 168$ 实施加密：（选取参数 $k = 555$）

$$y_1 = 2^{555} \pmod{2111} = 76$$
$$y_2 = 168 \times 219^{555} \pmod{2111} = 61$$

实施解密：

$$x = 61 \times (76^{666})^{-1} \pmod{2111} = 168$$

4．椭圆曲线公钥密码系统

在过去的十几年里，应用最广泛的公钥密码体制莫过于 RSA 公钥密码体制。一般情况下，RSA 密钥长度被设定为 512 bit，但很快 512 bit 的 RSA 算法于 1999 年被攻破。为了能提供足够的安全，有必要在 RSA 算法中增大密钥长度，要达到 128 位 DES 算法的安全水平，NIST 推荐使用 3072 位的 RSA 密钥，如表 3-16 所示。

表 3-16　DES、RSA 和 ECC 密码体制效率的比较

算法名称	等效密钥长度（bit）				
DES（bit）	80	112	128	192	256
RSA（bit）	1024	2048	3072	7680	15360
ECC（bit）	161	224	256	384	512

虽然通过增加密钥长度可以保障安全性，但也会使 RSA 算法变得更慢。

能否找到一种效率更高的公钥密码体制？椭圆曲线密码体制（Elliptic Curve cryp-tosystem，ECC）就是这样一种效率很高、影响很大的公钥密码体制。

从表 3–16 中可以看到，只需 256 位密钥长度，ECC 就能够提供与 128 位 DES 相当的安全水平，这个长度仅相当于相同安全水平下 RSA 密钥长度的 1／12。

ECC 很快在密码学领域备受推崇。

1998 年，ECC 被确定为 ISO／IEC 数字签名标准 IS014888－3； 1999 年，椭圆曲线数字签名算法 ECDSA 被 ANSI 机构接纳为数字签名标准 ANSI X9.62；同年，椭圆曲线 DH 体制版本 ECDH 被确定为 ANSI X9.63；2000 年，ECC 被确定为 IEEE 标准的 IEEEl363－2000。

此外，ECC 的一些应用标准或草案也开始出现，如 RFC3278 的 "Use of Elliptic Curve Cryptography Algo–rithms in Cryptographic Measage Syntax" 等等。

下面先来介绍什么是椭圆曲线。

1）椭圆曲线

设 p 是素数，且 $p > 3$，在有限域 Z_p 上的椭圆曲线满足：

$$y^2 \equiv x^3 + a\,x + b \,(\bmod\ p)$$

的点 (x, y) 和一个特殊的无穷远点 O 构成。

其中，a，$b \in Z_p$ 且 $4a^3 + 27b^2 \neq 0 \,(\bmod\ p)$，$(x, y) \in Z_p \times Z_p$。

图 3–4 是平面上椭圆曲线的形状。

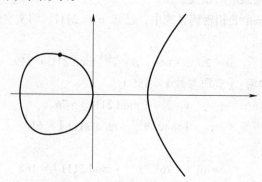

图 3–4　椭圆曲线和椭圆曲线上的点

【例 3–14】 求椭圆曲线 $y^2 = x^3 + 8x + 10 \,(\bmod\ 19)$。

要得到满足椭圆曲线方程的解 (x, y)，可利用平方剩余的概念。

令 $z = x^3 + 8x + 10 \,(\bmod\ 19)$，先逐个求出 $x = 0，1，\cdots，18$ 对应的 z 值，如表 3–17 所示的第 2 列；然后验证 z 是否为模 19 有限域的平方剩余，可采用勒让德符号来判定；如果是平方剩余，则计算出模 19 有限域下 z 的平方根。

表 3–17　获得有限域中椭圆曲线上的点

x	z	是否是平方剩余	y	x	z	是否是平方剩余	y
0	10	否		10	7	是	11, 8
1	0	0		11	4	是	17, 2
2	15	否		12	10	否	
3	4	是	17, 2	13	12	否	
4	11	是	7, 12	14	16	是	4, 15
5	4	是	17, 2	15	9	是	16, 3

续表

x	z	是否是平方剩余	y	x	z	是否是平方剩余	y
6	8	否		16	16	是	4，15
7	10	否		17	5	是	9，10
8	16	是	4，15	18	1	是	1，18
9	13	否					

根据表 3-17 可得到椭圆曲线 $y^2 = x^3 + 8x + 10 \pmod{19}$ 上的点：

$$\{11,17\},\ \{5,2\},\ \{15,16\},\ \{8,4\},\ \{14,4\}$$
$$\{18,18\},\ \{4,7\},\ \{17,9\},\ \{16,4\},\ \{1,0\}$$
$$\{16,15\},\ \{17,10\},\ \{4,12\},\ \{18,1\},\ \{14,15\}$$
$$\{8,15\},\ \ \{15,3\},\ \{3,17\},\ \{10,11\},\ \{5,17\}$$
$$\{11,2\},\ \{10,8\},\ \{3,2\}$$

除了以上有限点外，根据椭圆曲线的定义还有一个特殊的无穷远点 O 也是属于椭圆曲线上的点。

可以通过定义一个运算，将椭圆曲线变成一个 Abel 群。

设 $P(x_p, y_p)$ 和 $Q(x_q, y_q)$ 是椭圆曲线上的两个点，定义运算 "*" 如下：

（1）如果 $x_p = x_q$，$y_p = -y_q$，那么 $P*Q = O$，这里的 O 就是前面提到的无穷远点。

（2）根据椭圆曲线的定义，无穷远点也属于椭圆曲线上的点，所以在这种情况下运算 "*" 的封闭性没有被破坏。

（3）如果 $x_p \neq x_q$ 或 $y_p \neq y_q$，设 $P*Q = R$，由 (x_r, y_r) 表示：

$$\begin{cases} x_r = \lambda^2 - x_p - x_q \\ y_r = -\lambda(x_p - x_r) - y_1 \end{cases} \tag{3-7}$$

其中，$\lambda = \dfrac{y_q - y_p}{x_q - x_p}$。

（4）如果 $x_p = x_q$，$y_p = y_q$

$$\begin{cases} x_r = \lambda^2 - x_p - x_q \\ y_r = -\lambda(x_p - x_r) - y_1 \end{cases} \tag{3-8}$$

其中，$\lambda = \dfrac{dy}{dx} = \dfrac{3x_p^2 + a}{2y_p}$。

特别地，针对无穷远点，还进行了以下的补充定义。

（5）对于 ECC 上任意的点 P，$P*O = O*P = P$。

这里的无穷远点 O 具有幺元的性质，这种情形下 P 和 Q 互为逆元，如图 3-5 所示。

不难验证，定义在有限域上的椭圆曲线上的点构成了一个集合，集合中的各个元素对运算 "*" 满足封闭性、结合律、幺元、逆元的性质，因此也就构成了一个群。

同时，从（2）可以看出，将 p 和 q 的位置互换不会影响 x_r 和 y_r 的结果，因此椭圆曲线构成

的群对于 "*" 还满足交换律。

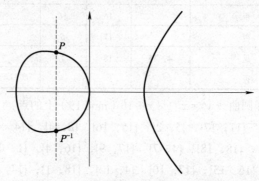

图 3-5   椭圆曲线上定义的幺元和逆元

于是，由有限域上椭圆曲线上的点和运算 "*" 构成了 Abel 群。

图 3-6 通过几何的方式说明了 "*" 运算的本质，在情形（2）时，P 和 Q 的延长线与椭圆曲线交于 R' 点，R' 点关于 x 轴的对称点 R 就是 $P * Q$。

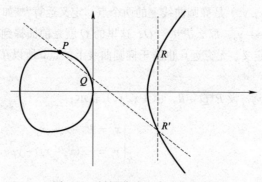

图 3-6   椭圆曲线上定义的运算

在图 3-6 中，连接 P、Q 的直线方程是：$\dfrac{y - y_p}{x - x_p} = \lambda$。

$$y - y_p = \lambda(x - x_p)$$
$$y = \lambda x + y_0 \qquad\qquad (3\text{-}9)$$

其中，$\lambda = \dfrac{dy}{dx} = \dfrac{3x_p^2 + a}{2y_p}$，$y_0 = y_p - \lambda x_p$。

不难验证，式（3-7）中的 x_r 和 y_r 也满足式（3-9）。

当 P、Q 重合时，即 $x_p = x_q$ 或 $y_p = y_q$，连接 P、Q 的直线退化成 P 的切线，如图 3-7 所示。此时：

$$y = \lambda x + y_0 \qquad\qquad (3\text{-}10)$$

其中，$\lambda = \dfrac{dy}{dx} = \dfrac{3x_p^2 + a}{2y_p}$，$y_0 = y_p - \lambda x_p$。

同样，不难验证，式（3-8）和式（3-10）是一致的。

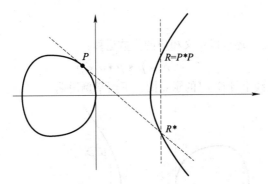

图 3-7　椭圆曲线上的 $P*P$

【例 3-15】 椭圆曲线 E：$y^2 = x^3 + 8x + 10$，$p = 19$ ，在椭圆曲线上分别取 3 点 P、Q 和 T：
$P = (11，17)$，$Q = (15，16)$，$T = (4，7)$

分别计算 $M = P*Q$，$N = Q*T$，$U = M*T$，$V = P*N$。

（1）计算 M：

$$\lambda_M = \frac{16-17}{15-11} \bmod 19 = 14$$

$$y_{M0} = (17 - 14 \times 11) \bmod 19 = 4$$

$$x_M = (14^2 - 11 - 15) \bmod 19 = 18$$

$$y_M = [-18 \times (11-8) - 17] \bmod 19 = 18$$

即 M 的坐标是（18, 18）。

（2）计算 N：

$$\lambda_N = \frac{7-16}{4-15} \bmod 19 = 6$$

$$x_N = (6^2 - 15 - 4) \bmod 19 = 17$$

$$y_N = [6 \times (15-17) - 16] \bmod 19 = 10$$

即 N 的坐标是（17, 10）。

3）计算 U：

$$\lambda_U = \frac{7-18}{4-18} \bmod 19 = 13$$

$$x_U = (13^2 - 18 - 4) \bmod 19 = 14$$

$$y_U = [13 \times (18-14) - 18] \bmod 19 = 15$$

即 U 的坐标是 (14, 15)。

4）计算 V：

$$\lambda_V = \frac{10-17}{17-11} \bmod 19 = 2$$

$$x_V = (22 - 11 - 17) \bmod 19 = 14$$

$$y_V = [2 \times (11-14) - 17] \bmod 19 = 15$$

即 V 的坐标是 (14, 15)。

通过计算得到 $U = V$，即 $(P*Q)*T = P*(Q*T)$，验证了有限域中椭圆曲线上的点对运算

"*" 满足结合律。

在定义了"*"运算后,还可以定义相应的指数运算:

$$P^n = P * P * \cdots * P$$

图 3-8 所示是椭圆曲线上计算 P^3 的示意图,下面举例说明。

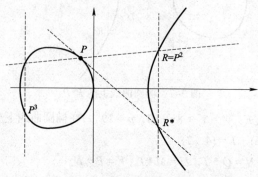

图 3-8　椭圆曲线上的 P^3

【例 3-16】 椭圆曲线 E:$y^2 = x^3 + 8x + 10$,$p = 19$,在椭圆曲线上分别取点 P 和 Q:

$$P = (3, 2),\quad Q = (5, 17)$$

分别计算 Q^4 和 P^6。

先计算 Q^2:

$$\lambda = \frac{3 \times 5^2 + 8}{2 \times 17} \bmod 19 = 3$$

$$x = (3^2 - 5 - 5) \bmod 19 = 18$$

$$y = (3 \times (5 - 18) \bmod 19 = 1$$

Q^2 的坐标是(18,1)。

再计算 $Q^4 = Q^2 * Q^2$:

$$\lambda = \frac{3 \times 18^2 + 8}{2 \times 1} \bmod 19 = 15$$

$x = (15^2 - 18 - 18) \bmod 19 = 18$

$y = (18 \times (18 - 18) \bmod 19 = 18$

Q^4 的坐标是(18,18)。

同理,可算出 $P^6 = (8, 15)$。

通过计算,可以发现 Q^1,Q^2,Q^3,Q^4,Q^5,Q^6,Q^7,Q^8,…的结果分别是:(5,17),(18,1),(1,0),(18,18),(5,2),O(5,17),(18,1),…出现周期为6的循环,且有 $Q^6 = O$。

对照群的性质,称 Q 的阶为6。

同样也可以得到 P 的阶为24,Q^1,Q^2,…,Q^{24} 分别是:(3,2),(10,8),(11,2),(5,17),(15,3),(8,15),(14,15),(18,1),(4,12),(17,10),(16,15),(1,0),(16,4),(17,9),(4,7),(18,18),(14,4),(8,4),(15,16),(5,2),(11,17),(10,11),(3,17)。

P 和 Q 的性质是不同的:椭圆曲线上的每一个点都可以表示成 P 的指数形式,而并不是所有

点都能表示成 Q 的指数形式，能表示成 Q 的指数形式的点算上 O 仅有 6 个。

对照群的性质，P 是椭圆曲线上的本原元。

椭圆曲线上的本原元并不一定是唯一的，如例 3-16 中的椭圆曲线还有：（3,17），（15,3），(15,14)，(3,17)，(15,3)，(15,14)，(16,15)，(16,4)，(14,4)，(15,16)。

通过例 3-16 也说明：由椭圆曲线和运算 "*" 构成的群还是循环群。

前面的 Elgamal 公钥密码体制利用了循环群的离散对数问题。既然椭圆曲线和运算 "*" 也构成了循环群，那么是否也存在所谓的离散对数问题，并且是否进一步还能构造一种公钥密码体制？答案是肯定的。

2）MV-椭圆曲线公钥密码系统

设椭圆曲线 EC 定义在 $Z_p（p>3）$ 上，EC 包含一个循环子群 H 使得离散对数问题难解。

明文空间：$P = Z_p^* \times Z_p^*$。

密文空间：$C = E \times Z_p^* \times Z_p^*$。

密钥：$K = \{（E, a, \beta, a）: \beta = a^a\}$，其中，$a \in E$，$a$、$\beta$ 是公钥，a 是私钥。

加密算法：

$$e_K（x, t）=（y_0, y_1, y_2）$$

其中，b 是满足 $b \in Z_{|H|}$ 的任选参数。

$$y_0 = a^t$$
$$（c_1, c_2）= \beta^t$$
$$y_1 = c_1 x_1 \mod p$$
$$y_2 = c_2 x_2 \mod p$$

解密算法：

$$d_K（y）=（y_1 c_1^{-1} \mod p, y_2 c_2^{-1} \mod p）$$

其中，$（c_1, c_2）= y_0^a$。

【例 3-17】　定义在有限域上的椭圆曲线 $E: y^2 = x^3 + 8x + 10$，$p = 23$，明文空间由 $22 \times 22 = 484$ 个明文构成，取明文 $x =（19, 13）$。

选择椭圆曲线上的点：

$$a =（7,8）$$

令 $a = 17$，则：

$$\beta = (7,8)^{17} =（10,20）$$

选取 $t = 3$，则：

$$y_0 = (7,8)^3 =（22,22）$$
$$（c_1, c_2）= (10,20)^3 =（18,12）$$
$$y_1 = 19 \times 18 \mod 23 = 20$$
$$y_2 = 13 \times 12 \mod 23 = 18$$

$（y_0, y_1, y_2）= [（22, 22）, 20, 18]$ 就是加密的结果。

实施解密：

$$（c_1, c_2）= (22,22)^{17} =（18,12）$$

$$x_1 = 20 \times 18^{-1} \bmod 23 = 19$$
$$x_2 = 18 \times 12^{-1} \bmod 23 = 13$$

5. MH 背包公钥密码系统

MH 背包公钥密码系统于 1978 由 Merkle 和 Hell-man 提出。背包公钥密码系统建立在子集和问题的基础之上，以下简称背包问题。

1）背包问题

已知集合 $I = (s_1, \cdots, s_n, z)$，其中 $s_1, \cdots, s_n$ 是满足超递增性的序列，即：

$$s_j > \sum_{i=1}^{j-1} s_i \qquad \text{对于 } 2 \leqslant j \leqslant n$$

z 为目标和，问是否存在 $x = (x_1, ..., x_n)$（x 的取值只能是 0 或 1）使得：

$$\sum_{i=1}^{n} x_i s_i = z$$

简单地说，所谓超递增性是指每一个靠后的数都比前面所有数的和还大，如人民币发行的序列是：0.01、0.02、0.05、0.1、0.2、0.5、1、2、5、10、20、50、100（单位是元），不难验证：

0.01+0.02<0.05，0.01+0.02+0.05<0.1，0.01+0.02+0.05+0.1<0.2，…

说明人民币序列满足超递增性。

背包问题的通用算法过程如下：

（1）$r = z$。

（2）for $k = n$ to 1 do。

（3）　　if $r \geqslant s(k)$ then。

（4）　　　　　　$r = r - s(k)$。

（5）　　　　　　$x(k) = 1$。

（6）　　else。

（7）　　　　　　$x(k) = 0$。

（8）if $\sum_{k=1}^{n} x(k)s(k) = z$ then。

（9）$x = (x(1), x(2), ..., x(n))$ 就是背包问题的解。

（10）else。

（11）该背包问题无解。

【例3-18】 求解背包问题：(2,5,9,21,45,103,215,450,94 611 643)。

通过背包问题的通用算法来求解：

$z(0) = 1643$

第 1 步：1 643>846　　$x(8) = 1$　　$z(1) = 1\ 643 - 946 = 697$

第 2 步：697>450　　$x(7) = 1$　　$z(2) = 247$

第 3 步：450>215　　$x(6) = 1$　　$z(3) = 32$

第 4 步：32<103　　$x(5) = 0$　　$z(4) = 32$

第 5 步：32<45　　$x(4) = 0$　　$z(5) = 32$

第 6 步：32>21　　　　$x(3)=1$　　$z(6)=11$

第 7 步：11>9　　　　$x(2)=1$　　$z(7)=2$

第 8 步：2<5　　　　　$x(1)=0$　　$z(8)=2$

第 9 步：2=2　　　　　$x(1)=1$　　$z(9)=0$

于是最终解为：

$$x=(1,0,1,1,0,0,1,1,1)$$

2）背包公钥密码系统

设 $s=(s_1,...,s_n)$ 是满足 $s_j\sum_{i=1}^{j-1}s_i$ 的超递增序列，取满足 $p>\sum_{i=1}^{n}s_i$ 的素数 p 和满足 $1\leqslant a\leqslant p-1$ 的 a，计算：

$$t=(t_1,...,t_n),\ t_i=as_i\bmod p$$

明文空间 $P=\{0,1\}^n$，密文空间 $C=\{0,...,n(p-1)\}$

密钥 $K=\{(s,p,a,t)\}$，其中，t 为公钥，s、p、a 是私钥。

加密算法：

$$e_K(x_1,...,x_n)=\sum_{i=1}^{n}x_it_i$$

解密算法：

$$z=a^{-1}y\bmod p$$

背包问题 $(s_1,...,s_n\,|\,z)$ 的解 $(x_1,...,x_n)$ 就是解密结果。

【例 3-19】　在背包公钥密码系统中，设 $s=(2,5,9,21,45,103,215,450,946)$，$p=2\,003$，$a=1\,289$，根据 s、p 和 a 可计算出 t：

$$t=(575,436,1\,586,1\,030,1\,921,569,721,1\,183,1\,570)$$

t 是公钥，用 t 对消息 $x=(1,0,1,1,0,0,1,1,1)$ 进行加密：

$$a=575+1\,586+1\,030+721+1\,183+1\,570=6\,665$$

解密时，先求 z：

$$z=1\,289^{-1}6\,665\bmod 2\,203=1\,643$$

得到背包问题 $(2,5,9,21,45,103,215,450,94\,611\,643)$，根据例 2-19 的结论，可解出 x：

$$x=(1,0,1,1,0,0,1,1,1)$$

3.3　复合型加密体制 PGP

加密也有一个标准，一般称作 PEM 标准，许多公司或在其产品中提供加密服务或出售专门为加密、签署文档和文件设计的软件。下面仅对其中的一些软件进行讨论。

3.3.1　完美的加密 PGP

PGP 软件用公用密钥密码来保护电子邮件和数据文件。PGP 软件使用户可以与任何人安全通信。PGP 是功能齐全、快速且具有高级密钥管理、数字签名工作和数据压缩工具以及易于使用的命令。这种高度安全加密软件对于 MS-DOS、VAX/VMS、Windows 和 Macintosh 等都有专门版本。

3.3.2　PGP 的多种加密方式

PGP 常被称为一个混合加密系统，因为它使用四种加密方式。它包含一个称为国际数据加密算法（IDEA）、一个非对称加密（一个公用密钥和私钥对，RSA 或 Diffie-Hellman，依 PGP 版本而定）、一个单向 hash（它将一个数字系列转换成一个数）和一个标准随机数发生器。

IDEA 是瑞典 ASCOM ZURIGH 开发的一种算法，它使用 128 位密钥，被认为是很安全的，是现在最好的算法之一。它的确是一种新算法（尽管已应用很多年），而且还未被攻破。

唯一可能攻破它的方法只有 "brute force"。但从实际来看这是不可能的，因为有巨大的计算量阻挡在前面（用 100 台奔腾处理器的计算机和 100 人花一年时间）。正如 RSA 和 Diffie-Hellman 加密法在将来可能被攻破一样，IDEA 也有可能在将来被攻破。

3.3.3　PGP 的使用

1．PGP 的应用范围

PGP 可用于多种操作系统平台，包括 UNIX、VMS、MS-DOS、Windows、OS/2、Macintosh、Atari 和 BeOS 等。它是一个国际化的软件，其程序和文档都被译成了多种语言。PGP 版本分两类，一类是免费的，供个人用于非商业用途的国际免费版；另一类是商业版。国际免费版可用于 Windows 95/NT 和 Macintosh 操作系统，支持长达 2 048 位的密钥加密，密钥位数可以选择，位数越多越安全，但速度越慢。

在非对称加密软件中，密钥的 ID 对密钥起注解作用。密钥 ID 是公司密钥的简写形式，它含有公用密钥中最少且最重要的 64 位。实际上，无论在何时显示公用密钥 ID，或在密钥服务器上，或在加密信息的附加体上，或作为数字签名的一部分，ID 总显示出低 32 位。

使用 PGP 和其 4 种公用密钥加密工具，发送者通过加送一个签署证书方式来签署文档，证书中包含了一个发送文档的密钥 ID，一个密钥的签署信息摘要和一个指示签署时间的时间标识。因此，接收者可以在密钥中查看公用密钥检查签证对错。

加密程序将密钥 ID 加在加密文件的前头，接收者用这个 ID 信息前缀查找解密信息的密钥。接收者的软件将在密钥链中自动查找所需的解密密钥。

公用密钥链和私有密钥链是存放、管理公用密钥和私有密钥的主要方式。个人密钥不存放在单独的密钥文件中，而集中管理可加快通过密钥 ID 或用户 ID 的查找。每个用户有一个个人密钥链对，个人公用密钥常存于一个单独文件中便于向朋友发送，朋友收到后存放于其密钥链中。

2．PGP 软件的下载

PGP 用户很多，《财富》前 100 强中有一半使用 PGP 加密传送，包括 IBM、MORGANBANK、AMERICAN、EXPRESS 和 SEAR、Microsoft，简言之，每个想保护其机密信息的人都使用 PGP 或相似的加密程序。

1）在公用密钥链中查找密钥

通常，在公用密钥链中查找密钥相当容易，许多密钥链提供两种查询方式，按密钥主名字和密钥的 ID 查询。任一种方式将返回一个匹配密钥服务器的密钥系列。在 PGP 中，找到匹配系列后便可以把密钥放到个人密钥链中，此后，便可以用它来加密信息或是检查发送者签署文档的真伪。

2）下载 PGP 免费软件

Zimmerman 表示他向用户奉送许多免费软件，支持 Windows、Macintosh、DOS 和 UNIX 等系统；PGP phone 加密电话软件，可以在 "Internet 上对别人耳语"，PGP phone 有支持 Macintosh、Windows 等系统。可以从 http://Web.mit.edu/network/PGP.html 中下载免费软件。

3）CRYPT 命令

UNIX 系统不是用 PGP 而是用 CRYPT 命令加密数据。由于 CRYPT 加密算法使计算机在很短时间内便能算出，所以对计算机来说此长时间算法不够牢固。用计算机很快便可对用 CRYPT 命令进行加密的数据解密。因此可用 CRYPT 对一些普通数据加密，但不能用它来加密重要数据。

4）SMTP 与解码

用户经常在 Internet 上用 SMTP 发送 E-mail，SMTP 运行良好，但不能将加密信息转换成二进制文件，SMTP 仅能传送文本数据。因此，若想用 SMTP 传送二进制加密文本，必需先将数据解密为文本形式。

最容易使用的把加密二进制数据解密为文本的工具是 UNENCODE，它是商业邮件包的一部分。信息接收者和发送者均可以使用 UNENCODE 来加密或解密 UNENCODE 文件。然后接收者用接收密钥解密。因为有几个加密步骤，所以这个过程是安全高效的，然而多个步骤却是花时间的。

3.3.4 PGP 商务安全方案

1. PGP FOR Business Security 5.5

鉴于网络上存在各种计算环境，NAI 公司推出 PGP For Business Security 5.5，一个可伸缩的跨平台解决方案，其主要特点是：

（1）采取强大的密码算法和密钥长度，它通过对电子邮件、联机事务及数据文件进行加密，使只有指定接收人才能对其内容进行解密。它提供了检查原作者以及文档完整性的数字签名功能。

（2）管理和使用灵活、简便。PGP For Business Security 包括密钥生成和管理的整套工具，使网络管理员能灵活地采取安全策略。例如，要求某些用户发送的电子邮件要进行加密；启动公司消息恢复功能和限制用户执行某些操作的能力；为了保证密钥的有效性，管理员还可以创建掌握签名密钥的个人之间的层次关系和他们之间的信任关系框架。

（3）易于使用。PGP For Business Security 非常简单易用，用户几分钟内即可学会加密、解密、数字签名及检查消息和文件。

2. Via Crypt PGP 企业版 4.0

Pretty Good Privacy 公司研制的 Via Crypt PGP 企业版 4.0，使用 IDEA 安全密钥密码技术，并采用 RSA 的公共密钥密码系统保护安全密钥，密钥长度可以在 384~2048 位之间选择。虽然 Via Crypt 本身不提供管理程序，但 Via Crypt PGP 企业版包含了多种机构控制功能，包括应急访问密钥、多种密钥认证机制以及能关闭用户端的所有特性等。其特点是：

（1）Via Crypt PGP 的自动安装程序使用方便，软件文档能指导用户生成一对密钥并且具有查找用户密钥对备份的能力，但是软件未给出用户进行有关备份重要性的强调提示。

（2）该软件功能比较强，如加密、签名、屏蔽、废除密钥或将密钥设置为失效等，并且都很容易操作。Via Crypt PGP 还有一个灵活的可信程度工具，用户可以用它鉴定密钥授权是完全可信还是基本可信的。Via Crypt PGP 支持应急访问密钥，并且要求用户必须采用由指定授权机构认证的公共密钥，这些易于实施的特性十分重要。但不足的是该产品没有将应急访问密钥分割成几部分由几个人共同掌握，此外缺少网络管理员方面的帮助文档。

（3）数据保护。该产品的配置和管理界面比较复杂，且缺少其他软件所具有的自动特性，但是它具有丰富的加密要素，具有市场上最佳的公共密钥密码系统，尤其是它复杂的密钥管理更是难于攻破。该产品不提供任何自动加密工具，但基本的公共密钥加密引擎非常易于使用。

（4）数据共享。尽管 Via Crypt PGP 缺乏与电子邮件程序的紧密结合，但 Via Crypt PGP 通过实现密码技术的完全整合，使它易于与其他软件共享加密文件或数据。用户可以自动把自己添加到接收人列表中，以便对自己写的信息进行解密，还可以定义接收群组。如果使用 E-mail，Via Crypt PGP 将自动生成 base64 ASCII 信息。在数字方面 Via Crypt PGP 提供了很大的灵活性，它支持对非加密信息的签名，并且既可以将签名添加在信息的尾部，也可以单独存放。虽然 Via Crypt PGP 不能自动将加密数据输出给用户的电子邮件程序，但是它以 base4 的格式将信息输出到 Windows 剪贴板中，用户可以再通过剪贴板进行粘贴。另外，该软件还能将 ASCII 文件转换为与平台无关的格式。

3.4 微软的 CryptoAPI

当在组织中建立一个加密标准时，需要确定一些应加密的应用程序，使用 PGP 或其他 PEM 标准是唯一的选择。Windows NT 4.0 服务软件 3、Windows 95 OEM 服务 2 和 Microsoft Internet Explorer 3.02 都包含了 Microsoft 的 CryptoAPI。CryptoAPI 是一个可用来加入程序加密功能的一个编程界面，可以将未能加密的信息引入密钥，然后以加密形式存储。CryptoAPI 提供三套功能：证件功能、简化加密功能和基础加密功能。

简化加密功能包含了创建和使用密钥的高级功能以及加密和解密信息的高级功能。证件功能提供取出、存储和验证文档功能以及列举存于机器内的证件的功能。而基础加密功能是个低级功能，用它时程序应避免与未安装 CSP（Cryptographic Service Provider）的系统发生冲突。

CryptoAPI 支持多种加密方案。例如，可用 RSA 加密某些信息，也可数字签署其他一些信息。CryptoAPI 支持的加密方案如表 3-18 所示。

表 3-18　CryptoAPI 支持的加密方案

CSP 类型	加密	签名
PROV_RSA_FULL	RC2，RC4	RSA
PROV_RSA_SIG		RSA
PROV_DSS		RSA
PROV_FORTEZZA	SKIPJACK	RSA
PROV_SSL		RSA
PROV_MS_EXCHANGECAST		RSA

CryptoAPI 使用密钥数据库，跟 PGP 一样。创建加密钥数据库，最好的方法是从 http://www.microsoft . ++/ vcasmples 网址中下载样品。在样品中有一个叫 Inituser.exe 的程序，它能创建一个使用 CryptoAPI 所需的基本密钥数据库。

若能访问 C/C++程序，而它又能方便访问 WIN 32 API，则 CryptoAPI 提供了一个使用预安装程序的最好方法。

当程序员要使用 CryptoAPI 时，他们应从 C/C++程序中申请基本的 CryptoAPI 功能。基本的 CryptoAPI 分为 4 部分：CSP、密钥、Hash 对象和签名。在一个加密应用程序中，通常需首先请求 CrptAcquireContext。可按如下所示应用 CrptAcquireContext：

BOOL CrptAcquireContext（HCRPTPPOV phProv，LPCTSTR pszContainer，LPCTSTR pszProvider DWORD dwprov Type，DWORD dwFlags）；

CrptAcquire Context 返回一个 HCRYPTPROV 柄，它提供了余下的 CryptoAPI 功能，可以通过 PszContainer 和 PszProvider 参数来指定一个特别的加密服务提供商。

在获得一个成功会话的 HCRYPTROV 柄之后，便可应用表 3-19 所示的功能来对程序实行加密。

表 3-19　CryptoAPI 的基本功能

CryptoAPI 函数	描　　述
CryptAcquireContext	CSP 为密钥容纳器返回一个句柄
CryptCreateHash	创建 Hash 对象
CryptDecrypt	解密缓冲区中的内容
CryptDerivekey	驱动来自 Hash 对象的密钥
CryptDestroyHash	撤销用 CryptCreateHash 创建的 Hash 对象
CryptDestroykey	撤销导入或创建的密钥
CryptEncrypt	加密缓冲的内容
CryptExportkey	从密钥中返回一个 key blob。key blob 是传送给接收者的一个密钥，已加密拷贝。一般来讲，可使用 key blob 加密一个单密钥，并将其与一个单密钥加密文档一起发送
CryptGenkey	产生 CSP 用的随机密钥
CryptGetHashParam	检索与 Hash 对象匹配的数据
CryptKeyParam	检索与密钥匹配的数据
CryptGetProvParam	检索与 CSP 匹配的数据
CryptGetUserKey	返回签名或交换密钥的句柄
CryptHashData	对一个数据流作散列操作
CryptImportKey	从 key blob 中分离密钥
CryptReleaseContext	释放密钥容纳器的句柄
CryptSetprovParam	使 CSP 的操作个性化
CryptSetProvider	设置缺省的 CSP
CryptSignHash	签署一个数据流
CryptVerifySignature	证实 Hash 对象的签名

每项功能说明逻辑也应用 CryptoAPI。例如，输出一个密钥分为两步：第一步是使用 CryptGetUserkey 功能项从加密服务提供者中回收一个用户公用密钥，在程序收到公用密钥柄后，通过 CryptGetUserkey 等到一个密钥 BLOB。

为更好地理解 CryptoAPI，可以从 JamsaPress Web 网址中下载 Cryptpo-Notepad 程序源代码。

Crypto-Notepad 完成 Windows Notepad 一样的任务。只是 Crypto-Notepad 将所有产生的文件作

为加密文件，它用"文件"→"打开"命令来解密。要下载完整的未编译的源代码，可参阅网址 http://www.jamsa.com。

Crypto-Notepad 建立一个新文档组，它包含 Crypto-Notepad 的基本功能。Crypto 的组功能优于 OnOpenDocument，因为程序在 OnOpenDocument 功能中将存储的加密文件转换为清楚的文本，程序必须随后将文本转换为原加密方式。

3.5 对加密系统的计时入侵

最近，密码专家和安全专家已研究出一种攻破密码系统的新方法。专家指出，只要对用来完成私有密钥操作的时间做细致的研究，黑客便可以推导出固定的 Diffie Hellman 指数及 RSA 密钥攻破密码。对一个脆弱系统，入侵并不要花很多时间，而仅需知道加密的文本。系统的风险包括密码令牌、基于网络的密码系统和其他入侵者可准确测定解密时间的应用程序。

密码专家已决定对不同的加密法采用不同的时间以产生长度不一的密码，这些安全专家知道，若黑客已处于测定时间阶段便很可能利用计算机攻破密码。

若黑客能测出解密所用的时间，将很可能判定出密钥值。然而，对多数系统而言，风险相当低，因为黑客必须对计算机处理的时间进行精确解密。

许多加密传送是在建立连接之后进行单钥加密，许多服务器使用单密钥来保护传送。因此，如果黑客可较接近地测定出解密时间，则黑客很容易猜测出通话密钥的长度。

例如，某人通过时间测定攻破加密的可能性仅比某人从硬盘中偷走密钥的可能性小一点。当考虑到网络安全时，应将时间测定入侵当作不远的将来的一个重要威胁。

习　题

1. 试分析与比较网络通信中各种加密方式的优缺点。
2. 写出 DES 密码系统中，任意两轮加密之间的关系式，由此说明，在用 DES 加密信息后，使用密钥可以实现信息还原。
3. 本章介绍了四种公钥密码系统：RSA 公钥密码系统、背包公钥密码系统、ElGamal 公钥密码系统和椭圆曲线公钥密码系统，试回答以下问题。

（1）四个公钥密码系统分别基于什么样的困难问题？

（2）在 RSA 公钥密码系统中，设 $p=17$，$q=11$，公钥 $e=7$，试将信息 $m=123$ 连续加密 4 次，即按照计算公式 $m_i = m_{i-1}^e \bmod N$ 求出 m_4，问 m_1 和 m_4 有什么关系？

（3）在 RSA 公钥密码系统中，设 $p=43$，$q=59$，公钥 $e=13$，求私钥 d；如果 $m=1520$，求出 m 对应的密文。

4. 写出 DES 密码系统和 RSA 公钥密码系统的原理，各自的优缺点。
5. 简述 PGP 密码系统的原理和四种加密方式的不同作用。
6. 简述 PGP 商务安全解决方案。

第 4 章 | 数字签名技术

数字签名是信息安全的一个非常重要的分支，它在大型网络安全通信中的密钥分配、安全认证、公文安全传输以及电子商务系统中的身份认证等方面具有重要作用。

4.1 数字签名的基本原理

政治、军事、外交等领域的文件、命令和条约，商业中的契约，以及个人之间的书信等，传统上都采用手书签名或印章，以便在法律上能认证、核准和生效。随着计算机通信的发展，人们希望通过电子设备实现快速、远距离的交易，数字（或电子）签名便应运而生，并开始用于商业通信系统，如电子邮递、电子转账和办公自动化等系统中。

类似于手书签名，数字签名也应满足以下要求：

（1）接收方能够确认或证实发送方的签名，但不能伪造。

（2）发送方发出签名的消息送接收方后，就不能再否认他所签发的消息。

（3）接收方对已收到的签名消息不能否认，即有收到认证。

（4）第三者可以确认收发双方之间的消息传送，但不能伪造这一过程。

4.1.1 数字签名与手书签名的区别

数字签名与手书签名的区别在于，手书签名是模拟的，且因人而异。数字签名是 0 和 1 的数字串，因消息而异。数字签名与消息认证的区别在于，消息认证使接收方能验证消息发送方及所发消息内容是否被篡改过。当收发者之间没有利害冲突时，这对于防止第三者的破坏来说是足够了。但当接收方和发送方之间有利害冲突时，单纯用消息认证技术则无法解决他们之间的纠纷，此时须借助数字签名技术。

为了实现签名目的，发送方须向接收方提供足够的非保密信息，以便使其能验证消息的签名。但又不泄露用于产生签名的机密信息，以防止他人伪造签名。因此，签名者和证实者可公用的信息不能太多。任何一种产生签名的算法或函数都应当提供这两种信息，而且从公开的信息很难推测出用于产生签名的机密信息。另外，任何一种数字签名的实现都有赖于精心设计的通信协议。

随着密码学的发展，尤其是公钥密码体制的发展，研究者发现：签名的这些性质完全可以通过数字方式来实现。带有数字签名的消息在网络上传播，标识着签名者的身份，就像传统签名一样，可实现身份的证明。

虽然签名的目的相同，但数字签名和传统签名还是有一些不同之处的：

（1）传统签名是消息的一部分，被签名的文件和签名是不应分割的。而数字签名与消息是独立的，可以将数字签名与消息绑定在一起发送或传输，也可以分开发送或传输。

（2）传统签名的验证需要与已知的另一份签名进行比较来实现。而数字签名的验证仅通过验证算法就可以实现。

（3）因为传统签名的验证需要一些历史信息，所以某一个传统签名的验证者相对较少，而数字签名的验证者范围要大得多，只要能实现验证算法就能够实现对数字签名的验证。

（4）传统签名是不容易复制的，因为对传统签名的简单复制与签名原件总有区别。而数字签名的复制不受限制，可以很方便地存储签名、复制签名和分发签名。

4.1.2 数字签名的组成

数字签名有两种，一种是对整个消息的签名，一种是对压缩消息的签名，它们都是附加在被签名消息之后或某一特定位置上的一段签名图样。若按明、密文的对应关系划分，每一种又可分为两个子类，一类是确定性数字签名，其明文与密文一一对应，它对特定消息的签名不变化（使用签名者的密钥签名），如 RSA、ElGamal 等签名；另一类是随机化的或概率式数学签名，它对同一消息的签名是随机变化的，取决于签名算法中的随机参数和取值。

一个签名体制一般含有两个组成部分，即签名算法和验证算法。对 M 的签名可简记为 $sig(M)=s$（有时为了说明密钥 k 在签名中的作用，也可以将签名写成 $sig_k(M)=s$ 或 $sig(M，k)$，而对 s 的证实简记为 $ver(s)=\{真，伪\}=\{0,1\}$。签名算法或签名密钥是秘密的，只有签名人才能掌握。验证算法应当公开，以便于他们进行验证。

数字签名方案由 $\{P, A, K, S, V\}$ 组成，并满足：

（1）P 为可能消息的有限集。

（2）A 为可能签名的有限集。

（3）K 为可能密钥的有限集。

（4）对于每一个 $k \in K$，存在签名算法 $sig_k \in S$ 和验证算法口 $ver_k \in V$：

$$sig_k: \ P \rightarrow A$$

$$ver_k \ (x, y): \ P \times A \rightarrow \{ture，false\}$$

$$ver_k(x,y)=\begin{cases} ture, & y = sig(x) \\ false, & y \neq sig(x) \end{cases}$$

显然，加密算法就是一个签名算法，解密算法就是一个验证算法。

这里的加密算法包括对称加密算法和非对称加密算法。

对称密码算法仅用于 A、B 双方之间的身份验证。假设消息（即明文）为 x，A、B 之间的共享密钥是 k，将消息 x 加密得到密文 y：

$$y = sig_k \ (x) = E_k \ (x)$$

将 y 作为消息 x 的签名，验证时，可用加密算法：

$$E_k \ (x) = y$$

或解密算法：

$$D_k \ (y) = x$$

来验证签名的合法性：

$$ver\ (x,y) = \text{true} \Leftrightarrow E_k\ (x) = y \Leftrightarrow D_k\ (y) = x$$

相对来说，非对称加密算法更适合用于数字签名。但是，与对称加密算法用于数字签名不同的是，非对称加密算法用私钥进行签名，用公钥进行验证。

4.1.3　数字签名的应用

随着计算机网络的发展，过去依赖于手书签名的各种业务都可用这种电子化的数学签名代替，它是实现电子贸易、电子支票、电子货币、电子出版及知识产权保护等系统安全的重要保证。数字签名已经并将继续对人们如何共享和处理网络上的信息以及事务处理产生巨大的影响。

例如，在大多数合法系统中对大多数合法的文档来说，文档所有者必须给一个文档附上一个时间标签，指明文档签名对文档进行处理和文档有效的时间与日期。在用数字签名对文档进行标识之前，用户可以很容易地利用电子形式为文档附上电子时间标签。因为数字签名可以保证这一日期和时间标签的准确性和证实文档的真实性，数字签名还提供了一个额外的功能，即它提供了一种接收方可以证明确实是发送方发送了这一消息的方法。

使用电子汇款系统的人也可以利用电子签名。例如，假设有一个人要发送从一个账户到另一个账户转存 10 000 美元的消息，如果这一消息通过一个未加保护的网络，那么"黑客"就能改变资金的数量从而改变了这一消息。但是，如果发送方对这一消息进行数字签名，由于接收系统核实错误，从而能识别出对于此消息的任何改动。

大范围的商业应用要求变更手书签名方式时，可以使用数字签名。其中一例便是电子数据交换（EDI）。EDI 是商业文档消息的交换机制。美国联邦政府用 EDI 技术来为消费者购物提供服务。在 EDI 文档中，数字签名取代了手写签名，利用 EDI 和数字签名，只须通过网络媒介即可进行买卖并完成合同的签订。

数字签名的使用已延伸到保护数据库的应用中。一个数据库管理者可以配置一套系统，它要求输入消息到数据库的任何人在数据库接收之前必须数字化标识该消息。为了保证真实性，系统也要求用户标识对消息所作的任何修改。在一个用户查看已被标识过的消息之前，系统将核实创建者或编辑者在数据库消息中的签名，如果签名核实结果正确，用户就知道没有未经授权的第三者改变这些消息。

4.2　数字签名标准

4.2.1　认识 DSS

在 1991 年 8 月 30 日，美国国家标准与技术学会（NIST）联邦注册书上发表了一个通知，提出了一个联邦数字签名标准，NIST 称为数字签名标准（Digtan Signature Standard，DSS）。DSS 提供了一种核查电子传输数据及发送者身份的一种方式。NIST 提出：此标准适用于联邦政府的所有部门，以保护未加保密的信息——它同样适用于 E-mail、电子金融信息传输、电子数据交换、软件发布、数据存储及其他需要数据完整性和原始真实性的应用。

尽管政府各部门使用 NIST 提出的 DSS 是命令所迫，但是他们对 DSS 的采纳使用会对私人领域产生巨大的影响。除了提供隔离生产线以满足政府和商业需求外，许多厂家设计所有的产品都遵守 DSS 要求。

　　针对曾被媒体和公众兴趣抬高的 NIST 的建议及其细节提出了很重要的问题，这些问题将会关系到未来的信息政策，特别是加密技术。在美国联邦注册通知中，NIST 陈述了这些内容：它们选择了 DSS 是经过挑选的并且它们也遵守了政府以前指定的法律特别是 1987 的《计算机安全条例》。政府的命令特别要求 NIST 制定确保联邦计算机系统的信息安全与机密的标准和指导方针。

4.2.2　DSS 的发展

　　在二次世界大战后的几年里，制作和破解密码对美国国家安全的建立变得越来越重要。杜鲁门总统在 1952 年用总统令下令建立 NSA（国家安全局）。NSA 对所有的美国国防通信、截获和破译国外政府的秘密通信负有责任。通过这些，NSA 就具有了极强的获取和自动扫描大部分情报的能力。如果不是这样，电子信息可能会以任何方式出现在美国的领空。

　　了解 NSA 的背景是很重要，因为在它建立后的 45 年里，NSA 在美国的保密技术领域扮演着垄断者的身份。它的使命使它必须紧紧把握关键技术，努力保持它的垄断地位并由此抑制保密技术的私有化、非政府化发展和传播。NSA 努力压制加密信息技术的动机是显而易见的，因为当信息保密技术传播的更广泛时，NSA 收集情报的工作会变得更加困难和费时。

　　NSA 保持它的垄断地位的努力已经延伸到出口和商业政策。联邦政府限制具有保密特性的软件产品的出口。特别地，在政府部门设有国防贸易办公室依据军备国防交易规则（ITAR）管理着保密技术的出口。除了具有军用目的的软件产品外，ITAR 还涵盖了许多具有保密性能的商业软件，如像 Microsoft Internet Explorer 这样的普通软件。根据出口许可证申请制度，NSA 审查 ITAR 所涵盖的信息安全技术。NSA 基本上完全控制着商业软件保密技术的出口，这些软件当然是 NSA 所关注的，它认为从本质上讲，这些软件也属于军事装备。

　　在 1995 年美国政府和 NSA 一起支持用一种称为 Clipper Chip 的新型加密芯片装备所有美国制造的新型计算机，包括装在汽车内的计算机、电视装置等领域，由于美国商业界意识到未来的电子事务处理必须基于强化的保密技术，所以，这种芯片最初的市场是十分广阔的。在美国政府宣布对它的支持不久，媒体注意到一个在 Clipper Chip 芯片上的重要缺陷。在这种芯片的研究过程中，NSA 不仅提供了这种芯片设计的原始程序，还在自己芯片里留了一个"后门"，也就是 NSA 可以不用花费太多破解密码的时间就可获得通过该芯片的任何加密文档或其他的消息。

　　当商界知道这一消息后，他们的许多领导表示如果美国计算机仍然装配这种芯片，他们将不再购买美国的计算机，结果是，美国政府停止支持这种芯片，而大多数公司也改用许多保密软件保护他们的传输。

　　国会在通过 1987 年《计算机安全条例》和民用领域保密技术革新限制时，注意到 NSA 对机密领域的扩张。国会特别希望限制军事情报机构的影响并确保非军用机构的建立和发挥商业安全监督作用。白宫的立法报告指出，在发展民用计算机安全标准时，NSA 的介入将对保密技术的研究和发展产生重要的影响，对于学术界和国内计算机工业来说尤其如此。许多观察家指出 Clipper Chip 芯片的失败就是民用领域对 NSA 不信任的极好例证，并且也是对 NSA 不信任的极有说服力的理由。

　　从大的方面来说，数字签名标准发展是计算机安全条例的第一个实际检验。不幸的是，从近来公众的消息来看，国家树立的在民用与商用机构之间的分界不仅容易排除，而且 DSS 的创建也严重打破了国会所确立的界限。在联邦注册通知中，公布了 1991 提交的 DSS。通知并没有明确提到 NSA，但很明显地暗示 NIST 发展了这个标准。经过政府标准设置过程的详尽分析，计算机专家提交了一个信息自由法规草案给 NIST，现在成了 DSS 发展的一个重要历史资料。与之相对应，NIST 声明所有与选择一个民用和政府计算机安全的数字签名标准有关的技术评价都可以不予公开。

当计算机专家在政府法庭迫使 DSS 材料公开之后，NIST 第一次意识到，它具有的相关文档在事实上大部分与 NSA 如出一辙，而不是始于 NIST。事实上，NIST 仅建立了 142 页的 DSS 文档，而 NSA 建立了另外的 1138 页。

作为对新闻媒体追查的回应，NSA 承认它在推动被提议的 DSS 中所发挥的主导作用。NSA 信息政策的主管承认，NSA 这个坚持与加密发明者作斗争，以抵制他们占有市场的组织，最终促成了高安全性的 DSS 标准的出台。

NSA 介入 DSS 的发展引起了经济和技术界的一些风波。事实上，大多数数字签名的实现是基于 Diffie-Hellman 算法，而不是 DSS。

自从 NIST 引荐数字签名标准以来，它对 DSS 签名作了广泛的修改。DSS 签名为计算和核实数字签名指定了一个数字签名算法（DSA）。DSS 签名使用 FIPS180-1 和安全 Hash 标准（SHS）产生和核实数字签名。尽管 NSA 已发展了 SH5，但它却提供了一个强大的单向 Hash 算法，该算法通过认证手段提供安全性。

4.3　RSA 签名

将前面介绍的 RSA 公钥算法稍作改动，便可构造出下面的 RSA 签名方案。

令 $n = pq$，p 和 q 是素数，$p = A = Z_n$，定义：

$$K = \{ (n, p, q, a, b) : ab \equiv 1 \ (\bmod \ \varphi(n)) \}$$

其中 n、b 是公钥，p、q、a 是私钥，签名算法和验证算法如下：

$$sig_k(x) = x^a \bmod n$$

$$ver_k(x, y) = true \Leftrightarrow x \equiv y^b \ (\bmod \ n) \ (x, y \in Z_n)$$

RSA 的签名方案和 RSA 的密码算法非常相似，不同的是签名算法用的是私钥，验证算法用的是公钥，这样能够保证持有公钥的所有参与者都能够对签名进行验证。

【例 4-1】　在 RSA 签名方案中：取 $p = 251$，$q = 503$，则

$$n = 251 \times 503 = 126 \ 253$$

$$\varphi(n) = 250 \times 502 = 125 \ 500$$

取 $b = 2 \ 957$，则：

$$a = 2 \ 957^{-1} \bmod 125 \ 500 = 5 \ 093$$

其中 n、b 是公钥，p，q，a 是私钥，对 $x = 5 \ 601$ 进行签名：

$$sig_k(x) = 5 \ 601^{5 \ 093} \bmod 126 \ 253 = 5 \ 093$$

对（5 601, 5 093）进行验证：

$$ver_k(x, y) = true \Leftrightarrow 5 \ 601 = 5 \ 093^{2 \ 957} \bmod 126 \ 253$$

于是，（5 601, 5 093）是合法的 RSA 签名。

接下来，对另一组签名（2 005, 2 006）进行验证：

$$\text{ver}_k(x, y) = \text{false} \Leftrightarrow 2\,006^{2\,957} \bmod 126\,253 = 237\,172\,005$$

这说明（2\,005，2\,006）不是合法的 RSA 签名。

4.4 DSS 签名方案

类似地，也可以对 Elgamal 公钥算法稍作改动形成 Elgamal 签名方案。Elgamal 签名方案也是 DSS 签名标准的基础。

4.4.1 Elgamal 签名方案

设 p 是素数，$\alpha \in Z_p^*$ 为本原元，$P = Z_p^*$，$A = Z_p^* \times Z_{p-1}$。

密钥空间：

$$K = \{(p, \alpha, \beta, a): \beta = \alpha^a (\bmod P)\}$$

其中，p、α、β 是公钥，a 是私钥，对于随机选取的 $t \in Z_{p-1}^*$，设计签名算法为：

$$\text{sig}_k(x, t) = (\gamma, \delta)$$

其中，

$$\gamma = \alpha^t \bmod p$$
$$\delta = (x - a\gamma)\, t^{-1} \bmod (p-1)$$

验证算法为：

$$\text{ver}(x, \gamma, \delta) = \text{true} \Leftrightarrow \beta^\gamma \gamma^\delta (\bmod p) \equiv \alpha^x (\bmod p)$$

其中，$x, \gamma \in Z_p^*$，$\delta \in Z_{p-1}$。

简单地验证以下：

$$\beta^\gamma \gamma^\delta (\bmod p)$$
$$= (\alpha^a)^\gamma (\alpha^t)^\delta (\bmod p)$$
$$= \alpha^{a\gamma + t\delta} = (\bmod p)[将 \delta = (x - a\gamma)t^{-1} \bmod(p-1)代入]$$
$$= \alpha^x (\bmod p)$$

【例 4-2】 在 Elgamal 签名方案中，设 $p = 1\,999$，$\alpha = 13$，$\beta = 103$，$n = 200$，$k = \{1\,999, 13, 103, 200\}$，需要签名的消息为：

$$x = 999$$

不妨取 $t = 191$，则：

$$\gamma = 13^{191} \bmod 1\,999 = 1\,476$$
$$\delta = (999 - 200 \times 1\,476) \times 191^{-1} \bmod 1\,998 = 1\,305$$

Elgamal 签名为：

$$\text{sig}_k(x, t) = (1\,476, 1\,305)$$

对签名进行验证：

$$\text{ver}(999, 1\,476, 1\,305) = \text{true}$$

这是因为 $103^{1\,476} \times 1\,476^{1\,305} \equiv 13^{999} (\bmod 1\,999)$。

如果有错误签名：

$$\text{sig}'_k(x, t) = (1\,477, 1\,306)$$

对签名进行验证，可得：

$$\text{ver}(999, 1477, 1306) \equiv \text{false}$$

因为 $103^{1477} \times 1477 \equiv 1737 \neq 13^{999} \pmod{1999}$。

虽然离散对数问题的难解保证了 Elgamal 的安全性，但也存在伪造签名的办法。

假设 $0 \leqslant i \leqslant p-2$，$0 \leqslant j \leqslant p-2$ 且满足：

$$\gcd(j, p-1) = 1$$

通过以下办法计算 γ、δ、x：

$$\gamma = \alpha^i \beta^j \bmod p$$
$$\delta = -\gamma j^{-1} \bmod (p-1)$$
$$x = -\gamma i j^{-1} \bmod (p-1)$$

$j^{-1} \bmod (p-1)$ 是存在的，因为 j 与 $p-1$ 互素。

对签名 (x, γ, δ) 进行验证：

$$\begin{aligned}
\beta^\gamma \gamma^\delta \\
&= \beta^{\alpha^i \beta^j} (\alpha^i \beta^j)^{-\alpha^i \beta^j j^{-1}} \pmod p \\
&= \beta^{\alpha^i \beta^j} \alpha^{-ij^{-1}\alpha^i\beta^j} \beta^{-\alpha^i\beta^j} \pmod p \\
&= \alpha^{-ij^{-1}\alpha^i\beta^j} \pmod p \\
&= \alpha^{-\gamma ij^{-1}} \pmod p \\
&= \alpha^x \pmod p
\end{aligned}$$

这说明签名 (x, γ, δ) 能够通过验证。

下面举例说明。

【例 4-3】　Elgamal 方案中，设 $p = 1999$，$\alpha = 13$，$\beta = 103$，$a = 200$，$k = \{1999, 13, 103, 200\}$，取 $i = 109$，$j = 199$，则：

$$\gamma = 13^{109} \times 103^{199} \bmod 1999 = 1476$$
$$\delta = -1476 \times 199^{-1} \bmod 1998 = 1305$$
$$x = -1476 \times 109 \times 199^{-1} \bmod 1998 = 999$$

伪造的签名为：

$$\text{sig}_k(999) = (1476, 1305)$$

对签名进行验证：

$$\text{ver}(999, 1476, 1305) = \text{true}$$

是因为 $103^{1476} \times 1476^{1305} \equiv 13^{999} \pmod{1999}$。

另外一种伪造签名基于已知一组合法签名 (γ, δ, x)，设：

$$0 \leqslant h \leqslant p-2，0 \leqslant i \leqslant p-2，0 \leqslant j \leqslant p-2$$

并且满足：

$$\gcd(h\gamma - j\delta, p-1) = 1$$

计算出：

$$\lambda = \gamma^h \alpha^i \beta^j \bmod p \tag{4-1}$$
$$\mu = \delta\lambda(h\gamma - j\delta)^{-1} \bmod (p-1) \tag{4-2}$$

$$x' = \lambda\,(hx + i\delta)\,(h\gamma - j\delta)^{-1}\,\mathrm{mod}\,(p{-}1) \qquad (4\text{-}3)$$

$(h\gamma - j\delta)^{-1}\,\mathrm{mod}\,(p{-}1)$ 是存在的，因为 $h\gamma - j\delta$ 与 $p{-}1$ 互素。

对签名 (λ, μ, x') 进行验证，可得：

$$\beta^{\lambda}\lambda^{\mu} = \alpha^{x'} \pmod{p} \qquad (4\text{-}4)$$

下面进行简单的证明：

根据式（4-1）可得：

$$\lambda = \alpha^{ht}\alpha^{i}\alpha^{aj} \pmod{p}$$
$$= \alpha^{ht+i+aj} \pmod{p}$$

将上式和 $\beta = \alpha^{a} \pmod{p}$ 代入式（4-4）得：

$$\alpha^{\lambda a}\alpha^{(ht+i+aj)\mu} = \alpha^{x'} \pmod{p}$$

等价于：

$$\lambda a + (ht+i+aj)\mu = x' \pmod{p{-}1}$$

将式 4-2 和式 4-3 代入下式：

$$\lambda a + (ht+i+aj)\mu - x' \pmod{p{-}1}$$

可得：

$$\lambda a + (ht+i+aj)\mu - x' \pmod{p{-}1}$$
$$= \lambda[a + (ht+i+aj)\delta\,(h\gamma - j\delta)^{-1} - (hx + i\delta)\,(h\gamma - j\delta)^{-1}]\pmod{p{-}1}$$
$$= \lambda[a + (ht\delta+aj\delta-hx)\,(h\gamma - j\delta)^{-1}]\pmod{p{-}1}$$
$$= \lambda\{a + [h(t\delta-x)+aj\delta]\,(h\gamma - j\delta)^{-1}\}\pmod{p{-}1}$$

由 $\delta = (x - a\gamma)\,t^{-1} \pmod{p{-}1}$ 得：

$$x - \delta t = a\gamma \pmod{p}$$

代入上式得：

$$\lambda a + (ht+i+aj)\mu - x' \pmod{p{-}1}$$
$$= \lambda\{a + [-ah\gamma+aj\delta]\,(h\gamma - j\delta)^{-1}]\pmod{p{-}1}$$
$$= \lambda\{a - a\,[h\gamma - j\delta]\,(h\gamma - j\delta)^{-1}\}\pmod{p{-}1}$$
$$= 0 \pmod{p{-}1}$$

命题得证。

【例 4-4】 Elgamal 签名方案中，设 $p = 4079$，$\alpha = 13$，$\beta = 1621$，$a = 200$。

已知密钥：

$$k = \{4079,13,1621,200\}$$

已知一组合法签名：

$$(\gamma, \delta, x) = (2429, 4005, 999)$$

取：

$$h = 888,\ i = 129,\ j = 555$$

满足条件：

$$\mathrm{gcd}\,(888{\times}2429 - 555{\times}4005, 4078)$$
$$= \mathrm{gcd}\,(3503, 4078)$$
$$= 1$$

则有：

$$\lambda = 2429^{888} \times 13^{129} \times 1621^{555} \bmod 4079 = 2940$$

$$\mu = 4005 \times 2940 \times (888 \times 2429 - 555 \times 4005)^{-1} \bmod 4078$$

$$= 4005 \times 2940 \times 1539 \bmod 4078$$

$$= 1508$$

$$x' = 2940 \times (888 \times 999 + 129 \times 4005)(888 \times 2429 - 555 \times 4005)^{-1} \bmod 4078$$

$$= 2940 \times 925 \times 1539 \bmod 4078$$

$$= 2008$$

伪造的签名为：

$$\mathrm{sig}_k (2008) = (2940, 1508)$$

对签名进行验证：

$$\mathrm{ver} (2008, 2940, 1508) = \mathrm{true}$$

因为：

$$1621^{2940} \times 2940^{1508} (\bmod 4079) = 2343$$

$$13^{999} (\bmod 4079) = 2343$$

虽然以上的两种伪造 Elgamal 签名都能通过验证，但是这两种伪造并不会对 Elgamal 签名算法本身造成威胁，因为两种伪造都不能对任意的 x 产生伪造签名。

对 Elgamal 数字签名方案的不当使用倒是更危险的情况。

例如，我们知道 t 作为方案中的一个重要参数是不能暴露的。如果 t 暴露了，那么由

$$\delta = (x - a\gamma) \, \mathrm{t}^{-1} \bmod (p - 1)$$

可得：

$$a = (a - t\delta) \, \gamma^{-1} \bmod (p - 1)$$

于是 a 被求出，a 的求出将导致整个 Elgamal 签名算法的失效。

【例 4-5】　Elgamal 签名方案中：设 $p = 2039$，$\alpha = 13$，$\beta = 1428$，p、α、β 是公开的，$a = 211$ 是保密的。

消息为：

$$x = 819$$

签名为：

$$(\gamma, \delta) = (647, 420)$$

如果攻击者知道 $t = 167$，那么就可以算出 a 的值：

$$a = (819 - 167 \times 420) \times 647^{-1} \bmod (2039 - 1)$$

$$= 009 \times 63 \bmod 2038$$

$$= 211$$

又如，在两次数字签名中使用相同的 t 也是危险的。如果出现这种情况，那么设：

$$\beta^{\gamma} \gamma^{\delta_1} \equiv \alpha^{x_1} (\bmod p)$$

$$\beta^{\gamma} \gamma^{\delta_2} \equiv \alpha^{x_2} (\bmod p)$$

于是：

$$\alpha^{x_1 - x_2} \equiv \alpha^{t(\delta_2 - \delta_1)} (\bmod p) \tag{4-5}$$

$$x_1 - x_2 \equiv t(\delta_2 - \delta_1)(\mathrm{mod}\ p-1)$$

不妨设 $d = \gcd(\delta_2-\delta_1,\ p-1)$，显然 d 同时满足：

$$d \mid (p-1)$$
$$d \mid (\delta_2 - \delta_1)$$
$$d \mid (x_1 - x_2)$$

令：

$$x' = (x_1 - x_2)/d$$
$$\delta' = (\delta_2 - \delta_1)/d$$
$$p' = (p-1)/d$$

式（4-5）可转化为：

$$x' \equiv t\delta'\ (\mathrm{mod}\ p')$$
$$t \equiv x'(\delta')^{-1}\ (\mathrm{mod}\ p')$$

$(\delta')^{-1}\ (\mathrm{mod}\ p')$ 是存在的，因为 $\gcd(\delta',\ p') = 1$
于是：

$$t = x'(\delta')^{-1} + ip'\ (\mathrm{mod}\ p)$$

其中，$0 \leqslant i \leqslant d-1$。虽然这样求出的 t 是 d 组可能的结果，但可以通过验证：

$$\gamma = \alpha^t\ \mathrm{mod}\ p$$

来得到最终的 t 值。

【例 4-6】 Elgamal 签名方案中，设 $p = 1009$，$\alpha = 13$，$\beta = 635$，a 未知，已知两个签名分别为：

$$(\gamma, \delta_1, x_1) = (388, 833, 999)$$
$$(\gamma, \delta_2, x_2) = (388, 323, 501)$$

即：

$$635^{388} \times 388^{833} = 13^{999}\ \mathrm{mod}\ 1009$$
$$635^{388} \times 388^{323} = 13^{501}\ \mathrm{mod}\ 1009$$

于是：

$$13^{999-501} = 13^{t(323-833)}\ \mathrm{mod}\ 1009$$
$$498 = 498\ t\ \mathrm{mod}\ 1008$$

不妨设：

$$d = \gcd(498,\ 1008) = 6$$

令：

$$x' = 498/6 = 83$$
$$\delta' = 498/6 = 83$$
$$p' = 1008/6 = 168$$

于是：

$$83 = 83\ t\ \mathrm{mod}\ 168$$
$$t_0 = 83 \times 83^{-1}\ \mathrm{mod}\ 168 = 1$$

t 的表达式为：

$$t = t_0 + i\ p'\ \mathrm{mod}\ 1009 = 1 + 83\ i\ \mathrm{mod}\ 1009$$

t 的候选结果为：

$$t_1 = 1+83 \times 1 \bmod 1009 = 84 \bmod 1009 = 84$$
$$t_2 = 1+83\times2 \bmod 1009 = 167 \bmod 1009 = 167$$
$$t_3 = 1+83\times3 \bmod 1009 = 250 \bmod 1009 = 250$$
$$t_4 = 1+83\times4 \bmod 1009 = 333 \bmod 1009 = 333$$
$$t_5 = 1+83\times5 \bmod 1009 = 416 \bmod 1009 = 416$$
$$t_6 = 1+83\times6 \bmod 1009 = 449 \bmod 1009 = 449$$

在 6 个候选的 t 中进行筛选，只有 167 符合要求，因为：

$$13^{167} = 388 \bmod 1009$$

4.4.2　DSS 签名方案

设 p 是 512 位的素数，Z_p 上的离散对数问题是一个难解问题，q 是一个 160 位的素数，且满足：

$$q \mid (p-1)$$

取 $\alpha \in Z_p^*$，满足：

$$\alpha^q \equiv 1 \bmod p$$

消息空间和签名空间分别为：

$$P = Z_p^*, A = Z_q \times Z_q$$

定义密钥：

$$K = \{ (p, \alpha, \beta, a): \beta = \alpha^a (\bmod p) \}$$

其中，p、α、β 是公钥，a 是私钥。取随机数 t，$0 \le t \le q-1$。

签名算法：

$$\mathrm{sig}_k (x, t) = (\gamma, \delta)$$

其中，

$$\gamma = (a' \bmod p) \bmod q$$
$$\delta = (x + a\gamma) t^{-1} \bmod q$$

验证算法：

$$\mathrm{ver}(x, \gamma, \delta) = \text{true} \Leftrightarrow (\alpha^{e_1} \beta^{e_2} \bmod p) \bmod q = \gamma$$

其中，

$$e_1 = x\delta^{-1} \bmod q$$
$$e_2 = \gamma\delta^{-1} \bmod q$$

4.5　盲签名及其应用

为了说明盲签名的基本概念，本节假设 Alice 为消息拥有者，Bob 为签名人。在盲签名协议中，Alice 的目的是让 Bob 对某文件进行签名，但又不想让 Bob 知道文件的具体内容，而 Bob 并不关心文件中说些什么，他只是保证他在某一时刻以公正人的资格证实了这个文件。

Alice 从 Bob 处获得盲签名的过程一般有如下几个步骤：

（1）Alice 将文件 m 乘以一个随机数得 m'，这个随机数通常称为盲因子，Alice 将盲消息 m' 送给 Bob。

（2）Bob 在 m' 上签名后，将其签名 sig(m')送 Alice。

（3）Alice 通过除去盲因子可从 Bob 关于 m'的签名(m')中得到 Bob 关于原始文件 m 的签名 sig(m)。

D.Chaum 关于盲签名曾经给出一个非常直观的说明：所谓盲签名，就是先将要隐蔽的文件放进信封里，而除去盲因子的过程就是打开这个信封。当文件在一个信封中时，任何人都不能读它。对文件签名就是通过在信封里放一张复写纸，当签名者在信封上签名时，他的签名便透过复写纸签到了文件上。

下面所介绍的盲签名方案都是在 ElGamal 签名方案上构造的，其中 x 和 $y=a^x \bmod p$ 为签名者 Bob 的密钥和公钥。

4.5.1　盲消息签名

在盲消息签名方案中，签名者仅对盲消息 m'签名，并不知道真实消息 m 的具体内容。这类签名的特征是：sig(m)=sig(m')或 sig(m)含 sig(m')中的部分数据。因此，只要签名者保留关于盲消息 m'的签名，便可确认自己关于 m 的签名。

从签名方程 $s=xr+m(k \bmod p-1)$ 可知，$a^s=y^r(a^k)^m=y^r a^{kmh}=y^r \beta^{km}=y^r r^m=y^r r^m \bmod p$，因此，验证方程成立。

可以看出，在上述盲消息签名方案中，Alice 将 Bob 关于 m'的签名数据作为其对 m 的签名，即 sig(m)=sig(m')。所以，只要 Bob 保留 sig(m')，便可将 sig(m)与 sig(m')相联系。为了保证真实消息 m 对签名者保密，盲因子尽量不要重复使用。因为盲因子 h 是随机选取，所以，对一般的消息 m 而言，不存在盲因子 h，使 m'（$m'=mh \bmod p-1$）有意义，否则，Alice 将一次从 Bob 处获得两个有效签名 sig(m)和 sig(m')，从而使得两个不同的消息对应相同的签名。这一点也是签名人 Bob 最不愿看到的。

盲消息签名方案在电子商务中一般不用于构造电子货币支付系统，因为它不保障货币持有者的匿名性。

4.5.2　盲参数签名

在盲参数签名方案中，签名者知道所签消息 m 的具体内容。按照签名协议的设计，签名接收方可改变原签名数据，即改变 sig(m)而得到新的签名，但又不影响对新签名的验证。因此，签名者虽然签了名，却不知道用于改变签名数据的具体安全参数。

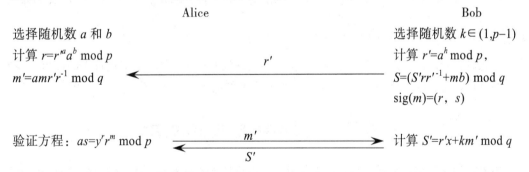

Alice　　　　　　　　　　　　　　　　　　　　　　Bob

选择消息 $m \in Z_p$，随机数 $h \in Z_{p-1}$　　　　　　　选择随机数 $k \in Z^*_{p-1}$

计算 $\beta = a^h \bmod p$ 　　(m, β)　　　计算 $r' \beta^h \bmod p$，

　　　　　　　　　　　　　　　　　　　　　　$s'k^{-1}(m+xr') \bmod p-1$

新签名 sig$(m) = (r, s)$，其中：

sig$(m) = (r, s)$ 　　←　　(r', s')

验证方程：$r^s a^m y^r \bmod p$ 在上述盲参数签名方案中，m 对签名者并不保密。当 Alice 对 sig(m) 做了变化之后，(m, r, s) 和 (m, r', s') 的验证方程仍然相同。

盲参数签名方案的这些性质可用于电子商务系统 CA 中心，为交易双方颁发口令。任何人虽然可验证口令的正确性，但包括 CA 在内谁也不知变化后的口令。在实际应用中，用户的身份码 ID 相当于 m，它对口令产生部门并不保密。用户从管理部门为自己产生的非秘密口令得到秘密口令的方法，就是将 (ID, r', s')，转化为 (ID, r, s)。这种秘密口令并不影响计算机系统对用户身份进行的认证。另外，利用盲参数签名方案还可以构造代理签名机制中的授权人和代理签名人之间的授权方案，以用于多层 CA 机制中证书的签发以及电子支票和电子货币的签发。

4.5.3　弱盲签名

在弱盲签名方案中，签名者仅知 sig(m') 而不知 sig(m)。如果签名者保留 sig(m') 及其他有关数据，待 sig(m) 公开后，签名者可以找出 sig(m') 和 sig(m) 的内在联系，从而达到对消息 m 拥有者的追踪。

Alice　　　　　　　　　　　　　　　　　　　　　　Bob

选择随机数 a 和 b 　　　　　　　　　　　　　选择随机数 $k \in (1, p-1)$

计算 $r = r'^a a^b \bmod p$ 　　　r'　　　计算 $r' = a^h \bmod p$，

$m' = amr'r^{-1} \bmod q$ 　←　　　$S = (S'rr'^{-1}+mb) \bmod q$

　　　　　　　　　　　　　　　　　　　　　　sig$(m) = (r, s)$

验证方程：$as = y^r r^m \bmod p$ 　m'→　计算 $S' = r'x + km' \bmod q$
　　　　　　　　　　　　　　S'

在上述盲签名方案中，如果签名者 Bob 保留 $(m'r'S', k)$，则当 Alice 公开 sig$(m) = (r, s)$后，Bob 可求得 $a' = m'm^{-1}r^{-1}r \bmod q$ 和 $b' = m^{-1}(S-S'rr^{-1}) \bmod q$。

为了证实 sig$(m) = (r, s)$ 是从 sig$(m') = (m'r'S')$ 所示得，Bob 只须验证等式 $r = r'^a a^b \bmod p$ 是否成立，若成立，则可确认 $a' = a$，$b' = b$，从而确认 sig(m) 和 sig(m') 相对应。这充分说明上述方案的确是一个弱盲签名方案。

盲消息签名方案与弱盲签名方案的不同之处在于，后者不仅将消息 m 做了盲化，而且对签名 sig(m') 做了变化，但两种方案都未能摆脱签名者将 sig(m) 和 sig(m') 相联系的特性，只是后者隐蔽性更大一些。由此可以看出，弱盲签名方案与盲消息签名方案的实际应用较为类似。

4.5.4　强盲签名

在强盲签名方案中，签名者仅知 sig(m')，而不知 sig(m)。即使签名者保留 sig(m') 及其他有关数据，仍难以找出 sig(m)和 sig(m')之间的内在联系，不可能对消息 m 的拥有者进行追踪。

弱盲签名方案是目前性能最好的一个盲签名方案，电子商务中使用的许多数字货币系统和电子投票系统的设计都采用了这种技术。

4.6 多重签名及其应用

多重数字签名的目的是将多个人的数字签名汇总成一个签名数据进行传送，签名接收方只需验证一个签名便可确认多个人的签名。

设 $U_1, U_2, \ldots, U_n$ 为 n 个签名者，他们的密钥分别为 x_i，相应的公钥为 $yi=g^{xi} \bmod p$ (i=1,2,…,n)。

他们所形成的对消息 m 的 n 个签名分别为 (r_i, r_i)，其中 $r_i = g^{k_i} \bmod p$ 和 $s_i = x_i m + k_i r \bmod p-1$ （i=1,2,…,n），这里 $r = \prod_{i=1}^{n} r_i \bmod p$，形成的签名 (r_i, s_i) 满足方程 $g^{s_i} = y_i^m r_i^r \bmod p$。

n 个签名人最后形成的多重签名为 $(m, r, s) = (m, \prod_{i=1}^{n} r_i \bmod p, \sum_{i=1}^{n} S_i \bmod p-1)$，它满足方程 $g^s = y^m r^r \bmod p$，其中 $y = \prod_{i=1}^{n} y_i \bmod p$。

由此可以看出，无论签名人有多少，多重签名并没有过多地增加签名验证人的负担。多重签名在办公自动化、电子金融和 CA 认证等方面有重要的应用。

4.7 定向签名及其应用

当通过网络传输电子邮件和有关文件时，为了维护有关权力和合法利益，为了维护网上信息在法律上的严肃性，发送者应当对所发信息进行数字签名，使接收者确信接收到的信息是可信的、合法的和有效的，它可以防止不法者的冒充行为。

对许多签名方案而言，无论什么人，只要获得签名就可验证签名的有效性。这些签名方案包括 RSA 签名方案和 ElGamal 签名方案。为了使特定的收方才能验证签名的有效性，对 RSA 签名而言，可以对签名采用加密传送的方法。由 Chaum 等人提出的不可否认签名方案也具有对签名验证者进行控制的能力，但这种方案的实施需要签名者和验证者之间互传送有关信息（交互式验证）。但从实际应用来看，一般并不需要对签名进行加密，更不必采用较为烦琐的交互式验证。

为此，这里介绍了定向签名的概念，并在 ElGamal 型签名方案和具有消息还原功能的签名方案（简称 MR 型方案）上实现了签名的定向传送。这些方案仅允许特定的接收方对签名进行验证，但它们不需要像 RSA 签名那样要对签名加密，也不需要像不可否认签名那样要进行交互式验证。由于具有有向性，这些方案的安全性也得到了加强，极大地缩小了受攻击和受伪造的范围。

4.7.1　ElGamal 型定向签名

这里所说的 ElGamal 型签名方案是指 ElGamal 签名方案的各种变型方案。

下面仅在一个特殊的 ElGamal 型签名方案上建立了定向签名方案。这种方法也可以用于其他 ElGamal 型签名方案。在此方案中，设签名人为 A，特定的签名接收方为 B。

系统参数：p 是一个素数，q 是 p　1 的素因子，$g \in Z_q$ 且阶为 q，$x_A, x_B \in Z_q$ 分别是 A 和 B 的密钥，相应的公钥分别为 $y_A = g^{x_A} \bmod p$ 和 $y_B = g^{x_B} \bmod p$。$m \in Z_q$ 为待签的消息。

签名方程：签名者 A 为了求得关于消息 m 的签名，先选取随机数 $k_A \in Z_q$，然后计算
$c_A = y_B^{x_A + k_B} \bmod p$，$r_A = g k_A \bmod p$ 和 $s_A = c_A x_A - m k_A \bmod q$。

签名：$(m;(r_A, s_A))$。A 将此签名送 B。

签名验证：B 收到签名 $[m;(r_A, s_A)]$ 以后，使用自己的密钥 x_B 计算 $c_A = (r_A y_A)^{x_B} \bmod p$，然后验证方程 $y_A^{c_A} = r_A^m g^{s_A} \bmod p$ 是否成立。若成立，则 B 接受 A 关于信息 m 的签名。

因为只有 B 用密钥 x_B 才可获得 c_A，所以除 B 以外的任何人无法验证签名的正确性，因此，该方案是定向签名方案。

4.7.2　MR 型定向签名方案

为了验证 ElGamal 型签名的有效性，签名人应将消息 m 连同签名 (r, s) 一起发送接收方。Nyberg 等人建立了消息恢复型（简称 MR 型）签名方案，使用此方案不必传送消息 m。任何人收到签名后，利用签名 (r, s) 便可还原 m。下面介绍在 MR 型签名方案上建立的一个定向签名方案。

系统参数：设 p 和 q 为两个素数且 $q \mid p-1$，$g \in Z_p$ 是阶为 q 的元素。$x_A, x_B \in Z_p^*$ 和 $y_A = g^{x_A} \bmod p$ 及 $y_B = g^{x_B} \bmod p$ 是与签名者 A 和验证者 B 对应的私钥及公钥。

签名方程：为了签署消息 $m \in Z_p$，A 选随机数 $k_A \in Z_p^*$，并计算 $r_A = m y_B^{-(x_A + k_B)} \bmod p$，$s_A = k_A - r_A x_A \bmod q$ 和 $c_A = q^{k_A} \bmod p$。

签名数据：$[m;(r_A, s_A, c_A)]$，A 将其签名数据送 B。

还原方程：验证者 B 利用 $y_A^{r_A} g^{k_A} = c_A \bmod p$ 先验证签名 (r_A, s_A, c_A) 的正确性，然后再利用还原方程：

$$m = y_A^{(r_A + 1)x_B} y_B^{s_A} r_A \bmod p$$

还原消息 m。

上述还原方程的正确性可通过对方程左边乘 $y_B^{-(x_A + k_A)} y_B^{x_A + k_A}$ 而加以验证，这里不再详述。

使用上述方案的优点在于，即使未使用加密方案，除特定接收方 B 之外的任何人无法看到消息 m 的内容。因此，定向 MR 型签名方案既是签名方案，同时又起到对消息 m 进行加密的作用。

4.8　数字签名应用系统与产品

数字签名与现代加密技术紧密相连，由于技术上的复杂性，许多软件代理商难以提供有关购买或使用加密数字签名软件方面的咨询，而且至今仍未有一种完全安全或是无懈可击的计算机密码系统。但是，从加密的策略来看，只要使窃取秘密信息的代价大于利用这些秘密信息所获得的利益，这样的保密策略就是成功的，所以一些简单的技术和产品也可以抵挡住大多数危险的攻击，而不必过分追求十全十美的技术或产品。由于数字签名主要是以非对称密钥加密来实现的，所以

下面谈论的内容不仅是数字签名，而且包括非对称密钥加密。

1. Outlook Express 的加密与数字签名

Microsoft Outlook Express 是目前无数上网的人经常使用的软件，其功能比较完善，特别是它所提供的安全特性支持加密与数字签名，使人们在 Internet 上可以安全地发送和接收电子邮件。具体操作如下：

（1）获取数字证书。数字证书又称数字标识，它主要用来给电子邮件签名，使收件人可确认邮件确实是由用户发出的，并且是完整的。同时它还可以让其他人发送回复邮件。使用数字凭证之前需要先获取数字凭证，这就要向某一个认为可靠的数字凭证机构领取，然后将公钥部分发给那些需要发加密邮件的人，这样即可发送签名的或加密的邮件。

目前国外颁发数字凭证的机构有：

① VeriSign，http://www.veriSign.com。

② BankGate CA，http://www.bankgate.com/。

③ BelSign NV-SA，http://www.belSign.be/。

④ GTE CyberTrust Solutions，Incorporated，http://www.cybertust.ge.com/。

⑤ KeyWitness Canda，http://www.keywiness.ca/。

⑥ Thawte Consulting，http://www.thawte.com/。

数字凭证公钥部分要分发给别人，而私钥部分必须保管好，如果丢失就不能对邮件进行签名，也不能对别人用公钥加密后发来的邮件进行解密。

（2）在使用数字凭证发送签名之前，必须使电子邮件账号与数字标识联系起来。

（3）在 Outlook Express 中使用数字签名，可以在发送的邮件上签署用户唯一的标识，接收方据此确认邮件发送者而且邮件在传送过程中保持完整。Outlook Express 内置的安全电子邮件可提供以下功能：

① 发送数字签名邮件；

② 接收签名邮件；

③ 发送加密邮件；

④ 接收加密的邮件。

2. AT&T 公司的 Secret Agent 3.14

AT&T 公司将该产品定位于联邦政府用户以及与政府有关业务往来的企业，SecretAgent 对政府安全方针及诸如 Fortezza 卡的支持使其在同类产品中占有一席之地。SecretAgent 3.14 在密钥生成、加密、数字签名、压缩和译码等方面提供了许多标准供用户选择使用。

SecretAgent 完全依赖公共密钥密码技术进行密钥管理。用户可以选用 RSA 或 DSA 密钥，其长度为 512 位或 1 024 位，并可以在网络上与其他用户共享公共密钥数据库。此外，SecretAgent 还为用户提供了 DES、三重 DES 和 AT&T 公司自己的加密算法 EA2 等多种可选算法。SecretAgent 也支持诸如 Fortezza 卡或 Datakey 公司的 SmartCard 的硬件令牌。

如果用户将文件保存在本地或通过网络与他人共享，只需将加密数据以二进制形式存储。如果使用 Internet mail 或出于其他原因需要使用基于 ASCII 的编码，SecretAgent 可以自动生成自己的密钥以及支持应急访问密钥的 SecretAgent 版本。

该产品的主要功能有：

（1）SecretAgent 从密钥生成到压缩各个方面都支持多种标准，其功能有加密、数字签名、压缩、解密、自动邮寄加密文件和改变加密标准等，单独的密钥管理工具允许管理员合并公共密钥数据库。与其他大多数加密软件包相同，SecretAgent 并未提供许多工具让用户实施自己公司的标准。SecretAgent 可以使用外部的 X.509 或其他认证服务器。

（2）数据保护。SecretAgent 对文件加密较方便，在主菜单中只需简单地把文件添加到列表中，单击"加密"按钮，输入口令即可完成加密。加密后可删除原文件或让 SecretAgent 在加密的同时自动删除原文件。SecretAgent 带有一些用于 Word for Windows 和 WordPerfect 等应用程序的宏，允许用户使用程序菜单或工具栏对文件进行加密。

（3）数据共享。SecretAgent 在自动与其他软件共享数据的同时，能够很方便地保护用户本地文件的安全。SecretAgent 很适合与其他产品配合使用，它的公共密钥数据库使加密文档用于其他产品变得简单易行，它可以通过遵循 VIM 和 MAPI 规范的电子邮件软件包发送文档，它还自动签名加密文档并且将其转换为 MIME 的信息。

该产品的不足之处，一是 SecretAgent 操作手册有关配置步骤的介绍没有集中在一起进行介绍，使人感到不方便；二是该产品没有要求用户备份其私钥。

3．百成数字传递系统

此系统是广州百成科技有限公司的专利产品，它保障信息快速、保密、安全和合法地传递，确认收发件人，跟踪收发过程，并确保文件不被篡改。它整合了数字身份系统、数据库管理、文件传输、数字签名四个子系统于一身，是政府数字化解决方案的最佳选择。

"百成数字传递系统"区别于其他文件传递系统体现在以下几个方面：

（1）以数字身份证和生物技术确认收发双方。

（2）文件的传递能实现实时跟踪。

（3）收发双方可以在线使用数字签名签署文件，系统对签署过程提供确认证据。

（4）确认文本是不是原始文本，保障文件在网上传输过程中不被篡改。

（5）流程紧凑，界面简易，容易学习和掌握。

习　　题

1．数字签名有什么作用，主要应用在哪些场合？

2．简述数字签名与数据加密在原理与应用等方面的不同之处。

3．比较和分析 RSA 签名和 ElGamal 签名的优缺点。

4．请描述数字签名的流程。

5．说明盲签名的基本概念及其应用。

6．阐述数字签名标准。

第 5 章 鉴别与防御黑客入侵

黑客攻击系统时采用的技术很多，而这些技术中许多具有共同的特性，因此有必要首先对它们进行分类，分类的模式会对应在哪些地方加强保护提供参考。

5.1 攻击的目的

1. 进程的执行

或许攻击者登录到目标主机后，只是运行了一些简单的程序，也可能这些程序仅仅只是消耗了一些系统的 CPU 时间。但是事情并不总是如此简单，有些程序只能在一种系统中运行，到了另一个系统将无法运行。一个特殊的例子就是一些扫描程序只能在 UNIX 系统中运行，在这种情况下，攻击者为了攻击的需要，往往会找一个中间的站点来运行所需要的程序，并且这样也可以避免暴露自己的真实目的。即使被发现了，也只能找到中间的站点地址。在另外一些情况下，假使有一个站点能够访问另一个严格受控的站点或网络，为了攻击这个站点或网络，入侵者可能就会先攻击这个中间的站点。这种情况对被攻击的站点或网络本身可能不会造成破坏，但是潜在的危险已经存在。首先，它占用了大量的处理器的时间，尤其在运行一个网络监听软件时，使得一个主机的响应时间变得非常长。另外，从另一个角度来说，将严重影响目标主机的信任度，因为入侵者借助于目标主机能访问目标主机，而且对严格受控的站点或网络进行攻击。当造成损失时，责任将会转嫁到目标主机的管理员身上，后果是难以估计的，可能导致目标主机损失一些受信任的站点或网络。入侵者也可能将一笔账单转嫁到目标主机上，这在从网上获取收费信息时是很有可能的。

2. 获取文件和传输中的数据

攻击者的目标就是系统中重要的数据，因此，攻击者有时通过登录目标主机，或者使用网络监听程序进行攻击。监听到的信息可能是非常重要的信息，如远程登录的用户账号和口令，也可能是关于站点公司的商业机密。传输中的口令是一个非常重要的数据，它通常是网络重点监听的对象，因为一旦通过监听获得了口令，那么入侵者就可以借此顺利地登录到别的主机，或者访问其他重要的受限制的资源。

事实上，即使连入侵者都没有确定要干什么时，一般情况下，他会将当前用户目录下的文件系统中的/etc/hosts 或/etc/passwd 复制回去。

3．获取超级用户的权限

拥有超级用户的权限就意味着可以做任何事情，这对入侵者无疑是一个莫大的诱惑，所以每一个入侵者都希望获取到超级用户的权限。当取得了这种权限后，就可以完全隐藏自己的行踪，在系统中埋伏下一个方便的后门，可以修改资源的配置，为自己得到更多的好处。在 UNIX 系统中运行网络监听程序必须有这种权限，因此在一个局域网中，只有掌握了一台主机的超级用户权限，才可以说掌握了整个子网。

4．对系统的非法访问

有许多系统是不允许其他用户访问的，比如一个公司、组织的网络。因此，必须以一种非常的行为来得到访问系统的权力。

这种攻击的目的并不一定是要做什么，或许只是为了访问而攻击。在一个有许多 Windows 系统的用户网络中，常常有许多用户把自己的目录共享出来，于是别人就可以从容地在这些计算机上浏览、寻找自己感兴趣的东西，或者删除更换文件。

或许通过攻击来证明自己技术的行为才是人们想象中的黑客行径，但这种非法访问的黑客行为人们也是不喜欢的。

5．进行不许可的操作

有时候，用户被允许访问某些资源，但通常要受到许多限制。在一个 UNIX 系统中，没有超级用户的权限，许多事情将无法执行，于是有的普通用户总想得到一个更大的权限。

例如，网关对一些站点的访问进行严格控制等。许多的用户都有意无意地去尝试尽量获取超出允许的一些权限，于是便寻找管理员在设置中的漏洞，或者去找一些工具来突破系统的安全防线。

6．拒绝服务

与上面的目的进行比较，拒绝服务便是一种有目的的破坏行为。拒绝服务的方式很多，如将连接局域网的电缆接地；向域名服务器发送大量的无意义的请求，使得它无法对其他主机名进行解析；制造网络风暴，让网络中充斥大量的封包，占据网络的带宽，延缓网络的传输等。

7．涂改信息

涂改信息包括对重要文件的修改、更换、删除，是一种极恶劣的攻击行为。不真实的或者错误的信息都将对用户造成很大的损失。

8．暴露信息

被入侵的站点往往有许多重要的信息和数据可以用。攻击者若使用一些系统工具往往会被系统记录下来，如果直接把信息发给自己的站点也会暴露自己的身份和地址，于是窃取信息时，攻击者往往将这些信息和数据送到一个公开的 FTP 站点，或者利用电子邮件寄往一个可以得到信息和数据的地方，等以后再从这些地方取走。这样做可以很好地隐藏自己。

将这些重要的信息发往公开的站点造成信息的扩散，由于那些公开的站点常常会有许多人访问，因而其他用户完全有可能得到这些信息，并再次扩散出去。

5.2 攻击的类型

5.2.1 口令攻击

1. 攻击手段

黑客攻击目标时常常把破译普通用户的口令作为攻击的开始。先用"finger 远端主机名"找出主机上的用户账号，然后采用字典穷举法进行攻击。它的原理是这样的：网络上的用户常采用一个英语单词或自己的姓氏作为口令。黑客通过一些程序，自动地从计算机字典中取出一个单词，作为用户的口令输入给远端的主机，申请进入系统。若口令不符，就按序取出下一个单词，进行下一个尝试。并一直循环下去，直到找到正确的口令，或字典的单词试完为止。由于这个破译过程由计算机程序来自动完成，几个小时就可以把字典的所有单词都试一遍。这类程序的典型是 LetMeIn version 2.0。

若这种方法不能奏效，黑客就会仔细寻找目标的薄弱环节和漏洞，伺机夺取目标中存放口令的文件 shadow 或 passwd。因为在现代的 UNIX 操作系统中，用户的基本信息存放在 passwd 文件中，而所有的口令则经过 DES 加密方法加密后专门存放在一个叫 shadow（影子）的文件中，并处于严密的保护之下。旧版本的 UNIX 没有 shadow 文件，它所有的口令都存放在 passwd 文件中。一旦夺取口令文件，黑客就会用专解 DES 加密的程序来解口令。

下面对组合 UNIX 口令的可能值进行统计：

UNIX 一共有 128 个字符（0x00 ~ 0xff），小于 0x20 的是控制符，不能输入为口令，0x7f 为转义符，不能作为口令输入，那么总共有 128–32–1=95 个可作为口令的字符，也就是 10（数字）+33（标点符号）+26 × 2（大小写字母）=95 个。

如果 passwd 取任意 5 个字母和 1 位数字或符号，按顺序可能性是 $52 \times 52 \times 52 \times 52 \times 52 \times 43=16\,348\,773\,376$（163 亿种）；但如果 5 个字母是一个常用词，设常用词 5 000 条，从 5 000 个常用词中取一个词与任意一个字符组合成口令，即 $5000 \times (2 \times 2 \times 2 \times 2 \times 2)$（大小）$\times 43=6\,880\,000$（688 万种可能性）。注意，实际情况下绝大多数人都只用小写字符，可能性还要小。

但这已经可以用 PC 进行穷举法攻击，在每秒运算三、四万次的 Pentium 200MHz 的计算机上，破解像这样简单的口令要不了 3 分钟。如果有人用 Pentium 200MHz 的计算机算上一周，将可进行 200 亿次攻击，所以 6 位口令是很不可靠的。

遗憾的是很多用户确实是这么设置 passwd 的。以上只是粗略估算的一种常见情况，实际情况要复杂得多，主要是根据用户取口令格式的变化而变化。那些黑客并不需要所有人的口令，他们得到几个用户口令就能获取系统的控制权，所以口令设置过于简单是对系统安全的不负责。

以下举个解密码程序的例子：

John The Ripper 1.4 软件是由著名的黑客组织——UCF 制作的，它支持 UNIX、DOS、Windows，速度很快，可以说是目前同类中最杰出的作品。对于老式的 passwd 文件，John 可以直接读取并用字典穷举击破。对于现代的 passwd+shadow 方式，John 提供了 UNSHADOW 程序直接把两者合成老式 passwd 文件。

John 的用法介绍如下：

（1）有字典档时：

John-p：passwd－w：wordlist

wordlist 是字典文件。

passwd 是你拿到的密码文件。

（2）没有字典档时：

在 John 的配置文件 john.ini 中，有密码长度和字母、数字、符号的设置，设好后就自动在内存中生成密码。

（3）用穷举法破译密码时使用参数 –i：all

格式为 John –i：all－p：passwd，可破译像 5e5t56e6 这样的密码。

这样可以产生 A，…，ZZZZZZZ 的密码，不过将消耗很长时间。

（4）当破解到一半因种种原因需要暂时停止破解时，可按【Ctrl+C】组合键，下次破解不必重新来过，只要用 John－restore：restore 命令即可接着破译。John 在纯 DOS 下要比在 Windows 下快，在 UNIX 下更快。

（5）对于像 a2e4u7 这样的密码是很难破解的，但 John 的 incrememental（渐进）方式的密码组合引入了一些字母的频率统计信息，即"高频先试"的原则，是有些启发意义的。在 John.ini 的 incremental 中，B、M、E 各行的意义如下：

B... Begin M... Middle E... End

如想要加一种方式，比如字母加数字，可以设成：

[Incremental：al]

CharCount= 36 　（字符的个数，这儿是 26 个字母+10 个数字）

MinLen= 8 　（passwd 的最小长度）

MaxLen= 8 　（passwd 的最大长度）

CharsetB= 1203984567smcbtdpajrhflgkwneiovyzuqx

CharsetM= 1203984567eaiomltsuchmdgpkbyvwfzxjq

CharsetE= 1203984567erynsatldoghikmcwpfubzjxvq

添加在 John.in 中，执行时 incremental 参数选 a1 即可。

（6）按【Ctrl+C】组合键中止运行时，输出如下：

v：18 c：1295458688 t：1：14：28：08 9%c／s：11036 W：oentl–obftl

V：0 c：5424000 s：862 c/s：6292 w：fbymgf

v：是 victory，是破解成功的个数，因为运行一段后，破解了 2 个密码，显示了 v：2，后来又破解了几个，V 后面的数字也相应变化。

c：compare，是比较的次数。

t：time，程序已运行了多长时间。

9%：当前完成度。100%即全部完成。

c/s：是每秒比较的次数，随机器性能的高低而变化。

w：是当前正在试的一个 word，这个 word 可能位于你的字典中（如果你用字典的话）或者 John 产生的。根据 w 所报告的数字可以估计已破解到的位置。

（7）运行需要的字典可以在 Internet 上下载别人已做好的，例如：

ftp.cads.com.tw 在 pub/security 下的 dict.zip

ftp.uni-koeln.de/pub/dictionaries/

ftp.ox.ac.uk/pub，Wordlists

也可以自己做，用 txt2dict 或 pass2dic 等专用工具可自动把英语文件转换成字典。

2．防范的办法

一个简单的防范办法是使自己的口令不在英语字典中，且不可能被别人猜出即可。一个好的口令长度应当至少有 7 个字符，不要用个人信息（如生日、名字等），口令中要有一些非字母（如数字、标点符号、控制字符等），不能写在纸上或计算机中的文件中。选择口令的一个好方法是将两个不相关的词用一个数字或控制字符相连，并截断为 8 个字符，例如 me2.hk97。保持口令安全的要点如下：

（1）不要将口令写下来。

（2）不要将口令存于计算机文件中。

（3）不要选取显而易见的信息作口令。

（4）不要让别人知道。

（5）不要在不同系统上使用同一口令。

（6）为防止眼明手快的人窃取口令，在输入口令时应确认无人在身边。

（7）定期改变口令，至少 6 个月要改变一次。

最后这点是十分重要的，永远不要对自己的口令过于自信，也许就在无意中泄露了口令。定期改变口令，会把自己遭受黑客攻击的风险降到一定限度之内。一旦发现自己的口令不能进入计算机系统，应立即向系统管理员报告，由管理员来检查原因。系统管理员也应定期运行这些破译口令的工具，来尝试破译 shadow 文件，若有用户的口令密码被破译出，说明这些用户的密码取得过于简单或有规律可循，应尽快地通知他们，及时更正密码，以防止黑客的入侵。

5.2.2　社会工程

人们常常发现口令被张贴在终端周围或写在键盘旁边的文档中（这就意味着物理访问，但此问题不是本书主要关心的）。社会工程途径通常包括打电话和某些胆大妄为的行为，如曾在 AT&T 发生过这样的事情：

"我是肯·汤普森。有人打电话问我 ls 命令产生的一个问题，他希望我修复一下。"

"哦，好的，我能做点什么吗?"

"只需把我登录到你的计算机的口令改一下。我已经有一段时间没有使用它了。"

"没问题。"

还有其他方法，如邮件哄骗。CERT Advisory CA-91:04（1991 年 4 月 18 日）警告提防以系统管理员的名义发出的可疑报文，要求用户运行一些需要用户输入口令的"测试程序"。

曾发现攻击者发送过这样的报文：

From：smb@research.att.com

To：ches@research.att.com

Subject：Visitor

Bill，we have a visitor coming next week。Could you ask your

SA to add a login for her? Here's her passwd line；use the same hashed password pxf：5bHD，k5k2mTFs：2403：147：Pat：/home/pat：/bin/sh

值得注意的是，即使这个便条是真的，这个过程也是有问题的。如果 Pat 是访问者，她不应当在别人的机器上使用与在她自己的机器上一样的口令。大多数情况下，除非你相信她是要修改她的口令，有用的方式是让她以现存的口令登录。

如果没有强有力的鉴别，不应当简单地采取某些行动，必须知道是谁提出的请求。当然，鉴别不必是正式的。在大多数情况下（并非所有），一个非正式的"三次握手"——一个报文和一个应答，紧跟着的是实际请求——就足够了。当然这并非绝对不出毛病：即使一个特权用户的账户也可能会被攻破。

5.2.3　缺陷和后门

因特网蠕虫（Worm）传播的一种方式是向 finger 后台守护程序发送新代码。当然，这个后台守护程序并不期望接受这种东西，协议中也没有规定要接受这种东西。但该程序确实提供了一个 gets 调用，却没有指定缓冲区的最大长度。蠕虫用自己的代码填充读缓冲区及其他更多的缓冲区，直到重写 gets 堆栈帧中的返回地址。当子例程最终返回时，它转移到那个缓冲区。

虽然很久以前一些特殊漏洞及其容易被模拟的问题已被大多数销售商修复，但仍然存在一般性问题：要编写出正确的软件看来超出了计算机科学的能力范围。缺陷到处都有。

我们认为，缺陷就是在程序中不符合规范的某些东西，它很难用模型来描述，因为你不知道哪一个假设是正确的。以蠕虫的情况为例，白皮书[DoD，1985a]中的大部分结构化安全措施将毫无用处。也就是说，一个高等级的安全系统可把破坏行为封闭在单一的安全等级上。从效果上看，由于蠕虫拒绝服务型攻击，因而如果一个多级安全计算机屈就于无类别进程或绝密进程，那么将于事无补。无论如何，该系统将毫无用处。

从早期的计算机入侵者开始，他们就努力发展能使自己重返被入侵系统的技术或后门。本文将讨论许多常见的后门及其检测方法。更多的焦点放在 UNIX 系统的后门，同时讨论一些未来将会出现的 Windows NT 的后门。本节将描述如何测定入侵者使用的方法这样的复杂内容和管理员如何防止入侵者重返的基础知识。当管理员懂得一旦入侵者入侵后要制止他们是非常困难的，将更主动于预防第一次入侵。这里我们试图涉及大量流行的初级和高级入侵者制作后门的手法，但不会也不可能覆盖到所有可能的方法。

大多数入侵者的后门实现以下 2~3 个目的：

即使管理员通过改变所有密码类似的方法来提高安全性，仍然能再次侵入。使再次侵入被发现的可能性减至最低。大多数后门设法躲过日志，大多数情况下即使入侵者正在使用系统也无法显示他已在线。一些情况下，如果入侵者认为管理员可能会检测到已经安装的后门，他们以系统的脆弱性作为唯一的后门，反复攻破机器。这也不会引起管理员的注意。所以在这样的情况下，一台机器的脆弱性是它唯一未被注意的后门。

1. 各种后门简介

1）密码破解后门

这是入侵者使用的最早也是最老的方法，它不仅可以获得对 UNIX 机器的访问，而且可以通过破解密码制造后门。这就是破解口令薄弱的账号。即使管理员封了入侵者的当前账号，这些新的账号仍然可能是重新侵入的后门。多数情况下，入侵者寻找口令薄弱的未使用账号，然后将口令改得复杂些，当管理员寻找口令薄弱的账号时，也不会发现这些密码已修改的账号。因而管理员很难确定查封哪个账号。

2）Rhosts++后门

在联网的 UNIX 机器中，像 Rsh 和 Rlogin 这样的服务是基于 rhosts 文件中的主机名使用简单的认证方法。用户可以轻易地改变设置而不需要口令就能进入。入侵者只要向可以访问的某用户的 rhosts 文件中输入"++"，就可以允许任何人从任何地方无须口令便能进入这个账号。特别当 home 目录通过 NFS 向外共享时，入侵者更热衷于此。这些账号也成了入侵者再次侵入的后门。许多人更喜欢使用 Rsh，因为它通常缺少日志能力。许多管理员经常检查"++"，所以入侵者实际上多设置来自网上的另一个账号的主机名和用户名，从而不易被发现。

3）校验和及时间戳后门

早期，许多入侵者用自己的 trojan 程序替代二进制文件。系统管理员便依靠时间戳和系统校验和的程序辨别一个二进制文件是否已被改变，如 UNIX 中的 sum 程序。入侵者又发展了使 trojan 文件和原文件时间戳同步的新技术。它是这样实现的：先将系统时钟拨回到原文件时间，然后调整 trojan 文件的时间为系统时间。一旦二进制 trojan 文件与原来的精确同步，就可以把系统时间设回当前时间。sum 程序是基于 CRC 校验，很容易骗过。入侵者设计出了可以将 trojan 的校验和调整到原文件的校验和的程序。MD5 是被大多数人推荐的，它使用的算法目前还没人能骗过。

4）Login 后门

在 UNIX 中，login 程序通常用来对 Telnet 的用户进行口令验证。入侵者获取 login.c 的原代码并进行修改，使它在比较输入口令与存储口令时先检查后门口令。如果用户输入后门口令，它将忽视管理员设置的口令让用户长驱直入。这将允许入侵者进入任何账号，甚至是 root。由于后门口令是在用户真实登录并被日志记录到 utmp 和 wtmp 前产生一个访问的，所以入侵者可以登录获取 shell 却不会暴露该账号。管理员注意到这种后门后，便用"strings"命令搜索 login 程序以寻找文本信息，许多情况下后门口令会原形毕露，入侵者就会开始加密或者更好地隐藏口令，使 strings 命令失效。所以更多的管理员是用 MD5 校验和检测这种后门的。

5）Telnetd 后门

当用户 telnet 到系统，监听端口的 inetd 服务接受连接随后递给 in.telnetd，由它运行 login。一些入侵者知道管理员会检查 login 是否被修改，就着手修改 in.telnetd。在 in.telnetd 内部有一些对用户信息的检验，如用户使用了何种终端。典型的终端设置是 Xterm 或者 VTl00。入侵者可以做这样的后门，当终端设置为 letmein 时产生一个不需要任何验证的 shell。入侵者已对某些服务做了后门，对来自特定源端口的连接产生一个 shell。

6）服务后门

几乎所有网络服务都曾被入侵者做过后门，如 Finger、rsh、rexec、rlogin、ftp 甚至 inetd 等。有的只是连接到某个 TCP 端口的 shell，通过后门口令就能获取访问。这些程序有时用 ucp 这样的服务，或者被加入 inetd.conf 作为一个新的服务。管理员应该非常注意哪些服务正在运行，并用 MD5 对原服务程序做校验。

7）Cronjob 后门

UNIX 上的 Cronjob 可以按时间表调度特定程序的运行。入侵者可以加入后门 shell 程序使它在晚上 1 点~2 点之间运行，那么每晚有一个小时可以获得访问。也可以查看 cronjob 中经常运行的合法程序，同时置入后门。

8）库后门

几乎所有的 UNIX 系统都使用共享库。共享库用于相同函数的重用而减少代码长度。一些入侵者在像 crypt.c 和_crypt.c 这样的函数中做了后门。像 login.c 这样的程序调用了 crypt()，当使用后门口令时产生一个 shell。因此，即使管理员用 MD5 检查 login 程序，仍然能产生一个后门函数。而且许多管理员并不会检查库是否被做了后门。对于许多入侵者来说有一个问题：一些管理员对所有东西都做了 MD5 校验。有一种办法是入侵者对 open() 和文件访问函数做后门。后门函数读原文件但执行 trojan 后门程序。所以当 MD5 读这些文件时，校验和一切正常。但当系统运行时将执行 trojan 版本，trojan 库本身也可躲过 MD5 校验。对于管理员来说有一种方法可以找到后门，就是静态连接。MD5 校验程序后运行。静态连接程序不会使用 troian 共享库。

9）内核后门

内核是 UNIX 工作的核心。用于库躲过 MD5 校验的方法同样适用于内核级别，甚至静态连接都不能识别。一个后门做得很好的内核是最难被管理员查找到的，所幸的是内核的后门程序并不是随手可得的，没人知道它的传播有多广。

10）文件系统后门

入侵者需要在服务器上存储他们的掠夺品或数据，并不被管理员发现。入侵者的文件常包括 exploit 脚本工具、后门集、sniffer 日志、E-mail 的备份、原代码等。有时为了防止管理员发现这么大的文件，入侵者需要修补"ls""du""fsck"以隐匿特定的目录和文件。在较低的级别，入侵者常做这样的漏洞：以专有的格式在硬盘上分割出一部分，且表示为坏的扇区。因此入侵者只能用特别的工具访问这些隐藏的文件。对于普通的管理员来说，则很难发现这些"坏扇区"中的文件系统，而它又确实存在。

11）Boot 块后门

在 PC 世界中，许多病毒藏匿于根区，而杀病毒软件就是检查根区是否被改变。UNIX 下，多数管理员没有检查根区的软件，所以一些入侵者将一些后门留在根区。

12）隐匿进程后门

入侵者通常想隐匿他们运行的程序。这样的程序一般是口令破解程序和监听程序（sniffer）。有许多办法可以实现，较通用的是编写程序时修改自己的 argv 使它看起来像其他进程名，可以将 sniffer 程序改为类似 in.syslog 的名再执行。因此当管理员用"ps"检查运行进程时，出现的是标准服务名。可以修改库函数使"ps"不能显示所有进程，还可以将一个后门或程序嵌入中断驱动程序使它不会在进程表中显现。

13）网络通行后门

入侵者不仅想隐匿在系统中的痕迹，而且也要隐匿他们的网络通行后门。这些网络通行后门有时允许入侵者通过防火墙进行访问。有许多网络后门程序允许入侵者建立某个端口号，并不用通过普通服务就能实现访问。因为这是通过非标准网络端口的通行，管理员可能忽视入侵者的足迹。这种后门通常使用 TCP、UDP 和 ICMP，但也可能是其他类型报文。网络后门又可分为以下三种：

（1）TCP Shell 后门。入侵者可能在防火墙没有阻塞的高位 TCP 端口建立这些 TCP Shell 后门。许多情况下，他们用口令进行保护以免管理员连接上后立即看到是 shell 访问。管理员可以用 netstat

命令查看当前的连接状态，哪些端口在侦听，目前连接的来龙去脉。通常这些后门可以让入侵者躲过 TCP Wrapper 技术。这些后门可以放在 SMTP 端口，许多防火墙是允许 E-mail 通行的。

（2）UDP Shell 后门。管理员经常注意 TCP 连接并观察其怪异情况，而 UDP Shell 后门没有这样的连接，所以 netstat 不能显示入侵者的访问痕迹。许多防火墙设置成允许类似 DNS 的 UDP 报文的通行。通常入侵者将 UDP Shell 放置在这个端口，允许穿越防火墙。

（3）ICMP Shell 后门。Ping 是通过发送和接收 ICMP 包检测机器活动状态的通用办法之一。许多防火墙允许外界 Ping 它内部的机器。入侵者可以放入数据到 Ping 的 ICMP 包，在 Ping 的机器间形成一个 shell 通道。管理员也许会注意到 Ping 包暴露，但除非他查看包内数据，否则入侵者不会暴露。

2. Rootkit

最流行的后门安装包之一是 Rootkit，它很容易用 Web 搜索器找到。从 Rootkit 的 README 中，可以找到一些典型的文件：

z2—removes entries from utmp，wtmp，and lastlog.

Es—rokstar's ethemet sniffer for sun4 based kernels.

Fix—try to fake checksums，install with same dates，perms／uJ.

Sl—become root via a magic password sent to login.

Ic—modified ifconfig t0 remove PROMISC flag from output.

ps：—hides the processes.

Ns.　modified netstat t0 hide connections t0 certain machines.

Ls—hides certain directories and files from being listed.

du5—hides how much space is being used on your hard drive.

1s5—hides certain files and directories from being listed.

3. 解决方案

后门技术越先进，管理员就越难于判断入侵者是否被成功封杀。

首先要做的是积极准确地估计网络的脆弱性，从而判定漏洞的存在并将它修复。许多商业工具用来帮助扫描和检查网络及系统的漏洞。如果安装服务商能提供安全补丁，许多公司将大大提高安全性。一个系统安全扫描的重要因素是 MD5 校验和基准线。MD5 基准线是在黑客入侵前由干净的系统建立。一旦黑客入侵并建立了后门再建立基准线，那么后门也被合并进去。一些公司被入侵且系统被安置后门长达几个月，所有的系统备份也都包含了后门，当公司发现有黑客并求助备份删除后门时，一切努力都是徒劳的，因为他们恢复系统的同时也恢复了后门。所以，应该在入侵发生前做好基准线的建立。

其次要做好入侵检测。随着各种组织的上网和允许对自己某些机器进行连接，入侵检测正变得越来越重要。以前多数入侵检测技术是基于日志型的。最新的入侵检测系统技术（IDS）是基于实时侦听和网络通行安全分析的。最新的 IDS 技术可以浏览 DNS 的 UDP 报文，并判断是否符合 DNS 协议请求。如果数据不符合协议，就发出警告信号并抓取数据进行进一步分析。同样的原则可以运用到 ICMP 包，检查数据是否符合协议要求，或者是否装载加密 shell 会话。同时一些管理员也考虑从 CD-ROM 启动，从而消除了入侵者在 CD-ROM 上做后门的可能性。

5.2.4　鉴别失败

如果源计算机不可信任，那么基于地址的鉴别也将失败，PC 就是明显的例子。在分时共享计算机时代提出的机制，在个人能控制自己计算机的时代已不再有效。当然，常用的另一种方法——普通口令，在充满个人计算机的网络上也不奏效，因为太容易探测口令。

有时鉴别失败是由于协议没有携带真正的信息。无论 TCP 或 IP，从来都没有标识发送者的身份（如果这种概念在某些主机上确实存在）。如 X11 和 rsh 协议，都必须从它们自身获取这种信息，或者不使用这种信息（如果它们能够获取这种信息，就必须使用一种安全的方式在网络上传输它）。

甚至对源主机或用户的密码鉴别也可能不完善。正如前面所提到的，一个遭到危及的主机不可能实现安全地加密。

X11 协议具有更多脆弱性共享的问题。应用程序鉴别的常规模式是主机地址鉴别，而期望的模式是用户鉴别。这种失败意味着，同一台机器上的任何用户都可以作为合法应用连接到服务器。也有更复杂的鉴别方式，但它们都难以使用。例如，被称作魔术小甜饼（Magic Cookie）的模式，使用一个由服务器和客户共享的随机字符串。然而，没有安全的方法使得服务器和客户机两端都拿到小甜饼，并且即使有，它也是以明文的方式在网络中传输的。因此，任何窃听者都能窃取出来。DES 鉴别模式相当安全，但是它没有提供密钥分发机制。最后，X11 能使用安全 RPC，但正如后面谈到的，安全 RPC 并不能满足要求。

5.2.5　协议失败

在上一节讨论的那些情况中，除可信任的鉴别不能正确地运行外，其他一切都能正常工作。这里考虑它的另一面：协议本身有缺陷或不充分，导致应用程序不能完成正常的工作。

一个恰当的例子是前面描述的 TCP 序列号攻击。由于在产生一个连接的初始序列号时没有足够的随机数，故为攻击者进行源地址欺骗提供了可能。出于合理的原因，TCP 的序列号并没有打算防范恶意的攻击，基于地址的鉴别所依赖的那部分协议也定义不充分。其他依赖于序列号的协议可能容易受类似攻击的伤害。这样的协议很多，包括 DNS 以及任何基于 RPC 的协议。

在密码学领域，寻找协议中的漏洞是一种盛行的游戏。有时是由于密码生成者犯了错误，过于明了和简单。更多的时候漏洞是由于不同的假设而造成的。证明密码交换的正确性是很困难的事情，同时也是很活跃的一个研究领域。

安全协议必须建立在安全的基础之上。例如安全 RPC 协议，虽然有好的意图，但它还是有各种严重的问题。

首先是密钥分发。需要进行安全通信的双方主机必须知道对方的公钥。但这些信息必须通过 NIS 传输，而 NIS 是基于 RPC 服务的，其本身并不安全。如果信息的交换受到危害，那么其余的鉴别步骤将像多米诺骨牌一样倒下去。

其次，主机必须得到它们自己的私钥。这里又一次用到 NIS 和 RPC，尽管由于私钥被加密而稍微安全一些，然而它们在面临危险的情况时仅通过口令保护。包含公钥和私钥的文件的存在，导致了另外的安全脆弱性：猜测口令的新途径。

最后，一个临时会话密钥靠协商产生。在对用作协商的加密算法进行密码分析后，得出的结论是使用的模块太短。

5.2.6 信息泄露

大多数的协议都会泄露某些信息，一些人会利用这些漏洞来收集信息。这些信息本身可能是商业间谍机构的目标，有时也被做为闯入系统的辅助手段。finger 协议就是一个明显的例子，它除了对口令猜测者有价值之外，也可用于社会工程。

另一个丰富的数据资源是 DNS，通过这种数据可以获得从组织细节到目标列表的丰富信息。但是控制数据的输出非常困难，通常，唯一的解决方法是限制外部可见的 DNS，让它们只列出网关计算机。

高明的黑客当然知道这些，并且不需要查看某个网络里有哪些计算机存在。黑客通过地址空间和端口号的扫描，便可寻找隐藏的主机和感兴趣的服务。最好的防御方法是高性能的防火墙，如果黑客不能向一台机器发送数据包，该机器就不容易被侵入。

5.2.7 拒绝服务攻击

拒绝服务攻击即是攻击者想办法让目标机器停止提供服务，是黑客常用的攻击手段之一。其实对网络带宽进行的消耗性攻击只是拒绝服务攻击的一小部分，只要能够对目标造成麻烦，使某些服务被暂停甚至主机死机，都属于拒绝服务攻击。拒绝服务攻击问题也一直得不到合理的解决，究其原因是因为网络协议本身的安全缺陷，从而拒绝服务攻击也成为了攻击者的终极手法。

攻击者进行拒绝服务攻击，实际上让服务器实现两种效果：一是迫使服务器的缓冲区满，不接收新的请求；二是使用 IP 欺骗，迫使服务器把非法用户的连接复位，影响合法用户的连接。

主动过滤可以做很多保护，但没有绝对的安全保障，它很难区分真正的报文、一般性故障和敌意行为。

5.3　攻击的实施

5.3.1 实施攻击的人员

任何人都有可能对计算机网络实施攻击，但是以下三部分人员占了所有攻击者中的一大部分。

1．计算机黑客

黑客（Cracker Hacker）是一个充满神秘色彩的称谓。比较典型的黑客是以攻入计算机系统作为挑战，并证明自己的技术。他们通过 BBS 与朋友通信，在 BBS 上，计算机黑客交流他们发现的一些计算机系统的用户名、口令和其他信息。

现在，人们通常将入侵站点的人统称为黑客。

2．不满或被解雇的雇员

公司的员工一般知道调制解调器的号码和系统的一些后门，而且他们对服务器、小应用程序以及脚本程序非常熟悉，并且也知道系统的脆弱性。

因此，系统管理员应定期更换密码和删改账户，以减少这种威胁。而且，要特别注意那些心怀不满的员工，一旦这种员工因不满而离职，他们可能会引进错误的信息，包括一些危险的程序，也会散发一些重要的安全信息或者故意输错数据、删改数据等。

3. 极端危险的罪犯和工业间谍

这一类人员是以故意破坏为目的的人，或者说他们设法破坏或者改变属于他人的数据，并使其不可能复原。

在利益的驱使下，一些内部的员工也可能取得专用的数据，并提供给其他的公司或组织而成为工业间谍，所取得的信息包括生产和产品开发方面的信息、销售和价格数据、客户名单及研究和计划信息。

5.3.2　攻击的三个阶段

黑客能从很多途径入侵系统，特别是有些黑客能侵犯网络服务器。黑客可在 Internet 上截获传送的任何数据或者说能截获其能访问的任何网络上的传送数据。

1. 寻找目标，收集信息

选定攻击目标即准备进攻的系统，通常是从已攻入系统的.rhosts 和.netrc 文件所列的主机中挑选出来的。从系统的/etc/hosts 文件中可以得到一个很全的主机列表，但在大多数情况下，选择攻击的目标时是一个很盲目的过程，除非攻击者有明确的目的和动机。攻击者也可能找到 DNS（域名系统）表，通过 DNS 可以知道机器名、Internet 地址、机器类型，甚至还可以知道机器的属主和单位。攻击目标还可能来自偶然看到的一个调制解调器的号码和贴在机器上的使用者的名字。

2. 获得初始的访问权和特权

攻击者需要伪造访问目标的 ID，以冒充正式的用户。系统对用户的认证是依赖于用户名和口令进行的，攻击者喜欢用众所周知的用户名进行攻击。

许多情况下，用户名是由姓和名的首字符构成的。即使用户名没有这么明显，也很容易通过 finger 和 ruser 获得。finger 命令不但能测试目标主机是否连通，而且还能告诉攻击者许多有用的信息。

口令则不容易获得，特别是用户口令通常为 8 个字符，又不是字典中的词。其组合有非常多的可能性。攻击者如果是用口令获取工具，费时且不能保证奏效，至少他需要足够的耐心和时间，而且对于 Windows 和一些主要的操作系统来说，系统在 3~5 次试口令仍然失败的情况下会断掉连接，这就是为什么攻击者总是依赖网络服务，如 NIS、Rlogin/Rsh 与 NFS 等来攻击系统的原因。

当系统存在设置漏洞或者系统本身并不安全，例如存在危害安全的漏洞时，获得特权不是没有可能，甚至可以构造一个特洛伊木马程序让用户上当。在 UNIX 系统中，利用一些 SUIDroot 程序的这种错误编写的程序，就可以帮助攻击者轻易地获取系统特权。

3. 攻击其他系统

攻击一个系统得手后，攻击者往往不会就此罢手，他会在系统中寻找相关主机的可用信息继续进行攻击。攻击的方式有多种，比较通用的是装一个监听程序，这样就可以掌握整个局域网。

5.4 黑客攻击的鉴别

认识各种黑客入侵的危害是十分重要的，在此对一些常见的黑客攻击手段进行分析。

1. 最简单的黑客入侵

网络中的每台计算机都有唯一的 IP 地址。许多安全设备，如路由器，只允许有一定 IP 地址的计算机收发传送。TCP/IP 顺序号预测入侵将使用网络给计算机赋值的方式和包裹交换的顺序来企图访问网络。

一般来说，黑客进行 TCP/IP 顺序号预测攻击分两步：第一，得到服务器的 IP 地址。黑客一般通过网上报文嗅探，顺序测试号码，由 Web 浏览器连接到结点上并在状态栏中寻找结点的 IP 地址。因为黑客知道其他计算机有一个与服务器 IP 地址部分公用的 IP 地址，他便致力模拟一个能让其通过路由器和作为网络用户访问系统的 IP 号码。例如，如果系统的 IP 地址为 192.0.0.15，黑客便知有近 256 台计算机可以连入一个 C 级网，并猜出所有最后未在序列中出现过的地址号码。图 5-1 显示了黑客是怎样预测 C 级网的 IP 号码的。

图 5-1 黑客用服务器的 IP 地址来猜测其他网络地址

黑客在试过网上 IP 地址之后，便开始监视网上传送包的序列号，然后，黑客将试图推测服务器能产生的下一个序列号，再将自己有效地插入服务器和用户之间。因为黑客有服务器的 IP 地址，就能产生有正确 IP 地址和顺序码的包裹以截获用户的传递。图 5-2 指明了怎样模仿 IP 地址及包裹序列号以愚弄服务器，使之信任黑客为合法网络用户。

图 5-2 黑客模拟一个 TCP/IP 通信，愚弄服务器

黑客通过顺序号预测取得系统访问之后，便可访问通信系统传给服务器的任何信息，包括密钥文件、日志名、机密数据，或在网上传送的任何信息。典型地，黑客将利用顺序号预测作为一个实际入侵服务器的准备，或者说为入侵网上相关服务器提供一个基础。

2．TCP 协议劫持入侵

也许对连接 Internet 的服务器的最大威胁是 TCP 劫持入侵（即我们所知的主动嗅探），尽管顺序号预测法入侵和 TCP 劫持法有许多相似之处，但 TCP 劫持的不同之处在于黑客将强迫网络接受其 IP 地址为一个可信网址来获得访问，而不是不停地猜 IP 地址直至正确。TCP 劫持法的基本思想是，黑客控制了一台连接于入侵目标网的计算机，然后从网上断开以让网络服务器误以为黑客就是实际的客户端。图 5-3 显示了一个黑客怎样操作一个 TCP 劫持入侵。

破坏客户端连接　　　模仿的客户端（黑客）

TCP劫持入侵

图 5-3　黑客通过断开和模仿实际客户端的连接来实施 TCP 劫持入侵

成功地劫持了可信任计算机之后，黑客将用自己的 IP 地址更换入侵目标机的每一个包的 IP 地址，并模仿其顺序号。安全专家称顺序号伪装为"IP 模仿"，黑客用 IP 在自己的计算机上模拟一个可信系统的 IP 地址，黑客模仿了目标计算机之后，便用灵巧的顺序号模仿法成为一个服务器的目标。

黑客实施一个 TCP 劫持入侵后更易于实施一个 IP 模仿入侵，而且 TCP 劫持让黑客通过一个一次性口令请求响应系统，再让一个拥有更高安全性的主机妥协。通过口令系统也让黑客穿过一个操作系统而不是黑客自己的系统。

最后，TCP 劫持入侵比 IP 模仿更具危害性黑客一般在成功的 TCP 劫持入侵后比成功的 IP 模仿入侵后有更大的访问能力，因为截取的是正在进行中的事务而有更大的访问权限，不是模拟成一台计算机再发起一个事务。

3．嗅探入侵

利用嗅探者的被动入侵已在 Internet 上频繁出现，被动嗅探入侵是黑客实施一次实际劫持或 IP 模仿入侵的第一步。要开始一个嗅探入侵，黑客要拥有用户 IP 和合法用户的口令，用一个用户的信息注册于一个分布式网络上，进入网之后，黑客嗅探传送的包试图尽可能多地获取网上资料。

为了防止分布式网络上的嗅探入侵，系统管理员一般用一次性口令系统或票据认证系统（如 Kerberos）等进行识别。例如，一些一次性口令系统向用户提供在每次退出登录后的下次登录口令。尽管一次性口令系统和 Kerberos 方案能让黑客对口令的嗅探在不安全的网络上变得更加困难，但如果它们既未加密又未指明数据流时仍将面临实际的被入侵风险。图 5-4 显示了黑客是如何实施被动的嗅探入侵的。

下面描述黑客将 TCP 流定向到自己计算机上针对 TCP 的实际入侵。在黑客重新定向了 TCP 流之后，黑客能通过无论是一次性口令系统或票据认证系统提供的保护安全线，这样 TCP 连接对任何一个在连接路径上拥有 TCP 包嗅探器和 TCP 包发生器的人来说都变得非常脆弱。一个 TCP

包在到达目的系统之前要经过许多系统，换句话说，只要拥有一个放置好了的嗅探器和发生器，黑客能访问任何包，可能包括在 Internet 上传送的包。

图 5-4 黑客实施一个被动嗅探入侵的过程

"黑客"能用本章所述的最简单的方法来侵入 Internet 主机系统，而且，黑客可以实施一次和被动嗅探所需资源一样少的主动非同步攻击。

4．主动的非同步入侵

TCP 连接需要同步数据包交换，实际上，如果由于某种原因，包的顺序号不是接收机所期望的，接收机将遗弃它，而去等待正确顺序号的数据包。黑客可以探明 TCP 协议对顺序号的要求以截取连接。

下面将详述用非同步入侵来攻击系统，黑客或骗取或迫使双方中止 TCP 连接并进入一个非同步状态，以使得两个系统再也不能交换任何数据。黑客再用第三方主机（另一个连接于物理媒介并运送 TCP 包的计算机）来截取实际中的数据包和为最初连接的两台计算机创建可接受的替代包。第三方产生数据包以模仿连接中的系统本应交换的数据包。

1）非同步后劫持入侵

假设，此刻黑客可以窃听两个系统交换的用以形成 TCP 连接的任何数据包，而且，在截取数据包之后，黑客可以伪造其想要的任何 IP 包来取代原包。黑客的伪包能让黑客冒充客户机或服务器，甚至伪包可以让黑客既冒充客户机又冒充服务器。如果黑客可以让这些假设变成现实，那么实际上黑客能迫使在客户机和服务器间传送的消息改变走向，即从客户机到黑客，从服务器到黑客。

黑客可以用一些技术使一个 TCP 连接非同步。此时，假设黑客已成功地非同步了 TCP 部分，且黑客发送了一个包头中包含以下代码的包：

SEG _ SEQ=CLT _ SEQ

SEG _ ACK=CLT _ ACK

第一行，SEG _ SEQ=CLT _ SEQ，指明了包的顺序号是客户机系列的下一个顺序号（SEG 代表数据段）。

第二行，SEG _ ACK=CLT _ ACK，把数据包的确认值赋给下一个确认值。因为黑客非同步了 TCP 连接，客户机的包顺序号（CLT _ SEQ）与前面期望的顺序号不相等，服务器不接收数据且将包放弃，黑客复制服务器放弃的包。图 5-5 显示了服务器放弃包而黑客顺便复制包的过程。

图 5-5　黑客复制服务器放弃的包

在服务器放弃包之后短暂延迟时间，黑客将与客户机一样发送同样的包，只是改变 SEG_SEQ 和 SEG_ACK 命令（和包的记数值），以使包头域词条变成下面的代码：

SEG_SEQ=SVR_ACK

SEG_ACK=SVR_SEQ

因为包头域的顺序号是正确的（SVR_ACK 等于 SEG_SEQ），服务器接收包头域部分词条同时接收包且处理数据。另外，依据客户机传送但服务器放弃的包的数目，原客户机仍会不断传送包。

如果定义 CLT_TO_SVR_OFFSET 等于 SVR_ACK 减 CLT_SEQ 的结果（即服务器期待的顺序号和客户机实际的顺序号的相异数），SVR_TO_CLT_OFFSET 等于 CLF_ACK 减去 SVR_SEG，黑客一定会重写客户机送给服务器的 TCP 包，让包代表 SEG_SEQ 和 SEG_ACK 之值。图 5-6 表示被截获的连接。

图 5-6　被截获的连接

SEG_SEG = (SEG_SEQ + CLT_TO_SVR_OFFSET)

SEG_ACP = (SEG_ACK − SVR_TO_CLT_OFFSET)

因为所有的传送都经过黑客，他便可以在传送流中加任何数据或删除任何数据。例如，如果连接是一个远程登录使用的 Telnet，黑客能代表用户添加任何命令（例如，UNIX 命令 echo jamsa.com，它将产生一个所有连接于 jamsa.com 服务器的网络的主机列表，就是黑客发出命令的范例）。图 5-7 显示了黑客将命令加到从客户机到服务器的数据流中的过程。

在服务器接收到包之后，服务器对黑客请求的数据和客户端请求的数据予以响应。在服务器对客户端响应之前，黑客可以漏掉或删除服务器对黑客命令的响应，如此用户便不再觉察到任何黑客入侵。

图 5-7　黑客往传送包中加命令的过程

2）TCP ACK 风暴

非同步后劫持入侵有一个基本的不足，即它将大量地产生 TCP ACK 包，网络专家称这些大量的
ACK 包为 TCP ACK 风暴。当一个主机（无论客户机或服务器）收到一个不能接收的包时，主机将向
产生包的主机发送期待的顺序号来认证这个不能接收的包。这是一个认证包或叫 TCP ACK 包。

在前面所述的主动 TCP 入侵的情况下，第一个 TCP ACK 包将包含服务器的顺序号。客户机因为
没有送出请求更改的包，所以将不接收这个认证包。因此，客户机产生自己的认证包，它反过来迫使
服务器产生另一个认证包，这些反复循环，理论上对传送每个数据包是一个无止境的循环。

因为认证包不传送数据，如果接收者丢失了这个包，ACK 包的发送者将不再传递。换句话说，
如果一个机器在 ACK 风暴循环中丢掉一个包，循环便终止。TCP 将 IP 用在不可靠的网络层上，
以一个非空的包损失，网络设计者将迅速结束循环。而且，网上丢掉的包越多，ACK 风暴持续期
越短。换句话说，黑客产生的循环越多，客户机和服务器接到的交通数量也越多，它反过来增加
拥挤度，这样便丢掉包，有更多的循环结束。

TCP 连接在客户机或服务器发送数据时创建一个循环。如果既不是客户机又不是服务器发送
数据，TCP 连接便不能产生循环。如果客户机和服务器都未发送数据也没有黑客认证数据，发送
者将再传送这个数据。再传送之后，TCP 连接将为每一个再传送创建一个风暴，最后连接的双方
放弃连接，因为客户机和服务器都未发送 ACK 包。如果黑客认证了数据传送，TCP 连接将仅产生
一个风暴。实际上，由于网上的负荷，黑客经常错过数据包，因此黑客将认证再传送的第一个包
——意味着每次进行黑客传输时入侵将至少产生一个 ACK 风暴。

3）前期非同步入侵

与非同步后劫持入侵不同，前期非同步入侵在客户机和服务器的早期连接建立时破坏其连接，
而不是在连接已设立或完成之后破坏其连接。前期非同步入侵在服务器端破坏连接之后，黑客创
建一个具有不同顺序号的新连接，前期非同步的入侵工作如下：

（1）在连接创建阶段，黑客窃听服务器发送到客户机 SYN/ACK 包。在客户端和服务器间创
建连接的几个阶段中，图 5-8 显示了服务器的 ACK 包对客户机请求的响应。

图 5-8　服务器给客户机发送一个 ACK 包

（2）当黑客检测到 SYN/ACK 包时，黑客发送一个 RST 复位请求包，接着发送一个与服务器的 SYN/ACK 包有相同参数的 SYN 包。然而，黑客的请求带着一个不同的顺序号。可以把这个看作入侵者确认包（ATK-ACK-O）。图 5-9 显示了黑客的入侵包传送。

图 5-9 黑客发送两个数据包给服务器

（3）服务器将在收到 RST 包时关闭第一个连接，并且将在同一端重开一个新的连接，但当收到 SYN 包时，便具有不同的顺序号，服务器将向原用户回送一个 SYN/ACK 包。

（4）黑客截取 SYN/ACK 包，向服务器发送自己的 ACK 包，服务器开关指向同步连接以创建状态。图 5-10 显示了黑客截获包和建立同步连接的过程。

图 5-10 黑客截获包和建立同步连接的过程

当客户端从服务器收到第一个 SYN/ACK 包时便把开关指向 ESTABLISHED（已创建）状态，黑客的成功依赖于为 CLT _ TO _ SVR _ OFFSET 选取了正确的数值，选取错误的数值将使客户端的包和黑客的包不能被接收，而且这样可能产生意想不到的结果，包括连接的终止。

4）空数据非同步入侵

非同步一个 TCP 连接后，黑客能实施一次空数据非同步入侵。空数据指不会影响服务器的任何东西，不会改变 TCP 认证号，黑客通过同时向服务器和客户端发送大量数据来实施一次空数据入侵。

黑客发送的数据对客户端来说是不可见的。相反，空数据迫使 TCP 会话中连接的两台计算机切换到非同步状态，因为纯粹的空数据干预了计算机维护 TCP 连接的能力。

5. Telnet 会话入侵

黑客能在一个已存在的或新运行的 TCP 连接上实施各种入侵，也可以干预到几乎任何网络通信。例如，黑客可以用 Telnet 会话实施以下截获方案：

（1）在入侵之前，黑客通常先观察网上的传送，而不进行任何干预。

（2）适当时候，黑客向服务器发送一大批空数据。在被截获的 Telnet 会话上，黑客发送一个含扩展字号 IAC NOP IAC NOP 的 ATK_SVR_OFFSET 字。Telnet 协议将 NOP 命令定义为"空操作"，换句话说，不做任何操作且忽视所有的字。由于此空操作，服务器的 Telnet 的后台驻留程序将把每个字都解释为空数值，因为这一点，后台驻留程序将数据流中的每个对删掉。然而，服务器对扩展空传送的接收将扰乱正在运行的 Telnet 会话，在此步之后，服务器接收以下命令：

SVR_ACK = CLT_SEQ+ATK_SVR_OFFSET

（3）服务器对黑客命令的接收将创建一个非同步 Telnet 的连接。

（4）为了迫使客户机转换到非同步状态，黑客向客户端实施一个与服务器相同的步骤。图 5-11 显示了黑客向客户端和服务器发送空数据的过程。

图 5-11　黑客向连接的双方发送空数据的过程

（5）为完成 Telnet 会话入侵，黑客实施前面详述的步骤，直到黑客成为 Telnet 会话连接的中间人，如图 5-12 所示。

图 5-12　黑客成为 Telnet 的中间人

如果 Telnet 会话可以传送空数据，黑客只能利用前面详述的 5 个步骤的 Telnet 截获方式。即使这样，黑客对于选择合适时间发送空数据仍有困难。如果时间不正确，入侵将很容易破坏 Telnet 会话，或者引起会话干扰，而不能让黑客控制会话。

6. 进一步了解 ACK 风暴

在 TCP 连接内，几乎所有含 ACK 设定标识而不带数据的包都是未接收包的确认信息。在任何网络中，特别是在 Internet 通信中，将发生大量的转送。在一个遭受了前面详述的各种入侵的网络中，会发生更多的转送。转送的号码将依据网络中的负荷和引起风暴的黑客主机而定，一个服务器登录包含多达 300 个空包。在一个实际入侵中传送的数据包可能产生 10~30 个 ACK 空包。

7. 检测及其副作用

可以利用 ACK 入侵的各种缺陷来检测入侵，这部分将描述三种检测方式。

（1）非同步状态检测。可以利用 TCP 包来观察连接双方的顺序号。根据顺序号，可以判断出连接是否处于非同步状态。然而，仅当假定在连接上传送顺序号时没有"黑客"改变它，才可以在连接的双方阅读包——这是一个一般的安全假定。

（2）ACK 风暴检测。一些局域以太网的 TCP 交通在入侵前的统计表明，总的 Telnet 包的无数据包率为 1/3，而当一个黑客入侵时，为 1/300。

（3）包百分率记数。可以通过对包的百分率记数来监视连接的状态。通过对有入侵时的包百分率和普通数据包百分率的对比，可以提醒用户存在非同步入侵。表 5-1 显示了常规连接中数据包和 ACK 包每分钟的传递数目。

表 5-1　常规连接中每分钟数据包和 ACK 包的传递数目

包类型	本地以太网传输	快速以太网传输
Total TCP	80~100	1400
Total ACK	25~75	500
Total Telnet	10~20	1400
Total Telnet ACK	5~10	45

TCP 包和 ACK 包的数目在本地以太网上变化很大。一个常规连接中的 ACK Telnet 包的百分率一般稳定在 45% 左右，Telnet 会话是一种交互式会话，服务器必须对用户输入的每一个字母进行响应和认证。

当黑客入侵时，真正的包与 ACK 包的比值会发生改变。表 5-2 显示了黑客入侵时包的计数。

表 5-2　Telnet 遭入侵时 ACK 包的计数情况

包类型	本地连接
Total Telnet	800 ~ 400
Total Telnet ACK	75 ~ 400

在表 5-2 中，本地连接是指只有少数来自客户端的 IP 跳跃的一个主机的通信会话。通信会话的往返延迟（RTD）大约为 3 ms。例如，通信会话可能跨越客户机与主机间的 4 个局域服务器。在黑客入侵时包计数器的改变很明显。就算它变化较为轻微，ACK 计数与总包计数几乎是一致的，则交通量基本都是指认证包，意味着几乎不包括数据包。

8. 另一种嗅探——冒充入侵

在冒充入侵中，黑客用客户机 IP 地址作为源地址向服务器发送一个 SYN 包以初始化通话。黑客传送的地址必须是冒充成可信任主机地址。服务器将用一个 SYN/ACK 包来确认 SYN 包，它包含以下行：

SEG _ SEQ = SVR _ SEQ _ O

因此，黑客可以用自己的包来确认服务器的 SYN/ACK 包。黑客数据包中包含了黑客所猜的

SVR_SEQ_O 的值即顺序号。如果成功，那么黑客不必嗅探客户包，因为黑客能预测 SVR_SEQ_O 且确认它。冒充入侵有以下两个主要缺点：

（1）黑客冒充的客户机将收到来自服务器的 SYN/ACK 包，而向服务器回发一个 RST（复位）包，因为在客户机看来，通话不存在。而黑客可能阻止客户机的复位包产生，当客户机未接入网络时入侵，或使客户机的 TCP 队列溢出，这样，客户机将在往服务器上发送数据中丢失包。

（2）黑客不能从服务器上得到数据，但可以发送一些足以危害主机的数据。

冒充入侵和非同步后劫持入侵有四个不同之处：

（1）非同步后劫持入侵让黑客实行并控制连接的鉴别阶段，而冒充入侵依靠于可信任主机的鉴别方案。

（2）非同步后劫持入侵让黑客对于 TCP 流有很大的访问权。换句话说，黑客可以同时收发数据，而不是像冒充入侵那样仅能发送数据。

（3）非同步后劫持入侵利用以太网嗅探来预测或得到 SVR_SEQ_O。

（4）黑客可以用非同步后劫持入侵法攻击任何类型的主机。因为冒充入侵时要依赖于 UNIX 可信任主机的模式，所以它仅能对 UNIX 主机进行攻击。

然而，如果客户机脱线了或是不能收发 RST 复位包，黑客可以用冒充入侵来与服务器建立一个全面的 TCP 连接。黑客将代表客户机发送数据。当然，"黑客"必须通过认证障碍。如果系统采用的是基于可信任主机的认证，那么黑客将对主机的服务全权访问。

黑客进行非同步后劫持入侵进攻局域网时，系统分析员易于核查到入侵，但在远程低带宽和低延迟网络中进行非同步后劫持入侵时是很有效的。而且，黑客可使用与进行被动嗅探入侵（经常发生在 Internet）时相同的资源来实施非同步后劫持入侵。两种入侵对黑客来说其优点在于他们对用户都是不可见的。

5.5 关于作假的详述

5.5.1 利用路由器

TCP 和 UDP 服务假定了主机的 IP 地址是合法的，因此相信这个地址。然而，黑客的主机可以用 IP 源路由器伪装成一个可信任的主机或客户机。黑客可以用 IP 源路由器来确定一条到目的路由器和返回起始处的直接路径。路径可以是路由器或主机，你也许不经常通过它们将数据包传送到目的地。这样，黑客可以截获或更改传送而不仅是遭遇发送到真正主机的包。下面的例子介绍了黑客是如何冒充一个服务器的可信客户机的：

（1）黑客改变冒充主机的 IP 地址和可信客户机的 IP 地址一致。

（2）黑客将构造一个指定的源路径给服务器，把可信任客户机看作到服务器的最后跳跃。

（3）黑客用源路径向服务器发送一个请求。

（4）服务器像接收可信任客户机的请求一样接收黑客的请求，且返送一个回执给可信任客户机。

（5）可信任客户机用源路径向黑客主机发送一个包。

图 5-13 显示了 IP 模仿入侵的基础。

模仿一个客户机的更简单办法是等待客户机系统关闭时扮演客户机。在许多组织中，成员用个人计算机与 TCP/IP 网络软件来连接并利用作为局域网服务器的 UNIX 主机。个人计算机通常用 NFS 来获得对服务器目录和文件的访问。黑客能冒充一个真实的客户机，且将自己的计算机配置成与另一台 PC 相同的名字和 IP 地址，然后与 UNIX 主机建立连接。黑客很容易完成这种模仿入侵，而且，这种入侵一般是内部入侵，因为只有内部人员才知道受保护网络中的哪一台计算机已关闭。

图 5-13　IP 模仿入侵的基础

5.5.2　冒充 E-mail

网上的 E-mail 很容易隐藏，而且不能信任一个没有诸如数字签名的增强功能的 E-mail。考虑一下 Internet 主机交换 E-mail 时的情形。交换仅用一个简单的 ASCII 码字母命令构成的协议便可进行。黑客可以把 Telnet 直接连到系统的 SMTP 端，进入这些命令。接收主机将充分相信发送主机的真实性。所以黑客很容易便隐藏了 E-mail 的初始处，通过改变 IP 地址，结果任何无特权的用户都能伪造 E-mail。

5.5.3　超链接欺骗

1．超链接欺骗的背景

当用户进行 SSL 连接时，浏览器和服务器共用一个协议以对服务器和客户机进行认证，然而超链接欺骗（冒充）只与服务器认证相关。在 SSL 初始协议交换时，服务器把它的证书送到浏览器。服务器的证书含有服务器公用密钥的数字签名。

现在，SSL 协议在证书中用了一个域名服务器（DNS）名字。其实，证书更有可能含有一个"wildcard"（不确定的可替换的值）而不是一个 DNS 名字（例如，证书应读作 www.brd.it 或 *.brd.it）。通过正确传递协议和出示一个客户端信任的合法证书，服务器向浏览器证明它拥有一个相关的密钥（仅它自己知道）。浏览器接受证据且知道服务器确实可以有权使用 DNS 名字。而对于一个超级链接冒充入侵，SSL 并不是真正的问题，认识到这一点是很重要的。相反，证书内容和浏览器用户界面才是问题所在。

2．实施超链接欺骗

超链接冒充入侵是很成功的，因为大多数用户并不请求连接到 DNS 或 URL 中去，但 SSL 部署（Deployment）证明，用户点到的只是 URL 的服务器部分，而不是超链接。

正如 DNS 易遭冒充入侵一样，URL 也易遭超链接冒充入侵。两种作假都将把用户引向错误的 Internet 网址。然而，超链接冒充入侵在技术上比 DNS 作假容易得多。例如，黑客可以给用户的浏览器 HTML 代码输入：<A HREF=https://www.hacker.corn/infogatherer!>/This way to free books!</A>

用户将收到一条链接，写着"从这里可以到达免费主页"。单击此条链接，链接会把用户送到另一个安全服务器（在 hacker.com 中），到一个名为 infogatherer 的目录中。浏览器将检测用户有无安全连接且出示固定密钥等，但黑客仍可作假。他将用一些花招，使浏览器显示用户与想到达的服务器有一个私有连接。当用户建立了私有连接时，却连在了一个错误的服务器上。当服务器证书的使用变得越来越广泛时，击败服务器认证也越来越容易，而不是越来越难。当更多的服务器拥有证书时，黑客就有了更多的网址选择，并入侵不够谨慎的网。

除掉烦琐的认证过程，没有审查跟踪存在以告诉用户超链接入侵中发生了什么。最佳情况时，浏览器将显示 HTTP（或 HTTPS）GET 命令（对真服务器），而后紧跟另一个 HTTPSGET 命令（对伪服务器）。幸运的是，本地缓冲器将存储该页。但黑客用 PRAGMA 命令很容易将它赶出缓冲器。在作假入侵中，第二个 GET 命令将发生，因第一个 GET 命令返回了一个不正确的或已改变了的结果。

黑客不愿发送安全网址给用户（只给黑客的证书和大量身份线索），黑客可能向用户发送他侵入的其他用户的 SSL 页。黑客能发送一些用户确实想去的安全网址，换句话说，URL 也许是 /attackpage 而不是/securepage。这种误导可能发生在虚拟机网址上，或者 URL 代表 CGI 输入的 Web 网址上。

3. 防卫超链接欺骗的方法

如果已经使用了依赖于服务器认证的网络应用程序，而且不能从 Internet 软件提供商那里得到一个对付方法，唯一可行的办法便是使用户的浏览器在一个安全网页上开始，如此则用户可确信其初始连接的正确性，而黑客不能把它们送到任何可疑之处。一个安全页即是用户对其数字签名充分信任的页，它也许是一个当地的 HTML 文件或 SSL 服务页。

当需要用户的浏览器打开一个 SSL 页时，必须以一些难于被截获的方式为该页发送一个 URL（例如用磁盘或寄信），否则该页将创建一个要防止的入侵入口。该页外的所有连接应向用户发送可信地址，最好所有连接都是 SSL 连接。可以用以下判别条件来决定哪些列出的网址是可信的。

（1）网址安全运行（即网址是防入侵者和防页截取的）；

（2）站点只向能安全运行的网站发送有超链接的页。

许多网址在第一条上不能过关，这样安全页访问代理可能仅为防火墙后应用程序，或者是一些指定的 Internet 应用程序。

另外，可以在网页上放一个相关的等同于网址的对象，该对象有 Verisign Java 证书和 Microsoft Authenticode 证书。由于 Verisign 证书是从一些网页和其上的 applet 中得到的，所以黑客很难伪造。

第三个可能想考虑的对付方法便是能迅速部署。许多商用网浏览器提供安全选项。其中之一是让用户监视基于网址的证书。

用户或用户组织中的其他人可以迅速编制一个浏览器插件，它将为网上浏览器能访问的每个网址列出一个网址证书。在安装了插件之后，用户可以看到谁拥有了与自己连接的网址，这样可防止入侵。你的插件将默认打开信息框，可以带一个口令选项让网络管理者关掉对话框。此外，在浏览器和服务器建立了连接之后，证书信息将显示在浏览器窗口的装饰性部分中（不是状态栏，因为 Java、VBScript 和 JavaScript 都能编写状态栏）。证书显示将对现在发送页的主人的网址给出连续的反馈。

不幸的是，如果作假者把客户端 HTTP 请求或服务器响应在同一网址中从一页改变到另一页的话（比如，从一个 CGI script 到另一个，或从一个 Java applet 到另一个等），证书显示对方是作假入侵也是无用的。

在组织内申请的第 4 种可能策略便是使用可信任书签库。内部安全人员将在发送每个人的书签文件时对每个可信任书签进行确认。此外，安全人员仅用人工方式如软盘转载可信任书签。可信任书签将在浏览器的书签文件中以某种方式作上标识，以便于确认哪些是可信的、哪些是不可信的。与以前详述的证书管理信息安装一样，可信任书签安装要求用户的组织编制一个插件以执行可信任书签。可信任书签可以映像从超链接文本、图像到域名、URL 这些保存在浏览器中的信息。例如，可信任书签词条可以包含下面行：

"*Jamsa Press * :*.jamsa.com"

然后，当浏览器看到含有"Jamsa Press"的链接时，浏览器会在 jamsa.com 域中查找服务器证书，以确信它是与 jamsa.com 服务器连接的。当浏览器连接到第三方域时（换句话说，一个不在书签词条中正确方的域），浏览器便警告用户连接域与期望的域不匹配。这样，运行可信任书签以使用户只能连接到与之匹配的域。可信任书签解决方案让用户安装浏览器"警卫"，以使他们可以对某些"局域"的高价值服务进行访问，还可以保护公司免受缺乏安全意识的用户偶然传送未保护的信息。

基本上，可信任书签策略提供从链接文本到 URL 域名的安全映像。以前详述的每种可能的策略都试图提供映像或增加用户对安全性的信心。这 4 种可能的对付方法并不是到达安全网址映像的唯一方法。例如，用户可以创造一个置于已存网址证书协议上的安全 Internet 目录服务。不幸的是，创建目录服务将在链接、网址的"标识"和网址自身（私有密钥）之间，引起一个人为的间接层次——不仅导致其他一些对付方法失效，而且使链接的安全更难于戒备。最后，以上所述的策略均不能访问网上专有服务，而且，这些对付方法对防止网址内浏览被重定向也是无益的。

4. 对超链接欺骗的长远考虑

当用户浏览网址时，超链接入侵对用户安全构成严重威胁。超链接导致的基本问题是 SSL 提供的证书中包含错误信息——DNS 名。DNS 比 URL 有更多的技术细节，而 URL 本身比用户点中的超链接有更多的技术细节。当连接到网络的低水平的用户越来越多时，证书显示的技术信息越少越好。许多人使用 www.<company>.com 或 www.<product>.com 来猜测 URL。然而，许多网络用户后来已经懂得，一个 URL 看似应属于某个公司并不意味真的如此。例如，网上最流行的搜索引擎是 Digital 的 AltaVista。然而，AlatVista 的网址不是 http://www.altavista.com，实际上是 http://www.digital.altavista.com。网址 www. altavista. com 属于美国加州的一家软件公司。最近，一家得克萨斯州的软件咨询公司其网址为 www.microsoft.com，它不隶属于 Microsoft 公司，然而，每天受到本意针对 Microsoft 网址进行的无数次攻击。

前面叙述的要点是 URL 可猜，且一般是拥有该网址公司的反映，这已成为了惯例而不是法律使然。当一个域名注册时，Internet 确认机构只确认注册的 DNS 仍未被他人注册，而不是确认被注册的 DNS 与版权法无冲突。最令人忧虑的是，DNS 可以不是公司名或其业务的相关映像。许多用户依据 URL 而不是 DNS 来访问网络。而且他们期望连接到 URL 的文本和图形是 URL 目的地的一种映像。DNS 名从 URL 中获得，而 URL 名由用户选取的超级链接获得。

一般的网络冲浪者并不理解 DNS 的重要性，以至认证 DNS 名变得意义不大。许多用户不知道 URL，除了电视或印刷广告中看到的 www.company.com。而且，最近的发展，如 Internet Explorer 中著称的"友好的 URL"，它仅对地址行上的 URL 进行微小的改动便可访问整个网络，大大削弱了用户所见和服务器证书之间的关联。

Internet 本身应解决的问题是决定哪个服务器证书应该核实，这要依据其应用程序。因为应用程序在一定程度上反映了用户的水平高低。一些应用程序（例如命令行 FTP），其 DNS 名可用来进行认证，因为 DNS 名是用户输入以访问网络的，所以用户也许对 DNS 名有个较深理解。然而，对于浏览，证书应包括超链接文本或图像，或者是认证页给浏览器提供的一些有意义的东西，也许是<META>标志。证书可能包括以下信息，这依据证书主体是否决定了证书的组成或一个网上使用的应用程序是否控制了证书显示而定：

- 代表图案（公司或产品标识、人物肖像）。
- 英语（如服务器通用语言）和连接得当的习惯短语（"jamsa press"）。
- 尽管 URL 对访问网络意义重大，证书内的 URL 还是包含通配符或规则短语。注意 URL 最可能代表着内部网应用程序或数据，也更有可能被一个内部的证书认证而不是一些如 Verisign Internet 远程站认证。

如果证书包含一个图案，浏览器将把它显示在一个对话框中。此外，浏览器把它显示在浏览器图案框中而不是 Netscape 或 Explorer 标识内。正如前面所述，将证书显示于图案箱中导致向用户发出用户现在正与谁连接的一个连续反馈报告。即使一个非专业用户也将发现他没有连接到正确网址，如果他在其朋友的超链接上单击而证书图标显示一个用他的朋友不懂的语言创建的 Web 页。

浏览器也会以某些简单的修改来自动确认证书，如果用户跟随图案链接进入现有页，浏览器将检查证书以确认图案是否出现在此处，如果图案未在证书中出现，浏览器将向用户报警。类似的，如果用户跟随超链接到达现有页，浏览器将寻找文本或文本的函数。例如，浏览器为文本链接子串或已知的哈希函数结果进行分析。确认图案或文本链接有效地确保了用户链接的正确性，以一种端对端的方式防止了作假。

5.5.4 网页作假

网页作假是另一种黑客入侵。入侵时，黑客创造一个看似可信的网页，其实为假的复制，但黑客完全控制了假网页。图 5-14 显示了网页作假的概念化模型。

图 5-14　网页作假入侵的概念化模型

1. 网页作假的后果

入侵时，黑客可对被入侵方与网络服务器间的任何数据进行窥探或更改。而且，黑客可控制从网络服务器到受害者的任何返回交通。结果，黑客有许多入侵通道。黑客破坏网络的两种最普通的形式便是嗅探和冒充作假。嗅探是一种监视类型的活动，因为黑客被动地注视网络交通。而作假是一种干预行为，因为黑客使主机相信自己是另一台可信任的主机，由此可以接收信息。

网页作假入侵时，黑客记录受害者访问的页面内容。当受害者填写 HTML 页上的表格时，受害者的浏览器将所有输入数据传到网络服务器，因为黑客处于受害者和服务器之间。黑客可以记录下所有数据。此外，黑客可以记录下服务器响应回来的数据。因为许多在线商务使用表格，黑客可以窥视到所有账号、密码或受害者输入表格中的任何秘密信息。

黑客甚至可以进行监视，尽管受害者有一个自认为安全的链接。不论那个自以为是安全的链接是否使用 SSL 或 S—HTTP，黑客可以对连接作假。换句话说，就算受害者的浏览器显示出安全运行链接图标，受害者仍可连接在一个不安全链接上。

黑客也可自由改动受害者和服务器间任何一个方向传送的数据。例如，若受害者在网上定购 100 元的银制饰物。黑客可以改动货物数量、品质，或者邮购目的地，而送给自己 200 元的金制饰物。黑客还可以改动服务器发回的数据。例如，黑客可以插入一个误导或冲突物到服务器送回的文档中，以使受害者受骗或导致服务器与受害者之间产生纷争。

2．作假整个 Web

黑客作假整个 Web 时无须存储 Web 的全部内容，因为整个 Web 可在线使用。明白地讲，黑客的服务器可以从真正的 Web 上取一页（当它需要向伪网提供一页复制时）。

既然请求途经黑客的计算机，只要受害方发出请求，黑客就可以获得每一个新页面。实际上，伪服务器只需保持网页作假入侵期间的缓存页面。

3．入侵过程

网页作假入侵的过程是将黑客的服务器置于受害者与网的其他部分之间，这种安排又称"中间人入侵"。

黑客第一步是重写网页上的所有 URL，让 URL 指向黑客的服务器而不是真的服务器。不妨假设黑客的服务器在域 hacker.hck 中，黑客因此将通过把 http://www.hacker.hck 加到 URL 标记之前来重写 URL。例如，http://www.jomsa.com 变为 http://www.hacker.hck/www.jamsa.com。

当用户到达被重写网页，URL 看似无异样，因为黑客将对 URL 作假。如果用鼠标单击 http://www.jamsa.com 超链接，浏览器将从 www.hacker.hck 中请求页面，因为 URL 是从 http://www.hacker.hck 开始的。URL 的剩余部分告诉黑客服务器到网上哪里去找用户请求的文档。

黑客服务器检索到用来满足请求的真文档之后，黑客重写文档中的 URL，采用黑客初始对用户作假时相同的特定形式，换句话说，黑客将 http://www.hacker.hck 加到请求页的每个 URL 的前面。最后，黑客服务器向用户的浏览器提供改写了的页面。

因为改名了的页面中的所有 URL 都指向黑客的服务器。若是进入新页上的链接，黑客的服务器将再次检索到该网页，用户又将陷入伪网，且在链接中将永不能离开黑客的伪 Web。

4．重仿表格和安全连接

如果在伪网上填写一份表格，它将显示似乎是真网对该页进行正确处理。因为基本的网络协议把表格集成得很紧密，所以作假表格运行自如。用户的浏览器在 HTTP 请求中对 Internet 表格进行编码，服务器用普通的 HTML 回答表格请求。正如网页请求将途经黑客的服务器，受害者的提交表格也是如此。黑客的服务器可以窥探和改动受害者提交的数据。因此，黑客可以在将数据传到真正的服务器之前任意改动数据。黑客的服务器也可以改变真实服务器响应提交的返回数据。

网页作假入侵的另一个特别令人头疼的方面是——入侵能在受害者请求具有安全连接功能时进行。例如，如果试图在伪网上做一次安全网络访问，用户的浏览器将显示一切正常。黑客的服务器将发送页面，而用户的浏览器将亮起安全灯，将通知用户浏览器链接安全，因为确实如此。不幸的是，"安全"链接到了黑客的服务器，而不是所希望的页面。用户的浏览器和用户还以为一切正常。

5. 开始网页作假入侵

正如前面部分所述，一个网页作假入侵一旦开始后是难以摆脱的。然而，开始入侵需要受害者的一些行动。为实施入侵，黑客必须以某些手段把受害者骗入伪网，换句话说，黑客必须促使受害者单击伪链接。黑客可以用一些简单的办法让伪超级链接更加容易接受。这些办法包括：

（1）黑客把链接置于网上流行网页上。

（2）如果受害者使用 E-mail，黑客可以向受害者发送误导 E-mail。

（3）黑客可以向受害者发送一个伪页内容 E-mail。

（4）黑客哄骗网络搜索引擎检索部分伪网。

（5）如果受害者用 Internet Explorer，黑客写一个受害者每次运行浏览器 Explorer 便执行的 ActiveX 控件。黑客的 ActiveX 控件可以用错误的 URL 代替正确的 URL。

重要问题是，黑客必须以某些手段骗用户进入伪网。黑客企图促使受害者使用几种技巧加以分析解剖。

6. 制造错觉——状态条

综上所述，入侵者必须以某些手段哄骗受害者进入伪网，因为入侵时必须说服受害者他们仍处于真实网络内。网页作假入侵并不出色，如果黑客不够谨慎，或用户关闭了浏览器中的一些选项，作假网页将在状态条中显示某些网页的信息。这些信息足以提示用户不要进入伪网。例如单击超链接时，许多浏览器将显示其绝对路径位于状态窗口中。

不幸的是，狡猾的黑客可以利用一些编程技术来消除其入侵时留下的线索。证据是较易销毁的。因为浏览器的简单定制，网页控制浏览器的能力通常可以请求到，但当页面不友好时，页面对浏览器的控制可能对用户危害很大。例如，黑客可以很容易地用 JavaScript、Java 和 VBScript 来操作浏览器状态栏。它被改变而显示出 "Welcome to the Jamsa Press Web site!"

网页作假入侵到现在为止在状态栏中留下两种证据：

（1）将鼠标拖到超链接上，浏览器状态条将显示链接中的 URL，因此，受害者便注意到黑客重写了超链接的 URL。

（2）当浏览器收回一个页面时，状态条简要显示浏览器连接的服务器名。因此，受害者便注意到 www.hacker.hck 而不是 www.jamsa.tom，这不是他所期望的。

黑客可以加入一段 Java、JavaScript 或 VBScript 程序到每个改写页以覆盖这两种视觉暗示。因为黑客添加程序能将内容写到状态栏，黑客可以重新安排状态条制造出错觉。而且，黑客可以把此程序绑入相关事件，总是在真正网页中显示给受害者所期望的状态。甚至在链接到一个新页面时也是如此。控制状态栏输出使作假内容更可信。如果没有作假的状态栏，作假的内容将无可信之处。

7. 位置行

如果黑客不想办法确保黑客所期望的信息显示于状态栏中，状态栏可能使黑客的伪网露馅。此外，浏览器的位置行可以驱除黑客入侵。浏览器位置行显示了受害者现在的真的 URL。受害者也可输入一个 URL 到位置行中，指挥浏览器请求该 URL 之源。

如果没有更进一步的改动，网页作假入侵将显示重写的 URL（即 http://www.hack.hck/www.jamsa.com），许多用户很可能在位置行中注意到重写的 URL。如果受害者注意到这一点，那么他很可能认识到已遭受了入侵。

黑客可以用一个藏于伪服务器中的程序把重写的 URL 隐藏起来，这个程序可以用看似正确的伪位置行替代原行，伪位置行可以显示受害者期望看到的位置行信息。伪位置行可以接收键盘输入，让受害者无异样地输入 URL，这个程序可以在浏览器请求访问之前重写输入 URL。

如果对高级用户，许多浏览器给用户提供一个让用户检查当前显示页的 HTML 源的菜单条。高级用户如果怀疑进入了伪网，可查看源代码找改写的 URL。如果受害者发现 URL 被重写，他就能察觉遭到入侵。反过来，入侵可利用一个藏于伪服务器的程序来隐藏菜单条，而代之以看似原样的菜单条。如果用户从伪菜单栏中选择"View Document Source"，黑客打开一个新窗口以显示原始的 HTML 源（而非改变了的）。

8. 对网页作假入侵的补救措施

网页作假入侵是一个危险的近乎不可检测到的入侵。所幸的是，你可采用一些保护措施来保护你和你的网络用户免遭入侵。简而言之，最好的防御是遵从以下三步策略：

（1）将浏览器中的 JavaScript 和 VBScript 关掉，这样黑客便不能隐藏入侵的罪证。

（2）确信浏览器位置行可见。

（3）注意浏览器位置行显示的 URL，确信 URL 始终指向连接的服务器。

JavaScript、VBScript、ActiveX 和 Java 都助长了作假和其他入侵。 因为网页作假入侵引起的问题，用户也许会立即考虑关掉这四种语言。这样做将会失去许多有用功能，但也能恢复这些功能——当进入安全网址时便打开它们，退出时便关掉它们。

网页作假入侵的短期解决方案相对简单,而建立一个十分满意的长远解决方案却是很困难的。解决此问题的要旨在于对浏览器框架做变动，改变浏览器代码以让浏览器总是显示位置行，提供安全度，这样可以防止浏览器被外部人更改——即确信网络程序不能创造伪菜单条、伪状态栏等。然而，这两种方案必须假定用户是警惕的且能重写 URL，在浏览器向用户显示信息且不被不可信方介入的情况下，一个使非用户对外部更改不生效的浏览器的保护措施将是创造一个安全浏览器的第一步。如果不对更改设定明显的限制，浏览器对防止网页作假入侵是无能为力的。

对浏览器从安全链接中取回的页面来说，浏览器内一个改进的安全链接指示灯将有助于确保安全，远远不只是指示安全链接。浏览器将清楚地报告完成安全链接的服务器名。浏览器将以简单语言，以一个用户可理解的方式显示链接信息。例如，浏览器将显示关于网址包含<META>在内的信息，例如"Jamsa. Press"，而不是"http://www.jamsa.com"。

然而，基本上每种针对网页作假入侵的手段都要依赖用户的警惕性。作为一个系统管理员，是否应对用户警惕度进行检查是值得讨论的。

习　题

1. 简述黑客攻击的一般过程。
2. 黑客攻击有哪些类型？
3. 寻找和实践两种安全扫描产品或工具，并简述其技术特点。
4. 简述两种安全扫描工具各的特点、优缺点和功能。
5. 系统入侵是如何分类的？为什么要研究入侵分类？
6. 什么是最简单的黑客入侵？
7. 非同步入侵攻击包括哪些内容，如何防止这种攻击？
8. TCP 劫持入侵的基本思想是什么？它为什么比 IP 模仿入侵更具危害性？
9. 什么是超链接欺骗？
10. 描述网页作假的过程及其解决方案。

第6章 防火墙技术

一个网络接入 Internet，它的用户就可以访问外部世界并与之通信，但同时，外部世界也可以访问该网络并与之交互。为安全起见，可以在该网络和 Internet 之间插入一个中间系统，竖起一道安全屏障。这道屏障的作用是阻断来自外部网络对本地网络的威胁和入侵，提供保护本地网络安全和审计的关卡，其作用与防火砖墙有类似之处，因此把这个屏障称为防火墙。

6.1 防火墙的基本概念

防火墙是在内部网与外部网之间实施安全防范的系统，如图 6-1 所示。可被认为是一种访问控制机制，用于确定哪些内部服务允许外部访问，以及允许哪些外部服务访问内部服务。内部网与因特网之间常用防火墙隔开。

图 6-1 防火墙结构示意图

防火墙是一种有效的网络安全机制。在建筑上，防火墙被设计用来防止火势从建筑物的一部分蔓延到另一部分。网络防火墙防止互联网的损坏波及内部网络，它就像中世纪的护城河。但必须指出的是：防火墙并不能防止站点内部发生的问题。防火墙能起的作用如下：

（1）它限制人们进入一个被严格控制的站点。

（2）它防止进攻者更接近其他防御设备。

（3）它限制人们离开一个被严格控制的站点。

一个网络防火墙通常安装在被保护的内部网与互联网的连接点上。从互联网或从内部网上产生的任何活动都必须经过防火墙，这样防火墙就有可能来确定这种活动是否可以接受。所谓可以接受是指，它们（电子邮件、文件传输、远程登录或其他特定活动）是否符合站点的安全规定。从逻辑上讲，防火墙是一个分离器，是一个限制器，是一个分析器。各站点的防火墙的构造是不同的，通常一个防火墙由一套硬件（一个路由器或路由器的组合，一台主机）和适当的软件组成，组成的方式可以有很多种，这要取决于站点的安全要求、经费的多少以及其他综合因素。

6.1.1 与防火墙相关的定义

概括地说，防火墙是位于两个（或多个）网络间用于实施网络间访问控制的一组组件的集合。

（1）防火墙。限制被保护的网络与互联网络之间，或者与其他网络之间相互进行信息存取、传递操作的部件或部件集。

（2）主机。与网络系统相连的计算机系统。

（3）堡垒主机。堡垒主机是指一个计算机系统，它对外部网络（互联网络）暴露，同时又是内部网络用户的主要连接点，所以非常容易被侵入，因此这个系统需要严加保护。

（4）双宿主主机。具有至少两个网络接口的通用计算机系统。

（5）包。在互联网络上进行通信时的基本信息单位。

（6）路由。为转发的包分组选择正确的接口和下一个路径片段的过程。

（7）包过滤。设备对进出网络的数据流进行有选择的控制与操作。包过滤操作通常在选择路由的同时对数据包进行过滤操作（通常是对从互联网络到内部网络的包进行过滤）。用户可以设定一系列的规则，指定允许哪些类型的数据包可以流入或流出内部网络（例如只允许来自某些指定的 IP 地址的数据包或者内部网络的数据包可以流向某些指定的端口），哪些类型的数据包的传输应该被阻断。包过滤操作可以在路由器上进行，也可以在网桥，甚至在一个单独的主机上进行。

（8）参数网络。为了增加一层安全控制，而在外部网络与内部网络之间增加的一个网络。参数网络有时也被称为停火带。

（9）代理服务器。代表内部网络用户与外部网络服务器进行信息交换的程序。它将内部用户的请求送达外部服务器，同时将外部服务器的响应再回送给用户。

6.1.2 防火墙的功能

（1）隔离不同的网络，限制安全问题的扩散。防火墙作为一个中心遏制点，它将局域网的安全进行集中化管理，简化了安全管理的复杂程度。

（2）防火墙可以很方便地记录网络上的各种非法活动，监视网络的安全性，遇到紧急情况报警。

（3）防火墙可以作为部署 NAT（Network Address Translation，网络地址变换）的地点，利用 NAT 技术，将有限的 IP 地址动态或静态地与内部的 IP 地址对应起来，用来缓解地址空间短缺的问题或者隐藏内部网络的结构。

（4）防火墙是审计和记录 Internet 使用量的一个最佳地点。网络管理员可以在此向管理部门提供 Internet 连接的费用情况，查出潜在的带宽瓶颈位置，并能够依据本机构的核算模式提供部门级的计费。

（5）防火墙也可以作为 IPSec 的平台。

（6）防火墙可以连接到一个单独的网段上，从物理上和内部网段隔开，并在此部署 WWW 服务器和 FTP 服务器，将其作为向外部发布内部信息的地点。从技术角度来讲，就是所谓的停火协议区（DMZ）。

6.1.3　防火墙的不足之处

尽管防火墙一般都具有非常丰富的功能，但仍有很多方面需要改进和完善。防火墙的不足之处主要有：

（1）网络上有些攻击可以绕过防火墙，而防火墙却不能对绕过它的攻击提供阻挡。

（2）防火墙管理控制的是内部与外部网络之间的数据流，它不能防范来自内部网络的攻击。

（3）防火墙不能对被病毒感染的程序和文件的传输提供保护。

（4）防火墙不能防范全新的网络威胁。

（5）当使用端到端的加密时，防火墙的作用会受到很大的限制。

（6）防火墙对用户不完全透明，可能带来传输延迟、瓶颈以及单点失效等问题。

6.2　防火墙的类型

随着 Internet 和 Intranet 的发展，防火墙的技术也在不断发展，其分类和功能不断细化，但总的来说，可以分为三类：

（1）分组过滤路由器。

（2）应用级网关。

（3）电路级网关。

6.2.1　分组过滤路由器

分组过滤路由器也称包过滤防火墙，又称网络级防火墙，因为它工作在网络层。它一般是通过检查单个包的地址、协议、端口等信息来决定是否允许此数据包通过，有静态和动态两种过滤方式。路由器就是一个网络级防火墙。

这种防火墙可以提供内部信息来说明所通过的连接状态和一些数据流的内容，把判断的信息同规则表进行比较，在规则表中定义了各种规则来表明是否同意或拒绝包的通过，包过滤防火墙检查每一条规则直至发现包中的信息与某规则相符。如果没有一条规则相符，防火墙就会使用默认规则。一般情况下，默认规则就是要求防火墙丢弃该包。其次，通过定义基于 TCP 或 UDP 数据包的端口号，防火墙能够判断是否允许建立特定的连接，如 Telnet、FTP 连接。

一些专门的防火墙系统在此基础上又对其功能进行了扩展，如状态检测等。状态检测又称动态包过滤，是在传统包过滤上的功能扩展，最早由 CheckPoint 提出。传统的包过滤在遇到利用动态端口的协议时会发生困难，如 FTP，防火墙事先无法知道哪些端口需要打开，如果采用原始的静态包过滤，又希望用到此服务，就需要实现将所有可能用到的端口打开，而这往往是个非常大的范围，会给安全带来不必要的隐患。而状态检测通过检查应用程序信息（如 FTP 的 PORT 和 PASV 命令），来判断此端口是否允许需要临时打开，而当传输结束时，端口又马上恢复为关闭状态。

网络级防火墙的优点是简洁、速度快、费用低，并且对用户透明，但它也有很多缺点，如定义复杂，容易出现因配置不当而带来问题；它只检查地址和端口，允许数据包直接通过，容易造成数据驱动式攻击的潜在危险；不能理解特定服务的上下文环境，相应控制只能在高层由代理服务和应用层网关来完成。

6.2.2　应用级网关

应用级网关主要工作在应用层。应用级网关往往又称应用级防火墙。应用级网关检查进出的数据包，通过自身（网关）复制传递数据，防止在受信主机与非受信主机间直接建立联系。

应用级网关能够理解应用层上的协议，能够做复杂一些的访问控制，并做精细的注册和审核。其基本工作过程是：当客户机需要使用服务器上的数据时，首先将数据请求发给代理服务器，代理服务器再根据这一请求向服务器索取数据，然后再由代理服务器将数据传输给客户机。由于外部系统与内部服务器之间没有直接的数据通道，外部的恶意侵害也就很难伤害到内部网络。

常用的应用级网关已有相应的代理服务软件，如 HTTP、SMTP、FTP、Telnet 等，但是对于新开发的应用，尚没有相应的代理服务，它们将通过网络级防火墙和一般的代理服务（如 socks 代理）。

应用级网关有较好的访问控制能力，是目前最安全的防火墙技术。但实现起来麻烦，而且有的应用级网关缺乏"透明度"。在实际使用中，用户在受信网络上通过防火墙访问 Internet 时，经常会出现延迟和多次登录才能访问外部网络的问题。此外，应用级网关每一种协议需要相应的代理软件，使用时工作量大，效率明显不如网络级防火墙。

6.2.3　电路级网关

电路级网关是防火墙的第三种类型，它不允许端到端的 TCP 连接，相反，网关建立了两个 TCP 连接，一个是在网关本身和内部主机上的一个 TCP 用户之间；另一个是在网关和外部主机上的一个 TCP 用户之间。一旦两个连接建立起来，网关典型地从一个连接向另一个连接转发 TCP 报文段，而不检查其内容。安全功能体现在决定哪些连接是允许的。电路级网关的典型应用场合是系统管理员信任内部用户的情况。网关可以配置成在进入连接上支持应用级或代理服务，为输出连接支持电路级功能。在这种配置中，网关可能为了禁止功能而导致检查进入的应用数据的处理开支，但不会导致输出数据上的处理开支。

电路级网关实现的一个例子是 socks 软件包，socks 5 在 RFC1928 中定义。

此外，有时还把混合型防火墙（Hybrid Firewall）作为一种防火墙类型。混合型防火墙把过滤和代理服务等功能结合起来，形成新的防火墙，所用主机称为堡垒主机，负责代理服务。

各种类型的防火墙各有其优缺点。当前的防火墙已不是单一的包过滤型或代理服务器型防火墙，而是将各种防火墙技术结合起来，形成一个混合的多级防火墙，以提高防火墙的灵活性和安全性。一般采用以下几种技术：动态包过滤，内核透明技术，用户认证机制，内容和策略感知能力，内部信息隐藏，智能日志、审计检测和实时报警，防火墙的交互操作性等。

6.3　防火墙的体系结构

防火墙主要有三种常见的体系结构：

（1）双宿/多宿主机（Dual-homed/Multi-homed）模式。

（2）屏蔽主机（Screened Host）模式。

（3）屏蔽子网（Screened Subnet）模式。

6.3.1 双宿/多宿主机模式

　　双宿主主机模式是最简单的一种防火墙体系结构。双宿主主机结构是围绕至少具有两个网络接口的双宿主主机而构成的。双宿主主机内外的网络均可与双宿主主机实施通信，但内外网络之间不可直接通信，内外网络之间的 IP 数据流被双宿主主机完全切断。双宿主主机可以通过代理或让用户直接到其上注册来提供很高程度的网络控制。由于双宿主主机是唯一隔开内部网和外部互联网之间的屏障，如果入侵者得到了双宿主主机的访问权，内部网络就会被入侵，为了保证内部网的安全，双宿主主机首先要禁止网络层的路由功能，还应具有强大的身份认证系统，尽量减少防火墙上用户的账户数。典型的双宿主主机模式如图 6-2 所示。

图 6-2　双宿主主机模式

6.3.2 屏蔽主机模式

　　屏蔽主机模式中的过滤路由器为保护堡垒主机的安全建立了一道屏障。它将所有进入的信息先送往堡垒主机，并且只接收来自堡垒主机的数据作为发出的数据。这种结构依赖过滤路由器和堡垒主机，只要有一个失败，整个网络的安全将受到威胁。过滤路由器是否正确配置是这种防火墙安全与否的关键，过滤路由器的路由表应当受到严格的保护，否则如果遭到破坏，则数据包就不会被转发到堡垒主机上。该防火墙系统提供的安全等级比包过滤防火墙系统要高。典型的屏蔽主机模式如图 6-3 所示。

图 6-3　屏蔽主机模式

6.3.3 屏蔽子网模式

　　屏蔽子网模式增加了一个把内部网与互联网隔离的周边网络（也称非军事区 DMZ），从而进一步实现屏蔽主机的安全性，通过使用周边网络隔离堡垒主机能够削弱外部网络对堡垒主机的攻击。典型的屏蔽子网模式如图 6-4 所示，其结构有两个屏蔽路由器，分别位于周边网与内部网之间、周边网与外部网之间，攻击者要攻入这种结构的内部网络，必须通过两个路由器，因而不存在危害内部网的单一入口点。这种结构安全性好，只有当两个安全单元被破坏后，网络才会被暴露，但是成本也很贵。

　　在实际应用中，还存在一些由以上三种模式组合而成的体系结构。例如使用多堡垒主机、合并内部路由器与外部路由器、合并堡垒主机与外部路由器、合并堡垒主机与内部路由器、使用多台内部路由器、使用多台外部路由器，使用多个周边网络、使用双重宿主主机与屏蔽子网等。

图 6-4　屏蔽子网模式

6.4　防火墙的基本技术与附加功能

6.4.1　基本技术

防火墙的基本技术有：

（1）包过滤型（Packet Filter）防火墙。包过滤功能通常由路由器来完成，大多数商用路由器都提供了包过滤的功能。另外，PC 上同样可以安装包过滤软件。包过滤规则以 IP 包信息为基础，对 IP 源地址、IP 目标地址、封装协议（TCP，UDP/ICMP/IP Tunnel）、端口号等进行筛选。包过滤在 OSI 协议的网络层进行。

（2）代理服务型（Proxy Service）防火墙。代理服务型防火墙通常由两部分构成，即服务器端程序和客户端程序。客户端程序与中间结点（Proxy Server）连接，中间结点再与要访问的外部服务器实际连接。与包过滤防火墙不同的是，内部网与外部网之间不存在直接的连接，同时提供日志（Log）及审计（Audit）服务。代理服务运行在 OSI 协议的应用层。

（3）复合型（Hybrid）防火墙。把包过滤和代理服务两种方法结合起来，即构成复合型的防火墙。所用主机称为堡垒主机（Bastion Host），负责提供代理服务。

下面详细介绍包过滤与代理服务这两种技术。

1. 包过滤技术

包过滤系统是有选择地让数据包在内部与外部主机间进行交换。包过滤系统将根据站点的安全规则允许某些数据包流过同时又阻断某些数据包，即有选择的路由某些数据包，如图 6-5 所示。这种在包过滤防火墙中使用的路由器称为过滤路由器。

图 6-5　用过滤路由器进行包过滤

正如在前面所介绍的，每个数据包的头部信息主要包含以下内容：

（1）IP 源地址。

（2）IP 目标地址。

（3）协议（表明该数据包是 TCP、UDP 或 ICMP 包）。

（4）T'CP 或者 UDP 源接口。

（5）TCP 或者 UDP 目标接口。

（6）ICMP 信息类型。

另外，路由器也会得到一些在数据包头部信息中没有的、关于数据包的其他信息。如：

（1）数据包要到达的端口。

（2）数据包要出去的端口。

在互联网络上提供某些特定服务的服务器一般都使用相对固定的端口号。因此，路由器在设置包过滤规则时要指定：对于某些端口号允许数据包与该端口交换，或者阻断数据包与它们的连接（如 TCP 端口 23 是提供 Telnet 服务）。

一个过滤路由器的包过滤规则可以这样设定：

（1）除了是进入内部网络的 SMTP 连接外，阻断所有来自于外部的连接。

（2）阻断内部网络与某些认为不可靠的外部网络的所有连接。

（3）允许使用电子邮件和文件传输服务，但是阻断诸如 TFTP、X Windows System、RPC 和 R 类服务（如 RLOGIN、RSB、RCP）等较为危险的服务。

普通路由器与包过滤路由器间的区别表现为：

（1）普通路由器仅仅是简单检查一下每个数据包的目标地址，同时为数据包选择一个它所知道的最佳路由，将这个数据包发往目的地址。路由器对数据包的操作完全由数据包的目的地址决定。路由器对包只可能有两个操作：当它知道包的目的地址的路由时，便把包发给目的地址；当它不知道包的路由时，便将包退回源地址。

（2）过滤路由器对数据包的检查将更为仔细。除了决定该数据包能否被它路由到目的地址之外，过滤路由器还要决定是否应该对这个包进行路由。是否对这个包进行路由是依据站点的安全规则而定的。站点可依据自己的安全规则来配置路由器。

有时只有一台过滤路由器位于内部网络与互联网络之间，对于内部网络的信息安全来讲，它的责任是重大的。过滤路由器不仅要承担所有包的路由任务，而且要决定是否对它进行路由。它是对内部网络仅有的一层保护。如果这些保护失效（或者被入侵者绕过，或者保护层崩溃），内部网络就处于全暴露状态。

2. 代理服务

代理服务是运行在防火墙主机上的一些特定的应用程序或者服务器程序。而所谓的防火墙主机是指有一个网络接口连接互联网络，而另一个接口连接内部网络的双宿主主机；其他既能连接互联网络又能连接内部网络的堡垒主机。这些程序将用户对互联网络的服务请求依据已制定的安全规则向外提交。代理服务替代了用户与互联网络的直接连接。对于用户请求的外界服务而言，代理服务相当于一个网关。正因为如此，代理服务有时被称为应用层网关。

代理服务位于内部网络的用户和外部网络的服务（一般是互联网络）之间，它在很大程度上是透明的。在代理服务中，内外部各站点之间的直接连接被切断了，所有的数据包都必须经过代理服务器转发。代理服务在幕后控制着各站点间的连接。

透明性是代理服务的一个主要优点。在用户端，代理服务给用户的假象是：用户是直接与真正的外部服务器相连的；而在服务器端代理服务给出的假象是：外部服务器是直接面对连接在代理服务器上的用户。

要注意的是，如果内、外部主机能够通过其他通信链路直接相互通信，那么用户就有可能绕过代理服务器，此时代理服务也不可能起到保护作用。这种有旁路的拓扑与网络的信息安全是相悖的。

可以用一个简单的例子来说明通过一个双宿主主机来执行代理服务。

如图 6-6 所示，代理服务要求有两个部件：一个代理服务器和一个代理客户。在这种情况下，代理服务器是一个运行代理服务程序的双宿主主机；代理客户是普通客户程序（如一个 Telnet 或 FTP 客户）的特别版本，它与代理服务器交互，并不与真正的外部服务器相连。若普通客户按照一定的步骤操作，普通客户的程序可直接用作代理客户程序。

图 6-6 用一个双宿主主机执行代理服务

代理服务器依据一定的安全规则来评测代理客户的网络服务请求，然后决定是支持还是该否决请求。如果代理服务器支持该请求，代理服务器就代表客户与真正的外部服务器相连，并将外部服务器的响应传送回代理客户。

在有些代理服务系统中，用户只要设置一定的普通客户的特定工作步骤，即不用再安装客户端的代理服务程序。

代理服务是一种软件防火墙的解决方法，而不是防火墙的完整结构。可以把代理服务和任何一种防火墙结构进行组合。

代理服务器并非将用户的所有网络服务请求全部提交给互联网络上的服务器，相反它会首先依据安全规则判断是否执行该代理请求，所以它能控制用户的请求。有些请求可能会被否决，比如，FTP 代理就可能拒绝用户把文件往远程主机上发送，或者它只允许用户下载某些特定的外部站点的文件。更精致的代理服务可能对于不同的主机执行不同的安全规则，而不对所有主机执行同一个标准。

3．多种技术的混合使用

仅使用某种单个技术往往是不足构建一个正确完整的防火墙的。实用中要根据提供给客户的服务种类和安全保护级别，分析由此而产生的各类问题，混合使用多种技术方可保障安全。具体采用何种技术主要是依据资金、开发时间的限制和其他一些因素。对于某些协议（如 Telnet 和 SMTP）用包过滤技术比较有效，而对于其他的一些协议（如 FTP、Archie 和 www）则用代理。

6.4.2 附加功能

由于防火墙所处的优越位置（内网与外网的分界点），它在实际应用中也往往加入一些其他功能如审计和报警机制、NAT、VPN 等附加功能。

1．多级的过滤技术

防火墙采用了分组过滤、应用网关和电路网关的三级过滤措施。在分组过滤级，能过滤掉所有非法的源路由（Source Router）分组和 IP 源地址；在应用网关级，能利用 FTP、SMTP 等各种网关，控制和检测 Internet 提供的所有通用服务；在电路网关级，实现内部主机与外部站点的透明连接，并对服务进行严格的控制。

2．审计和报警机制

防火墙的审计和报警机制在防火墙体系中是最重要的。只有有了审计和报警，管理人员才可能知道网络是否受到了攻击。审计是一种重要的安全措施，用以监控通信行为和完善安全策略，检查安全漏洞和错误配置，并对入侵者起到一定的威慑作用。报警机制是在通信违反相关策略以后，以多种方式如声音、邮件、电话、手机短信息等形式及时报告给管理人员。在防火墙结合网络配置和安全策略对相关数据分析完成以后，就要做出接受、拒绝、丢弃或加密等决定。如果某个访问违反安全规定，审计和报警机制开始起作用，并做记录、报告等。

3．网络地址转换（Network Address Translation，NAT）

NAT 用于地址与外网的 IP 地址相互转换，其目的一是可以解决 IP 地址相互转换，二是解决 IP 地址空间不足的问题。使用 NAT 以后，可以使用很少的外部实地址，而内部可以采用大量的虚地址（如 10.X.X.X），从而减缓了 IP 地址紧张的情况；另外，它也向外界隐藏内部结构，使外部无法获知内部的网络结构，从而提高了安全性。

4．虚拟专用网（VPN）

VPN 是指在公共网络中建立专用网络，数据通过安全的"加密通道"在公共网络中传播。VPN 的基本原理是通过对 IP 包的封装及加密、认证等手段，从而达到保证安全的目的。它往往是在防火墙上附加一个加密模块来实现。

5．Internet 网关技术

由于防火墙直接串接在网络之中，因此它必须支持用户在 Internet 上的所有服务，同时还要防止与 Internet 服务有关的安全漏洞，故它要以多种安全的应用服务器（包括 FTP、News、WWW等）来实现网关功能。

6．安全服务器网络（SSN）

为适应越来越多的用户向 Internet 上提供服务时对服务器进行保护的需要，防火墙采用分别保护的策略保护对外服务器。它利用一张网卡将对外服务器作为一个独立网关完全隔离，这就是安全服务网络（SSN）技术。对 SSN 上的主机既可以单独管理，也可以设置成通过 FTP、Telnet 等方式从内部网中管理。SSN 与外部网之间有防火墙保护，SSN 与内部网间也有防火墙保护，一旦 SSN 受破坏，内部网络仍会处于防火墙的保护之下。

7. 用户鉴别与加密

为了降低在 Telnet、FTP 等服务和远程管理上的风险，防火墙采用一次性使用的口令字系统作为用户的鉴别手段，并实现了对邮件的加密。

此外，防火墙的一些附加功能还有路由安全管理、远程管理、流量控制（带宽管理）和统计分析、流量计费、URL 级信息过滤和扫毒等。

6.5 防火墙技术的几个新方向

6.5.1 透明接入技术

一般来说，不透明的堡垒主机的接入需要修改网络拓扑结构，内部子网用户需要更改网关，路由器需要更改路由配置等。而且路由器和子网用户都需要知道堡垒主机的 IP，一旦整个子网的 IP 地址改动了，针对堡垒主机的相关改动则非常麻烦。而透明接入技术的实现完全克服了以上种种缺陷，同时，具有透明代理功能的堡垒主机对路由器和子网用户而言是完全透明的，也就是说，它们根本感觉不到防火墙的存在，犹如网桥一样。一种典型的透明接入关键技术包括 ARP 代理和路由转发。

6.5.2 分布式防火墙技术

1. 边界防火墙的缺陷

（1）结构性限制。随着企业业务规模的扩大，数据信息的增长，在国内构建分支机构发展业务，并利用互联网与分支机构的网络环境互通有无，已成不争的事实。特别是宽带网络的构建，以及企业数据信息集中化管理模式的普及，包括不同企业的设备连接在同一个交换机设备上，方便用户进出对方的内部网络，使得企业网的边界已成为一个逻辑边界的概念，物理的边界日趋模糊。因此，边界防火墙的应用受到越来越多的结构性限制。

（2）内部威胁。据有关统计数据显示，80%的攻击和越权访问来自企业内部。边界防火墙将网络一边设置为不可信任地带，将另一边设置为可信任地带，当攻击来自可信任的地带时，边界防火墙自然无法抵御，被攻击在所难免。

（3）效率和故障。边界防火墙把检查机制集中在网络边界处的单点上，一旦出故障或被攻克，整个内部网络将完全暴露在外部攻击者面前。

2. 分布式防火墙的产生及其优势

面对边界防火墙的这些弱点，早在 1999 年，就有专家提出分布式防火墙的概念。所谓分布式防火墙，通俗地讲，可以认为是由三部分组成的立体防护系统：一部分是网络防火墙（Network Firewall），它承担着传统边界防火墙看守大门的职责；一部分是主机防火墙（Host Firewall），它解决了边界防火墙不能很好解决的问题（例如来自内部的攻击和结构限制等）；还有一部分是集中管理（Central

Management），它解决了由分布技术而带来的管理问题。

分布式防火墙的优势主要有：

（1）保证系统的安全性。分布式防火墙技术增加了针对主机的入侵检测（Intrusion Detect）和防护功能，加强了对来自于内部攻击的防范，对用户网络环境可以实施全方位的安全策略，并提供了多层次立体的防范体系。

（2）保证系统性能稳定高效。消除了结构性瓶颈问题，提高了系统整体安全性能。

（3）保证系统的扩展性。伴随网络系统扩充，分布式防火墙技术可为安全防护提供强大的扩充能力。

6.5.3 以防火墙为核心的网络安全体系

如果防火墙能和 IDS、病毒检测等相关安全系统联合起来，充分发挥各自的长处，协同配合，就能共同建立一个有效的安全防范体系。

解决的办法是：

（1）把 IDS、病毒检测部分"做"到防火墙中，使防火墙具有简单的 IDS 和病毒检测的功能。

（2）各个产品分离，但是通过某种通信方式形成一个整体，即相关专业检测系统专职于某一类安全事件的检测，一旦发现安全事件，则立即通知防火墙，由防火墙完成过滤和报告。

6.6 常见的防火墙产品

1. 华为 USG 系列防火墙

华为 USG 系列防火墙集成了传统防火墙、VPN、入侵防御、防病毒、数据防泄漏、带宽管理、Anti-DDoS、URL 过滤、反垃圾邮件等多种功能。支持服务器负载均衡和链路负载均衡。支持基于业务的策略路由，在多出口场景下可根据多种负载均衡算法（如带宽比例、链路健康状态等）进行智能选路。充分利用现有的网络资源。

支持应用层安全、网络层安全、用户认证、安全虚拟化、QoS 优化等。

2. 中科网威 F 系列防火墙

中科网威 F 系列是一款标准 IU 机架式下一代防火墙安全网关，主要功能包括防火墙、IDS/IPS 入侵检测防御、漏洞攻击防护；病毒木马、恶意代码、间谍软件、DDOS/DOS 攻击防御；对内网应用安全检测防护，如应用扫描、病毒检测防护、服务器防护、Web 应用防护、URL 过滤、应用特征检测识别、流量带宽限制、黑白名单管理、多线路负载均衡等。

网管策略采用多管理权限，包括超级管理员、审计管理员、只读管理员，可灵活定制管理员角色。支持密码强度、口令尝试死锁、账户激活等安全管理功能；通过网管策略，可允许部分 IP 能网关设备，以限制非法管理员访问设备。

3. 网域 ACF 系列防火墙

网域 ACF 防火墙的防护对象包含蠕虫、木马、后门、DoS、DDoS 攻击探测、扫描、间谍软件、利用漏洞的攻击、缓冲区溢出攻击、协议异常、IPS 逃逸攻击等。ACF 防火墙 Web 安全防护功能，包括保护服务器免受基于 Web 应用的攻击，如 SQL 注入防护、XSS 攻击防护、CSRF 攻击防护、Web 服务隐藏。

ACF 防火墙有 DDOS 攻击功能，支持防御 Land、Smurf、Fraggle、WinNuke、Ping of Death、Tear Drop、IP Spoofing、SYN Flood、ICMP Flood、UDP Flood、DNS Query Flood、ARP 欺骗攻击防范、TCP 报文标志位不合法攻击防范、支持 IP SYN 速度限制、超大 ICMP 报文攻击防护。支持对HTTP、FTP、POP3、SMTP 的病毒查杀、七层应用控制、加密内容过滤、邮件过滤、文件上传下载过滤、内容关键字过滤等。

4．天融信 NGFW 系列防火墙

北京天融信息公司的防火墙系列产品包括专线卫士、信息卫士和系统卫士防火墙系统，分别适用于 x.25 环境、代理型防火墙和应用网关防火墙。其功能是：对站点、子网、服务进行过滤；对访问事件进行记录、跟踪、告警；进行网络地址转换；用户数据加密传输等。因此该系统能为与公共网络互联的企业内部网提供全面的安全保护，防止信息被非法泄漏、篡改以及在 TCP/IP 环境中网络资源的非法使用等。

5．Cisco 公司的 PIX

美国 Cisco 公司是世界上占领先地位的提供网络技术和产品的公司。近年来，它以 PIX 防火墙系列作为一种理想的解决网络安全的产品。PIX 防火墙的内核采用的是基于适用的安全策略（Adaptive Security Algorithm，ASA）的保护机制，ASA 把内部网络与未经认证的用户完全隔离。每当一个内部网络的用户访问 Internet 时，PIX 防火墙从用户的 IP 数据包中卸下 IP 地址，用一个存储在 PIX 防火墙内已登记的有效 IP 地址代替它，真正的 IP 地址隐藏起来。PIX 防火墙还具有审计日志功能，并支持 SNMP 协议，用户可以利用防火墙系统包含的实时报警功能的网络浏览器产生报警报告。

PIX 防火墙通过一个 cut-through 代理要求用户最初类似一个代理服务器，在应用层工作。但是用户一旦被认证，PIX 防火墙切换会话流和所有的通信流量，保持双方的会话状态，并快速和直接地进行通信，因此，PIX 防火墙获得了极高的性能。Cut-through 处理速度比代理服务器快得多。PIX 防火墙采用了增强的多媒体适用安全策略，应用了 PIX 防火墙的网络不需要再做特殊的客户设置。

6．Checkpoint 公司的 FireWall-I 防火墙

作为开放安全企业互联联盟（OPSEC）的组织者和倡导者之一，CheckPoint 公司在企业级安全部品开发方面占有世界市场的主导地位。FireWall-I 是第三代防火墙，可以提供 7 层应用识别，支持 160 种以上预定义应用程序。FireWall-I 的主要功能分为三大类：第一类为安全功能类，包括访问控制、授权论证、加密、内容安全等；第二类是管理和记账，包括安全策略管理、路由器安全管理、记账、监控等；第三类为链接控制，主要为企业消息发布的服务器提供可靠的链接服务，包括负载均衡、高可靠性等。它的认证方法有三种，用户认证、客户认证和会话认证。

在内容安全方面，FireWall-I 的数据监测功能扩展到高层服务协议，它可以进行计算机病毒扫描，保护用户的网络和信息资源免遭宏病毒、恶意 Java 和 ActiveX 小应用程序的侵扰，同时还保证对 Internet 的良好访问。FireWall-I 的加密提供了基于 VPN（虚拟专用网）的技术，保证在公共网络上企业信息的安全传输。专用网之间 VPN 的加密算法由 FireWall-I 实施，而无须在每一台主机上都安装加密软件。在管理上 FireWall-I 采用基于图形界面的集中式管理，提供集中的日志数据、系统状态、监控信息和报警功能等。此外，FireWall-I 还提供负载均衡功能和地址翻译（NAT）功能。

7. Sonicwail 系列防火墙

Sonicwall 系列防火墙是 Sonic System 公司针对中小企业需求开发的产品，并以其高性能和极具竞争力的价格受到中小企业和 ISP 公司的青睐。Sonicwall 系列防火墙包括 Sonicwall/10、50、Plus、Bandit 和 DMZ Plus 等。这些产品除具有普通防火墙的功能外，还可管理和控制访问 Internet 的流量。其可视化的 Web Browser 设置，使得非专业人员也可以方便地进行配置和管理。Sonicwall 系列防火墙都具有以下主要功能：阻止未授权用户访问防火墙内的网络；阻止拒绝服务攻击，并可完成 Internet 内容过滤；IP 地址管理，网络地址转换（NAT），也可作为 Proxy；制定网络访问规则，规定对某些网站访问的限制；提供 VPN 功能等。

8. AbirNet 公司的 SessionWall-3 防火墙

大多数防火墙对来自内部的非法活动都没有防护能力。这些活动是指职员对网络资源的滥用、刺探私人账户、在工作时间阅读 Web 主页上与工作无关的内容，甚至发送下流的电子邮件、下载色情图片等。AbirNet 公司（WWW.abimet.com)的 SessionWall-3 能够检测出职员对资源的滥用，向管理员发出警告并停止其活动。

SessionWall-3 在 Windows 平台上运行，它既可以安装在防火墙内，也可以安装在防火墙外。它不是在两个网络间存储转发数据包，而是检测所有进入、发出及在网络内部传输的 TCP/IP 数据包，以分析网络使用状况。SessionWall-3 可以在内部网中某职员试图与外界一个被禁止的主机或 Web 站点建立会话时，立即向双方的计算机发送断线请求，致使会话终止，只有初始数据包能够到达目的地。

选购防火墙的基本原则如下：

（1）要支持"除非明确允许，否则就禁止"的设计策略。

（2）安全策略是防火墙本身所支持的，而不是另外添加上去的。

（3）如果组织机构的安全策略发生改变，可以加入新的服务。

（4）所选购的防火墙应有先进的认证手段或有挂钩程序，装有先进的认证方法。

（5）如果需要，可以运用过滤技术和禁止服务。

（6）可以使用 FTP 和 Telnet 等服务代理，以便先进的认证手段可以被安装和运行在防火墙上。

（7）拥有界面友好、易于编程的 IP 过滤语言，并可以根据数据包的性质进行包过滤。

习　　题

1. 什么是防火墙？它的基本功能是什么？
2. 防火墙的基本类型有哪几种？试比较包过滤技术和代理服务技术的区别。
3. 防火墙的基本体系结构有哪几种？试分析它们各自的构成原理和优缺点。
4. 将堡垒主机与内部路由器合并，为什么会损害防火墙系统的安全性？试分析使用多个内部路由器会引发什么问题。
5. 为什么要使用联合防火墙？
6. 防火墙有哪些局限性？
7. 如何选择合适的防火墙？

第7章 入侵检测

网络互联互通后,入侵者可以通过网络实施远程入侵。而入侵行为与正常的访问相比,或多或少有些差别,通过收集和分析这种差别可以发现大部分的入侵行为,入侵检测技术就是应这种需求而诞生的。经入侵检测发现入侵行为后,可以采取相应的安全措施,如报警、记录、切断或拦截等,从而提高网络的安全应变能力。

7.1 入侵检测原理与技术

入侵检测(Intrusion Detection)是对入侵行为的发觉,它从计算机网络或计算机系统的关键点收集信息并进行分析,从中发现网络或系统中是否有违反安全策略的行为和被攻击的迹象。负责入侵检测的软/硬件组合体称为入侵检测系统(IDS)。

1. 入侵检测的起源

入侵检测的概念最早由 Anderson 于 1980 年提出,他提出了入侵检测系统的三种分类方法。Denning 对 Anderson 的工作进行了扩展,他详细探讨了基于异常和误用检测方法的优缺点,于 1987 年提出了一种通用的入侵检测模型。这个模型独立于任何特殊的系统、应用环境、系统脆弱性和入侵种类,因此提供了一个通用的入侵检测专家系统框架,并由 IDES 原型系统实现。

IDES 原型系统采用的是一个混合结构,包含了一个异常检测器和一个专家系统,如图 7-1 所示。

图 7-1 IDES 原型系统

异常检测器采用统计技术刻画异常行为,专家系统采用基于规则的方法检测已知的危害行为。

异常检测器对行为的渐变是自适应的，因此引入专家系统能有效防止逐步改变的入侵行为，提高准确率。该模型为入侵检测技术的研究提供了良好的框架结构，为后来各种模型的发展奠定了基础，导致随后几年内一系列系统原型的研究，如 Discovery、Haystack、MIDS、NADIR、NSM、Wisdom and Sense 等。

直到 1990 年，大部分入侵检测系统还都是基于主机的，它们对活动性的检查局限于操作系统审计跟踪数据以及其他以主机为中心的信息源泉。1988 年 Internet 蠕虫事件的发生使人们开始对计算机安全高度关注，分布式入侵检测系统（DIDS）随之产生。它最早试图将基于主机和网络监视的方法集成在一起，解决了大型网络环境中跟踪网络用户和文件以及从发生在系统不同的抽象层次的事件中发现相关数据或事件的两大难题。

从 20 世纪 80 年代后期开始，数家机构开发了入侵检测工具，其中有一些是对信息安全新技术的尝试，如 ISS RealSecure™、CMDS™、NetProwler™、NetRanger™ 等。

2．入侵检测系统的需求特性

一个成功的入侵检测系统至少要满足以下五个要求：

1）实时性

如果攻击或者攻击的企图能够被尽快发现，就有可能查出攻击者的位置，阻止进一步的攻击活动，就有可能把破坏控制在最小限度，并记录下攻击过程，可作为证据回放。实时入侵检测可以避免管理员通过对系统日志进行审计以查找入侵者或入侵行为线索时的种种不便与技术限制。

2）可扩展性

攻击手段多而复杂，攻击行为特征也各不相同。所以必须建立一种机制，把入侵检测系统的体系结构与使用策略区分开。入侵检测系统必须能够在新的攻击类型出现时，可以通过某种机制在无须对入侵检测系统进行改动的情况下，使系统能够检测到新的攻击行为。在入侵检测系统的整体功能设计上，也必须建立一种可以扩展的结构，以便适应扩展要求。

3）适应性

入侵检测系统必须能够适用于多种不同的环境，比如高速大容量的计算机网络环境。并且在系统环境中发生改变，比如增加环境中的计算机系统数量，改变计算机系统类型时，入侵检测系统仍然能够正常工作。适应性也包括入侵检测系统本身对其宿主平台的适应性，即跨平台工作的能力、适应其宿主平台软/硬件配置的不同情况。

4）安全性与可用性

入侵检测系统必须尽可能的完善，不能向其宿主计算机系统以及其所属的计算机环境中引入新的安全问题及安全隐患。入侵检测系统在设计和实现时，应该考虑可以预见的、针对该入侵检测系统类型与工作原理的攻击威胁，及其相应的抵御方法。确保该入侵检测系统的安全性与可用性。

5）有效性

能够证明根据某一设计所建立的入侵检测系统是切实有效的。即对于攻击事件的错报与漏报能够控制在一定范围内。

3．入侵检测原理

入侵检测系统是根据入侵行为与正常访问行为的差别来识别入侵行为的，根据识别采用的原理，可分为异常检测、误用检测和特征检测三种。

1）异常检测

进行异常检测（Anomaly Detection）的前提是认为入侵是异常活动的子集。异常检测系统通过运行在系统或应用层的监控程序监控用户的行为，通过将当前主体的活动情况和用户轮廓进行比较。用户轮廓通常定义为各种行为参数及其阈值的集合，用于描述正常行为范围。当用户活动与正常行为有重大偏离时即被认为是入侵。如果系统错误地将异常活动定义为入侵，称为错报；如果系统未能检测出真正的入侵行为，则称为漏报，这是衡量入侵检测系统性能很重要的两个指标模型。异常检测模型如图 7-2 所示。

图 7-2 异常检测模型

异常检测系统的效率取决于用户轮廓的完备性和监控的频率。因为不需要对每种入侵行为进行定义，因此能检测未知的入侵。同时系统能针对用户行为的改变进行自我调整和优化，但随着检测模型的逐步精确，异常检测会消耗更多的系统资源。

常见的异常检测方法包括统计异常检测、基于特征选择异常检测、基于贝叶斯推理异常检测、基于贝叶斯网络异常检测、基于模式预测异常检测、基于神经网络异常检测、基于贝叶斯聚类异常检测、基于机器学习异常检测等。一种比较流行的方法是采用数据挖掘技术来发现各种异常行为之间的关联性，包括源 IP 关联、目的 IP 关联、特征关联、时间关联等。

2）误用检测

进行误用检测（Misuse Detection）的前提是所有的入侵行为都有可被检测到的特征。误用检测系统提供攻击特征库，当监控的用户或系统行为与库中的记录相匹配时，系统就认为这种行为是入侵。如果入侵特征与正常的用户行为匹配，则系统会发生错报；如果没有特征能与某种新的攻击行为匹配，则系统会发生漏报。误用检测模型如图 7-3 所示。

图 7-3 误用检测模型

采用特征匹配，误用模式能明显降低错报率，但漏报率随之增加。攻击特征的细微变化，会使误用检测无能为力。

常见的误用检测方法包括基于条件概率的误用入侵检测、基于专家系统的误用入侵检测、基于状态迁移的误用入侵检测、基于键盘监控的误用入侵检测、基于模型的误用入侵检测等。

以基于条件概率的误用入侵检测方法为例，该方法将入侵方式对应于一个事件序列，然后通过观测事件发生情况来推测入侵出现。这种方法的依据是外部事件序列，根据贝叶斯定理进行推理检测入侵，令 ES 表示事件序列，先验概率为 $P(\text{Intrusion})$，后验概率为 $P(ES\,|\text{Intrusion})$，事件出现的概率为 $P(ES)$，则：

$$p(\text{Intrusion} \mid ES) = p(ES \mid -\text{Intrusion})\frac{p(\text{Intrusion})}{p(ES)}$$

通常可以给出先验概率 $P(\text{Intrusion})$，对入侵报告数据进行统计处理得出 $P(ES\,|\text{Intrusion})$ 和 $P(ES|-\text{Intrusion})$，于是可以计算出：

$$P(ES)=((P(ES\,|\text{Intrusion}-P(ES)|-\text{Intrusion}))\times P(\text{Intrusion})+P(ES|-\text{Intrusion})$$

因此，可以通过对事件序列的观测，推算出 $P(\text{Intrusion}\,|ES)$。基于条件概率的误用入侵检测方法是在概率理论基础上的一个普遍的方法。它是对贝叶斯方法的改进，其缺点是先验概率难以给出，而且事件的独立性难以满足。

3）特征检测

和以上两种检测方法不同，特征检测（Specification-based Detection）关注的是系统本身的行为。定义系统行为轮廓，并将系统行为与轮廓进行比较，对未指明为正常行为的事件定义为入侵。特征检测系统常采用某种特征语言定义系统的安全策略。

这种检测方法的错报与行为特征定义准确度有关，当系统特征不能囊括所有的状态时就会产生漏报。

特征检测最大的优点是可以通过提高行为特征定义的准确度和覆盖范围，大幅度降低漏报和错报率；最大的不足是要求严格定义安全策略，这需要经验和技巧。另外，维护动态系统的特征库通常是很耗时的事情。

由于这些检测各有优缺点，许多实际入侵检测系统通常同时采用两种以上的方法实现。

4．入侵检测分类

根据入侵检测系统所检测对象的区别可分为基于主机的入侵检测系统和基于网络的入侵检测系统。

1）基于主机的入侵检测系统

基于主机的入侵检测系统通过监视与分析主机的审计记录检测入侵。这些系统的实现不全在目标主机上，有一些采用独立的外围处理机，如 Haystack。但它们全部是根据目标系统的审计记录进行工作，能否及时采集到审计记录是这些系统的难点之一，从而使某些入侵者会将主机审计子系统作为攻击目标以避开入侵检测系统。典型的基于主机的入侵检测系统模型如图 7-4 所示。

基于主机的入侵检测系统具有检测效率高、分析代价小、分析速度快的特点，能够迅速准确地定位入侵者，并可以结合操作系统和应用程序的行为特征对入侵作进一步分析。基于主机的入侵检测系统存在的问题是：首先它在一定程度上依赖于系统的可靠性，它要求系统本身应该具备基本的安全功能并具有合理的设置，然后才能提取入侵信息；即使进行了正确的设置，对操作系统熟悉的攻击者仍然有可能在入侵行为完成后及时将系统日志抹去,从而不被发觉;并且主机的日志能够提供的信息有限,有的入侵手段和途径不会在日志中有所反映,日志系统对有的入侵行为不能做出正确的响应。在数据提取的实时性、充分性、可靠性方面基于主机日志的入侵检测系统不如基于网络的入侵检测系统。

图 7-4　基于主机的入侵检测系统模型

2)基于网络的入侵检测系统

基于网络的入侵检测系统模型如图 7-5 所示,通过在共享网段上对通信数据进行侦听采集数据,分析可疑现象。与主机系统相比,这类系统对入侵者而言是透明的。由于这类系统不需要主机提供严格的审计,因而对主机资源消耗少,并且由于网络协议是标准的,它可以提供对网络通用的保护,而无须顾及异构主机的不同架构。基于网关的检测系统可以认为是这类系统的变种。

图 7-5　基于网络的入侵检测系统模型

网络入侵检测系统能够检测那些来自网络的攻击,它能够检测到超过授权的非法访问。一个网络入侵检测系统不需要改变服务器等主机的配置。由于它不会在业务系统的主机中安装额外的软件,从而不会影响这些机器的 CPU、I/O 与磁盘等资源的使用,不会影响业务系统的性能。因此也不会成为系统中的关键路径,其发生故障不会影响正常业务的运行。

网络入侵检测系统只检查直接连接网段的通信,不能检测在不同网段的网络包,在使用交换以太网的环境中就会出现检测范围的局限。而安装多台网络入侵检测系统的传感器会使部署整个系统的成本大大增加。同时,网络入侵检测系统为了性能指标通常采用特征检测的方法,它可以检测出一些普通的攻击，而很难实现一些复杂的需要大量计算与分析时间的攻击检测。

网络入侵检测系统可能会将大量的数据传回分析系统中。在一些系统中监听特定的数据包会产生大量的分析数据流量。有些系统在实现时采用一定的方法来减少回传的数据量，对入侵判断的决策由传感器实现，而中央控制台成为状态显示与通信中心，不再作为入侵行为分析器，这种系统中的传感器协同工作能力较弱。

按照控制方式，入侵检测系统可分为以下两类：

（1）集中式控制。一个中央结点控制系统中的所有入侵检测要素。集中式控制要求在系统组件间提供保护消息的机制，能灵活方便地启动和终止组件，能集中控制状态信息并将这些信息以一种可读的方式传给最终用户。

（2）与网络管理工具相结合。将入侵检测简单地看作是网络管理的子功能。网管软件包搜集的一些系统信息流可以作为入侵检测的信息源。因此可以将这两个功能集成到一起，便于用户使用。

根据系统的工作方式还可以将入侵检测系统分为离线（off-line）和在线（on-line）检测系统。离线系统是一种非实时的事后分析系统，能通过集中化和自动化节省成本，也能分析大量历史事件。在线系统是实时联机检测系统，它能对入侵迅速作出反应。在大规模的网络环境中保证检测的实时性是目前研究的热点。

5．入侵检测现状

大多数商业入侵检测系统都只使用入侵检测的部分方法，这导致攻击者能采用新的攻击方法突破入侵检测系统的保护。传统的入侵检测面临以下问题：

（1）随着能力的提高，入侵者将研制更多的攻击工具，以及使用更为复杂精致的攻击手段，对更大范围的目标类型实施攻击。

（2）入侵者采用加密手段传输攻击信息。

（3）日益增长的网络流量导致检测分析难度加大。

（4）缺乏统一的入侵检测术语和概念框架。

（5）不适当的自动响应机制存在巨大的安全风险。

（6）存在对入侵检测系统自身的攻击。

（7）过高的错报率和误报率，导致很难确定真正的入侵行为。

（8）采用交换方法限制了网络数据的可见性。

（9）高速网络环境导致很难对所有数据进行高效实时的分析。

目前入侵检测领域要解决的一些难点包括：

（1）更有效地集成各种入侵检测数据源，包括从不同的系统和不同的传感器上采集的数据，以减少虚假报警。

（2）在事件诊断中结合人工分析。

（3）提高对恶意代码的检测能力，包括 E-mail 攻击、Java、ActiveX 等。

（4）采用一定的方法和策略来增强异种系统的互操作性和数据一致性。

（5）研制可靠的测试和评估标准。

（6）提供科学的漏洞分类方法，尤其注重从攻击客体而不是攻击主体的观点出发。提供对更高级的攻击行为，如分布式攻击、拒绝服务攻击等的检测手段。

7.2 入侵检测的数学模型

数学模型的建立有助于更精确地描述入侵问题，特别是异常入侵检测。Dennying 提出了可用于入侵检测的五种统计模型。

1. 实验模型

实验模型（Operational Model）基于这样的假设：若变量 x 出现的次数超过某个预定的值，就有可能出现异常情况。此模型适用于入侵活动与随机变量相关的方面，如口令失效次数。

2. 平均值和标准差模型

平均值和标准差模型（Mean and Standard Deviation Model）根据已观测到随机变量 x 的样值 $X_i(i=1,2,...,n)$ 以及计算出这些样值的平均值 mean 和标准方差 stddev，若新的取样值 X_{n+1} 不在可信区间[mean-d×stddev, m+d×stddev]内时，则出现异常，其中 d 是标准偏移均值 mean 的参数。这个模型适用于事件计数器、间隔计时器、资源计数器三种类型的随机变量处理。该模型的优点在于不需要为了设定限制值而掌握正常活动的知识。相反，这个模型从观测中学习获取知识，可信区间的变动就反映出知识的增长过程。另外，可信区间依赖于观测到的数据，这样对于用户正常活动的定义不同可能差异较大。此模型可加上权重的计算，如最近取样的值权重大些，就会更准确地反映出系统的状态。

3. 多变量模型

多变量模型（Multivariate Model）基于两个或多个随机变量的相关性计算，适合于根据多个随机变量的综合结果来识别入侵行为，而不仅仅是单个变量。例如一个程序通过使用CPU时间和I/O、用户注册频度、通信会话时间等多个变量来检测入侵行为。

4. 马尔可夫过程模型

马尔可夫过程模型（Markov Process Model）将离散的事件（审计记录）看作一个状态变量，然后用状态迁移矩阵刻画状态之间的迁移频度。若观察到一个新事件，而根据先前的状态和迁移检测矩阵得到新的事件的出现频率太低，则表明出现异常情况。对于通过寻找某些命令之间的转移而检测出入侵行为，这个模型比较适合。

5. 时序模型

时序模型（Time Series Model）通过间隔计时器和资源计数器两种类型的随机变量来描述入侵行为。根据 $x_1,x_2,...,x_n$ 之间的相隔时间和它们的值来判断入侵，若在某个时间内 x 出现的概率太低，则表示出现异常情况。这个模型有利于描述行为随时间变化的趋势，缺点在于计算开销大。

7.3 入侵检测的特征分析和协议分析

7.3.1 特征分析

入侵检测系统要有效地检测入侵行为，必须拥有一个强大的入侵特征库。本节将对入侵特征的概念、种类以及如何创建特征进行介绍，并举例说明如何创建满足实际需要的特征数据模板。

1. 特征的基本概念

入侵检测系统中的特征是指用于识别攻击行为的数据模板，常因系统而异。不同的入侵检测系统具有的特征功能也有所差异。例如，有些网络入侵检测系统只允许少量地定制存在的特征数据或者编写需要的特征数据，另外一些则允许在很宽的范围内定制或编写特征数据，甚至可以是任意一个特征；一些入侵检测系统只能检查确定的报头或负载数值，另外一些则可以获取任何信息包的任何位置的数据。以下是一些典型的入侵识别方法：

（1）来自保留 IP 地址的连接企图。可通过检查 IP 报头的来源地址识别。

（2）带有非法 TCP 标志的数据包。可通过参照 TCP 协议状态转换来识别。

（3）含有特殊病毒信息的 E-mail。可通过比较 E-mail 的主题信息或搜索特定附件来识别。

（4）DNS 缓冲区溢出企图。可通过解析 DNS 域及检查每个域的长度来识别。

（5）针对 POP3 服务器的 DOS 攻击。通过跟踪记录某个命令的使用频率，并和设定的阈值进行比较而发出报警信息。

（6）对 FTP 服务器文件的访问攻击。通过创建具备状态跟踪的特征样板以监视成功登录的 FTP 对话，及时发现未经验证的使用命令等入侵企图。

从以上分类可以看出特征涵盖的范围很广，有简单的报头和数值，也有复杂的连接状态跟踪和扩展的协议分析。

2. 报头值特征

报头值（Header Values）的结构比较简单，而且可以很清楚地识别出异常报头信息，因此，特征数据首先选择报头值。异常报头值的来源大致有以下几种：

（1）大多数操作系统和应用软件都是在假定严格遵守 RFC 文件的情况下编写的，没有添加针对异常数据的错误处理程序，所以许多包含报头值的漏洞都会利用故意违反 RFC 标准的定义。

（2）许多包含错误代码的不完善软件也会产生违反 RFC 定义的报头值数据。

（3）并非所有的操作系统和应用程序都能全面拥护 RFC 定义，会存在一些方面与 RFC 不协调。

（4）随着时间的推移，新的协议可能不被包含于现有 RFC 中。

由于以上几种情况，严格基于 RFC 的入侵检测系统的特征数据就有可能产生漏报或误报效果。对此，RFC 也随着新出现的信息而不断进行更新。

另外，合法但可疑的报头值也同样要重视。例如，如果检测到存在到端口 31337 或 27374 的连接，即可初步确定有特洛伊木马在活动，再附加上其他更详细的探测信息，就能进一步判断其真假。

3. 确定报头值特征

为了更好地理解如何发现基于报头值的特殊数据报，下面通过分析一个实例的整个过程进行详细阐述。

Synscan 是一个流行的用于扫描和探测系统的工具，其执行过程很具有典型性，它发出的信息包具有多种特征，如不同的源 IP、源端口 21、目标端口 21、服务类型 0、IPID39426、设置 SYN 和 FIN 标志位、不同的序列号集合、不同的确认号码集合、TCP 窗口尺寸 1028 等。可以对以上特征进行筛选，查看比较合适的特征数据。以下是特征数据的候选对象：

（1）只具有 SYN 和 FIN 标志集的数据包，这是公认的恶意行为迹象。

（2）没有设置 ACK 标志，却具有不同确认号的数据包，而正常情况应该是 0。

（3）源端口和目标端口都被设置为 21 的数据包，经常与 FTP 服务器关联。

（4）TCP 窗口尺寸为 1028，IPID 在所有的数据包中为 39426。根据 IP RFC 的定义，这两类数值应有所变化，因此，如果持续不变就表明可疑。

从以上四个候选对象中，可以单独选出一项作为基于报头的特征数据，也可以选出多项组合作为特征数据。选择一项数据作为特征有很大的局限性，选择以上四项数据联合作为特征也不现实，尽管能够精确地提供行为信息，但是缺乏效率。实际上，特征定义就是要在效率和精确度间取得折中。大多数情况下，简单特征比复杂特征更倾向于误报，因为前者很普遍；复杂特征比简单特征更倾向于漏报，因为前者太过全面，攻击的某个特征会随着时间的推进而变化，完全应由实际情况决定。例如，想判断攻击可能采用的工具是什么，那么除了 SYN 和 FIN 标志以外，还需要知道有哪些属性。源端口和目的端口相同虽然可疑，但是许多工具都使用到这两项，而且一些正常通信也有此现象，因此不适宜选为特征。TCP 窗口尺寸 1028 尽管可疑，但也会自然地发生。IP ID 为 39426 也一样。没有 ACK 标志的 ACK 数值很明显是非法的，因此非常适宜选为特征数据。

接下来创建一个特征，用于寻找并确定 Synscan 发出的每个 TCP 信息包中的以下属性：

（1）只设置了 SYN 和 FIN 标志。

（2）IP 鉴定号码为 39426。

（3）TCP 窗口尺寸为 1028。

第一个项目太普遍，第二个和第三个项目联合出现在同一数据包的情况不很多，因此，将这三个项目组合起来就可以定义一个详细的特征。再加上其他的 Synscan 属性不会显著提高特征的精确度，只能增加资源的耗费，到此，特征就创建完成。

4．特征的广谱性

以上创建的特征可以满足对普通 Synscan 软件的探测。但 Synscan 可能存在多个变种，上述建立的特征很难适用于这些变种的工具，这时就需要结合特殊特征和通用特征。

首先看一个变种 Synscan 所发出的数据信息特征：

（1）只设置了 SYN 标志，这纯属正常的 TCP 数据包特征。

（2）TCP 窗口尺寸总是 40 而不是 1028。40 是初始 SYN 信息包中一个罕见的小窗口尺寸，比正常的数值 1028 少见得多。

（3）端口数值为 53 而不是 21。

以上三种特征与普通 Synscan 产生的数据有很多相似，因此可以初步推断产生它的工具或者是 Synscan 的不同版本，或者是其他基于 Synscan 代码的工具。显然，前面定义的特征已经不能将这个变种识别出来。这时，可以结合普通异常行为的通用特征和一些专用的特征进行检测。通用特征可以创建如下：

（1）没有设置确认标志，但是确认数值却非 0 的 TCP 数据包。

（2）只设置了 SYN 和 FIN 标志的 TCP 数据包。

（3）初始 TCP 窗口尺寸低于一定数值的 TCP 数据包。

使用以上的通用特征，前面提到过的两种异常数据包都可以有效地识别出来。如果需要更加精确的探测，可再在这些通用特征的基础上添加一些个性数据。

从上面讨论的例子中，看到了可用于创建 IDS 特征的多种报头信息。通常，最有可能用于生成报头相关特征的元素为以下几种：

（1）IP 地址：保留 IP 地址、非路由地址、广播地址。

（2）端口号：特别是木马端口号。

（3）异常信息包片断：特殊 TCP 标志组合值。

（4）不应该经常出现的 ICMP 字节或代码。

知道了如何使用基于报头的特征数据，接下来要确定的是检查何种信息包。确定的标准依然是根据实际需求而定。因为 ICMP 和 UDP 信息包是无状态的，所以大多数情况下，需要对它们的每一个包都进行检查。而 TCP 信息包是有连接状态的，因此有时可以只检查连接中的第一个信息包。其他特征如 TCP 标志会在对话过程的不同数据包中有所不同，如果要查找特殊的标志组合值，就需要对每一个数据包进行检查。检查的数量越多，消耗的资源和时间也就越多。

另外，关注 TCP、UDP 或者 ICMP 的报头信息要比关注 DNS 报头信息更方便。因为 TCP、UDP 以及 ICMP 的报头信息和载荷信息都位于 IP 数据包的载荷部分，比如要获取 TCP 报头数值，首先解析 IP 报头，然后才可以判断出这个载荷采用的是 TCP。而要获取 DNS 的信息，必须深入解析才能看到其真面目，而且解析此类协议还需要更多更复杂的编程代码。实际上，这个解析操作也正是区分不同协议的关键所在，评价 IDS 系统的好坏也体现在是否能够很好地分析更多的协议。

7.3.2 协议分析

以上关注 IP、TCP、UDP 和 ICMP 报头中的值作为入侵检测的特征。现在来看看如何通过检查 TCP 和 UDP 包的内容（其中包含其他协议）来提取特征。首先必须清楚某些协议如 DNS 是建立在 TCP 或 UDP 包的载荷中，且都在 IP 协议之上。所以必须先对 IP 头进行解码，看它负载是否包含 TCP、UDP 或其他协议。如果负载是 TCP 协议，那么就需要在得到 TCP 负载之前通过 IP 协议的负载来处理 TCP 报头的一些信息。

入侵检测系统通常关注 IP、TCP、UDP 和 ICMP 特征，所以它们一般都能解码部分或全部那些协议的头部，但只有一些更高级的入侵检测系统才能进行协议分析。这些系统的探针能进行全部协议的解码，如 DNS、HTTP、SMTP 和其他一些广泛应用的协议。由于解码众多协议的复杂性，协议分析需要更先进的入侵检测系统功能，而不能只进行简单的内容查找。执行内容查找的探针只是简单地在包中查找特定的串或字节流序列，并不真正知道它正在检查的是什么协议，所以它只能识别一些明显的或简单特征的恶意行为。

协议分析表明入侵检测系统的探头能真正理解各层协议是如何工作的，而且能分析协议的通信情况来寻找可疑或异常的行为。对于每个协议，分析不仅仅是建立在协议标准的基础上（如 RFC），而且建立在实际的实现上，因为许多协议事实上的实现与标准并不相同，所以特征应能反映现实状况。协议分析技术观察包括某协议的所有通信并对其进行验证，当不符合预期规则时进行报警。协议分析使网络入侵检测系统的探头可以监测已知和未知的攻击方法。

以涉及 FTP 协议的众多弱点和漏洞为例。Internet 上可以发现与 FTP 相关的漏洞至少上百个，关于攻击这类漏洞的程序和代码更是数不胜数，而且这些程序之间的差异也很大，确立一个建立在攻击程序基础上的特征集合显然是不可能的。另外一个问题是时效性，在已知漏洞的基础上来确定特征，意味着该入侵检测系统不能在新漏洞被公开之前对其进行报警。而在大多数情况下，在漏洞第一次被利用到入侵检测系统能检测这种入侵行为之间会有相当长一段时间的延迟。

1．FTP 的协议解码

以 FTP 协议分析为例，讨论协议分析技术如何进行入侵检测。

一个典型的关于 FTP 命令 MKD 的缓冲区溢出漏洞，可以通过发送包含 shellcode 的代码加以利用。标准的包内容查找的特征包含 shellcode 的序列（通常是 10~20 字节），而且必须同 FTP 包中的数据完全匹配。协议分析允许检测到 MKD 命令的参数并确认它的长度和是否包含二进制数据，通过检查可以发现各种不同的尝试性攻击，而不仅仅发现已知的那些漏洞。

FTP 命令"SITE EXEC"用来在 FTP 服务器上执行命令，它被用于许多攻击中。"SITE"是事实上的 FTP 命令，而"EXEC"是参数。对于包内容查找在包中寻找"SITE EXEC"，试图找到一个与大小写无关的匹配。入侵者在"SITE"和"EXEC"之间加入一些空格即可避免被监测到，而许多 FTP 服务器忽略多余的空格。显然，只通过内容查找并不能查找到后一个命令。一个协议分析的特征理解为如何分解"SITE EXEC"，或其他变种，所以仍然可以准确地检测到该攻击。

以上只是一个有限的协议分析，在基于状态的协议分析中，可以检查一个会话的所有通信过程，如整个 FTP 会话，包括初始的 TCP 连接、FTP 认证、FTP 命令和应答、FTP 数据连接的使用、TCP 连接的断开等，以期获得更为精确的检测能力。

2．HTTP 的协议解码

许多攻击者使用的一种简单的入侵检测系统逃避技术是路径模糊。这种技术的中心思想是改变路径，使它可以在不同的出现方式下做同样的事情。这种技术在 URL 中频繁使用，用来隐藏基于 HTTP 的攻击。攻击者通常利用反斜线符号、单点顺序、双点顺序等来模糊路径。

协议分析可以处理这些技术，因为它能完成 Web 服务器同样的操作，在监听 HTTP 通信时，入侵检测系统从 URL 中析取路径并进行分析。查找反斜线、单点和双点目录，并进行适当的处理，在完成"标准化"URL 操作后，IDS 搜索合法的目录内容以确定异常。

展示入侵检测系统识别并"标准化"URL 的实现步骤如下：

（1）解码 IP 报头来检测有效负载包含的协议。在本例中，协议段为 6，它与 TCP 相对应。

（2）解码 TCP 报头，查找 TCP 目的端口号。假定 Web 服务器监听端口为 80，若目的端口为 80，则表明用户正在发送 HTTP 请求给服务器。

（3）依靠 HTTP 协议分析将该请求进行解析，包括 URL 路径。

（4）通过处理路径模糊、Hex 编码、双重 Hex 编码和 Unicode 来处理 URL 路径。

（5）分离模糊路径，并进行异常匹配，在匹配成功时发出警告。

7.4 入侵检测响应机制

7.4.1 对响应的需求

一次完整的入侵检测包括准备、检测和响应三个阶段。响应是一个入侵检测系统必须的部分，没有它，入侵检测就失去了存在的价值。通常在准备阶段制定安全策略和支持过程，包括如何组织管理和保护网络资源，以及如何对入侵进行响应等。

在设计入侵检测系统的响应特性时，需要考虑各方面的因素。某些响应要符合通用的安全管理或事件处理标准；而另一些响应则要反映本地管理的重点和策略。因此，一个完好的入侵检测系统应该提供这样一个性能：用户能够裁剪定制其响应机制以符合其特定的需求环境。

在设计响应机制时，必须综合考虑以下几个方面的因素：

（1）系统用户。入侵检测系统用户可以分为网络安全专家或管理员、系统管理员、安全调查员。这三类人员对系统的使用目的、方式和熟悉程度不同，必须区别对待。

（2）操作运行环境。入侵检测系统提供的信息形式依赖其运行环境。

（3）系统目标。为用户提供关键数据和业务的系统，需要部分地提供主现响应机制。

（4）规则或法令的需求。在某些军事环境中，允许采取主动防御甚至攻击技术来对付入侵行为。

7.4.2 自动响应

自动响应是最便宜、最方便的响应方式，这种事故处理形式广泛实行。只要它能得到明智小心的实施，也还是比较安全的。但其中存在两个问题：既然入侵检测系统有产生错误报警的问题，就有可能错误地针对一个从未攻击过用户的网络结点进行响应。另一个问题是如果攻击者判定系统有自动响应，他可能会利用这一点来攻击系统。想象一下，他可能与 2 个带自动响应入侵检测系统的网络结点建立起一个与 echo-chargen 等效的反馈环，再对那 2 个结点进行地址欺骗攻击。或者攻击者可从某公司的合作伙伴/客户/供应商的地址发出虚假攻击，使得防火墙把一个公司与另一个公司隔离开，这样两者之间就有了不能逾越的隔离界限。

基于网络的入侵检测系统通常是被动式的，仅分析比特流，它们通常不能做出响应（RESETs 和 SYN∣ACK 明显例外）。在大多数商业实现中，都是将入侵检测系统与路由器或防火墙结合起来，用这些设备来完成响应单元的功能。

常见的自动响应方式如下：

（1）压制调速。对于端口扫描、SYN Flood 攻击技术，压制调速是一种巧妙的响应方式。其思想是在检测到端口扫描或 SYN Flood 行为时就开始增加延时，如果该行为仍然继续，就继续增加延时。这可挫败几种由脚本程序驱动的扫描，例如对 0～255 广播地址 ping 映射，因为它们要靠计时来区分 UNIX 和非 UNIX 系统的目标。这种方式也被广泛地应用于防火墙，作为其响应引擎（尽管对其使用还存在争议）。

（2）SYN∣ACK 响应。设想入侵检测系统已知某个网络结点用防火墙或过滤路由器对某些端口进行防守，当入侵检测系统检测到向这些端口发送的 TCP SYN 包后，就用一个伪造的 SYN∣ACK 进行回答。这样，攻击者就会以为他们找到了许多潜在的攻击目标，而实际上他们得到的只不过是一些错误报警。最新一代的扫描工具以其诱骗功能对入侵检测带来很多的问题和麻烦，而 SYN∣ACK 响应正是回击它们的最好办法。

（3）RESETs。使用这一技术应该持慎重的保留态度。RESETs 可能会断开与其他人的 TCP 连接。这种响应的思想是如果发现一个 TCP 连接被建立，而它连接的是你要保护的某种东西，就伪造一个 RESETs 并将其发送给发起连接的主机，使连接断开。尽管在商用入侵检测系统中很可能得到这一响应功能，但它不是经常被用到。另外攻击者可能很快会修补他们的 TCP 程序使其忽略 RESETs 信号。还有一种方式是向内部发送 RESETs。

7.4.3 蜜罐

高级的网络结点可以采用路由器把攻击者引导到一个经过特殊装备的系统上，这种系统被称为蜜罐（Honeypot）。蜜罐是一种欺骗手段，它可以用于错误地诱导攻击者，也可以用于收集攻击信息，以改进防御能力。蜜罐能采集的信息量由自身能提供的手段以及攻击行为的数量决定。

下面简单介绍几种常见的蜜罐：

（1）BOF。由 NFR 公司的 Marcus Ranum 和 crew 开发，能运行于大多数 Windows 平台。通过模拟有限的几种服务，它能记录针对这些端口的攻击场景，并通过伪造数据包对攻击者进行欺骗。

（2）Deception Toolkit。由 Fred Cohen 开发，结合 Perl 和 C 两种语言编写，可模仿大量服务程序。DTK 是一个状态机，实际上它能虚拟任何服务，并可方便地利用其中的功能直接模仿许多服务程序。

（3）Specter。Specter 是商业产品，运行在 Windows 平台上。和 BOF 相比，它能模拟多种操作系统上较大范围的端口，同时提供信息自动收集和处理功能。

（4）Mantrap。由 Recourse 公司开发的商用软件。它最多能模拟四种操作系统，并允许管理员动态配置，并能在模拟平台上加载应用程序，收集包括从网络层到应用层的各种攻击信息。但这个产品也存在一些限制，如能模拟的操作系统产品有限，只能在 Solaris 上运行等。

（5）Honeynets。这是一个专门设计用来让人"攻陷"的网络，一旦被入侵者所攻破，入侵者的一切信息、工具等都将被用来分析学习。其想法与 Honeypot 相似，但两者之间有些不同：

① Honeynet 是一个网络系统，并不是某台单一主机，这一网络系统是隐藏在防火墙后面的，所有进出的数据都受到关注、捕获及控制。这些被捕获的数据可以用来研究分析入侵者们使用的工具、方法及动机。在 Honeynet 中可以使用各种不同的操作系统及设备，如 Solaris、Linux、Windows NT、Cisco Switch 等。使用者可以学习不同的工具以及不同的策略——或许某些入侵者仅仅把目标定位于几个特定的系统漏洞上，而这种多样化的系统，就可能更多地揭示出他们的一些特性。

② 在 Honeynet 中的所有系统都是标准的机器，上面运行的都是真实完整的操作系统及应用程序，就像在互联网上找到的系统一样。在 Honeynet 中找到的存在风险的系统，与在互联网上一些公司组织的相同。可以简单地把各种操作系统放到 Honeynet 中，并不会对整个网络造成影响。

7.4.4 主动攻击模型

更为主动的响应是探测到进攻时发起对攻击者的反击；但这个方法是非常危险的，它不但是非法的，也会影响到网络上无辜的用户。主动攻击模型如图 7-6 所示。

图 7-6 主动攻击模型

7.5　绕过入侵检测的若干技术

市场上有大量的网络入侵检测产品，这些产品来自不同的厂商，但按照所采用的检测技术主要可分为两大类：一类是特征分析法，系统捕获网络数据包，并将这些包和特征库中的攻击特征进行匹配，从而确定潜在的攻击行为。特征分析通常不对数据包进行任何处理，只是简单地进行特征字符串匹配。这类系统提供的检测能力有限，因此很难应用于重载荷和高带宽的网络环境中。另一类是协议分析法，系统同样捕获和分析网络数据包，但具有一定的协议理解能力，能通过模拟主机和应用环境的协议转换流程进行检测。这类系统能检测较复杂的攻击，有效降低误报率和错报率，但其应用受到处理能力的限制。

7.5.1　对入侵检测系统的攻击

1．直接攻击

网络入侵检测系统通常运行在一定的操作系统之上，其本身也是一个复杂的协议栈实现，这就意味着网络识别码本身可能受到 smurf、synflood 或 jolt2 等攻击。如果安装入侵检测系统的操作系统本身存在漏洞或入侵检测系统自身防御力差，此类攻击很有可能造成入侵检测系统的探测器丢包、失效或不能正常工作。但是随着入侵检测系统技术的发展，一些 NIDS 采用了双网卡技术，一个绑定 IP 用于控制台通信，一个则无 IP，用于收集网络数据包。对于没有 IP 的网络入侵检测系统（NIDS）则无法直接攻击，而且新的入侵检测系统一般采用了协议分析技术，提高了入侵检测系统捕获和处理数据的性能，所以直接攻击的方法会失效。

2．间接攻击

一般的网络入侵检测系统都有入侵响应的能力，攻击者可以利用其响应进行间接攻击，如使入侵次数迅速增多，发送大量的报警信息，并占用大量的 CPU 资源；或使防火墙错误配置，造成一些正常的 IP 无法访问等。

7.5.2　对入侵检测系统的逃避

1．针对 HTTP 请求

（1）URL 编码。将 URL 进行编码，可以避开一些采用规则匹配的网络入侵检测系统。如十六进制编码、Unicode/Wide 编码、斜线（包括"／"和"＼"）、增加目录以及各种等价命令替换等。另外，还包括各种不规则方式的编码，如用 Tab 替换空格、NULL 方式、虚假的请求结束以及长URL 等。

（2）会话组合。如果将请求放在不同的报文中发出，入侵检测系统就可能不会匹配出攻击，但这种攻击行为无法逃避采用协议分析和会话重组技术的网络入侵检测系统。

（3）大小写敏感。DOS/Windows 和 UNIX 不同，它对大小写不敏感。这种手段可能造成一些老式的入侵检测系统匹配失败。

2．针对缓冲区溢出

一些网络入侵检测系统检测远程缓冲区溢出的主要方式是通过检测数据载荷中是否包含"bin/sh"或是否含有大量的 NOP。针对这种识别方法，某些溢出程序的 NOP 考虑用"eb 02"代替。

另外，多形态代码技术可使攻击者能潜在地改变代码结构来欺骗许多网络入侵检测系统，但它不会破坏最初的攻击程序。经过伪装的溢出程序，每次攻击所采用的 shellcode 都不相同，这样降低了被检测到的可能。有些网络入侵检测系统能依据长度、可打印字符等判断这种入侵，但会造成大量的错报。

3. 针对木马

入侵检测系统对木马和后门程序一般是通过端口来判断的。如果按照木马的默认端口进行连接，很容易就能识别。目前大部分的木马都使用浮动端口，且采用加密方式传输数据，这样网络入侵检测系统就很难检测。

7.5.3 其他方法

（1）慢扫描。网络入侵检测系统按照特定数据源的访问频率来判断网络扫描。扫描器可以通过延长扫描时间，降低扫描频率来躲避这种检测。

（2）分片。数据报分片是 TCP/IP 协议适应各种网络环境应用的机制之一。很多入侵检测系统为了避免载荷过大，一般都不进行分片重组，因此，一些攻击数据可以通过分布在不同的数据分片中，以逃避检测。

（3）地址欺骗。利用代理或者伪造 IP 包进行攻击，隐藏攻击者的 IP，使网络入侵检测系统不能发现攻击者。目前的网络入侵检测系统只能根据异常包中的地址来判断攻击源。

（4）利用 LLKM 处理网络通信。利用 LLKM 简单、临时改变 TCP/IP 协议栈的行为，如改变出现在网络传输线路上的 TCP 标志位，就可以躲避一些网络入侵检测系统。

7.6 入侵检测标准化工作

入侵检测系统大部分是基于各自的需求和设计独立开发的，不同系统之间缺乏互操作性和互用性，这对入侵检测系统的发展造成了障碍。网络安全的发展要求入侵检测系统能够与其他组件如访问控制、防火墙等系统共享信息和相互通信，相互协作，形成一个整体有效的安全保障系统。为此 DARPA 在 1997 年 3 月开始着手 CIDF（Common Intrusion Detection Framework，公共入侵检测框架）标准的制定。现在加州大学 Davis 分校的安全实验室已经完成了 CIDF 标准，IETF（Inteernet Engineering Task Force，Internet 工程任务组）成立了 IDWG（Intrusion Detection Working Group，入侵检测工作组）负责建立 IDEF（Intrusion Detection Exchange Format，入侵检测数据交换格式）标准，并提供支持该标准的工具，以便更高效地开发 IDS 系统。

CIDF 是一套规范，它定义了入侵检测系统表达检测信息的标准语言以及入侵检测系统组件之间的通信协议。符合 CIDF 规范的入侵检测系统可以共享检测信息，相互通信，协同工作，还可以与其他系统配合实施统一的配置响应和恢复策略。CIDF 的主要作用在于集成各种入侵检测系统使之协同工作，实现各入侵检测系统之间的组件重用，所以 CIDF 也是构建分布式入侵检测系统的基础。

CIDF 的规格文档由四部分组成，分别为：

（1）体系结构（The Common Intrusion Detection Framework Architecture）。

（2）规范语言（A Common Intrusion Specification Language）。

（3）内部通信（Communication in the Common Intrusion Detection Framework）。

（4）程序接口（Common Intrusion Detection Framework APIs）。

体系结构阐述了一个标准入侵检测系统的通用模型；规范语言定义了一个用来描述各种检测信息的标准语言；内部通信定义了入侵检测系统组件之间进行通信的标准协议；程序接口提供了一整套标准的应用程序接口（API 函数）。

7.6.1　CIDF 体系结构

CIDF 的体系结构文档阐述了一个入侵检测系统的通用模型。它将一个入侵检测系统分为以下四个组件：

（1）事件产生器（Event generators）。

（2）事件分析器（Event analyzers）。

（3）事件数据库（Event databases）。

（4）响应单元（Response units）。

CIDF 将入侵检测系统需要分析的数据统称为事件（Event），它可以是基于网络的入侵检测系统从网络中提取的数据包，也可以是基于主机的入侵检测系统从系统日志等其他途径得到的数据信息。

CIDF 组件之间是以通用入侵检测对象（Generalized Intrusion Detection Objects，GIDO）的形式交换数据的，一个 GIDO 可以表示在一些特定时刻发生的一些特定事件，也可以表示从一系列事件中得出的一些结论，还可以表示执行某个行动的指令。

CIDF 中的事件产生器负责从整个计算环境中获取事件，但它并不处理这些事件，而是将事件转化为 GIDO。标准格式提交给其他组件使用，显然事件产生器是所有入侵检测系统所需要的，同时也是可以重用的。CIDF 中的事件分析器接收 GIDO，分析它们，然后以一个新的 GIDO 形式返回分析结果。CIDF 中的事件数据库负责 GIDO 的存储，它可以是复杂的数据库，也可以是简单的文本文件。CIDF 中的响应单元根据 GIDO 做出反应，它可以是终止进程、切断连接、改变文件属性，也可以只是简单的报警。

CIDF 将各组件之间的通信划分为三个层次结构：GIDO 层（GIDO layer）、消息层（Message Layer）和传输层（Negotiated Transport layer）。其中传输层不属于 CIDF 规范，它可以采用很多种现有的传输机制来实现。消息层负责对传输的信息进行加密认证，然后可靠地将信息从源端传输到目的端，不关心传输的内容，只负责建立一个可靠的传输通道。GIDO 层负责对传输信息的格式化，正是因为有了 GIDO 这种统一的信息表达格式，才使得各个入侵检测系统之间的互操作成为可能。

CIDF 定义了入侵检测系统和应急系统之间通过交换数据方式，共同协作来实现入侵检测和应急响应。CIDF 的互操作有以下三类：

（1）配置互操作，可相互发现并交换数据。

（2）语法互操作，可正确识别交换的数据。

（3）语义互操作，可相互正确理解交换的数据。

同时，CIDF 定义了入侵检测系统的六种协同方式，即分析、互补、互纠、核实、调整、响应。

7.6.2　CIDF 规范语言

CIDF 的规范语言文档定义了一个公共入侵标准语言（Common Intrusion Specification Language，

CISL），各入侵检测系统使用统一的 CISL 来表示原始事件信息、分析结果和响应指令，从而建立了入侵检测系统之间信息共享的基础。CISL 是 CIDF 的最核心也是最重要的内容。CISL 设计的目标如下：

（1）表达能力。CISL 语言应当具有足够的词汇和复杂的语法来实现广泛的表达，主要针对事件的因果关系、事件的对象角色、对象的属性、对象之间的关系、响应命令或脚本等几个方面。

（2）表示的唯一性。要求发送者和接收者对协商好的目标信息能够相互理解。

（3）精确性。两个接收者读取相同的消息不能得到相反的结论。

（4）层次化。语言中有一种机制能够用普通的概念定义详细而又精确的概念。

（5）自定义。消息能够自我解析说明。

（6）效率。任何接收者对语言的格式理解开销不能成倍增加。

（7）扩展性。语言中有一种机制能够让接收者理解发送者使用的词汇，或者是接收者能够利用消息的其余部分说明解析新的词汇的含义。

（8）简单。不需理解整个语言就能接收和发送消息。

（9）可移植性。语言的编码不依赖于网络的细节或特定主机的消息。

（10）容易实现。

为了能够满足以上要求，CISL 使用了一种类似 Lisp 语言的 S 表达式，它的基本单位由语义标志符 SID、数据和圆括号组成。例如，（HostName'first.example.com'），其中 HostName 为 SID，表示后面的数据是一个主机名，'first.example.com'为数据，括号将两者关联。多个 S 表达式的基本单位递归组合在一起，构成整个 CISL 的 S 表达式。在 CISL 中，所有信息（原始事件、分析结果、响应指令等）均是用这种 S 表达式来表示的。例如下面的 S 表达式：

```
(Delete
    (Context
        (HostName 'first.example.com')
        (Time '16:40:32 Jun 14 2018')
    )
    (Initiator
        (UserName 'joe')
    )
    (Source
        (FileName '/etc/passwd')
    )
)
```

表示用户名为'joe'的用户在 2018 年 6 月 14 日 16 点 40 分 32 秒删除了主机名为'first.example.com'的主机上的文件"/etc/passwd"。这是一个事件描述，其中的 Delete、Context、HostName、Time 等均为 SID。

这些 SID、S 表达式以及 S 表达式的组合、递归、嵌套等构成了 CISL 的全部表达能力，即 CISL 本身。在计算机内部处理 CISL 时，为节省存储空间提高运行效率，必须对 ASCII 形式的 S 表达式进行编码，将其转换为二进制字节流的形式，编码后的 s 表达式是 GIDO。GIDO 是 S 表达式的二进制形式，是 CIDF 各组件统一的信息表达式，也是组件之间信息数据交换的统一形式。

7.6.3　CIDF 的通信机制

CIDF 要实现协同工作，还要解决构件之间通信方面的问题：

（1）CIDF 的一个构件如何才能安全地联系到其他构件，其中包括构件的定位和构件的认证。

（2）CIDF 如何保证构件之间达到安全有效地通信。

为了解决以上两个问题，CIDF 采用了一种称为 Matchmaker 的通信架构。它提供了一个标准的、统一的方法，使得 CIDF 的构件之间互相识别和定位，让它们能够共享信息。这样极大地提高了构件间的互操作能力，从而使入侵检测和应急系统的开发变得容易。Matchmaker 支持目录服务，提供多种方式的查询构件。Matchmaker 体系结构的中间件是为 CIDF 的构件提供查询服务。

CIDF 的内部通信文档描述了两种 CIDF 组件之间通信的机制，一种是匹配服务（Matchmaking Service）法，另一种是消息层（Message Layer）法。

CIDF 的匹配服务（又称匹配器），为 CIDF 各组件之间的相互识别、定位和信息共享提供了一个标准的统一机制。匹配器的实现是基于轻型目录存取协议（The Lightweight Directory Access Protocol，LDAP）的，每个组件通过目录服务注册，并公告它能够产生或能够处理的 GIDO，这样组件就被分类存放，其他组件就可以方便地查找到它们需要通信的组件。目录中还可以存放组件的公共密钥，从而实现对组件接收和发送 GIDO 时的身份认证。CIDF 的匹配器由四部分构成，它们分别为：

（1）通信模块（the communications module）。

（2）匹配代理（the broker）。

（3）认证和授权模块（the authentication/authorization module）。

（4）客户端缓冲区（the client-side cache）。

在 CIDF 的内部通信文档中还包括匹配器的目录数据格式与组织、组件查找协议以及匹配协议等。CIDF 的消息层在易受攻击的环境中实现了一种安全（保密、可信、完整）并可靠的信息交换机制。

使用消息机制主要是为了达到以下目的：

（1）使通信与阻塞和非阻塞处理无关。

（2）使通信与数据格式无关。

（3）使通信与操作系统无关。

（4）使通信与编程语言无关。

利用消息格式中的选择项，消息层提供了路由信息追踪、数据加密和认证等功能，这些功能是在客户端与服务器之间的握手阶段完成的，从而既保证了数据的安全性又最大程度地减少了传输开销。应用程序可根据实际需要来决定是否使用这些选择项。默认情况下消息传输是基于 UDP 的，且使用端口 0x0CDF 作为 CIDF 消息传输的服务端口。在 CIDF 的内部通信义档中还描述了各种情况下的消息处理过程，其中包括与传输层协议无关的标准消息处理过程、基于可信 UDP 的消息处理过程、基于 CIDF 加密认证机制的消息处理过程等。

7.6.4　CIDF 程序接口

CIDF 的程序接口文档描述了用于 GIDO 编解码以及传输的标准应用程序接口（API），它包括以下几部分内容：

（1）GIDO 编码和解码 API（GIDO Encoding/Decoding API Specification）。

（2）消息层（Message Layer API Specification）。

（3）GIDO 动态追加 API（GIDO Addendum API）。

（4）签名 API（Signature API）。

（5）顶层 CIDF 的 API（Top-Level CIDF API）。

GIDO 有两种表现形式：一种为逻辑形式，表现为 ASCII 文本的 S 表达式，它是用户可读的；另一种为编码形式，表现为二进制的与机器相关的数据结构。GIDO 编解码 API 定义了 GIDO 在这两种形式之间进行转换的标准程序接口，它使应用程序可以方便地转换 GIDO 而不必关心其具体技术细节。每类 API 均包含数据结构定义、函数定义和错误代码定义等。

入侵检测技术面对分布式网络环境的挑战，存在这样的发展趋势：采用标准化的方式实现各入侵检测系统之间以及入侵检测系统的各个组件之间相互协作、信息共享。目前有两个国际组织——CIDF 小组和 IETF 下属的 IDWG 小组致力于入侵检测标准化方面的工作。CIDF 方案建立了一个较为完善的入侵检测系统框架，并指出框架中各基本组件产生并相互交互的信息为通用入侵检测对象 GIDO，但是没有为 GIDO 建立数据模型，只是提到了采用 CISL 语言来描述 GIDO。IDMEF 方案对报警数据建立了详细的数据模型，并采用 XML 语言对数据模型进行描述，但却没有对入侵检测领域的其他数据建立类似的数据模型和 XML 描述，XML 语言比起 CISL 语言在描述入侵检测领域的数据方面有更多的优势。

习　题

1. 简述入侵检测的原理和分类。
2. 异常检测和误用检测有何区别？
3. 标准差检测模型如何实现？举例说明。
4. 如何实现 SYN-Flooding 攻击检测？
5. 如何通过协议分析实现入侵检测？
6. 如何逃避缓冲区溢出检测？
7. 入侵检测设计响应机制时，必须考虑哪几个方面？
8. CIDF 规范语言定义了哪些方面？

第 8 章 身份认证与访问控制

用户身份合法性的识别，对计算机系统的安全往往是很重要的。例如，我们所熟悉的银行系统的自动出纳机（ATM），它能正确地识别账号并支付现金。而计算机的交互作用正适用于做这种工作，但可能导致的问题是对伪装身份的错误识别。对人来说，根据用户身份判别能否进入一个计算机系统是容易的，但这项工作对计算机系统来说却是相当困难的。

8.1　口令识别法

在网络上，成千上万的网络用户在分享信息时代所带来的快捷、方便和利益的同时，还必须面对网络系统的不安全性带来的巨大风险。网络的安全性可以粗略地分为四个相互交织的部分：保密、鉴别、反否认以及完整性控制。保密是指保护信息不被未授权者访问；鉴别是指在揭示敏感信息或进行事务处理之前先确定对方身份；反否认是指防止用户否认已经完成的某项操作；完整性控制是指保证数据信息的完好，不会被破坏。

用户识别的问题，即用户如何向计算机系统证明自己的真实身份。在数字化的世界中，通常是通过用户是否持有正确的钥匙（口令）来判断其身份。

8.1.1　用户识别方法分类

在计算机发展的早期，使用单因素用户识别系统最为普遍，例如经典的 UNIX 口令系统。随着计算机的发展，逐渐出现了考虑多因素的用户识别系统，以提高安全性。用户识别的方法大致可分为三大类：

（1）根据用户知道什么来判断。如果用户能说出正确的口令，则说明他是真的，如经典的 UNIX 口令系统。

（2）根据用户拥有什么来判断。如果用户能提供正确的物理钥匙，则说明他是真的，如普通的门钥匙和磁卡钥匙。

（3）根据用户是什么来判断。如果用户生理特征与记录相符，则说明他是真的，如指纹、声音、视网膜等。

连接在网络上的用户识别系统还存在另一种隐患，就是当用户反复登录时，同一口令可以重复使用，在网络传输时很容易被截获或被盗用。因为用户输入的账号和口令都是以明文形式在网络上传输的。一些口令"嗅探软件"，可以用来截获口令，冒充用户身份登录。解决这些问题的方法，就是采用一次性口令系统。由于口令只使用一次，使用过后随即失效，在网络上截获一条口令毫无意义。因为当口令被截获时，它已经宣告作废了。一次性口令系统可以极大地提高计算机网络系统和电子商务应用系统的安全性。

8.1.2 不安全口令的分析

1. 使用用户名（账号）作为口令

很明显，这种方法在便于记忆上有着相当的优势，可是在安全上几乎是不堪一击。几乎所有以破解口令为手段的黑客软件，都首先会将用户名作为口令的突破口，而破解这种口令几乎不需要时间。

2. 使用用户名（账号）的变换形式作为口令

使用这种方法的用户自以为聪明，将用户名颠倒或者加前后缀作为口令，既容易记忆又可以防止许多黑客软件。这种方法的确是使相当一部分黑客软件无用武之地，不过那只黑客软件是一些初级的软件。一个真正优秀的黑客软件完全有办法对付这种情况，比如说著名的黑客软件 John，如果你的用户是 fool，那么它在尝试使用 fool 作为口令之后，还会试着使用如 fool123、loof、loof123、lofo 等作为口令，只要是你想得到的变换方法，John 也会想到，它破解这种口令，几乎也不需要时间。

3. 使用自己或者亲友的生日作为口令

这种口令有着很大的欺骗性，因为这样往往可以得到一个 6 位或者 8 位的口令，从数学理论上来说分别有 1 000 000 和 10 000 000 的可能性，很难得到破解。其实，由于口令中表示月份的两位数数字只有 1~12 可以使用，表示日期的两位数数字也只有 1~31 可以使用，而 8 位数的口令作为年份的 4 位数是 19××年，经过这样推理，使用生日作为口令尽管有 6 位甚至 8 位，但实际上可能的表达方式只有 100×12×31=37 200 种，即使再考虑到年月日三者有 6 种排列顺序，一共也只有 37 200×6=223 200 种，而一台普通的计算机每秒可以搜索 3 ~ 4 万个数字，仅仅需要 5.58 s 就可以搜索完所有可能的口令。如果再考虑实际使用计算机人的年龄，就又可以去掉大多数的可能性，那么搜索需要的时间还可以进一步缩短。

4. 使用学号、身份证号、单位内的员工号码等作为口令

使用这种方法对于完全不了解用户情况的攻击者来说，的确不易破解。但如果攻击者是某个集体中的一员，或对要攻击的对象有一定的了解，则破解这种口令也不需要花费多少时间。即使是用身份证号这样多位数的口令，也存在如同上述的情况，即实际上很多位数的取值范围是有限的，因而搜索空间将大为减少。

5. 使用常用的英文单词作为口令

这种方法比前几种方法要安全一些。前几种只要时间足够一定能破解，而这一种则未必。如果选用的单词是十分生僻的，那么黑客软件就可能无能为力。不过不要高兴得太早，黑客都有一个很大的字典库，一般包含 10~20 万英文单词及相应的词组，如果你不是研究英语的专家，那么你选择的英文单词恐怕十之八九可以在黑客的字典库中找到。以 20 万单词的字典计算，再考虑到一些 DES（数据加密算法）的加密运算，每秒 1 800 个单词的搜索速度也不过只需要 110 s。

那么，什么样的口令才是安全的？首先必须是 8 位长度，其次必须包括大小写字母、数字，

如果有控制符就更好，最后就是不要太常见。例如，e88326vO 或者 fooL6mAN 这样的密码都是比较安全的。当然，这样的口令也存在一个问题——难于记忆。

8.1.3　一次性口令

对于任何一个系统来说，口令设置无疑是第一道关口，使用口令进行用户鉴别，可以防止非法用户的侵入。如果在进入系统起始处就将非法分子拒之门外，那将是非常成功的。但由于用户在口令的设置上有很多缺陷，如使用很容易猜测的字母或数字组合，长时间不改变口令，系统口令文件的不安全性，网络传输的不安全性，都会导致口令被盗。尤其是在用户远程登录时，口令在网络上进行传输，很容易被监听程序获取。一次性口令就是为了解决这一问题而提出的。

1．一次性口令的特点

一次性口令是一种比较简单的认证机制。虽然没有 Kerberos 强大，但可以免于被动攻击。具体地讲，一次性口令的主要特点有：

（1）概念简单，易于使用。

（2）基于一个被记忆的密码，不需要任何附加的硬件。

（3）算法安全。

（4）不需要存储诸如密钥、口令等敏感信息。

2．一次性口令的原理

一次性口令是基于客户/服务器模式的，它有操作的两方，一方是用户端，它必须在一次登录时生成正确的一次性口令；另一方是服务器端，一次性口令必须被验证。一次性口令的生成和认证都是基于公开的单向函数，如 MD5、MD4。

一次性口令的多次使用形成了一次性口令序列，序列中各个元素是按以下规律生成的。假设一次性口令序列共有 n 个元素，即有一个可使用 n 次的一次性口令序列。它的第一个口令是使用单向函数 n 次，第二个口令使用单向函数 $n-1$ 次，依次类推。如 $n=4$，则第一个口令为 $p(1) = f(f(f(f(s))))$，第二个口令为 $p(2) = f(f(f(s)))$……即使窃听者监听到第 i 个口令（p_i），却不能生成第 $i+1$ 个，因为这就需要求得单向函数的反函数，而不知道单向函数循环起始点使用的密码，这一点是不可实现的。而循环起始点使用的密键只有用户自己知道，这就是一次性口令的安全原理。

在客户端，使用单向函数时带入的参数就是用户输入的密码和"种子"，其循环数，也就是使用单向函数的次数是由服务器端传来的序列号决定的。其中的"种子"也是服务器端传过来的而且是唯一用于用户和此次登录的一个字符串，它增强了系统的安全性。

口令在被用户生成并发送到服务器端后，要得到正确的验证。

服务器端首先暂存它所接收到的一次性口令，然后对其使用一次单向函数，若计算结果与上一次成功登录所使用的口令相同，则本次登录成功，并用本次使用的口令更新口令文件中的记录，以作为系统口令文件的新入口点；若不相同，则登录失败。

总之，一次性口令系统对一个用户输入的密码使用单向函数以生成一个口令序列。它的安全性基于这个用户输入的密码只有用户自己知道，而网络上传输的口令只是经过计算而且是一次性的。所以口令的风险很小，只要用户以最安全的方式记忆这个密码而不被外人所知即可。

3．一次性口令协议

（1）用户输入登录名和相关身份信息 ID。

（2）如果系统接受用户的访问，则给用户传送一次性口令建立所使用的单向函数 f 及一次性密码 k，这种传送通常采用加密方式。在信息传递中，可根据实际需要，给出允许用户访问系统的次数 n。

（3）用户选择"种子"密钥 x，并计算第一次访问系统的口令 $z = f^n(x)$。向第一次正式访问系统所传送的数据为（k,z）。

（4）系统核对 k，若正确，则将（ID,$f^n(x)$）保存。

（5）当用户第二次访问系统时，将（ID,$f^{n-1}(x)$）送系统。系统计算 $f(f^{n-1}(x))$，将其与存储的数据对照，如果一致，则接受用户的访问，并将（ID,$f^{n-1}(x)$）保存。

（6）当用户第三次访问系统时，将（ID,$f^{n-2}(x)$）送系统。系统计算 $f(f^{n-2}(x))$，将其与存储的数据对照，如果一致，则接受用户的访问，并保存新计算的数据。

（7）当用户每一次想要登录时，函数相乘的次数只需-1。

通常情况下，系统在口令的输入过程中不予显示，以防旁观者窥视口令。使用一次性口令则没有这个必要。因为即使口令被看到，也不能在下一次登录中使用。

8.1.4 Secur ID 卡系统

基于时间的一次性口令系统以美国 Security Dynamics 公司的 SecurID 系统为例。SecurID 卡片是个带有液晶显示屏的卡片，显示每分钟变换一次。用户使用 Telnet 和 FTP 来登录时，要输入账号和口令，以及当时 SecurID 卡片上的显示码。如果账号名、用户口令和 SecurID 显示码正确，则用户登录成功，否则失败。

要冒充用户登录，至少需要知道用户设置的口令，并得到他的 SecurID 卡片。只有这两个因素都正确后，才可能登录。另一方面，SecurID 卡片的显示码每分钟变换一次，每次的号码不同，因此构成多因素的一次性口令系统，增加了破译的难度。

SecurID 系统在用户登录时要用到卡片时钟和登录系统时钟，所以为了保证卡片时间和系统时间的一致，系统服务器必须考虑卡片时钟的缓慢漂移，从而作相应的调整。这样，可能导致不仅登录时刻的显示码可以登录，而且登录前一分钟的显示码也可以使用，如果用户的秘密口令和一次性口令在网络上被截获，那么任何人都可以同时在 1～2 min 内冒充用户登录，这就削弱了SecurID 系统的安全性。另外，如果卡片长期不用，时钟漂移得太远，那么登录系统有可能拒绝它的一次性口令。此时，用户只能求助于系统管理员，重新调整系统和卡片的时钟，使之同步，这是 SectlrID 系统的不便之处。

8.2 特 征 识 别

由于口令会因用户的粗心大意而造成泄漏，个人身份标记也有丢失和被仿造的危险，所以采用这两种方法的保护措施，总是不能令人满意。基于这种原因，某些系统采取了用个人某些物理特征作为识别标准的方法，这些被采用的特征都很难伪造而且能被一些较粗心的用户所接受。

1. 机器识别

现在有许多用于身份识别的技术，其中应用较广的有签名识别法、指纹识别法和语音识别法，下面将对这三种方法作较详细的介绍。其他一些不常见的方法有使用头盖骨的轮廓（机器骨相学）、唇印、脚印，甚至利用人体骨骼对物理刺激的反应进行身份识别。

我们曾经强调身份识别的方法必须能被系统所接受。但上面提到的某些方法虽然比较精确，可是并不能满足这个要求。如果要进行唇印的检查，就必须要求用户亲吻机器上的某个表面，而这将是许多用户所不愿接受的；用骨骼反应法对用户身份进行识别，将要求用户准备接受机器的某种敲打，显然这也是广大用户不愿接受的。

当入侵行为被发现后，入侵者所面临的危险程度是一个很重要的问题。如果这将导致他被捕入狱，除非他有极大的把握，或成功后的所得颇为可观，否则他是不敢尝试的。可以在重要场所的出入口安装警报器，作为一种保护手段，如果把它引入计算机系统中，建立一种"陷井"，要求所有未经识别的用户都先进入里面，这样也会起到保护系统的作用。总而言之，究竟利用何种手段进行身份识别，一要依赖于该方法的可行性；二要依赖于该方法的可靠性。

2. 系统误差

对人体物理特征的测量可能会出现多次测量结果不一致的情况，所以，一个实用系统必须考虑到这一点并允许测量误差的存在。但由此产生的问题是，随着所允许的误差范围的扩大，不同个人之间产生混淆的几率也越大。如果系统错误地拒绝了一个合法用户的请求，那么称这种错误为错误警告或第一类错误；如果系统接受了一个非法用户的请求，就称为错误接受或非法闯入，也称为第二类错误，而这两种错误是经常交替出现的。

因为在测量时出现误差是正常的，而且是不可避免的，所以当系统收到一个各项参数都非常精确的测量结果时，很可能意味着一个入侵者找到了有关这个用户各方面的材料，而且正利用它想闯入系统。因此，一个非常精确的测量结果并不意味着用户身份的正确。

8.2.1 签名识别法

用手写签名作为对某文件的同意批示是习以为常的，如协议书上的签字。近年来，用签名作为身份识别的方法也已得到广泛的应用。传统的签名鉴别方法是对字体进行鉴别，也就是说，当签名写好后，把它交给专家们进行识别。例如在法庭上，当需要鉴别一个残缺不全的签名时常常要把一些专家请来，但这并不能保证绝对的准确。

因为我们经常要进行签名，所以已使之成为一种反射性的动作了。因此，几乎可以把它作为一种人的物理特征，而事实上它也不仅仅是在肌肉控制下的运动结果。要模仿他人签名是相当困难的，而要把这个签名在正常的速度下书写出来就更加困难。目前，人们的注意力都集中在如何实现用机器识别签名上，也就是说要使机器能识别出被鉴的签名是什么字，而且更重要的是要能根据字体识别出书写它的人。当把这种机器用于身份识别时，人们所关心的并不是它能否解释签名写的是什么，而是关心它是否能识别出签名人。现在已提出两种识别的方式，一种是根据最后的签名进行识别；另一种是根据签名的书写过程进行识别。目前许多研究都是针对后者的，但这并不是说前一种识别方法就不重要。在银行中，大多数对签名的识别都用这种方法。

在文件或支票上进行的伪造签名有三种类型：自由伪造、模仿伪造及摹写伪造。当某人捡到一本别人遗失的支票薄时，他并不知道失主平时的签名是什么样的，这时他伪造的签名就是自由伪造。因为支票薄上印有失主的姓名，所以伪造者就能在支票的姓名栏上填上姓名，但这种伪造是很容易被识别的。对于模仿和摹写伪造，伪造者事先存有被仿造者的签名并进行模仿。对自由伪造的签名进行机器识别时，其方法主要是检查签名的大小比例、笔画的角度，并且这种检查是针对签名的整体及字母进行的，而表示这些参数的标准信息是存储在计算机内的一个文件上的，当机器收到一个签名后，就逐一地对这些信息进行核查，显然自由伪造的签名是很难得逞的。

如果把签名的动态书写过程作为识别过程的参数，那么这将使识别工作变得相当简单，同时使伪造者面临更大的困难。另外，签名的书写时间也应作为一个参数存入识别程序中，使用这种技术进行识别的设备能够测试签名的书写节奏，从起笔一直到落笔，能成功地对其执行过程进行测试。

1. 记录书写过程的技术

最早使用这种技术的设备是电动绘图仪，它使用一个杠杆控制系统来记录笔尖的运动，而这个运动过程被转化成数字，并通过通信线路送入计算机中。目前使用的绘图笔上配有两个加速计，用以记录水平和垂直两个方向上的加速运动过程，另外还在上面配有压力测量计，用以测量绘图笔对纸的压力；同时绘图笔上还接有信号线，通过它们可把以上各种设备测量到的信息传送给具有分析能力的设备。但这使得书写者感到很大的不便，甚至会影响他们的书写习惯，使字体变形。所以需要一种既能记录书写过程又不影响书写者的设备。由 NPL National Physical Laboratory 开发的名为 CHIT 的书写器使这个问题得到了解决，这种绘图器可以感知笔与纸的接触和分离，同时也能在两块不同的区域中记录下笔在 X 和 Y 方向的运动过程。

2. 签名识别法的使用

作为使用签名进行身份识别系统的用户，首先要向系统提供一定数量的签名，系统分析用户的这些签名，然后记录下它们各自的特征。向用户要求多个签名是为了能对用户的签名进行多次全面地分析，从而找出能反映用户签名特点的参数。对于一些字体不固定的用户来说，系统也许找不到足够的参数，在这种情况下，系统也许要求用户接受某些特殊的测量，这包括放宽用户签名的误差范围，或允许用户以其他方式接受检查，但随着误差范围的扩大，被他人冒名顶替的危险也增大。

8.2.2 指纹识别技术

很早以前，人们就发现每个人的指纹及身体其他部位的皮肤纹路是不同的。虽然手指随着身体的长大而长大，但是指纹的几何形状是不会变的，除非做过某种外科手术，否则我们的指纹一生都不会改变。又因为指纹很容易留在所摸过的东西上，所以长久以来，它一直作为一种进行刑事侦察的有效手段。

为了能使用这些记录对人的身份进行识别，必须能够区分指纹的各种特征。目前，许多公安机关使用的系统是根据 Edward Henrry 爵士于 1897 年提出的思想设计的。他将指纹划分为弓形、圈形和涡形三大类型。在该系统中，每一种类型又被分为许多子类型。对其特征的细分，将有助于对指纹的分析和鉴别。通常每个手指上都有大约 50~200 个这样的特征，正是依赖这些微小特征的位置和方向进行身份识别的。据说，根据一个已有的指纹，只须比较 20 个这样的微小特征便能正确地识别出一个未知的指纹。

当读取用户的指纹时，系统可以得到许多可靠的信息，因为读取机是在非常严密的控制条件下进行工作的，它不需要通过印泥等记录下待识别的指纹，而只需把指纹按到一个规定的区域上就可以了。一种阅读指纹的方法是利用玻璃片内的全反射。由于用户每次按指纹时，手指的方向、倾斜度都难免有所变化，所以指纹阅读机应用玻璃片内的全反射能使指纹转动一个小的角度，这样就能找出指纹的微小特征，且能识别出它们的位置和方向，最后指纹阅读机把得到的信息与系统内部存储用户的有关信息进行比较，从而得出识别结果。

有的人也许因为手指曾受伤，从而使指纹识别变得比较困难，但是除非手指受伤的程度很深，否则系统得到他的指纹后仍可以恢复它的原来面目。

指纹的识别对用户来说也并非是十分愿意接受的，因为他们总认为它是和犯罪联系在一起的，所以许多守法的公民都不愿意把他们的指纹提供给系统。因此要使用户乐于接受这种识别方法，就必须使系统是非常可靠的，并且使用起来非常方便，只有这样，才能消除人们心中对指纹识别的偏见。一个指纹识别系统是非常昂贵的，因为指纹阅读机的构造相当复杂，同时指纹鉴别的工作也很困难，所以从这方面来说，它反而不如签名识别系统应用广泛。

1．指纹识别技术简介

人们的手掌及手指、脚、脚趾内侧表面的皮肤凸凹不平产生的纹路会形成各种各样的图案。人们注意到，包括指纹在内的这些皮肤的纹路在图案、断点和交叉点上各不相同，也就是说，是唯一的。依靠这种唯一性，就可以把一个人同他的指纹对应起来，通过对他的指纹和预先保存的指纹进行比较，就可以验证他的真实身份。这种依靠人的身体特征来进行身份验证的技术称为生物识别技术，指纹识别是生物识别技术的一种。研究和经验表明，人的指纹、掌纹、面孔、发音、虹膜、视网膜、骨架等都具有唯一性和稳定性的特征，即每个人的这些特征都与别人不同、且终生不变，因此就可以识别出人的身份。基于这些特征，人们发展了指纹识别、面部识别、发音识别等多种生物识别技术。

指纹识别技术的发展得益于现代电子集成制造技术和快速可靠的算法研究。尽管指纹只是人体皮肤的一小部分，但用于识别的数据量相当大，对这些数据进行比较也不是简单的相等与不相等的问题，而是使用需要进行大量运算的模糊匹配算法。利用现代电子集成制造技术可以制造相当小的指纹图像读取设备，同时飞速发展的个人计算机运算速度提供了在微机甚至单片机上可以进行两个指纹的对比运算的可能。另外，匹配算法的可靠性也不断提高，指纹识别技术已经非常成熟。

2．指纹取像的几种技术和特点

光学取像设备依据的是光的全反射原理。光线照到压有指纹的玻璃表面，反射光线由 CCD（电荷耦合装置）去获得，反射光的量依赖于压在玻璃表面指纹的脊和谷的深度以及皮肤与玻璃间的油脂和水分。光线经玻璃射到谷的地方后在玻璃与空气的界面发生全反射，光线被反射到 CCD，而射向脊的光线不发生全反射，而是被脊与玻璃的接触面吸收或者漫反射到别的地方，这样就在 CCD 上形成了指纹的图像。

由于光学设备的不断革新，极大地降低了设备的体积。20 世纪 90 年代中期，传感器可以装在 6×3×6 英寸的盒子里，在不久的将来可缩小至 3×1×1 英寸。这些进展取决于多种光学技术的发展而不仅仅是光的全反射原理的发展。例如，可以利用纤维光束来获取指纹图像。纤维光束垂直射到指纹的表面，它照亮指纹并探测反射光。另一个方案是把含有一微型三棱镜矩阵的表面安装在弹性的平面上，当手指压在此表面上时，由于脊和谷的压力不同而改变了微型三棱镜的表面，这些变化通过三棱镜对光的反射而反映出来。

晶体传感器是最近在市场上才出现的最常见的硅电容传感器，通过电子度量来捕捉指纹。在半导体金属阵列上能结合大约 100 000 个电容传感器，其外面是绝缘的表面，当用户的手指放在上面时，皮肤组成了电容阵列的另一面。电容器的电容值由于导体间的距离而降低，这里指的是脊（近的）和谷（远的）相对于另一极之间的距离。另一种晶体传感器是压感式的，其表面的顶层是具有弹性的压感介质材料，它们依照指纹的外表地形（凹凸）转化为相应的电子信号。其他的晶体传感器还有温度感应传感器，通过感应压在设备上的脊和远离设备的谷温度的不同而获得指纹图像。

超声波扫描被认为是指纹取像技术中非常好的一类。很像光学扫描的激光，超声波首先扫描指纹的表面，紧接着，接收设备获取其反射信号，测量它的范围，得到脊的深度。积累在皮肤上的脏物和油脂对超音速获得的图像影响不大，所以这样的图像是实际脊地形（凹凸）的真实反映，应用起来更为方便。

总之，各种技术都具有各自的优势，也有各自的缺点。表 8-1 给出了三种主要技术的比较。

表 8-1 三种主要技术的比较

比较项目	光学全反射技术	硅晶体电容传感技术	超声波扫描
体积	大	小	中
耐用性	非常耐用	容易损坏	一般
成像能力	干手指差，但汗多的和稍胀的手指成像模糊	干手指好，但汗多的和稍胀的手指不能成像	非常好
耗电	较多	较少	较多
成本	低	低	很高

3. 指纹识别系统中的软件和固件

指纹采集头中的固件负责处理图像和与 PC 的连接。在大多数的系统中，固件显得相对简单，它不停的将数据传送给计算机，然而这样做存在很多的问题，一是这样传输数据很容易被记录并且被再次使用，这使得系统受到潜在的威胁；另一个问题是必须为指纹采集头供给电源。计算机必须不停地捕捉图像以决定是否有指纹按压上去，这样才能在最恰当的时候捕捉指纹图像。通过设计好的固件来处理这些问题，可以改善整个系统的性能；使用 USB 接口是目前一个好的接口方案，能够提供电源、带宽和即插即用功能；传输到计算机的指纹需要进行必要的加密以保证安全；并且，在不读取指纹的状态下，固件应该转入低功耗状态。

当主机从计算机中安全地得到指纹图像后，识别算法就进行下一步的验证过程。指纹是如此可靠的生物特征，以至于只需很少的信息就可以进行比对。而指纹的这一特点却没有在大多数的指纹识别算法中得到体现，大多数的系统都要求用户按上所有的手指，用户必须很小心地按上手指。如果指纹的位置不对或者指纹质量不高都会使验证无法进行，用户必须再次按压手指，而这样的产品无法在市场中立足。

因此，好的系统应该更加易于使用、可靠，用户不必担心指纹的放置位置，算法要支持 360°
旋转和残缺的指纹。用户只需轻轻地按上手指而无须担心是否位置合适或只按压了一部分。对于
手指的压感、旋转、质量，以及采集头的灰尘和薄雾，系统都要能很好地解决监控和无监控的操
作。而要将指纹识别算法推向市场，指纹的读取必须是建立在无监控的状态下。这样，只需轻轻
地按压而无须等待指纹图像达到最好。另外，在处理电子商务时，数据会与已经登记好的指纹进
行比对，大多数情况下是一对一的比对而不是一对多的比对。无监控的取像和一对一的比对算法
以及一对多的比对算法在系统中都有很好的对策，无监控模式必须使得比对算法能够处理质量差
的指纹并且算法必须比监控状态下可靠。

4. 指纹识别技术的优缺点

1）指纹识别的优点

（1）指纹是人体独一无二的特征，并且它们的复杂度足以提供用于鉴别的特征；如果想要增
加可靠性，只需登记更多的指纹，鉴别更多的手指，最多可达 10 个，而每一个指纹都是独一无
二的。

（2）指纹识别的速度很快，使用非常方便。

（3）识别指纹时，用户必须将手指与指纹采集头相互接触，与指纹采集头直接接触是读取人
体生物特征最可靠的方法。这也是指纹识别技术能够占领大部分市场的一个主要原因。

（4）采集头可以更加小型化，并且价格会更加的低廉。

2）指纹识别的缺点

（1）某些群体的指纹因为指纹特征很少，故而很难成像。

（2）在犯罪记录中使用指纹，使得某些人害怕"将指纹记录在案"。

（3）每一次使用指纹时都会在指纹采集头上留下用户的指纹印痕，这些指纹有可能被他人
复制。

5. 指纹识别技术的可靠性问题

指纹识别技术通过分析指纹的全局特征和局部特征，特征点如脊、谷、终点、分叉点或分歧
点，从指纹中抽取的特征值可以非常详尽，以便可靠地通过指纹来确认一个人的身份。平均每个
指纹都有几个独一无二的可测量的特征点，每个特征点大约有七个特征，十个手指至少可以产生
4 900 个独一无二的可测量的特征点，这足以说明指纹识别是否是一个更加可靠的鉴别方式。

由于计算机处理指纹时，只是涉及了指纹的一些有限的信息，而且比对算法并不精确，其结
果也不能保证 100%准确。指纹识别系统特定应用的重要衡量指标是识别率。主要由两部分组成，
拒判率（FRR）和误判率（FAR）。可以根据不同的用途来调整这两个值。FRR 和 FAR 是成反比
的，用 0~1.0 或百分比来表示。

尽管指纹识别系统存在可靠性问题，但其安全性也比相同可靠性级别的"用户 ID+密码"方
案的安全性高得多。例如采用 4 位数字密码的系统，不安全概率为 0.01%，如果同采用误判率为
0.01%的指纹识别系统相比，由于不诚实的人可以在一段时间内试用所有可能的密码，因此 4 位
密码并不安全，但是他绝对不可能找到一千个人去为他把所有的手指（10 个手指）都试一遍。正
因为如此，权威机构认为，在应用中 1%的误判率是可以接受的。

FRR 实际上也是系统易用性的重要指标。由于 FRR 和 FAR 是相互矛盾的，这就使得在应用

系统的设计中，要权衡易用性和安全性。一个有效的办法是比对两个或更多的指纹，从而在不损失易用性的同时，极大地提高了系统安全性。

6. 指纹识别技术的应用系统

指纹识别技术的应用系统有两种，即嵌入式系统和连接 PC 的桌面应用系统。嵌入式系统是一个相对独立的完整系统，它不需要连接其他设备或计算机就可以独立完成其设计的功能，如指纹门锁、指纹考勤终端就是嵌入式系统。其功能较为单一，主要用于完成特定的功能。而连接 PC 的桌面应用系统具有灵活的系统结构，并且可以多个系统共享指纹识别设备，还可以建立大型的数据库应用。由于需要连接计算机才能完成指纹识别的功能，限制了这种系统在许多方面的应用。

7. 指纹识别技术的一些应用

指纹识别技术可以通过几种方法应用到许多方面。IBM 公司已经开发成功并广泛应用的 Global Sign On 软件通过定义唯一的口令，或者使用指纹，就可以在公司整个网络上畅行无阻。把指纹识别技术同 IC 卡结合起来，是目前最有前景的一个方向。该技术把卡的主人的指纹（加密后）存储在 IC 卡上，并在 IC 卡的读卡机上加装指纹识别系统，当读卡机阅读卡上的信息时，一并读入持卡者的指纹，通过比对卡上的指纹与持卡者的指纹就可以确认持卡者是否是卡的真正主人。在更加严格的场合，还可以进一步同后端主机系统数据库上的指纹作比较。指纹 IC 卡可以广泛地运用于许多行业中，例如取代现行的 ATM 卡、制造防伪证件（签证或护照、公费医疗卡、会员卡、借书卡等）。ATM 提款机加装指纹识别功能在美国已经开始使用，持卡人可以取消密码（避免老人和孩子记忆密码的困难）或者仍旧保留密码，在操作上按指纹与输入密码的时间差不多。

由于指纹特征数据可以通过电子邮件或其他传输方法在计算机网络上进行传输和验证，通过指纹识别技术，限定只有指定的人才能访问相关信息，可以极大地提高网上信息的安全性，包括网上银行、网上贸易、电子商务的一系列网络商业行为，就有了安全性保障。美国 SFNB（Security First Network Bank，安全第一网络银行）就是通过互联网络进行资金划算的，他们目前正在实施以指纹识别技术为基础的保障安全性的项目，以增强交易的安全性。

8.2.3 语音识别系统

关于声音的采样和分析，是人们争论最多的问题，即使是专家也无法保证每次都能有效地识别声音。用语音进行识别时，机器要做的不是要分辨出用户说的是什么，而是要能根据机内存储的信息对语音进行分析，辨别出是谁说的，即判别真伪。非常重要的一点是要能创造一个良好的环境，使系统在语音失真和周围的噪声很大的情况下，也能进行正确识别。在理想的情况下，每次进行识别时，都应使用户处在一个相同的环境下，所以，这将需要一个特殊的场所。另外，应该对用户朗读的单词做某些规定，而不应只要求读出他们的名字，因为有些字的发音，如 Kim King 只能提供很少的信息，而另外一些字的发音，如 Padding Bear 却能提供很多信息。事实上，系统应挑选一些字符组成短语，使之能最大限度地提供信息，通过要求用户读这些短语，系统能提高身份识别的正确率。同时，被挑选的字符也应是一些常用字符。

由德克萨斯仪器公司研制的语音识别系统，要求用户说的话是从一个包含 16 个单词的标准集中选出的，由这 16 个单词，组成了 32 个句子，在对这些句子进行识别时，利用傅里叶分析，每隔 10 ms 进行一次采样，以寻找这个词句中语音变化大的部分，从而找到语音特征。每当识别出一个变化后，就计算该时刻前后 100 ms 内频率为 300 ~2 500 Hz 声波的能量，从而得到用户声音的参考样本。当受测者访问系统时，他将被要求说一段由系统指定的话，每隔 10 ms，系统将对这段话进行傅里叶分析，并将所得结果与每个参考样本进行比较，从而判别受测者的真伪。

语音识别系统的一个弱点是它往往要求受测者多次重复语音口令（对采用口头叙述的系统往往要重复 2 次），因而分析过程需要更长的时间，并且系统吞吐量也会减小，同时使延时增加。另外，人的身体状况会影响语音，比如，呼吸道感染就会引起声音的变化，同时人的精神状况也会对此产生影响。

8.2.4 网膜图像识别系统

人眼视网膜血管分布——视网膜血管组织是因人而异的，利用这一特点，Eyedentify 公司已研制了一个身份识别系统。

系统要求受测者看一个双目透镜，并通过调整瞳间距，找到透镜上的叉丝，当受测者准备好后就按一下按钮通知系统，通过让受测者凝视叉丝，测试机器可以找到受测者视网膜上的中央小凹，并用弱强度的红外线围绕该点旋转扫描，形成视网膜的血管组织分布。

正如上述其他身份识别技术一样，视网膜图像识别技术也需要机器对初次引入系统的用户的视网膜图像进行取样，并存储。在随后的访问中，只需用测试所得的图像与存储的信息进行比较，从而进行身份识别，虽然这种系统的性能优良，但必须得到受测者的密切合作，所以难以推广使用。

8.3 识 别 过 程

利用人的不同物理特征进行身份识别的方法有很多,通常从一般意义上来权衡比较这些方法。

8.3.1 引入阶段

用户通常在操作员的监督下，登记自己的名字或其他标志（或者是系统分配的标识符）并完成要求的动作，例如签名、按指纹或者说一段指定的话。这些动作要多重复几遍以获得可靠的测试参考样本，系统分析这些数据，并将其存储在中央计算机内的指定文件或其他设备中，如磁条卡中。

8.3.2 识别阶段

首先，用户为识别其身份向系统递交身份标识或其他可被机器阅读的身份卡等。接着，识别系统从系统文件中或从用户递交的卡中，找到与该标识符对应的个人特征测试样本。最后，用户做出能为系统识别的动作，识别系统由此又建立起一套个人特征测试数据并与原参照样本进行比较。测试数据与参照类样本均包含一系列参数，都是测试时得到的计算结果。例如，在人的签名动作中进行间隔为 20 ms 的监视，则参数一般是其签名时的平均运算速度。参数的设置应使入侵者不易掌握，并且尽可能地使同一用户在不同时期的测试值保持一致，而不同用户的参数值保持差异。

测试数据与参照类样本完全吻合是不大可能的，这就引起了对系统可靠性的怀疑。做出识别成功的决定需要根据系统测量的精确以及容错程度。每个参数值均有其误差范围，该范围决定于用户在被引入系统时所做的多次测试。

误差范围以及参照值都允许修正。由于用户在初次取参照值时，会因初次学做指定动作产生紧张感，而这种紧张感会在以后的测试中消失，所以进行修正是具有意义的。对一些较客观的测试方法，如取指纹和视网膜映像做动作时紧张感的影响很小。需要注意的是，必须在用户身份已得到识别的情况下进行修正。

8.3.3 折中方案

允许误差范围的设置，对于系统的成功与否是至关重要的。如果范围过大，受测者之间的差别会减小，入侵成功（第二类错误）的可能性会增大；另一方面，若范围限制过小，系统就可能拒绝合法用户的请求，不该发生的警告（第一类错误）将会增加。通常，误差范围的值是允许调整的，于是就产生了在两类错误中进行折中的问题。如何确定"出错"和"容错"之间的关系是系统设计的一个重要部分，并且有许多不同的方法。在此首先讨论一下测试过程及误差范围是如何被调整的。在初步的测试（比如签名时钢笔的位置或者说话时的频谱分析）时，需要计算一些参数，通常取多次测试的平均值以减少波动造成的影响。研究人员设置了许多签名的参数并测试了许多人，然后从中选出10个参数以满足前面提到的要求，并尽可能使这些参数互不相干，对每一个参数，根据参考样本可得到标准的偏差，并以此作为衡量单位。

我们可以得到误差的一般表达形式，例如，取所有参数误差的平方和，这样当一个参数的相对误差超过了其误差允许范围，但其他参数与正常值相当接近时，受测者仍将通过测试。但事实上，许多系统并不是这样工作的，而是要求所有测试参数均在指定范围内才接受受测者。为进行误差允许范围的调整，必须确定一个阈值。设 X 为某参数的测量值，m 是由参考样本得到的该参数的平均值，则误差为 $|X-m|$，再设 S 是参考样本的标准偏差，则 $|X-m|/S$ 就是误差的标准值，满足下式的 X 才会被接受：

$$|X-m|/S < t$$

于是，若 $t=0$，则任何测试均不能通过；如果 t 足够大，几乎所有测试都能通过。

一个理想的阈值应能严格区分注册用户和入侵者，让合法用户都能顺利通过，同时拒绝入侵者的进入。但事实上，这几乎是不可能的。因此不得不选择一个两类错误都存在的阈值 t'：

（1）第一类错误——合法用户到 t' 不能通过，其合法用户的通过率为 100-FAR，FAR 即是出错警告率（False Alarm Rate）。

（2）第二类错误——入侵者到 t' 获得通过，入侵者的通过率为 IPR（Impostor Pass Rate）。

8.4 身份识别技术的评估

Mitre 公司对几种不同的身份识别系统进行了比较性研究并做出评价，研究的结论在 Fejfar 和 Myer 的论文中进行了公开。

8.4.1 Mitre 评估研究

这次研究的对象是在 BISS（Base Installation Security System）下的 US 空军的 ESD（Electronics Systems Devision），要求识别系统的第一类错误率小于 1%，第二类错误率小于 2%，每分钟能识

别四个对象。

被测试的系统有三个：语音识别（Texas 仪器公司出品）、签名识别（Veripen 公司出品）和指纹识别（Calspan 公司出品）。评测分两个实验阶段，在这之前还到一空军基地进行了野外测试。第一阶段只进行了头两种系统的评测，结果反馈给制造商以改进其设施。第二阶段对三种系统作了比较，每一阶段都有 200 多人参加实验，每个人都试图获得每个系统的确认。实验室里的受测对象是 Mitre 公司的各类职员。野外测试的对象是能接近一个武器库的空军人员。每一次评估都记录了错误率和识别的时间。第一类错误无须多谈，对第二类错误，即对象的错误接受，实验主要指与其他对象标本的偶然的匹配错误。

8.4.2　语音识别

语音识别包括三个过程。首先，被测对象显示身份，然后为应答系统讲 20 个不重复的四字短语。这些短语经过处理形成样本文件。

其次要求被测者读四个由系统选择的短语，并进行四次识别尝试。最后用一种不同于前面的判断策略进行判断，被测者要按要求读短语直至被确认。最多可有八次尝试机会。为了不让假冒者有机可乘，系统要求在每次尝试成功之后，测试数据和存储样本之间的相关性应更强。经过八次测试失败，就产生了第一类错误，识别也被否认。考虑到声音特征的长期性变化，在每次确认后系统都对样本进行部分修改。尽管如此，那些重感冒和喉炎患者仍遇上了大麻烦。表 8-2 给出了语音识别系统的测试结果。

表 8-2　语言识别系统的测试结果

	第一阶段	第二阶段	野外测试
第一类错误率（%）	0.92	0.20	1.06
第二类错误率（%）	0.99	4.40	3.26
验证时间（s）	6.54	5.85	6.21

上述引用的仅是在最后过程中对系统的测试结果，因为这是识别的最后阶段也是最重要的阶段。可以看到第二阶段试验中第二类错误的数据很糟，这是由于第一阶段后制造商做了过分的修正。野外测试中，第一类错误率为 1.1%，第二类错误率为 3.3%，考虑到没有任何伪装，而且越到后面阶段测量的相关性就越强，这样的错误率太高。评估者谈到有 11% 的受测者发生了第一类错误，有 9% 的受测者发生了第二类错误。这些受测者不能保持发声的一致性，在现实生活中也不能进行正确识别。另外，女性的错误率要比男性高。评估中还谈到，地区、年龄、教育水平与此基本不相关。平均验证时间为 6.2 s，加上进入、插钥匙、验证身份和离去的时间 12.3 s，共需 18.5 s。

8.4.3　签名识别

签名识别系统的评估常利用书写时接触面感应的方法进行识别。Mitre 实验室用的是测量施于圆珠笔尖的压力，笔自身装置了压力计，书写面在测量中不起作用。

登记过程，每个对象需要书写总共三个（后增至九个）签名，其中五个用于构成标准参考样本。最后，九组测量数据构成每个对象的参考样本。实际上若为区别对象的身份仅需接受三个中的一个签名就够了。最后，对象要签名到被接受为止，失败尝试限制为三次，若超过此数识别就被否认。第三个过程中只有被接受的签名才用于修改参考样本。

表 8-3 所示是引用第三个过程结束后系统对男性对象在实验室和野外用签名识别得出的测试结果。

表 8-3　签名识别系统的测试结果

	第一阶段	第二阶段	野外测试
第一类错误率（%）	6.25	3.20	1.88
第二类错误率（%）	2.97	1.71	5.63
验证时间（s）	14.42	13.03	13.49

第一阶段和第二阶段的识别算法是不同的，这已被证实可使实施得到很大改进。最后，第一类错误率有 1.9%，第二类错误率则超过 5.6%。实验也说明了女性和左撇子的第一类错误率比一般人高。时间对结果的影响不大，20% 的人在登记过程中需三次签名（允许多到九次）。鉴别平均时间要 13.5 s，加上其他时间 12.3 s，共需 25.8 s。

8.4.4　指纹识别

在指纹识别的测试中，用仪器扫描手指，记录位置和纹脉的走向及分叉，这些参数经数字化存储起来以形成对象的参考样本。在登记过程中所有十个手指均经过扫描，由系统决定哪一个手指最先被检查。然后对这个手指扫描十次以形成参考文件。在随后的过程中，系统再次扫描被测者第一个手指，如果扫描细节和参考文件的相关性不足，则系统进行重复扫描。若三次识别均不成功，系统转而扫描第二个手指，这个手指也允许三次尝试，六次均失败的则被拒绝。与语音和签名识别的一个显著差别是参考文件不加以修改，也无登记这一过程。

下面的数据是由 Mitre 实验室得到的，如表 8-4 所示，没有第一阶段的数据。尽管允许再次登记，许多被测者仍难以被系统识别。很多人只有一个手指与系统产生一致结果。第一个手指和第二个手指的被拒绝率分别达到了 14% 和 43%，差别之大令人惊奇。评估指出，若每次成功识别后都对参考文件进行修正或许会得到好的结果，这也反驳了指纹不变的理论。野外测试比实验室的结果要差得多。评估推测可能是由于实验室内允许多次再登记，而野外的寒冷气候不允许这样。评估还发现，早上的错误率要比下午高。这大概是因为早晨的手指相对干净无油。系统设计者和评估者一致同意干燥和干净的皮肤使识别变得更困难。另一方面系统在识别手工劳动者时也遇到了困难。系统识别平均需 8.9 s，加上 12.3 s 的其他时间，共需 21.2 s。

表 8-4　指纹识别系统的测试结果

	第二阶段	野外测试
第一类错误率（%）	4.58	6.54
第二类错误率（%）	2.18	2.32
验证时间（s）	8.53	8.94

8.4.5　系统间的比较

由于 Mitre 实验室的评估没有对第一类、第二类错误的折中进行控制，对第三种系统进行精确的比较很困难，但可以把第一类和第二类错误率相加得出粗略的比较。用这种方法得到语音识别的总错误率为 4.4%，签名识别为 7.5%，指纹识别为 8.8%。US 空军的要求是，第一类错误率小于 1%，第二类错误率小于 2%。这样无论如何折中都不能使任意一种系统满足设计要求。在吞吐量指标方面三种系统也都失败了。然而，由于吞吐量要求每分钟 4 人，而附加动作要 12.3 s，仅留给识别 2.7 s，这对实际系统来说实在是太短了，因此应着眼于改善系统环境以减少附加时间，例如视觉响应可能比听觉要快。最后 Mitre 实验室的评估得出结论：语音识别系统经过改进后是最有希望适应将来应用的。

8.4.6 身份识别系统的选择

NBS 出版了一本 *Cuidelines on Evaluation of Techniques for Automated Personal Identification*，是评估和选择身份识别系统的有用向导，其中列出了 12 点以供参考：

（1）对假冒的识别力。
（2）伪造赝品的简易度。
（3）对欺骗的敏感性。
（4）获得识别的时间。
（5）用户的方便性。
（6）性能价格比。
（7）设备提供的接口。
（8）调整用的时间和潜力。
（9）支持识别过程所需计算机系统的处理。
（10）可靠性和可维护性。
（11）保护设备的代价。
（12）配电与后勤支持的代价。

上述 12 点可分为三组：系统安全设备的能力、用户的可接受性和系统代价。某种程度上用户的可接受性依赖于响应速度和方便性，用户不能忍受一个慢且笨拙的系统。如果用户不能接受系统，他们就会想出各种方法去欺骗系统。如果代价很重要，可以进行大概的分析以确定系统的性能是否与代价相符。

8.5 访 问 控 制

访问控制主要通过操作系统来实现。除了保护计算机网络安全的硬件之外，网络操作系统是确保计算机网络安全的最基本部件。网络操作系统安全保密的核心是访问控制，即确保主体对客体的访问只能是授权的，未经授权的访问是不允许的，而且操作是无效的。因此，网络操作系统的访问控制是很重要的一条防线。

8.5.1 访问控制概念与原理

这里讨论的是"系统内部的访问控制"包括存取控制的含义，它是指系统内部的主体对客体的访问所受到的控制。主体指的是用户、进程、作业等，客体指的是所有可供访问的软、硬件资源。

1. 网络访问安全控制的含义

（1）保密性控制，保证数据资源不被非法读出。

（2）完整性控制，保证数据资源不被非法改写或删除。

（3）有效性控制，保证网络所有客体不被非法主体破坏。

2. 访问控制的主要措施和目的

（1）授权、确定访问权限及实施权限，它是对处理状态下的信息进行保护，保证对所有直接存取进行授权，检查程序执行期间访问资源合法性的重要手段，它控制着对数据和程序的读取、写入、修改、删除和执行等操作。

（2）访问控制的目的是：保护被访问的客体安全，在保证安全的前提下最大限度地共享资源。

3. 访问控制的核心

授权控制是访问控制的核心，即控制不同用户对信息资源的访问权限。对授权控制的要求主要有：

（1）一致性，也就是对信息资源的控制没有二义性，各种定义之间不冲突。

（2）统一性，对所有信息资源进行集中管理，安全政策统一贯彻；要求有审计功能，对所授权记录可以核查；尽可能地提供细粒度的控制。

访问控制根据控制范围的不同可分为网内控制和网间控制。网内控制可采用控制矩阵的方法，用户使用网络资源的权限由矩阵值决定，系统对用户的访问申请，必须根据矩阵值确定是否响应。在网间控制方面，由于用户跨网访问给资源管理带来了比较复杂的问题，一般采用的控制方式有：一是基于资源的集中式控制，即把网内所有资源集中起来编号，采用网内控制算法，该方式只适用于资源、用户数量较少的网间控制；二是基于源、目的地址的过滤管理，即在网关过滤掉那些非法访问或传输的报文，如网络防火墙技术；三是网络签证技术（Visas），当用户需要跨网访问时首先必须获得本网的出网签证（Exit Visas），网关检查其出网签证是否合法而予以拒绝或放行，到达目的网后经网关检查认为合法而发放入网签证（Entry visas）。

8.5.2 访问控制策略及控制机构

1. 访问控制策略的概念

访问控制策略，就是关于在保证系统安全及文件所有者权益的前提下，如何在系统中存取文件或访问信息的描述，它由一整套严密的规则所组成。

访问控制安全策略是通过不同的方式和过程建立的，其中有一些是操作系统固有的，有一些是在系统管理中形成的，还有些是在用户对其文件资源和程序进行保护时定义的，因此一个系统访问控制安全策略的实施必须具有灵活性。

2. 访问控制策略的研究和制定

在研究访问控制策略时，要将访问控制策略与访问控制机构区分开。

访问控制策略是操作系统的设计者根据安全保密的需要，并根据实际可能性所提出的一系列概念性条文。例如，一个数据库为了达到安全保密的要求，可采取"最小访问特权"的策略，该策略是指系统中的每一个用户（或用户程序和进程）在完成某一操作时，只应拥有最小的必需的存取权。最小特权要保证用户和进程完成自己的工作面又没有从事其他操作的可能，这样会使失误出错或蓄意袭击造成的危害降低。

访问控制机构，则是在系统中具体实施这些策略的所有功能的集合，这些功能可以通过系统的硬件或软件来实现。

将访问控制的策略与机构区分开来考虑，有以下三个优点：

（1）可以方便地在先不考虑如何实施的情况下，仔细研究系统的安全需求。

（2）可以对不同的访问控制策略进行比较，也可以对实施同一策略的不同机构进行比较。

（3）可以设计一种能够实施各种不同策略的机构，这样的机构即使是由硬件组成也不影响系统的灵活性。

3．访问控制机构的概念

访问控制机构要将访问控制策略抽象模型的许可状态转换为系统的物理形态，同时必须对系统中所有访问操作、授权指令的发出和撤销进行监测。

1）访问控制机构的状态

访问控制机构如果能使系统物理形态与控制模型的许可状态相对应，则该系统可以认为是安全的。

2）设计访问控制机构的原因

（1）访问控制的有效性。即每一次访问都必须是受到控制的。

（2）访问控制的可靠性。即要防止主体经过已得到授权的访问路径去隐蔽地实现某些越权的非法访问，系统还应该经得起可能出现的恶意攻击。

（3）实体权限的时效性。即实体所拥有的权限不能永远不变。

（4）共享访问最少化。一些可供共享的公用访问控制机构往往会存在一些意想不到的潜在通道，因此要尽量减少公用机构，并对用户采取隔离的方法加以限制。

（5）经济性。控制机构在保证有效性的前提下，应该是最小化、简单化的。

（6）方便性。访问控制机构应当是方便的，应当让用户容易接受并乐于使用。

8.5.3 访问控制措施

比较普遍应用的访问控制措施主要有自主访问控制和强制访问控制两种。

1．自主访问控制

自主访问控制又称任意访问控制，是访问控制措施中最常用的一种方法，这种访问控制方法允许用户可以自主地在系统中规定谁可以存取它的资源实体，即用户（包括用户程序和用户进程）可选择同其他用户一起共享某个文件。所谓自主，是指具有授与某种访问权力的主体（用户）能够自己决定是否将访问权限授予的其他主体。安全操作系统需要具备的特征之一就是自主访问控制，它基于对主体所属的主体组的识别来限制对客体的存取。在大多数操作系统中，自主存取控制的客体不仅仅是文件，还包括邮箱、通信信道、终端设备等。

存取许可与存取模式是自主访问控制机制中的两个重要概念。存取许可的作用在于定义或改变存取模式，或向其他用户（主体）传送；存取模式的作用是规定主体对客体可以进行何种形式的存取操作。

在各种以自主访问控制机制进行访问控制的系统中，存取模式主要有读、写、执行、空模式（即主体对客体不具有任何的存取权）。自主访问控制的具体实施可采用以下几种方法：

1）目录表访问控制

在目录表访问控制方法中借用了系统对文件的目录管理机制，为每一个要实施访问操作的主体，建立一个能被访问的"客体目录表（文件目录表）"。客体目录表的修改只能由该客体的合法属性确定，否则将可能出现对客体访问权的伪造。因此操作系统必须在客体的拥有者控制下维护所有的客体目录。目录表访问控制机制的优点是容易实现，每个主体拥有一张客体目录表，使能访问的客体及权限一目了然，依据该表可对主体和客体的访问与被访问进行监督。它的缺点是系统开销、浪费较大，这是由于每个用户都有一张目录表，如果某个客体允许所有用户访问，则将给每个用户逐一填写文件目录表，因此会造成系统额外开销；二是由于这种机制允许客体属主用户对访问权限实施传递转移并可多次进行，造成同一文件可能有多个属主的情形，各属主每次传递的访问权限也难以相同，因此使得能越权访问的用户大量存在，在管理上繁乱易错。

2）访问控制表（Access Control List）

访问控制表的策略正好与目录表访问控制相反，它是从客体角度进行设置的、面向客体的访问控制。每个目标有一个访问控制表，用以说明有权访问该目标的所有主体及其访问权。访问控制表方式的主要优点就是能较好地解决多个主体访问一个客体的问题，不会像目录表访问控制那样因授权繁乱而出现越权访问。缺点是由于访问控制表需占用存储空间，每个客体被访问时都需要对访问控制表从头到尾扫描一遍，影响系统运行速度，浪费存储空间。

3）访问控制矩阵（Access Control Matrix）

访问控制矩阵是对上述两种方法的综合。存取控制矩阵模型是用状态和状态转换进行定义的，系统和状态用矩阵表示，状态的转换则用命令进行描述。直观地看，访问控制矩阵是一张表格，每行代表一个用户（即主体），每列代表一个存取目标（即客体），表中纵横对应的项是该用户对该存取客体的访问权集合（权集）。表 8-5 给出了访问控制矩阵。抽象地说，系统的访问控制矩阵表示系统的一种保护状态，如果系统中的用户发生了变化，访问对象发生了变化，或者某一用户对某个对象的访问权限发生了变化，都可以看作是系统的保护状态发生了变化。由于存取矩阵模型只规定了系统状态的迁移必须有规则，而没有规定是什么规则，因此该模型的灵活性很大，但给系统带来了安全漏洞。

表 8-5　访问控制矩阵

主体／目标	目标 1	目标 2	目标 3
用户 1	读	读	写
用户 2	—	写	—
用户 3	—	—	—
…	执行	—	读

4）能力表

在访问控制矩阵表中可以看到，矩阵中存在一些空项（空集），这意味着有的用户对一些目标不具有任何访问或存取的权力，保存这些空集是没有意义的。能力表的方法是对存取矩阵的改进，它将矩阵的每一列作为一个目标而形成一个存取表。每个存取表只由主体、权集组成，无空集出现。为了实现完善的自主访问控制系统，由存取控制矩阵提供的信息必须以某种形式保存在系统中，这种形式就是用存取表和能力表来实施的。

2. 强制访问控制

强制访问控制就是用户的权限和文件（客体）的安全属性都是固定的，由系统决定一个用户对某个文件能否实行访问。所谓"强制"就是，安全属性由系统管理员人为设置，或由操作系统自动地按照严格的安全策略与规则进行设置，用户和他们的进程不能修改这些属性。所谓"强制访问控制"是指，访问发生前，系统通过比较主体和客体的安全属性来决定主体能否以他所希望的模式访问一个客体。

强制访问控制的实质是根据安全等级的划分，以某些需要来确定系统内所有实体的安全等级，并予以标识。例如，当选取信息密级作为参量时，则各个实体的安全属性分别为绝密、机密、秘密、内部和公开等。在访问发生时，系统根据以下准则进行判定：只有当主体的密级高于客体的密级时，访问才是允许的，否则将拒绝访问。

前面讨论的自主访问控制是保护系统资源不被非法访问的一种有效的方法，用户可以利用自主存取控制来防范其他用户向自己客体的攻击，它的特点对用户来说，提供了很强的灵活性，但却给系统带来了安全漏洞。这是由于客体的属主用户可以自主更改文件的存取控制表，造成操作系统无法判别某个操作是否合法。尤其是不能防止具有危害性的"特洛伊木马"通过共享客体（如文件、报文、共享存储等）从一个进程传到另一个进程。而强制访问控制则是用无法回避的访问限制来防止"特洛伊木马"的非法潜入，提供一个更强的、不可逾越的系统安全防线，以防止用户偶然失误造成安全漏洞或故意滥用自主访问控制的灵活性。

强制的访问控制机制的特点主要有：

（1）强制性。这是强制访问控制的突出特点，除了代表系统的管理员外，任何主体、客体都不能直接或间接地改变它们的安全属性。

（2）限制性。即系统通过比较主体和客体的安全属性来决定主体能否以他所希望的模式访问一个客体；同时，也不可避免地要对用户自己的客体施加一些严格的限制。例如，一个用户要将其工作信息存入密级比他高的文件中就会受到限制。

有的策略将自主访问控制和强制访问控制结合在一起，如 Bell&LaPadula 模型的安全策略就是由强制存取控制和自主存取控制两部分组成的。它的自主存取控制用存取矩阵表示，除读、写和执行等存取模式之外，自主存取方法还包括附加控制方式。该策略的强制存取部分，是将多级安全引入到存取矩阵的主体和客体的安全级别中。所以，该策略有较好的灵活性和安全性。Bell&LaPadula 模型是对存取矩阵的一种改进，就是在存取矩阵上进行扩展，将主体和客体的安全级别以及与此级别有关的规则包含进去。在该模式中，如果一个状态是安全的，它满足两个性质：

（1）简单安全性，任何一个主体不能读存取类高于他的存取类的客体，即不能"向上读"。

（2）任何一个主体不能写存取类低于它的存取类的客体，即不能"向下写"。

这两条性质约束了所允许的存取操作，在存取一个被允许的客体时，任意检查和强制检查都会发生。

8.5.4　信息流模型

上述的存取矩阵、Bell&LaPadula 等模型都是依据主体对客体存取权限的控制进行建模的，属于存取控制模型。另一类重要的安全模型则针对客体之间实际的信息传递，其中最主要的是信息流模型。它与 Bell&LaPadula 等模型不同的是 Bell&LaPadula 等存取安全模型主要应用于类似于文件和进程这样的"大"客体，而信息流模型可以直接应用于程序中的变量。信息流分析可以揭示 Bell&LaPadula 模型所无法表达的隐秘存储通道，因此比存取控制模型更为精确。与存取控制模型抽象的状态表示不同，信息流模型需要更详细的形式描述，以表示程序中信息的细节。另外，虽然信息流模型能够分析存取隐秘存储通道，但是它仍不能防止隐秘的时间通道。

一个信息流模型由以下部分组成：

（1）客体集合。表示信息的存放处，如文件、程序、变量及字位（bit）等。

（2）进程集合表示与信息流有关的活动的实体。

（3）安全类集合。与互不相关的离散的信息类相对应。

（4）一个辅助交互类复合操作符。确定在两类信息上的任何二进制操作所产生的信息。

（5）一个流关系。用于决定任何一对安全类之间，信息是否能从一个安全类流向另一个安全类。

存取控制模型和信息流模型是计算机系统安全模型中最主要的两类，代表着计算机系统安全的两种策略：存取控制策略指定了主体对客体的权力；信息流向策略则指定了客体所能包含的信息类别以及客体之间的关系。从系统工程的角度来说，这两种策略是相互补充、相互依赖的。

8.5.5 访问控制类产品

访问控制类产品提供主体访问客体时的存取控制，如通过授权用户在存取系统敏感信息时进行安全性检查，以实现对授权用户的存取权限的控制。

1．产品安全功能

访问控制类产品安全功能可归纳为以下四个方面：

（1）提供对口令字的管理和控制功能。

（2）防止入侵者对口令字的探测。

（3）监测用户对某一分区或域的存取。

（4）提供系统主体对客体访问权限的控制。

2．产品举例

1）SunScreen

SunScreen（SPF-100）是由 Sun Microsystems 开发的网络系统，它具有先进的过滤、鉴别和保密技术而且管理简单。它与网络、协议、应用无关，功能强且使用容易。SunScreen 的使用基于 SPARC 技术的专用硬件设备，SunScreen 产品的配置有一个核心硬件设备（SunScreenSPF-100）和一个管理控制台（Administration Station），该管理台规定了 SunScreen 的安全规则和安全参数。

SunScreen 的主要特点是：

（1）SunScreen 产品的核心是一个功能很强的数据分组扫描监视模块，此模块具有很强的扫描过滤功能和很强的分组功能。

（2）SunScreen 整个装置在网络上是隐形的、不透明的，这是 SunScreen 的最大特点。

（3）SunScreen 通过数据包筛选、过滤来对出入网络的通信信息进行控制，并能对数据包的任何部分进行抽检，允许采用强有力的通信规则和决策。它还可以保留状态信息，这有助于安全地让 DUP（用户数据记录协议）和 TCP（传输控制协议）服务通过。SunScreen 从通过的数据包中提取出有关信息并将其存储起来，这有助于以后决定对通过它的数据包应采取哪种措施。

（4）SunScreen 具有很强的密码加密功能，可以用来在网络上建立虚拟加密系统。在 SunScreen 产品中有可以自动完成安全保密工作的装置，它混合使用了专用密码编码技术和公用密码编码技术，还能完成简单的密钥管理工作。

（5）SunScreen 通过数据隧道化（Tunneling）把数据包填充到另外的包中并进行加密，使公共网络也能达到专用网络的安全标准。分散的各个业务部门可以利用这种方法建立虚拟专用网络，并按虚拟专用网络进行管理。同时，连接在这样网络上的主机可以拥有相同的 IP 地址空间。

（6）SunScreen 管理台是一个专用系统，拥有简单而可靠的制定并实施安全策略的机制，可提供功能强大的安全开发工具以开发、设置数据包过滤系统。

（7）SunScreen 的分组监控扫描过滤模块和防火墙是相互分开的两个不同的设备，利用这个装置既能保证系统的原有功能和服务，又可以向用户提供最大的安全保密性的功能。

2）WebST 安全平台

WebST 是为企业网络提供统一管理的安全平台，其主要机制是身份主授权访问控制、数据保密和数据完整性以及集中的安全管理、分布的时间记录和审计，它使原来不具有安全性能的应用系统也能具有安全控制的能力。

WebST 由 WebST 安全服务器、WebSEAL 服务器、NetSEAL 服务器、PKMS、NetSEAL 客户软件和管理控制台组成，WebSEAL 和 NetSEAL 是应用代理级服务器，是在 WebST 安全服务器进行身份认证之后实施应用级的访问控制。PKMS 是 WebSEAL 的安全代理，是由 SSL 安全通道到 WebST 安全通道的安全网关。在一个 WebST 安全域内的所有 WebSEAL 和 NetSEAL 都可以由管理控制台统一管理。WebST 服务器这部分可以运行在 UNIX 平台上，NetSEAL 客户端软件能运行在 Windows 平台。

WebST 解决方案的主要特点是：

（1）授权访问控制。这是 WebST 最主要的机制，为企业网可能会运行着的多种应用提供了统一的访问控制策略。

（2）认证身份传递。对于被 WebST 认证了的用户身份，不管用户是使用何种方法在 WebST 取得的，当与 NetSEAL 进行通信时，NetSEAL 从安全服务器获得用户 ID，传递给后台的应用服务器，兼顾了系统的安全与效率。

（3）WebST 访问控制是将访问控制表（ACL）与应用服务器上的每一个对象联系起来，一个 ACL。规定了对目标对象完成一些操作的权限。例如，某目标对象是一个文件，ACL 能规定某个用户对它进行读、写和执行等操作的权限，同时也能规定这个文件在网上传输时是否必须加密。每个用户都有一组相关的、可维护的权限关系，当用户登录 WebST 系统时，用户和权限就被联系起来了。WebST 安全服务可以将用户组成"组"，每一组成员具有相同的权限，简化了访问控制特权的管理。比如，"普通用户"组的成员可以读这些文件，而"管理员"组的成员可以修改那些文件。

（4）两种访问控制粒度。在 WebST 的访问控制机制中有粗、细两种控制粒度，粗粒度控制用于网络连接的访问控制，细粒度控制用于具体应用对象的访问控制。对于企业应用来说首先需要粗粒度的控制，以管理和控制谁可以访问哪些服务器的哪些应用。而细粒度访问控制可用来加强对网络资源的控制，如细致到能控制某用户是否可以访问 Web 服务器上的某些页面。

（5）访问控制表的可继承性。访问控制表（ACL）数据库由每个控制对象的 ACL 组成，ACL 是稀疏型数据结构。ACL 具有继承性，如果没有特别设置，一般一个对象的 ACL 继承这种策略只要在关键的几个结点设置实际的 ACL，而其他结点采用继承的 ACL，可以扩大 ACL 数据库的规模，提高访问控制、处理的效率。

（6）安全通道。WebST 可以控制使用安全通道进行通信。在客户端可以使用两种方式，一种是运行 NetSEAT 安全客户端软件时使用 WebST 通道，即 DCE 的安全 PRC 协议，对传输的数据有选择地进行加密，以提高系统效率；另一种是使用浏览器时，客户端使用 SSL 通道通信，对所有的传输数据都进行加密。

（7）数据加密的手段。采用了秘密密钥和公共密钥两种加密形式，每种加密形式都根据其优点被应用于不同情况下。如果没有特别指定，WebST 采用数据加密标准（DES）进行加密，这是一种秘密密钥加密的机制。

3）HP Praesidium 授权服务器

HP Praesidium 授权服务器是由惠普和世界上最大的银行共同开发的。该产品加强了 Web 网站、Internet 和 Intranet 应用的安全性，简化了管理和编程，有助于在开发、建设一个网络及其信息技术基础设施的同时，同步引入应用部门所制定的安全政策，通过集中授权规则和单一服务器对所有应用的特权进行授予和管理，从而降低了费用。由于安全要求正在变得越来越复杂，今天许多企业要求对于访问许可的授权中分别植入、维护安全政策已经不现实了。HP Praesidium 授权服务器消除了这种复杂性，它将集中式环境的最终用户的一致性，与分布式环境中的灵活性及功能性结合起来。集中式的基于政策的系统将有更好的一致性，且易于管理。授权服务器根据一些业务规则来确定授权，这种业务规则可权衡一个指定用户对于那些需要运行一种特定应用或进行交易的人所具有的权限。当应用被运行或交易将发生时将询问授权服务器，以确保该用户是已经合法授权的，所请求的交易是允许的。一个典型的规则可能给用户对应用的访问许可限制在一天内的某几个小时或一周之内的某些天，还可以限定其交易量；单就交易量而言，交易量是可调的（如可高达 50 万美元），而且交易被限制在一个特定账号上。

授权服务器可使组织能够控制因人员流动所带来的安全问题。当雇员开始在公司就职、转换工作或离开公司时，对所有或部分应用软件的访问权将能立即授予或取消。

4）NetKey 网络安全认证系统

基于 NetKey 的身份认证系统，是海信防火墙系统的组成部分。它既是防火墙强大的功能之一，也可自成体系，单独应用在服务器、台式机以及笔记本电脑上，实现强有力的身份认证和操作管理功能，具有强大的灵活性和实用性。

基于 NetKey 的网络安全身份认证系统采用 Client/Server 结构，利用存储在 NetKey 中的用户认证信息，来完成网络管理员和一般用户的登录。网络管理员利用 NetKey，在终端机上调用网络管理界面，进行网络配置和其他管理操作。所有网络用户的 NetKey 均由系统管理员定制。用户在终端的 USB 接口中插入 NetKey，首先实现本机登录，之后，向服务器提出网络登录请求。当认证服务器端接收到用户在终端提出的登录请求时，自动实行网络认证，判定用户是否合法，这样就可以最大程度地杜绝网络内部的安全隐患，防止内部用户无意或有意地泄露敏感信息。利用

NetKey 可以有效地保护个人敏感数据和个人隐私。同时，利用 NetKey 还可以有效地保护安装在个人计算机上的一些应用软件和机密文件。

利用 NetKey 进行网络身份认证，可以弥补"用户名+密码"认证方式的种种缺陷和不足，消除由于网络内部用户有意或无意造成的安全隐患。利用 NetKey 以硬件方式实现用户认证信息的安全存取，即把用户的登录密码和身份等信息存储在 NetKey 中，登录时 PC 与 NetKey 自动进行信息交互，不但省去了记忆密码、输入密码的麻烦，而且防止了密码等信息暴露在外而引起的密码泄漏问题，具有较高的安全性。NetKey 直接应用在计算机的 USB 接口上，属于即插即用型的外围设备，不用单独配备电源和读写器等。

5）Cisco NetRanger

NetRanger 是一种企业级规模的实时入侵检测系统，用于检测、报告和终止整个网络中未经授权的活动。NetRanger 可以在 Internet 和内部网环境中操作，保护企业的整个网络。NetRanger 包括两个部件：NetRanger Sensor 和 NetRanger Director。NetRanger Sensor 不影响网络性能，它分析各个数据包的内容和上下文，决定流量是否未经授权。如果一个网络的数据流遇到未经授权的活动，例如 SATAN 攻击、PING 攻击或秘密的研究项目代码字，NetRanger Sensor 可以实时检测政策违规，向 NetRanger Director 管理控制台发出警告，并从网络中删除入侵者。

NetRanger 的关键特性有：对合法流量/网络使用透明的实时入侵检测；对未经授权活动的实时应对可以阻止黑客访问网络或终止违规会话；全面的攻击签名目录可以检测广泛的攻击，检测基于内容和上下文的攻击；支持广泛的速度和接口类型；警告包括攻击者和目的地 IP 地址、目的地端口、攻击介绍以及捕获的攻击前键入的 256 个字符；适合特大规模分布式网络的可伸缩性。

习　题

1. 简述身份识别技术可分为哪几类？它们有什么特点？
2. 简述指纹识别、语音识别和网膜识别等技术各自的性能与特点。指出上述几种个人特征识别技术是如何推广应用的。
3. 简述一次性口令的安全原理和协议。
4. 身份识别的过程可分为哪几个阶段？在这几个阶段中应着重考虑的因素是什么？
5. 什么是访问控制？访问控制的目的和核心是什么？
6. 信息流模型和存取控制模型有什么不同？

第 9 章 | 虚拟专用网（VPN）

虚拟专用网（Virtual Private Network，VPN）是网络安全中的一个重要技术，通过多种安全机制提供了链路层和网络层上的一些安全服务，是链路层和网络层上数据安全的有力保障。虚拟专用网中的重点是 L2TP 和 IPSec。

9.1 虚拟专用网的产生与分类

如果局域网是一个孤岛，就不会涉及 VPN。但是，随着经济的发展，跨国公司、有众多分支机构的集团公司大量涌现，使得公司分支机构与总部之间、分支机构与分支机构之间的网络互连需求猛增，推动了 VPN 的发展。

9.1.1 虚拟专用网的产生

简单地说，VPN 是指构建在公共网络上，能够实现自我管理的专用网络。有时候，用户为了实现与远程分支机构的连接，在电信部门租用了帧中继（Frame Relay）或 ATM 来提供虚拟线路（Permanent Virtual Circuit，PVC）的连接。这种情况不属于 VPN 的范畴，因为用户对这类网络互连是无法控制、无法管理的。

归纳起来，VPN 需求大致包括以下几种情形：

（1）分支机构、办公点或需要联网的远程客户多且分散。

（2）互连多在广域网范围内进行。

（3）对线路的安全保密性有需求。

（4）带宽和实时性要求不高。

VPN 除了能满足以上需求外，还应具有以下一些特点：

（1）降低成本。租用电信的帧中继或 ATM 实现跨地区的专网也能满足以上需求，但费用非常昂贵，尤其当分支点比较多时，VPN 应具有较低的成本。

（2）实现网络安全服务。通过加密、访问控制、认证等安全机制可实现网络安全服务。

（3）自主控制。对用户认证、访问控制等安全性的控制权应该属于企业，这样更容易被企业接受。

9.1.2 虚拟专用网的分类

根据建立 VPN 的目的，可以将 VPN 分为三类：

1）内联网 VPN（Intranet VPN）

内联网 VPN 企业内部虚拟专网与企业内部的 Intranet 相对应。

在 VPN 技术出现以前，公司两个异地机构的局域网想要互连，一般采用租用专线的方式，虽然该方式也采用如隧道技术等，在一端将数据封装后通过专线传输到目的地解封装，该方式也能提供传输的透明性，但是它与 VPN 技术在安全性上有本质的差异。而且，当分公司很多时，费用昂贵。

利用 VPN 技术可以在 Internet 上组建世界范围内的 Intranet VPN。

2）外联网 VPN（Extranet VPN）

外联网 VPN 与企业网和相关合作伙伴的企业网所构成的 Extranet 相对应。

这种类型的 VPN 与内联网 VPN 没有本质的区别，只是因为在不同公司之间通信，所以需要更多地考虑安全策略的协商等问题。外联网 VPN 的设计目标是：既可以向客户、合作伙伴提供有效的信息服务，又可以保证自身的内部网络的安全。

3）远程接入 VPN（Access VPN）

远程接入与传统的远程访问网络相对应。

在该方式下远端用户不再像传统的远程网络访问那样，通过长途干线到公司远程接入端口，而是接入到用户本地的 ISP，利用 VPN 系统在公众网上建立一个从客户端到网关的安全传输通道。

根据 VPN 在 IP 网络中的层次可将 VPN 分为两类：

（1）二层 VPN。二层 VPN 主要包括 PPTP 和 L2TP。

（2）三层 VPN。三层 VPN 主要包括 IPSec。

有时候，也把更高层的 SSL 也看作 VPN，称为 SSL VPN。

9.2　VPN 原理

9.2.1　VPN 的关键安全技术

目前 VPN 主要采用五项技术来保证安全，这五项技术分别是隧道技术（Tunneling）、加解密技术（Encryption & Decryption）、密钥管理技术（Key Management）、使用者与设备身份认证技术（Authentication）和访问控制技术（Access Control）。

隧道技术按其拓扑结构分为点对点隧道和点对多点隧道。点对多点隧道，如距离-向量组播路由协议（Distance-Vector Multicast Rouring Protocol），只是为提高组播时的带宽利用率，适当扩充点对点隧道的功能，而 VPN 中更多的是点对点通信。

隧道由隧道两端的源地址和目的地址定义，叠加于 IP 主干网之上运行，为两端的通信设备（物理上不毗连）提供所需的虚拟连接。VPN 用户根据自身远程通信分布的特点，选择合适的隧道和结点组成 VPN，通过隧道传送的数据分组被封装（封装信息包括隧道的目的地址，可能也包括隧道的源地址，这取决于所采用的隧道技术），来确保数据传输的安全。隧道技术不仅屏蔽了 VPN 所采用的分组格式和特殊地址，支持多协议业务传送（也可视为一种隧道技术，但需要适当扩展，以支持多协议业务），解决了 CRL 所存在的 VPN 地址冲突，而且可以很方便地支持 IP 流量管理，如 MPLS 等（Multi-Protocol Label Switching，多协议标记交换）中基于策略的标记交换路径能够很好地实现流量工程（Trattic Engineering）。

目前存在多种隧道技术，包括 IP 封装（IP Encapsulation）、GRE（Generic Routing Encapsulation，一般路由封装）、L2TP（Layer 2 Tunneling Protocol，第二层隧道协议）、PPTP（Point-to-Point Tunneling Protocol，点对点隧道协议）、IPSec（IPSec 存在两种传输模式和隧道模式工作模式，这里仅指隧道模式）和 MPLS 等。

1. L2TP

L2TP 定义了利用分组交换方式的公共网络基础设施（如 IP 网络、ATM 和帧中继网络）封装链路层 PPP（Point-to-Point Protocol，点到点协议）帧的方法。承载协议首选网络层的 IP 协议，也可以采用链路层的 ATM 或帧中继协议。L2TP 可以支持多种拨号用户协议，如 IP、IPX 和 AppleTalk，还可以使用保留 IP 地址。目前，L2TP 及其相关标准（如认证与计费）已经比较成熟，并且用户和运营商都已经可以运用 L2TP 组建基于 VPN 的远程接入网，因此国内外已经有不少运营商开展了此项业务。

2. IPSec

IPSec 是一组开放的网络安全协议的总称，在 IP 层提供访问控制、无连接的完整性、数据来源验证、防回放攻击、加密以及数据流分类加密等服务。IPSec 包括报文认证头（Authentication Header，AH）和报文安全封装协议（Encapsulating security Payload，ESP）两个安全协议。AH 主要提供数据来源验证、数据完整性验证和防报文回放攻击功能。除具有 AH 协议的功能之外，ESP 还提供对 IP 报文的加密功能。和 L2TP、GRE 等其他隧道技术相比，IPSec 具有内在的安全机制——加解密，而且可以和其他隧道协议结合使用，为用户的远程通信提供更强大的安全支持。IPSec 支持主机之间、主机与网关之间以及网关之间的组网。此外，IPSec 还提供对远程访问用户的支持。虽然 IPSec 和与之相关协议已基本完成标准化工作，但测试表明，不同厂家的 IPSee 设备还存在互操作性等问题，因此大规模部署使用基于 IPSec 的 VPN 还存在困难。

3. MPLS

MPLS 源于突破 IP 路由瓶颈的需要，融合 IP Switching 和 Tag Switching 等技术，跨越多种链路层技术，为无连接的 IP 层提供面向连接的服务。面向连接的特性，使 MPLS 自然支持 VPN 隧道，不同的标记交换路径组成不同的 VPN 隧道，有效隔离不同用户的业务。用户分组进入 MPLS 网络时，由特定入口路由器根据该分组所属的 VPN，标记（即封装）并转发该分组，经一系列标记交换，到达对应出口路由器，剔除标记、恢复分组并传送至目的子网。和其他隧道技术相比，MPLS 的封装开销很小，大大提高了带宽利用率。然而，基于 MPLS 的 VPN 还限于 MPLS 网络内部，尚未充分发挥 IP 的广泛互连性，这有待实现 MPLS 隧道技术与其他隧道技术的良好互通。

一项好的隧道技术不仅要提供数据传输通道，还应满足一些应用方面的要求。首先，隧道应能支持复用，结点设备的处理能力限制了该结点能支持的最大隧道数，复用[相当于 ATM 中的 VC（Virtval GraitC）/VP（Virtval Path）汇聚]不仅提高结点的可扩展性（可支持更多的隧道），部分场合下还能减少隧道建立的开销和延迟。其次，隧道还应采用一定的信令机制，好的信令不仅能在隧道建立时协调有关参数，而且显著降低管理负担。L2TP、IPSec 和 MPLS 分别通过 L2TP 控制协议、IKE（Internet Key Exchange，互联网密钥交换）协议和基于策略路由标记分发协议与针对标记交换路径隧道的资源保留协议扩展。此外，隧道技术还应支持帧排序和拥塞控制并尽力减少隧道开销等。

9.2.2　隧道技术

对于构建 VPN 来说，隧道（Tunneling）技术是个关键的技术。隧道技术是一种通过使用互联网的基础设施在网络之间传递数据的方式。

使用隧道传递的数据（或负载）可以是不同协议的数据包。隧道协议将其他协议的数据包重新封装在新的包头中发送。新的包头提供了路由信息，从而使封装的负载数据能够通过互联网络传递。

被封装的数据包在隧道的两个端点之间通过公共互联网进行路由。被封装的数据包在公共互联网上传递时所经过的逻辑路径称为隧道。一旦到达网络终点，数据将被解包并转发到最终目的地。

为了理解封装的概念，以早期的通用路由封装协议（Generic Routing Encapsulation，GRE）为例进行说明。

1. IP 协议

IP 包的格式如图 9-1 所示。如果不含选项域，一般的 IP 头长为 20 B。

版本	首部长度	服务类型	总长度（B）	
标识		标志	片偏移	
TTL		协议	首部校验和	
源 IP 地址				
目的 IP 地址				
选项（可选）				
数据				

图 9-1　IP 包结构

对于 IPv4 来说，协议版本是 4。服务类型（TOS）域包括一个 3 位的优先权子域，4 位的 TOS 域和 1 位未用位必须置 0。总长度域是指整个 IP 数据包的长度，以 B 为单位。利用首部长度域和总长度域，就可以知道 IP 数据包中数据内容的起始位置和长度。标识域唯一地标识主机发送的每一份 IP 包，通常每发送一份报文它的值就会加 1。

生存时间域 TTL 设置了数据包可以经过的最多路由器数，它指定了数据包的生存时间。TTL 的初始值由源主机设置，一旦经过一个处理它的路由器，它的值就减去 1。当该域的值为 0 时，数据包就被丢弃，并发送 ICMP 报文通知源主机。

2. GRE

GRE 是一种第三层隧道协议，通过对某些网络层协议（如 IP 和 IPX）的数据包进行封装，使这些被封装的数据包能够在另一个网络层协议（如 IP）中传输。

数据包要在隧道中传输，必须经过封装与解封装两个过程：

不妨假设隧道传输采用 IP 协议，被封装数据包采用 IPX 协议。

1）封装过程

连接 Novell Groupl 的接口收到 IPX 数据包后，首先进行 IPX 协议处理，IPX 协议检查 IPX 报头中的目的地址域来确定如何路由此包。

当发现当前的 IPX 数据包是要发送给 Novell Group2 时，进行封装。

封装好的报文的形式如图 9-2 所示。IP 协议头是图 9-2 中数据前面的部分，GRE 协议头和 IPX 载荷相当于 IP 协议的数据部分。

IP 协议头 （隧道传输协议）	GRE 协议头 （封装协议）	IPX 载荷 （被封装协议）

图 9-2 已封装的隧道包格式

2）解封装过程

解封装过程和封装的过程相反。从隧道接口收到 IP 报文后，通过检查目的地址，发现目的地址正是该路由器时，剥掉 IP 协议头，交给 GRE 协议处理（检查校验和报文的序列号等）。GRE 协议处理后，剥掉 GRE 包头后，再交给 IPX 协议，像对待一般数据包一样对此数据包进行处理。

系统收到一个需要封装和路由的数据包，称为净荷（Payload），这个净荷首先被加上 GRE 封装，成为 GRE 数据包，然后被封装在 IP 包中，这样就可完全由 IP 层负责此数据包的传输和转发，这个负责传输和转发的协议称为隧道传输协议。隧道传输协议一般仍采用 IP 协议。

GRE 的隧道由两端的源 IP 地址和目的 IP 地址来定义，它允许用户使用 IP 封装 IP、IPX、AppleTalk，并支持全部的路由协议如 RIP、OSPF、IGRP、EIGRP 等。

通过 GRE，用户可以利用公共 IP 网络连接 IPX 网络、AppleTalk 网络，还可以使用保留地址进行网络互连，或者对公网隐藏企业网的内部 IP 地址。

GRE 在包头中包含了协议类型，标明被封装协议的类型；校验和包括了 GRE 的包头和完整的乘客协议与数据；序列号用于接收端数据包的排序和差错控制；路由用于本数据包的路由。

GRE 只提供了数据包的封装，并没有通过加密功能来防止网络侦听和攻击，这是 GRE 协议的局限性。另外，需手工配置也限制了 GRE 的应用。

通过 GRE 协议的例子，可以看到隧道技术应包含三个部分：网络隧道协议、隧道协议下面的承载协议和隧道协议所承载的被承载协议。

9.2.3 自愿隧道和强制隧道

隧道可分为自愿隧道和强制隧道。

1）自愿隧道

自愿隧道（Voluntary Tunnel）是使用最普遍的隧道类型。

客户端可以通过发送 VPN 请求配置和创建一条自愿隧道。

为建立自愿隧道，客户端计算机必须安装适当的隧道协议，并需要一条 IP 连接（可通过局域网或拨号线路）。如果使用拨号方式，客户端必须在建立隧道之前创建与公共互联网的一个拨号连接。

2）强制隧道

强制隧道（Compulsory Tunnel）由支持 VPN 的拨号接入服务器配置和创建。这种情况下，用户计算机不作为隧道端点，而是由位于用户计算机和隧道服务器之间的远程接入服务器作为隧道客户端，成为隧道的一个端点。

一些厂家提供能够创建隧道的拨号接入服务器，包括：支持 PPTP 协议的前端处理器（FEP）、支持 L2TP 协议的 L2TP 接入集线器（LAC）或支持 IPSec 的安全 IP 网关。

FEP 和隧道服务器之间建立的隧道可以被多个拨号客户共享，而不必为每个客户建立各自的隧道。因此，一条强制隧道中可能会传递多个客户的数据信息，只有在最后一个隧道用户断开连接之后才能终止这条隧道。

有关 GRE 的详细说明可参考 RFC1701 和 RFC1702 文档。

9.3 PPTP 协议分析

在了解 PPTP 之前，有必要先介绍一下 PPP 协议。

9.3.1 PPP 协议

点到点协议（Point to Point Protocol，PPP）最初的目的是希望通过拨号或专线方式建立点对点连接来交换数据，使其成为各种主机、网桥和路由器之间简单连接的通用解决方案。

PPP 协议提供了解决链路建立、维护、拆除、上层协议协商、认证等问题的完整方案，并支持全双工方式，可按照顺序传递数据包。

PPP 包含以下几个部分：

（1）链路控制协议（Link Control Protocol，LCP）。LCP 负责创建、维护或终止一次物理连接。

（2）网络控制协议（Network Control Protocol，NCP）。NCP 是一族协议，主要负责确定物理连接上运行哪种网络协议，并解决上层网络协议发生的问题。

（3）认证协议。最常用的认证协议是口令验证协议和挑战握手验证协议。

一个典型的链路建立过程分为几个步骤：

1）创建 PPP 链路

LCP 负责创建链路，对基本的通信方式进行选择。具体做法是：链路两端设备通过 LCP 向对方发送配置信息报文（Configure Packets）。一旦一个配置成功信息包（Configure Ack Packet）被发送且被接收，就完成了交换，进入 LCP 开启状态。

在链路创建阶段，只是对验证协议进行选择，用户验证将在下一阶段实现。

2）用户验证

在这个阶段，客户端会将自己的身份发送给远端的接入服务器。该阶段使用一种安全验证方式避免第三方窃取数据或冒充远程客户接管与客户端的连接。在认证完成之前，禁止从认证阶段直接进入网络层协议阶段。如果认证失败，进入链路终止阶段。

在这一阶段中，只有 LCP、认证协议和链路质量监视协议的协议数据是被允许的，其他数据将被默认丢弃。

3）PPP 回呼控制（Call Back Contro1）

微软设计的 PPP 还包括 个可选的回呼控制协议（CBCP）。

如果配置使用回呼，那么在验证之后远程客户和网络接入服务器（Network Access Server，NAS）之间的连接将被断开，然后由 NAS 使用特定的电话号码回呼远程客户。

通过这种方法，可以进一步保证拨号网络的安全性。

4）调用网络层协议

认证阶段完成之后，PPP 将调用在链路创建阶段选定的各种网络控制协议（NCP）。选定的 NCP

解决 PPP 链路上的高层协议问题。例如，在该阶段，IP 控制协议可以向拨入用户分配动态地址。

经过以上几个阶段以后，一条完整的 PPP 链路就建立起来了。

在用户验证过程中，PPP 支持下列认证方式：

1）口令验证协议

口令验证协议（Password Authentication Protocol，PAP）是一种简单的明文验证方式。

NAS 要求用户提供用户名和密码，PAP 以明文方式返回用户信息。很明显，这种验证方式的安全性较差，第三方可以很容易地获取被传送的用户名和密码，并利用这些信息与 NAS 建立连接，获取 NAS 提供的所有资源。

一旦用户密码被第三方窃取，PAP 将无法提供避免被第三方攻击的保障措施。

2）挑战/握手验证协议

挑战/握手验证协议（Challenge Handshake Authentication Protocol，CHAP）是一种加密的验证方式，能够避免建立连接时传送用户密码的明文。

NAS 向远程用户发送一个挑战口令，其中包括会话 ID 和一个任意生成的挑战字串。远程客户必须使用 MD5 算法返回用户名和加密的挑战口令、会话 ID 以及用户口令，其中用户名以非加密的方式发送。

CHAP 为每一次验证随机生成一个挑战字串来防止受到攻击（Replay Attack）。在整个连接过程中，CHAP 将不定时地向客户端重复发送挑战口令，从而避免第三方冒充远程客户进行攻击。

3）微软挑战/握手验证协议（MS-CHAP）

MS-CHAP 的特点是，在调用网络层协议时，支持对数据的压缩和加密。

9.3.2　PPTP 协议

点对点隧道协议（Point to Point Tunneling Protocol，PPTP）是由 3Com 和微软公司合作开发的第一个用于 VPN 的协议，它是 PPP 协议的扩展，微软在 Windows NT 中全面支持该协议。

前面介绍过的 PPP、PAP、CHAP 和 GRE 协议构成了 PPTP 协议的基础。

PPTP 的隧道通信包括三个过程：

（1）PPP 连接和通信。

（2）PPTP 控制连接。它建立到 PPTP 服务器上的连接，并形成一个虚拟隧道。

（3）PPTP 数据隧道。在隧道中，PPTP 协议建立包含加密的 PPP 包的 IP 数据包，这些数据包通过 PPTP 隧道进行收发。

后面的过程取决于前面过程的成功与否。如果有一个过程失败了，那么整个过程都必须重来。

PPTP 协议在一个已存在的 IP 连接上封装 PPP 会话，而不管 IP 连接是如何建立的。也就是说，只要网络层是连通的，就可以运行 PPTP 协议。

PPTP 协议将控制包与数据包分开，控制包采用 TCP 控制，用于严格的状态查询以及信令信息；数据包部分先封装在 PPP 协议中，然后封装到 GRE 协议中，如图 9-3 所示。

图 9-3　PPTP

在 PPTP 中，GRE 用于在标准 IP 包中封装协议数据包，因此 PPTP 可以支持多种协议，包括 IP、IPX、NETBEUI 等。

除了搭建隧道，PPTP 本身并没有定义加密机制，但 PPTP 继承了 PPP 的认证和加密机制，如认证机制 PAP 和 CHAP。

PPTP 协议是一个面向中小企业的 VPN 解决方案，它的安全性不算太好，有些场合甚至比 PPP 协议还要弱，因此不适合安全性要求高的场合。有一种说法是：PPTP 将逐步被另一个二层隧道协议 L2TP 取代。

9.3.3　L2TP 协议分析

二层隧道协议（Layer 2 Tunneling Protocol，L2TP）将网络层数据包封装在 PPP 帧中，然后通过 IP、X.25、FR 和 ATM 网络中的任何一种点到点串行链路进行传送。

1．通过 IP 传送 L2TP 协议数据

图 9-4 是通过 IP 传送 L2TP 协议数据的示意图。

图 9-4　通过 IP 传送 L2TP 协议数据示意图

L2TP 消息有控制消息与数据消息两种类型。控制消息用来建立、保持、清除隧道，数据消息用来封装在隧道中传送的 PPP 帧。

2．L2TP 协议的结构和头格式

图 9-5 是 L2TP 协议的结构，图 9-6 是 L2TP 协议的头格式。

PPP 帧	
L2TP 数据消息	L2TP 控制消息
L2TP 数据信道（不可靠）	L2TP 控制信道（可靠）
包传输（UDP、FR、ATM 等）	

图 9-5　L2TP 协议的结构

T|L|x|x|S|x|O|P|x|x|x|x Ver	长度（可选）
隧道 ID	会话 ID
Ns（可选）	Nr（可选）
偏移量（可选）	偏移填充（可选）

图 9-6　L2TP 协议的头格式

L2TP 控制信道与数据信道的包具有相同的头格式，长度、Ns、Nr 对数据消息来说是可选的，但对控制消息来说则是必需的。

在图 9-6 中，T 表示消息类型，0 为数据消息，1 为控制消息；L 表示长度域的存在，0 表示不存在，1 表示存在；x 保留；S 表示 Ns 与 Nr 域的存在，0 表示不存在，1 表示存在；O 表示偏

移量域的存在，0 表示不存在，1 表示存在；P 表示数据的处理方式；Ver 为 2 时表示 L2TP。

有关各个域的详细描述可参考 RFC2661 文档。

3．L2TP 定义的控制消息

L2TP 定义了以下四类控制消息：

（1）控制连接管理消息。

0（保留值）

1（SCCRQ）Start-Control-Connection-request

2（SCCRP）Start-Control-Connection-Reply

3（SCCCN）Start-Control-Connection-Connected

4（StopCCN）Stop-Control-Connection-Notification

5（保留值）

6（HELL）Hello

（2）调用管理消息。

7（OCRQ）Outgoing-Call-Request

8（OCRP）Outgoing-Call-Reply

9（OCCN）Outgoing-Call-Connected

10（ICRQ）Incoming-Call-Request

11（ICRP）Incoming-Call-Reply

12（ICCN）Incoming-Call-Connected

13（保留值）

14（CDN）Call-Disconnect-Notify

（3）错误报告消息。

15（WEN）WAN-Error-Notify

（4）PPP 会话控制消息。

16（SLI）Set-Link-Info

L2TP 的控制连接协议对隧道的建立、保持、认证和清除进行了详细规定，可参考 RFC2661 文档。

4．L2TP 与 PPTP 的差别

尽管 PPTP 和 L2TP 都使用 PPP 协议对数据进行封装，然后添加附加包头用于数据在互联网上的传输，但实质上它们之间有很大的差别：

（1）PPTP 要求传输网络为 IP 网络。L2TP 对传输网络的要求不高，可以在 IP（使用 UDP）、帧中继永久虚拟电路（PVCs）、X.25 虚电路上使用，也就是说 L2TP 只要求提供面向数据包的点对点连接即可。

（2）PPTP 只能在两点之间建立单一隧道，L2TP 允许在两点之间建立多个隧道。使用 L2TP，用户可以针对不同的服务质量创建不同的隧道，这是很有用的功能，而 PPTP 不具备这一功能。

（3）L2TP 可以提供包头压缩。当压缩包头时，系统开销仅占用 4 B，而 PPTP 协议必须占用 6 B。

（4）L2TP 可以提供隧道验证，而 PPTP 则不支持隧道验证。

9.3.4　IPSec 协议分析

二层隧道协议只能从隧道起始端到隧道终止端通过认证和加密实现一定的安全，而隧道在 IP 公网的传输过程中并不能保证足够安全。IPSec 技术则在隧道外面再进行封装，保证了隧道在传输过程中的安全，如图 9-7 所示。

IP 头	IPSec ESP 头	UDP 头	L2TP 头	PPP 头	PPP 载荷 IP 数据包、IPX 数据包、NETBEUI 帧	IPSec ESP 尾	IPSec Auth 尾
					IPSec 封装		

图 9-7　IPSec 封装示意图

IPSec 是一种三层隧道协议，为 IP 层提供安全服务。IPSec 提供的安全服务包括：

（1）访问控制。

（2）无连接完整性。

（3）数据源认证。

（4）防重放保护。

（5）保密性。

（6）有限的通信业务流保密性。

采用的安全机制包括：数据源验证、无连接数据的完整性验证、数据内容的保密性保护和防重放保护等。

IPSec 协议主要由 AH 协议、ESP 协议、安全关联和密钥管理协议四个部分组成。

1．认证头（AH）

AH 被用来为 IP 数据包提供无连接完整性和数据来源认证，并提供防重放保护。AH 可以单独使用，也可以与 ESP 组合使用，或利用隧道模式的嵌套方式。安全服务可以在正在通信的主机之间提供，也可以在正在通信的安全网关之间提供，或者在主机与安全网关之间提供。

所谓安全网关，是指实现 IPSec 协议的一个中间系统。例如，一个实现了 IPSec 的路由器或防火墙就是一个安全网关。

认证头（AH）由下一头、净荷长度、保留值、安全参数索引（SPI）、序列号域、认证数据（可变）六个域组成，如图 9-8 所示。

这些域都是强制性的，总是在. AH 格式中出现，并且包括在完整性检测值（ICV）的计算中。其中，32 位的安全参数索引用来标识安全关联 SA。

图 9-8　认证头格式

AH 有传输模式和隧道模式两种工作方式，如图 9-9 所示。

图 9-9　传输模式和隧道模式

传输模式通常在主机之间的 VPN 上使用，传输模式使用原始明文 IP 头，仅对数据进行加密，包括它的 TCP 和 UDP 头。

隧道模式通常在安全网关中使用，隧道模式处理整个 IP 数据包：包括全部 TCP 或 UDP 数据，它用自己的地址作为源地址加入到新的 IP 头中。

在传输模式中，AH 被插入在 IP 头之后，上层协议（如 TCP、UDP、ICMP 等）之前，或在任意已经插入的 IPSec 头之前。

在隧道模式中，AH 保护整个内部 IP 包，包括整个内部 IP 头。

引入 ICV 计算的认证算法由安全关联 SA 指定（SA 的概念在后面介绍），ICV 是一种报文认证编码 MAC 或 MAC 算法生成的截断代码。ICV 的引入主要是为了保证数据完整性。

出界包处理将依次经过查找安全关联、产生序列号、计算 ICV 和分段四个相继的过程。相应的入界包处理也将依次经过重组、查找安全关联、验证序列号和验证 ICV 四个相继的过程。

如果不存在有效的安全关联，接收方必须丢弃此包。

如果计算的 ICV 与收到的 ICV 匹配，则数据包有效并被接收；如果检测失败，则接收方必须将收到的 IP 数据包视为无效而丢弃。

丢弃事件和检测失败都应该是可审计事件。

AH 必须实现两种算法：用 MD5 的 HMAC 和用 SHA-1 的 HMAC。

2. 封装安全载荷（ESP）

在 IP 环境中，ESP 是用来提供混合安全服务的，ESP 为 IP 数据包提供的安全服务有保密性、数据源认证、无连接完整性、防重放保护和有限的通信业务流保密性。

ESP 可以单独使用，也可以与 AH 组合使用，或者通过使用隧道模式以嵌套方式使用。

与 AH 类似，ESP 的安全服务可以在一对正在通信的主机之间提供，可以在正在通信的安全网关之间提供，或者在主机与安全网关之间提供。

ESP 头是插在 IP 头后，高层协议头（传输模式）或封装的 IP 头（隧道模式）前。

ESP 包由安全参数索引、序列号、载荷数据（可变）、填充（0~255B）、填充长度、下一头和认证数据（可变）共七个域组成，如图 9-10 所示。

这些域中，填充域和认证数据域是可选的，其他域都是必选的，可选域是否选取是作为安全关联（SA）定义的一部分。

ESP 可以用传输模式或隧道模式两种方法引入。

安全参数索引		
序列号		
净荷数据		
填充（0-255B）	填充长度	下一头
认证数据（可变）		

图 9-10　封装安全净荷包格式

在传输模式中，ESP 被插入在 IP 头之后，上层协议（如 TCP、UDP、ICMP 等）之前，或在已经任意插入的 IPSec 头之前。

隧道模式 ESP 可以用在主机或安全网关上。在隧道模式中，ESP 保护整个内部 IP 包，包括整个内部 IP 头。

隧道模式中 ESP 的位置，相对于外 IP 头，与在传输模式中 ESP 的位置一样。

加密算法由 SA 指定，ESP 是为使用对称加密算法设计的，不过加密也是可选的。

引入 ICV 计算的认证算法也由 SA 指定，适合的认证算法包括基于对称算法（如 DES）或单向 Hash 函数（如 MD5 或 SHA-1）的带密钥的消息认证码（MACS）。认证算法是可选的，但加密算法和认证算法不能都不选。

出界包处理将依次经过查找 SA、包加密、产生序列号、计算完整性检测值和分段五个过程。相应的，入界包处理将依次经过重组、查找 SA、验证序列号、验证完整性检测值和包解密五个过程。

ESP 必须实现的算法包括：CBC 模式的 AES、用 MD5 的 HMAC 和用 SHA-1 的 HMAC。

AH 和 ESP 都支持传输模式和隧道模式两种方式。表 9-1 概括并比较了 AH 和 ESP 在两种模式下的功能，表 9-2 概括并比较了 AH 和 ESP 提供的安全服务。

表 9-1　传输模式与隧道模式中 AH 和 ESP 功能的比较

认证服务方式	传输模式 SA	隧道模式 SA
AH	认证 IP 载荷和 IP 头中的一部分	认证整个内部 IP 包和部分外部 IP 头部分
不带认证的 ESP	加密 IP 载荷	加密内部 IP 包
带认证的 ESP	加密 IP 载荷，认证 IP 载荷	加密内部 IP 包，认证内部 IP 包

表 9-2　AH 和 ESP 的安全服务

安全服务	AH	不带认证的 ESP	带认证的 ESP
访问控制	√	√	√
无连接完整性	√		√
数据源认证	√		√
防重放保护	√	√	√
保密性		√	√
有限通信业务流保密性		√	√

从表 9-2 中可以看到，防重放保护是 AH 和 ESP 都提供的安全服务，下面对防重放的原理进行说明。

重放攻击是指攻击者在得到一个已经过认证的包后，反复将其传送到目的站点的行为。当重复接收经认证的包发生时，没有采取针对性措施的应用程序可能出现异常，导致服务中断或其他不可预料的后果。

AH 和 ESP 的序列号域的正确使用可防止这种重放攻击。

当一个新的 SA 建立时，发送方将序列号初始值置 0，每次在 SA 上发送一个包时，计数器加 1 并将新值填入序列号域。如果不考虑防重放需求，序列号可以循环使用，即当序列号达到 2^{32} 后，重新置 0，周而复始。为了实现防重放的安全服务，要求摒弃循环计数机制，即当序列号达到 $2^{32}-1$ 时，SA 终止，后续的通信将在新的 SA 上进行。

3. 安全关联

在 IPSec 中，安全关联（Security Association，SA）是一个很重要的概念。

安全关联是两个或多个实体之间的关系，描述实体如何利用安全服务安全地通信。这种关系通过一个信息集表现出来，是实体间的一种约定。

信息必须得到所有实体的认同和分享，安全通信才有可能实现。在 IPSec 中，AH 和 ESP 都利用 SA，因特网密钥交换协议（Internet Key Exchange，IKE）（参见 RFC2409）中的大多数功能函数则是用来建立和保持 SA。

SA 由以下元素形成的三元组构成：

（1）安全参数索引 SPI。

（2）IP 目的地址。

（3）安全协议。

建立 SA 分两个阶段，这有利于提高密钥交换速度。

第一阶段称为主模式协商，步骤如下：

（1）策略协商。在这一步中，就四个强制性参数值进行协商：

① 加密算法。

② Hash 算法。

③ 认证方法。

④ Diffie-Hellman 组的选择。

（2）密钥交换。密钥交换在实体间交换生成共享密钥所需要的基本材料信息。密钥交换可以是公开的，也可以受保护。在彼此交换密钥生成"材料"后，两端主机可以各自生成出完全一样的共享"主密钥"，保护其后的认证过程。

（3）认证。密钥交换需要得到进一步认证，如果认证不成功，通信将无法继续下去。"主密钥"结合在第一步中确定的协商算法，对通信实体和通信信道进行认证。在这一步中，整个待认证的实体载荷，包括实体类型、端口号和协议，均由前一步生成的"主密钥"提供保密性和完整性来保证。

第二阶段称为快速模式协商，步骤如下：

（1）策略协商。

① 确定使用哪种 IPSec 协议（AH 还是 ESP）。

② 确定 Hash 算法。

③ 确定是否要求加密，如果需要加密，将建立起两个 SA，分别用于入站和出站通信。

（2）会话密钥"材料"刷新或交换。

（3）SA 和密钥连同 SPI，递交给 IPSec 驱动程序。

第一阶段 SA 建立起安全通道后保存在高速缓存中，在此基础上可以建立多个第二阶段 SA 协商，从而提高整个建立 SA 过程的速度。只要第一阶段 SA 不超时，就不必重复第一阶段的协商和认证。允许建立的第二阶段 SA 的个数由 IPSec 策略决定。

如果 AH 和 ESP 保护都用在一个业务流中，则需要产生两个或多个 SA 对此业务流提供保护。两主机之间或两个安全网关之间典型的双向通信要求至少两个 SA（每个方向一个）。第一阶段 SA 有一个默认的有效时间，也可以设定。如果 SA 超时，或"主密钥"和"会话密钥"中任何一个生命期结束，都要向对方发送第一阶段 SA 删除消息，通知对方第一阶段 SA 已经过期。

IP 环境下的 SA 包括传输模式 SA 和隧道模式 SA 两种类型。

传输模式 SA 是两主机间的一个安全关联。对于 ESP 的情形，传输模式 SA 仅为高层协议提供安全服务，并不为在 ESP 头前的 IP 头提供安全保护。对于 AH 的情形，这种保护延伸到了 IP 头的选择部分、扩展头的选择部分和选择的选项。

在 IP 隧道中应用 SA 时必须用隧道模式 SA。任何时候，安全关联只要有一端是安全网关则 SA 必须是隧道模式。

对于隧道模式 SA 存在一个"外部的" IP 头，说明 IPSec 包的目的地址。"内部的" IP 头说明包的最终目的地址。安全协议头出现在外部 IP 头后，内部 IP 头前。如果在隧道模式中引入 AH，则外部 IP 的一些部分会得到像隧道 IP 包一样的保护（即所有内部 IP 头和高层协议都得到保护）。如果在隧道模式中引入 ESP，则只对隧道包提供保护，并不对外部的 IP 头提供保护。

由 SA 提供的安全服务取决于所选的安全协议、SA 的模式、SA 的端点和在协议中可选服务的选择。当不要求保密性时，引用 AH 协议更合适一些。

在单个 SA 之上传送的 IP 数据包，仅能由一个安全协议提供保护，要么是 AH，要么是 ESP，不能两个都用。

安全关联可用传输邻接和迭代隧道两种方法实现捆绑（这两种方法也能组合，如一个 SA 捆绑可以由一个隧道模式 SA 与一个或两个传输模式 SA 构成）。

传输邻接是指不调用隧道，对同一个数据包使用多个安全协议。

迭代隧道是指多层安全协议的应用通过 IP 隧道来实现。由于每个隧道在 IPSec 路径上可以起始于或终止于不同的站点，这种方法允许多重级别的嵌套，并且允许 AH 与 ESP 任意顺序的组合。

迭代隧道有三种基本情形：

（1）SA 的两个端点都相同。内部和外部隧道都可以是 AH 或者是 ESP。

（2）SA 的一个端点相同。内部和外部隧道都可以是 AH 或者是 ESP。

（3）SA 的两个端点都不相同。内部和外部隧道都可以是 AH 或者是 ESP。

4．密钥管理

密钥管理技术包括密钥的产生、认证、交换、存储、使用、销毁等方面，IPSec 实现要求支持人工的与自动的 SA 和密钥管理。

1）人工方式

管理最简单的形式是人工管理，由人用密钥材料手工地配置每个系统。人工管理技术适用于静态环境。

2）自动方式

大范围的 IPSec 应用需要用自动的密钥管理协议。为了互通，使用 IPSec 选择的自动的密钥管理协议必须支持默认的 IKE，同时可以采纳自动的 SA 密钥管理协议。

自动的 SA 密钥管理协议的输出应该可以用来产生多重密钥，以满足加密算法使用多重密钥、认证算法使用多重密钥的需要。

密钥管理的自动方式主要通过以下协议完成：

（1）Oakley 密钥交换协议。Oakley 是 DH 密钥交换算法的细化和改进。与 DH 密钥交换算法不同，Oakley 密钥交换协议对交换密钥双方进行认证，防止中间人攻击，并使用临时序列号，防止重放攻击。

（2）互联网安全关联和密钥管理协议。互联网安全关联和密钥管理协议（Internet Security Association and Key Management Protocol，ISAKMP）本身并不包含特定的密钥交换算法，而是定义了建立、协商、修改和删除安全关联的过程和包格式。与 Oakley 密钥交换协议相比，ISAKMP 更像是个自动交换密钥的管理框架。ISAKMP 甚至可以涵盖 Oakley 算法，ISAKMP 的第一个版本就是使用 Oakley 算法作为自己的密钥交换算法。

ISAKMP 定义了生成协商密钥的载荷和认证数据，载荷的格式提供了一种框架，这种框架与密钥交换协议、加密算法以及认证机制无关。

9.4　VPN 产品与解决方案

9.4.1　解决方案一

某企业有分支机构设在外地，每天日常的信息资源流动（如电子邮件、公文流转等）都通过长途电话拨号进入总部，每月的长途话费开销数万元，而且由于拨号网络的速度限制，用户都普遍反应网络效率甚低。

考虑到现在 Internet 接入的费用日趋下降，可以利用当地 ISP 提供的宽带网络服务接入 Internet，再利用 Internet 公众网络使分支机构与总部公司实现网络互连。但公众网络上黑客众多，公司内部邮件和公文需要保密，不可以直接暴露在公众网络中。基于用户的需求，可以采用 VPN 方式进行网络互连，即利用 Internet 节省了原有的长途话费开销，又具有一定强度加密保障的安全性，还提高了整个网络的吞吐量和效率。网络拓扑图的实现如图 9-11 所示。

图 9-11　网络拓扑图

9.4.2　解决方案二

某 IT 公司的业务分布在各省市，员工出差的频率相当高。出差员工日常与总公司只能通过长途电话汇报情况，由于 IT 公司有相当多的资料更新比较快，而且往往是电子文档，一般员工就只能通过 Internet 公众网络中的电子邮件信箱或匿名 FTP 来交换资料，而且经常受到信箱大小的限制，或匿名 FTP 不安全因素的威胁。

由于现在大多数员工都使用 Windows7/8 作为操作系统，可以利用这些操作系统内置的 VPN 拨号功能来实现异地、安全、低开销地接入总公司网络中。这样员工不论出差在哪个城市，都可以利用当地的 ISP 接入总公司，使用总部的网络资源、收发电子邮件等，显著提高了工作效率，如图 9-12 所示。

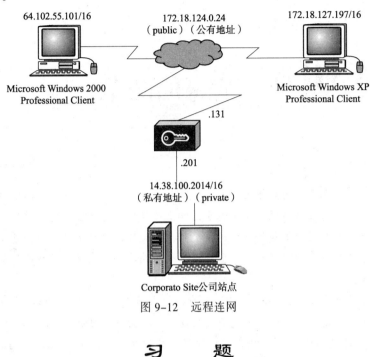

图 9-12　远程连网

习　　题

1. 与 PPP 相比，L2TP 有哪些改进？
2. 传输模式和隧道模式的本质区别是什么？
3. IPSec 中的 SA 起什么作用？
4. 我们身边存在许多 VPN 的运用，试着了解这些机构所采用的具体 VPN 技术，结合其实际通信需求分析其技术优劣。
5. 随着万维网技术的发展，基于 SSL（Secure Sockets Layer）的 VPN 技术得到越来越多的关注。试比较基于 SSL 的 VPN 和基于 IPSec 的 VPN 这两种技术的优劣（提示：可从应用范围、功能和成本等方面作比较）。
6. 某大学在其甲校区和乙校区之间建立 VPN 连接，老师在任一校区授课时，另一校区的学生可通过视频点播的方式同步学习。结果发现：在正常工作时间，通过视频点播中音频和视频质量均较差，而在其他时间段则没有这样的问题，试分析其原因。

   （注：两个校区均自构 VPN，并由一 IP 网络运营商分别为这两个校区提供 100M 带宽的出口。同时，通过这个 100M 端口也为对应校区的师生提供如 Web 访问等网络服务）。
7. 结合上例研究如何在 VPN 环境下保证服务质量（Quality of Service，QoS）。
8. 结合题 6 研究加解密对 VPN 网络性能的影响。

第10章 病毒的防范

众所周知，计算机病毒是对网络安全最具有威胁的因素之一。像医学上的病毒一样，计算机病毒是通过将其自身附着在健康程序（类似于医学上的健康细胞）上进行传播的。感染一个系统后，计算机病毒就附着在它所寄居的系统的每个可执行文件、目标文件上，并感染它们。更有甚者，有些病毒还会感染磁盘驱动器的引导区，这意味着病毒将会感染所有在执行其他程序之前引导该磁盘的计算机。

说到病毒大家可能并不陌生，相信 CIH 病毒、爱虫病毒、尼姆达（Nimda）病毒这些名字都听到过。每年，在全球范围内都会有大的病毒爆发事件，比如，1999 年的 CIH 病毒、2000 年的爱虫病毒、2001 年的尼姆达病毒、2006 年的熊猫烧香病毒、2016 年的 WannaCry 勒索病毒等。这些病毒的快速传播正是借助于因特网的飞速发展，而有些病毒更是直接针对网络设计其传播方式。在网络环境下对病毒的防范已经不像以前单台计算机防病毒那么容易。

10.1 计算机病毒概述

10.1.1 计算机病毒的概念

《计算机信息系统安全保护条例》第 28 条第 1 款明确指出："计算机病毒，是指编制或者在计算机程序中插入的破坏计算机功能或者毁坏数据，影响计算机使用，并能自我复制的一组计算机指令或者程序代码。"由此可以看出，计算机病毒具有以下几个基本要素：

（1）计算机病毒是人为故意编制的程序代码或计算机指令。

（2）计算机病毒的破坏是针对计算机功能、数据，它对计算机的正常使用具有影响。

（3）计算机病毒具有自我复制能力，这种自我复制能力使其具有传播性。

对于计算机病毒的分类，没有统一的标准，目前，常见的分类方式有以下几种：

（1）根据破坏程度进行分类，可以分为良性计算机病毒和恶性计算机病毒两类。

（2）根据系统软件环境的类型进行分类，可以分为 DOS 病毒、Windows 病毒、UNIX 病毒以及其他操作系统病毒。

（3）根据宿主类型进行分类，可分为有宿主的计算机病毒和无宿主的计算机病毒两类。其中，有宿主的计算机病毒又包括引导性病毒、文件型病毒、宏病毒等，而无宿主的计算机病毒则以网络蠕虫类病毒为典型代表。

10.1.2　计算机病毒的特点

根据目前发现的计算机病毒，其特点可分为内在特点和新生特点两方面。

1. 内在特点

计算机病毒的内在特点如下：

（1）传染性是计算机病毒的基本特征。计算机病毒会通过各种渠道从已被感染的计算机扩散到未被感染的计算机，在某些情况下造成被感染的计算机工作失常甚至瘫痪。计算机病毒是一段人为编制的计算机程序代码，这段程序代码一旦进入计算机并得以执行，便会搜寻其他符合其传染条件的程序或存储介质，确定目标后，再将自身代码插入其中，达到自我复制的目的。一台计算机感染病毒后，如不及时处理，病毒就会在这台计算机中迅速扩散，其中的大量文件（一般是可执行文件）会被感染。而被感染的文件又成了新的传染源，在与其他计算机进行数据交换或通过网络接触时，病毒会继续进行传染。

正常的计算机程序一般是不会将自身的代码强行连接到其他程序之上的，而计算机病毒却能使自身的代码强行传染到一切符合其传染条件的未受传染的程序上。计算机病毒可通过各种可能的渠道，如磁盘、信息网络去传染其他计算机。当在一台计算机上发现了病毒时，曾在这台计算机上用过的磁盘往往已感染上了病毒，同时，与这台计算机联网的其他计算机也许也被该病毒感染上。是否具有传染性是判别一个程序是否为计算机病毒的最重要条件。

计算机病毒是未经授权而执行的程序。一般正常的程序是由用户调用，再由系统分配资源，完成用户交给的任务。其目的对用户是可见的、透明的。而计算机病毒具有正常程序的一切特性，它隐藏在正常程序中，当用户调用正常程序时窃取到系统的控制权，先于正常程序执行。计算机病毒的动作、目的对用户是未知的，是未经用户允许的。

（2）隐蔽性。计算机病毒通常附在正常程序中或磁盘较隐蔽的地方，也有个别的计算机病毒以隐含文件形式出现，目的是不让用户发现它的存在。不经过代码分析，计算机病毒与正常程序是不容易区别开来的。

一般在没有防护措施的情况下，计算机病毒取得系统控制权后，可以在很短的时间内传染大量程序。而且受到传染后，计算机系统通常仍能正常运行，使用户不会感到任何异常。正是由于其具有隐蔽性，计算机病毒才得以在用户没有察觉的情况下扩散到成千上万台计算机中。

大部分计算机病毒的代码之所以设计得非常短小，也是为了隐藏。计算机病毒一般只有几百字节，而 PC 对 DOS 文件的存取速度可达每秒几百 KB 以上，所以计算机病毒转瞬之间便可将这短短的几百字节附着到正常程序之中，使人不易察觉。

（3）潜伏性。大部分计算机病毒感染系统之后一般不会马上发作，它可长期隐藏在系统中，只有在满足其特定条件时，才启动其表现（破坏）模块。只有这样，它才可进行广泛的传播。例如，"PETER-2"计算机病毒在每年 2 月 27 日会提三个问题，答错后会将硬盘加密；著名的"黑色星期五"计算机病毒在逢 13 号的星期五发作；国内的"上海一号"计算机病毒会在每年 3、6、9 月的 13 日发作。当然，最令人难忘的是每年 4 月 26 日发作的 CIH 计算机病毒。这些计算机病毒在平时会隐藏得很好，只有在发作日才会露出本来面目。

（4）破坏性。任何计算机病毒只要侵入系统，都会对系统及应用程序产生不同程度的影响。轻者会降低计算机的工作效率，占用系统资源；重者可导致系统崩溃。由此特性可将计算机病毒分为良性病毒与恶性病毒。良性病毒可能只显示些画面或出点音乐、无聊的语句，或者根本没有任何破坏动作，但会占用系统资源，这类计算机病毒较多，如 GENP、小球、W-B001 等。恶性病毒则有明确的目的，或破坏数据、删除文件，或加密磁盘、格式化磁盘，或对数据造成不可挽回的破坏，这也反映出计算机病毒编制者的险恶用心。

（5）不可预见性。不同种类的计算机病毒，它们的代码千差万别，但有些操作是共有的，如驻内存、改中断。有些人利用病毒的这种共性，制作了声称可查所有病毒的程序。这种程序的确可查出一些新病毒，但由于目前的软件种类极其丰富，且某些正常程序也使用了类似病毒的操作甚至借鉴了某些病毒的技术。使用这种方法对病毒进行检测，势必会造成较多的误报情况。而且病毒的制作技术也在不断提高，病毒对反病毒软件永远是超前的。

2．新生特点

在网络环境下，计算机病毒除了具有传染性、隐蔽性、潜伏性、破坏性、不可预见性等计算机病毒的共性外，还具有一些新的特点。

（1）感染速度快。在单机环境下，计算机病毒只能通过移动硬盘从一台计算机带到另一台计算机，而在网络中，则可以通过网络通信机制进行迅速扩散。根据测定，一个典型的 PC 网络在正常使用情况下，只要有一台工作站有病毒，就可在几十分钟内将网上的数百台计算机全部感染。

（2）扩散面广。由于计算机病毒在网络中扩散速度非常快，扩散范围很大，不但能迅速传染局域网内的所有计算机，还能通过远程工作站将计算机病毒在一瞬间传播到千里之外。

（3）传播的形式复杂多样。计算机病毒在网络上一般是通过"工作站—服务器—工作站"的途径进行传播的，但传播的形式复杂多样。

（4）难于彻底清除。单机上的计算机病毒有时可通过删除带毒文件、低级格式化硬盘等措施将病毒彻底清除，而网络中只要有一台工作站未能消除干净就可使整个网络重新被计算机病毒感染，甚至刚刚完成清除工作的一台工作站就有可能被网上另一台带毒的工作站所感染。因此，仅对工作站进行病毒清除，并不能解决计算机病毒对网络的危害。

（5）破坏性大。计算机病毒将直接影响网络的正常工作，轻则降低网速，影响工作效率；重则使网络崩溃，破坏服务器信息，使多年工作毁于一旦。

10.1.3　计算机病毒的传播途径

局域网技术的应用为企业的发展作出了巨大贡献，同时，也为计算机病毒的迅速传播铺平了道路。一般来说，信息网络的基本构成包括网络服务器和网络结点站（包括有盘工作站、无盘工作站和远程工作站）。计算机病毒一般首先通过有盘工作站的软盘和硬盘进入网络，然后开始在网上的传播。具体地说，其传播方式有：

（1）计算机病毒直接从有盘工作站复制到服务器中。

（2）计算机病毒先传染工作站，在工作站内存驻留，通过文件共享，然后再传染给服务器和其他工作站。

（3）计算机病毒先传染工作站，在工作站内存驻留，通过文件方式，然后再传染给服务器和其他工作站。

（4）如果远程工作站被计算机病毒侵入，计算机病毒可以通过通信中的数据交换进入网络服务器中。

随着互联网的高速发展，计算机病毒也走上了离速传播之路，互联网已经成为计算机病毒的第一传播途径。除了传统的文件型计算机病毒以文件下载、电子邮件的附件等形式传播外，新兴的电子邮件计算机病毒，如"美丽莎"计算机病毒、"我爱你"计算机病毒等，则是完全依靠网络来传播。甚至，还有利用网络分布计算技术将自身分成若干部分，隐藏在不同的主机上进行传播的计算机病毒。

10.2　计算机病毒的分类

对病毒可以从不同的角度进行分类。按破坏性来分类存在恶性病毒（如 CIH）和良性病毒（如"杨基"病毒，发作时在计算机上播放歌曲）两种。按所攻击的操作系统划分有 DOS 病毒、Windows病毒、Linux 病毒、UNIX 病毒等。按病毒的表观来划分，可分成简单病毒和变形病毒等。按病毒的感染途径以及所采用的技术划分，存在引导型病毒、文件型病毒和混合型病毒等。

通常所采用的是根据计算机病毒的感染途径以及所采用的技术来划分的，传统上对计算机病毒的分类包括引导型病毒（Boot Virus）、文件型病毒（File Virus）和混合型病毒（Mixed Virus）三大类。随着病毒制造技术的不断提高，变形病毒（Polymorphic/Mutation Virus）、宏病毒（Macro Virus）、电子邮件病毒（Email Virus）、脚本病毒（Script Virus）、网络蠕虫（Network Worm）、黑客程序（Hack Program）、特洛伊木马/后门程序（Trojan/Backdoor Program）、Java/ActiveX 恶意代码等新的分类也逐渐被人们所采用。随着科学技术的不断进步，还会有手机病毒、PDA 病毒、PALM病毒等新的分类。

10.2.1　病毒的不同类型

病毒可分为不同的类型。每一种病毒使用一种方法复制自己，较普遍的病毒有：Troj horse（特洛伊木马）病毒，Polymorphic and no-polymorphic encrypting（多态和非多态加密）病毒，Stealth（行骗）病毒，Slow（慢效）病毒，Retro（制动火箭）病毒，Multipartite（多成份）病毒，armored（装甲）病毒和 phage（噬菌体）病毒。

1．特洛伊木马

特洛伊木马藏身在非可执行文件的代码中（例如，压缩文件和文档文件），为了不被众多的检测程序发现，又藏身在一个可执行文件中。特洛伊木马在安全地通过了反病毒程序检测后开始运行，这种病毒经常作为有用软件出现，或者在压缩备份中作为库文件出现。然而，一个特洛伊木马经常含有病毒子程序。

著名的特洛伊木马之一是 C.rackeriack 共享软件的一个早期版本。与互联网上其他的可利用的破解口令一样，Crackeriack 检测口令文件中相关口令的长度。当用户运行 Crackeriack 破解口令时，它列出破解的所有口令，并要用户删除该文件。这个软件的最初版本的功能不仅是破解口令，而且秘密地把口令文件的内容报告给企图把特洛伊木马插入该软件的人。

2．多态病毒

多态病毒能够自身加密，加密的病毒经常隐藏它的特征，避开反病毒软件。为了传播多态病毒（或其他加密病毒），病毒首先用一种专门的解密程序为加密端口解密。一个解密程序把一个加密文件转换成最初的状态。多态病毒的解密程序取得计算机控制权时病毒自身解密。解密后，解密程序把计算机控制权传给病毒，病毒因此而传播。

最早的加密病毒是非多态的。也就是说，从这到那的感染过程中，他们用的解密工具是从来不变的。因此，尽管这种病毒能够自身加密，隐藏起来避开反病毒软件，反病毒软件仍然能够根据病毒的解密程序的可预测的不变特征来识别并杀死这种病毒。

反病毒软件对多态病毒的定位是非常困难的。多态病毒每次感染一个 EXE 文件时，都产生一个解密程序，生成不同的病毒特征。通常，多态病毒用一个简易的机器码产生器，如变异引擎来改变它的特征。变异引擎利用一个随机数字产生器和相关的简单的数字算法来改变病毒特征。一个病毒程序员，简单地改变一下源代码，使病毒自我复制之前调用变异引擎，制造出多种多态病毒。

尽管一般的扫描方式（如字符串匹配）不能发现多态病毒，但为识别加密病毒而装备的一种特殊构造的搜索引擎却能够检测它们，多态病毒并不是不能克服的，但它们使病毒的检测更加困难和昂贵。为了防止多态病毒，大部分新的病毒扫描软件都包括加密扫描。

3．行骗病毒

行骗病毒隐藏它对文件或引导扇区的修改。Stealth 病毒通过监控操作系统从存储介质中读文件或扇区的系统函数，并消除它们调用系统函数产生的后果，从此达到隐藏修改的目的。这样当程序读这些被感染文件或扇区时，它们看到的是原始的、未被感染的形式，而不是被感染的形式。因此，反病毒程序可能检测不出病毒的修改。为了不在存储介质中被发现，运行反病毒程序时，它们一定寄居在存储器中。如果程序被装入内存，任何反病毒程序都能发现这种病毒。

关于行骗病毒的一个很好的例子就是 Brain。这种引导扇区感染性病毒控制着磁盘的输入/输出（I/O）操作，并在操作系统每次试图读取被该病毒感染的引导扇区时使系统重新定位。Brain 将操作系统重定位到磁盘上它存放原来的引导区内容的位置。其他类似的行骗病毒包括文件感染型病毒，如 Number、Beas 以及 Frodo。病毒捕获了 DOS 中断，该中断执行 DOS 的系统服务器功能，于是，一旦用户命令的结果中指示了被感染文件的存在，病毒就将正常的 DOS 服务器定位到内存中另外一个地方，这就会给 DOS 服务提供一个错误信息。

行骗病毒通常具有长度行骗或读取行骗病毒的功能，长度行骗是文件感染型病毒的变种。这种病毒将自身覆盖在目标程序文件上然后开始复制，这使得该文件长度增大。因为它是一种行骗病毒，它能够屏蔽文件长度，被病毒感染的用户通常在使用计算机期间不能发现这种病毒的活动。

读取行骗病毒，例如著名的 StonedMonkey，窃取了被感染扇区的记录或文件的请求，并且向请求者提供原始的未感染的目录，又一次隐藏病毒的存在。

击败行骗病毒是容易的。当用户在正常的系统上运行反病毒程序时，该程序将检测到行骗病毒。检测病毒前，只要你从一个可靠的、正常的引导盘上启动你的计算机，就可以发现所有的行骗病毒。如以前所说的，行骗病毒只有在存储器中寄居或活动时才能隐藏自身。如果没有安装驻留内存的服务设备，反病毒软件很容易检测到这种病毒。

行骗病毒的感染过程如下：

（1）用户请求读硬盘驱动器引导区。

（2）病毒服务设施请求。

（3）ROM 服务器提供该用户一个正常的引导记录。

4．慢效病毒

慢效病毒是很难被检测到的，因为它们仅感染操作系统正在修改和拷贝的文件（如 DOS、Windows 中 COM 文件），也就是说，慢效病毒仅在用户操作文件时感染该文件。例如，慢效病毒在 FORMAT 或 SYS 写引导区时感染引导区。这种病毒也可能只感染复制过来的文件，而不感染源文件。Darth-Vader 是一种很普通的慢效病毒，它仅感染 COM 文件，而且仅当操作系统写 COM 文件时感染它。

Integrity checker 是一个反病毒程序，它检测计算机磁盘驱动器的内容和驱动器上每一个文件校验和的长度。如果发现内容或长度有变化，它就会报警。然后，用户可以使用 Integrity checkerr 给这个新文件（感染文件）计算出一个新的检验和。

对付慢效病毒最成功的工具是 Integrity shells——驻留内存的 Integrity checker。Integrity shells 总是监督每个新文件的生成路径，并试图使生成过程的每一步都是无病毒的、有效的。

另一种可行的检测方法是 Decoy lunching，在 Decoy lunching 中，反病毒软件生成一些仅有 Integrity checker 知道其内容的 COM 和 EXE 文件。生成这些文件后，软件检查文件内容，查找慢效病毒。

例如，慢效病毒可能感染复制文件的 DOS 程序。当 DOS 执行复制请求时，病毒程序就会把病毒附着在新复制生成的文件上。

5．制动火箭病毒

制动火箭病毒通过对反病毒软件的直接进攻来阻碍反病毒程序或程序组的操作。专家们更愿意把制动火箭病毒称作反反病毒（不要混淆了反反病毒与反病毒病毒，病毒不能感染其他病毒）。

制造一个制动火箭病毒并不是一件困难的事。病毒制造者的任务就是研究他们想击败的程序，直到发现反病毒开发者没有预测到的不足。他们就是利用这些不足来制造制动火箭病毒。最普通的制动火箭病毒是在存有病毒特征的反病毒软件中寻找数据文件，并且删除该文件，使该文件不能再检测到病毒。更高级的制动火箭病毒是在 Integrity checker 软件中寻找 integrity 信息的数据库，并且删除数据库。删除数据库与删除数据文件一样使 Integrity checker 不再有效。

还有一些制动火箭病毒骗过反病毒的检测，并避开该程序，中止反病毒程序的运行或在反病毒之前生成一个有破坏性的程序。有些制动火箭改变计算机环境，以达到影响反病毒程序运行的目的。还有一些病毒利用一些特殊的弱点和漏洞来阻碍反病毒程序的运行。

6．多成分病毒

多成分病毒感染可执行文件和引导区分区。命名多成分病毒是因为它有多种方法感染计算机。当运行一个被多成分病毒感染的应用程序时，它就会感染计算机的硬盘引导区。下次开机时，病毒就开始活动，感染运行的每一个程序。One-Half 就是著名的多成分病毒之一，它不仅具有行骗病毒的威力，同时还具有多态病毒的威力。

7．装甲病毒

装甲病毒利用一些难以跟踪、难以理解的代码程序来保护自己。它们可以用"打包代码"（wrapping code）来迷惑观察者，保护自己。也可能暴露一个错误的地址，而隐藏真正的地址。

Whale 是著名的装甲病毒之一。

8．同伴病毒

同伴病毒通过创建一个新的扩展文件把自己附着在一个可执行文件上。它可以给被它感染的每一个可执行文件建立一个同伴文件。例如，一个同伴病毒可以用 winword.com 来保存。每当用户运行 winword.exe 文件时，操作系统首先运行 winword.com 文件。

9．噬菌体病毒

最后一种病毒是噬菌体病毒，它未经允许就修改程序和数据库。病毒专家根据医学上的噬菌体病毒命名它。这种病毒用它自己的代码代替被它感染的代码。它们不满足于简单地把代码附着在其他程序代码上，它们更喜欢用自己取代可执行的程序，噬菌体常常产生同伴病毒。它极具破坏力，它不仅能够自我复制、自我传播，在处理过程中，它还能破坏它感染的每一个程序。

10.2.2　关于宏病毒

所谓宏，就是一些命令组织在一起，作为一个单独命令完成一个特定任务。Microsoft Word 中对宏。定义为："宏就是能组织到一起作为一独立的命令使用的一系列 Word 命令，它能使日常工作变得更容易。"Word 宏病毒是一些制作病毒的专业人员利用 Microsoft Word 的开放性即 Word 中提供的 Word BASIC 编程接口，专门制作的一个或多个具有病毒特点的宏的集合，这种病毒宏的集合影响到计算机的正常使用，并能通过.DOC 文档及.DOT 模板进行自我复制及传播。

宏病毒是对网络计算机最具威胁的病毒，目前，宏病毒可能是在互联网上传播最快的一个病毒种类。宏病毒不仅对个人计算机同时也对各种类型的网络构成了威胁。其最大的威胁就是宏病毒能像互联网自身一样独立于平台和操作系统，而这一点与文件型及引导型病毒是不同的。还有，宏病毒并不把自己限制在可执行文件和目标文件，而主要针对数据文件。

宏病毒是用专门应用程序的互联网编程语言（有时也称脚本语言或宏语言）写成的小程序。使用宏语言的常见例子包括字处理程序、传递表程序以及图形操作工具。

病毒编写者通常编写宏病毒以便在应用程序生成的文档中进行复制。于是，当主机的其他用户相互交换被感染的文件时，宏病毒便得以传播到其他计算机。宏病毒常常以某种方式删除文件以至于这些文件无法恢复。宏病毒能运行在各种平台上，只要在那里它们能找到相关的应用程序以及他们内部的编程语言。这些基于应用编程语言的宏病毒不再局限于单一的平台式操作系统。

大多数流行的应用程序的内部编程语言都是非常强大的工具。它们不仅能改变既存文件的目录，也能够进行如删除和重命名文件和路径的操作。用这些语言写成的宏病毒可执行同样的操作。

已有大量的宏病毒是用 Microsoft WordBasic 或 Microsoft Visual Basic for Applications（VBA）写成的。WordBasic 是 Microsoft Word for Windows 和 Word for the Macintosh 的内部程序语言。每当用户在 Microsoft Office 的配套产品中执行一个程序时，VBA 就执行，所以用 VBA 写成的宏病毒是相当危险的。换句话说，用 VBA 写成的宏病毒会感染 Excel 文档、Access 数据库和 PowerPoint 文档。应用程序越来越强大，并能支持终端用户编程，宏病毒也随之越来越猖獗。

1．一些流行的宏病毒

Word Macro/Concept——Word Prank Macro 或 WWW6 Macro，是用 Mircosoft Word 6.0 语言写的一种宏病毒。Concept 实际上由以下 Word Macro 组成：AAAZAO、AAAZFS、AutoOpen、FileSaveAs、

Payload（AutoOpen 和 FileSaveAs 都是合法的宏名字，不同于并高于它们在 Concept 中扮演的角色）。病毒试图感染 Word 的 global 文档模板 normal.dot。感染 normal.dot 时，若病毒发现 Payload 宏或 FileSaveAs 已经存在于这个模板上，它会处理已经感染的模板部分，停止它的攻击。如果已经感染了 global 模板，由感染程序创建的 Save As 命令生成的所有文档都会被感染，它可以通过这些文档去传染其他系统。通过检查 Word 的 Tools 菜单中的 Macro 选项，就能发现 Concept。如果宏列表中有名为 AAAZFS 的宏，那么，Concept 病毒就可能感染了你的系统。

通过创建一个名为 Payload 的空白宏，可以保护你的计算机不被病毒感染。你建立的 Payload 宏覆盖了 concept 的 Payload 的实现。病毒以为它已经感染了你的计算机，就不会再感染你的 global 模板 normal.dot。创建一个 Payload 宏仅是一个暂时的解决办法。现在有人正在修改 Concept 的 AutoOpen Macro 来感染系统，无论 normal. dot 是否包含 FileSaveAs 或 Payload。

WordMacro/Atom 与 Concept 非常相似，Atom 的作者加密了这个病毒的宏，这种病毒很难被检测到。因为它在打开或关闭时加密，使防止病毒传染更加困难。

Word Macro Bandung 包括六种宏：AutoExec，AutoOpen，FileSave，FileSaveAs，ToolsCustomize 和 ToolsMacro。如果你在每月的 20 号或其后的上午 11:00 以后打开一个被 Bandung 病毒感染的文档（或用被感染的 normal.dot 启动 Word），病毒会删除 C 盘中所有子目录中的文件，但 Windows、WinWord 和 WinWord 6.0 例外。删除文件时，病毒会显示这样的信息："Reading menu……Please Wait!（正在读菜单……请等候!）"。删除完成后，它创建一个 C:\Pesan.txt 文件，并在文件中写入一个消息。

如果用户选择 Tools 菜单中的 Customize 选项或 Macro 选项，它会在一个对话框中显示"Fail onstep 29296"（使用错误提示码和停止号）。接下去，它在文档中所有出现"a"的地方用"#@"来代替，并保存更改后的文档。无论是 Tools 菜单中的 Customize 或 Macro 选项，Word 都不会再执行实际上的功能。实际上，它执行的是宏病毒功能。

WordMacro/Colors 病毒在 1995 年首次出现，有人把它寄给 Usenet 新闻组。有时也称作 Rainbow 病毒，它来自葡萄牙。这种病毒在 Win.ini 中含有一个计数生成器，当宏执行时，在当前窗口中文件的端口增加 countersu 行。当计数达到某一值时，病毒修改系统的颜色设置。在下次启动时，各窗口的颜色发生了奇怪的变化。这种病毒感染 Word 文档的方式与其他宏病毒相似，但它不仅仅依靠宏的自动执行。即使你屏蔽了 AutoMacro，它也可以传播。也就是说，即使你调用 Winword.exe/DisableAutoMacro 或你用了 Microsoft 的反病毒模板工具（可从 www.microsoft.com 中得到），这种病毒照常行动。Colors 病毒的宏名称如下：

AutoClose、AutoExec、AutoOpen、FileExit、FileNew、FileSave、FileSaveAs、ToolsMacro、Macros 选中 File 菜单中的 New、Save、SaveAs、Exit 选项或 Tools 菜单中的 Macro 选项时，病毒得到了控制权。如果用户打开了一个被感染的文档，再创建一个新文件，关闭一个被感染的文件，保存这个文件或用 Tools 菜单中的 Macro 列出宏时，病毒就会运行。这样，就不能用 Tools 中的 Macro 选项来检查病毒是否感染了系统，只能执行病毒。用 File 中的 Temolates 选项打开 Organizer 对话框，选中 Macro tab，在 Macro tab 中删除宏病毒（注意，将来的病毒也可能入侵这个命令）。

WordMacro/Hot 病毒包含四个可执行的宏。它首先在 winword.ini 文件中生成一个入口。在将来的 14 天中含有一个 "hot date"。被感染的 ini 文件中含有类似于 "QLHot = 120497" 的一行。这个病毒下列宏复制到 normal.dot 文件中并改变宏名称。

MacroStartName、MacroEndName、AutoOpen、StartOfDoc、DrawBringInFont、AutoOpen、InsertPBreak、InsertPageBreak、ToolsRepaginat、FileSave。

在 "hot" 期间的几天中，病毒会触发它的 Payload。Payload 会随机决定抹去选项中文件的内容。为了除掉这种病毒，可以用 Tools 中的 Macro 选项打开 Macro 对话框，选中要删除的宏，按 Delete 按钮即可。

WordMacro/MDMA 宏病毒仅含有一个宏：AntoClose，它感染 WinWord 6.0 的所有版本或更高版本。在每月的第一天激活 Payload。在 Macro 中，它企图删除当前文件夹中的所有文件，但未能达到目的。因一个语法错误导致它的失败。在 Windows NT 中它删除当前目录中的所有文件并删除 C:\shmk。

WordMacro/NUCLEAR 是一种普通的宏病毒。与其他宏病毒一样，它企图感染 Word 的 global 文档模板。与其他宏病毒不同的是：它不用 POP—UP 对话框宣布它的到达，它把自己的盘附着在用 File 菜单中的 Save As 创建的每一个文件上，并感染这些文件。每当关闭文档时，它会关闭 Prompt TO SAVE NORMAL TEMPLATE（打开 Tools 菜单，在 Options 对话框中），以隐藏起来。这样应用程序不会再问你是否要保存 NORMAL.DOT 的改变，病毒也就不会被注意到（很多用户用这个选项保护它们不感染 Concept。这种方法对 Nuclear 是无效的）。

NUCLEAR 的 Payload 宏会删除系统文件 IO.SYS 和 COMMAND.COM（它包含 DOS 执行程序）。在每分钟的最后五秒，它会把下列文本加在每一个从 Word 中打印或复制的文档中。"And finally I would like to say：STOP ALL FRENCH NUCLEAR TESTING IN THE PACIFIC。"因为它仅在打印时添加这段文本，用户不可能注意到这个异常的变化。它的 Payload 宏处理这个功能。选中 Tools 菜单中 Macro 选项，检查宏列表中是否有 NUCLEAR 诸如 InsertPayload 等奇怪的宏名字，你就能确定是否有 NUCLEAR 病毒。

WordMacro/WAZZU 仅包括 AutoOpen 宏。它的语言是独立的，也就是说，它不仅仅感染 Word 的英语版本，还感染用于其他语言的 Word 本地化版本。WAZZU 修改文档内容，在其中插入文本 "WAZZU"。虽然难以确定这个病毒的来源，但 WAZZU 是华盛顿州立大学的别称。

2. 宏病毒的最佳解决办法

当用户打开一个含有宏病毒的文档时，Word for Windows 都会自动警告用户。对于 Microsoft Word for Windows AND Macintosh 用户，Microsoft 提供了 Macro Virus Protection（MVP）工具。MVP 安装了一个保护性的宏，它能检测到宏病毒，并警告用户打开一个含有宏的文件是有危险的。访问 http://www.microsoft.com/word/freestuff/mvtoo1/mvtoo12.htm 下的 Microsoft Web，下载该工具。当用户从电子邮件信息或互联网上下载文件时，在打开这些文件之前，应当用反病毒工具扫描该文档。

从 Microsoft Word 7.0 以来最新的 Microsoft Word 版本对现存的 Word 宏病毒的灵敏度有所下降。这主要是他们伴随着 Excel、Access 和 PowerPoint 工具的出现，使用了一种新的内部脚本集成语言。Microsoft 称这种新的内部语言为 Visual Basic for Applications 5.0（VBA）。另外，Chameleon（NetManage）、Photoshop（Adobe）和 AutoCAD（AutoDesk）都使用 VBA。

10.2.3　计算机病毒的检测方法

检测磁盘中的计算机病毒可分成检测引导型计算机病毒和检测文件型计算机病毒。这两种检测从原理上讲是一样的，但由于各自的存储方式不同，检测方法是有差别的。

1．比较法

比较法是用原始备份与被检测的引导扇区或被检测的文件进行比较。比较时可以靠打印的代码清单（比如 DEBUG 的 D 命令输出格式）进行比较，或用程序进行比较（如 DOS 的 DISKCOMP、FC 或 PCTOOLS 等其他软件）。这种比较法不需要专用的查计算机病毒程序，只要用常规 DOS 软件和 PCTOOLS 等工具软件就可以进行。而且用这种比较法还可以发现那些尚不能被现有的查计算机病毒程序发现的计算机病毒。因为计算机病毒传播得很快，新的计算机病毒层出不穷，由于目前还没有做出通用的能查出一切计算机病毒，或通过代码分析，可以判定某个程序中是否含有计算机病毒的查毒程序，发现新计算机病毒就只有靠比较法和分析法，有时必须结合这两者来一同工作。

使用比较法能发现异常，如文件的长度有变化，或虽然文件长度未发生变化，但文件内的程序代码发生了变化。对硬盘主引导扇区或对 DOS 的引导扇区做检查，比较法能发现其中的程序代码是否发生了变化。由于要进行比较，保留好原始备份是非常重要的，制作备份时必须在无计算机病毒的环境中进行，制作好的备份必须妥善保管，写好标签，并加上写保护。

比较法的好处是简单、方便，无须专用软件。缺点是无法确认计算机病毒的种类名称。另外，造成被检测程序与原始备份之间差别的原因尚需进一步验证，以查明是由于计算机病毒造成的，或是由于 DOS 数据被偶然原因，如突然停电、程序失控、恶意程序等破坏的。这些要用到以后讲的分析法，查看变化部分代码的性质，以此来确证是否存在计算机病毒。另外，当找不到原始备份时，用比较法不能马上得到结论。从这里可以看到制作和保留原始主引导扇区和其他数据备份的重要性。

2．加总比对法（Checksum）

根据每个程序的档案名称、大小、时间、日期及内容，加总为一个检查码，再将检查码附于程序的后面，或是将所有检查码放在同一个数据库中，再利用此加总对比系统，追踪并记录每个程序的检查码是否更改，以判断是否感染了计算机病毒。这种技术可侦测到各式的计算机病毒，但最大的缺点就是误判断高，且无法确认是哪种计算机病毒感染的，对于隐形计算机病毒也无法侦测到。

3．特征字串搜索法

特征字串搜索法是用每一种计算机病毒体含有的特定字符串对被检测的对象进行扫描，如果在被检测对象内部发现了某一种特定字符串，就表明发现了该字符串所代表的计算机病毒。国外对这种按搜索法工作的计算机病毒扫描软件称为 Virus scanner。计算机病毒扫描软件由两部分组成：一部分是计算机病毒代码库，含有经过特别选定的各种计算机病毒的代码串；另一部分是利用该代码库进行扫描的扫描程序。目前常见的防杀计算机病毒软件对已知计算机病毒的检测大多采用这种方法。计算机病毒扫描程序能识别的计算机病毒的数目完全取决于计算机病毒代码库内所含计算机病毒种类的多少。显而易见，库中计算机病毒代码种类越多，扫描程序能认出的计算机病毒就越多。计算机病毒代码串的选择是非常重要的。短小的计算机病毒只有一百多个字节，长的有上万字节。如果随意从计算机病毒体内选一段作为代表该计算机病毒的特征代码串，可能在不同的环境中，该特征串并不真正具有代表性，不能用于将该串所对应的计算机病毒检查出来，选这种串作为计算机病毒代码库的特征串是不合适的。

另一种情况是代码串不应含有计算机病毒的数据区，数据区是会经常变化的。一定要在仔细分析了程序之后才选出最具代表特性的，足以将该计算机病毒区别于其他计算机病毒的字符串。一般情况下，代码串是连续的若干个字节组成的串，但是有些扫描软件采用的是可变长串，即在串中包含有一个到几个"模糊"字节。扫描软件遇到这种串时，只要除"模糊"字节之外的字串都能完好匹配，也能判别出计算机病毒。

除了前面说的选择特征串的规则外，最重要的一条是特征串必须能将计算机病毒与正常的非计算机病毒程序区分开，否则会将非计算机病毒程序当成计算机病毒报告给用户。甚至是将假警报送给杀计算机病毒程序，将好程序"杀死"。

大多数计算机病毒检测软件使用特征串扫描法。当特征串选择得很好时，计算机病毒检测软件让计算机用户使用起来很方便，对计算机病毒了解不多的人也能用它来发现计算机病毒。另外，不用专门软件，用 PCTOOLS 等软件也能用特征串扫描法去检测特定的计算机病毒。

这种扫描法的缺点也是明显的。第一是当被扫描的文件很长时，扫描所花时间也越多；第二是不容易选出合适的特征串；第三是新的计算机病毒的特征串未加入计算机病毒代码库时，老版本的扫毒程序无法识别出新的计算机病毒；第四是怀有恶意的计算机病毒制造者得到代码库后，会很容易地改变计算机病毒体内的代码，生成一个新的变种，使扫描程序失去检测它的能力；第五是容易产生误报，只要在正常程序内带有某种计算机病毒的特征串，即使该代码段已不可能被执行，而只是被杀死的计算机病毒体残余，扫描程序仍会报警；第六是不易识别多维变形计算机病毒。不管怎样，基于特征串的计算机病毒扫描法仍是今天用得最为普遍的查计算机病毒方法。

4. 虚拟机查毒法

该技术专门用来对付多态变形计算机病毒（Polymorphic/Mutation Virus）。多态变形计算机病毒在每次传染时，都将自身以不同的随机数加密于每个感染的文件中，传统搜索法的方式根本无法找到这种计算机病毒。虚拟机查毒法则是用软件仿真技术成功地仿真 CPU 执行，在 DOS 虚拟机（Virltual Machine）下伪执行计算机病毒程序，安全并确实地将其解密，使其显露本来的面目，再加以扫描。

5. 人工智能陷阱技术和宏病毒陷阱技术

人工智能陷阱技术是一种监测计算机行为的常驻式扫描技术，它将所有计算机病毒产生的行为归纳起来，一旦发现内存中的程序有任何不当的行为，系统就会有所警觉，并告知使用者。这种技术的优点是执行速度快、操作简便，且可以侦测到各式计算机病毒；其缺点是程序设计难，且不容易考虑周全。不过在这千变万化的计算机病毒世界中，人工智能陷阱扫描技术是一个至少具有主动保护功能的新技术。

宏病毒陷阱技术（MacroTrap）是结合了搜索法和人工智能陷阱技术，依行为模式来侦测已知及未知的宏病毒。其中，配合 OLE2 技术，可将宏与文件分开，使得扫描速度变得飞快，而且可更有效地将宏病毒彻底清除。

6. 分析法

一般使用分析法的人不是普通用户，而是防杀计算机病毒技术人员。使用分析法的目的在于：

（1）确认被观察的磁盘引导扇区和程序中是否含有计算机病毒。

（2）确认计算机病毒的类型和种类，判定其是否是一种新的计算机病毒。

（3）搞清楚计算机病毒体的大致结构，提取特征识别用的字符串或特征字，用于增添到计算机病毒代码库供计算机病毒扫描和识别程序用。

（4）详细分析计算机病毒代码，为制定相应的防杀计算机病毒措施制定方案。

上述四个目的按顺序排列起来，正好是使用分析法的工作顺序。使用分析法要求具有比较全面的有关计算机、DOS、Windows、网络等的结构和功能调用以及关于计算机病毒方面的知识，这是与其他检测计算机病毒方法不一样的地方。

要使用分析法检测计算机病毒，其条件除了要具有相关的知识外，还需要反汇编工具、二进制文件编辑器等分析用工具程序和专用的试验计算机，因为即使是很熟练的防杀计算机病毒技术人员，使用性能完善的分析软件，也不能保证在短时间内将计算机病毒代码完全分析清楚。而计算机病毒有可能在被分析阶段继续传染甚至发作，把硬盘内的数据完全毁坏掉，这就要求分析工作必须在专门设立的试验计算机上进行，不怕其中的数据被破坏。在不具备条件的情况下，不要轻易开始分析工作，很多计算机病毒采用了自加密、反跟踪等技术，使得分析计算机病毒的工作经常是冗长和枯燥的。特别是某些文件型计算机病毒的代码可达 10 KB 以上，与系统的牵扯层次很深，使详细的剖析工作十分复杂。

计算机病毒检测的分析法是防杀计算机病毒工作中不可缺少的重要技术，任何一个性能优良的防杀计算机病毒系统的研制和开发都离不开专门人员对各种计算机病毒的详尽而认真的分析。

分析的步骤分为静态分析和动态分析两种。静态分析是指利用反汇编工具将计算机病毒代码打印成反汇编指令和程序清单后进行分析，看计算机病毒分成哪些模块，使用了哪些系统调用，采用了哪些技巧，并将计算机病毒感染文件的过程翻转为清除该计算机病毒、修复文件的过程；判断哪些代码可被用作特征码以及如何防御这种计算机病毒。分析人员具有的素质越高，分析过程越快、理解越深。动态分析则是指利用 DEBUG 等调试工具在内存带毒的情况下，对计算机病毒做动态跟踪，观察计算机病毒的具体工作过程，以进一步在静态分析的基础上理解计算机病毒工作的原理。在计算机病毒编码比较简单的情况下，动态分析不是必须的。但当计算机病毒采用了较多的技术手段时，必须使用动、静相结合的分析方法才能完成整个分析过程。

7. 先知扫描法

先知扫描技术（Virus Instruction Code Emulation，VICE）是继软件仿真后一大技术上的突破。既然软件仿真可以建立一个保护模式下的 DOS 虚拟机，仿真 CPU 动作并伪执行程序以解开多态变形计算机病毒，那么应用类似的技术也可以用来分析一般程序，检查可疑的计算机病毒代码。因此 VICE 技术专业人员用来判断程序是否存在计算机病毒代码的方法，分析归纳成专家系统和知识库，再利用软件模拟技术（Software Emulation）伪执行新的计算机病毒，超前分析出新计算机病毒代码。

10.3　病毒防范技术措施

当计算机系统或文件染有计算机病毒时，需要检测和消除。但是，计算机病毒一旦破坏了没有副本的文件，便无法医治。隐性计算机病毒和多态性计算机病毒更使人难以检测。在与计算机病毒的对抗中，如果能采取有效的防范措施，就能使系统不染毒，或者染毒后能减少损失。让我们从技术角度出发，看看如何来防范计算机病毒的侵害。

计算机病毒防范，是指通过建立合理的计算机病毒防范体系和制度，及时发现计算机病毒侵入，并采取有效的手段阻止计算机病毒的传播和破坏，恢复受影响的计算机系统和数据。

计算机病毒利用读写文件能进行感染，利用驻留内存、截取中断向量等方式能进行传染和破坏。预防计算机病毒就是要监视、跟踪系统内类似的操作，提供对系统的保护，最大限度地避免各种计算机病毒的传染破坏。

老一代的防杀计算机病毒软件只能对计算机系统提供有限的保护，只能识别出已知的计算机病毒。新一代的防杀计算机病毒软件则不仅能识别出已知的计算机病毒，在计算机病毒运行之前发出警报，还能屏蔽掉计算机病毒程序的传染功能和破坏功能，使受感染的程序可以继续运行（即所谓的带毒运行）。同时还能利用计算机病毒的行为特征，防范未知计算机病毒的侵扰和破坏。另外，新一代的防杀计算机病毒软件还能实现超前防御，将系统中可能被计算机病毒利用的资源都加以保护，不给计算机病毒可乘之机。防御是对付计算机病毒的积极而又有效的措施，比等待计算机病毒出现之后再去扫描和清除更有效地保护计算机系统。

计算机病毒的工作方式是可以分类的，防杀计算机病毒软件就是针对已归纳总结出的这几类计算机病毒工作方式来进行防范的。当被分析过的已知计算机病毒出现时，由于其工作方式早已被记录在案，防杀计算机病毒软件能识别出来；当未曾被分析过的计算机病毒出现时，如果其工作方式仍可被归入已知的工作方式，则这种计算机病毒能被反病毒软件所捕获。这也是采取积极防御措施的计算机病毒防范方法优越于传统方法的地方。

如果新出现的计算机病毒不按已知的方式工作，这种新的传染方式又不能被反病毒软件所识别，那么反病毒软件也无能为力。这时只能采取两种措施进行保护：第一是依靠管理上的措施，及早发现疫情，捕捉计算机病毒，修复系统。第二是选用功能更加完善的、具有更强超前防御能力的反病毒软件，尽可能多地堵住能被计算机病毒利用的系统漏洞。

以下我们仅从技术的角度来说明计算机病毒防范的常见方法。

10.3.1 单机的病毒防范

与以往的平台相比，Windows 引入了很多非常有用的特性，充分利用这些特性能大大增强软件的能力和便利。应该提醒的是，尽管 Windows 平台具备了某些抵御计算机病毒的天然特性，但还未能摆脱计算机病毒的威胁。单机防范计算机病毒，一是要在思想上重视、管理上到位，二是依靠防杀计算机病毒软件。

1. 选择一个功能完善的单机版防杀计算机病毒软件

一个功能较好的单机防杀计算机病毒软件应能满足以下要求：

（1）拥有计算机病毒检测扫描器。检测计算机病毒有两种方式，对磁盘文件的扫描和对系统进行动态的实时监控。同时提供这两种功能是必要的，实时监控保护更不可少。

① DOS 平台的计算机病毒扫描器。由于系统引导过程中，Windows 未能提供任何保护。因此，在 Windows 启动之前，有必要通过 autoexec.bat 或 config.sys 载入 DOS 平台的计算机病毒扫描器，对引导扇区、内存或主要的系统文件进行扫描，确保无毒后才继续系统的启动。同时，在系统由于感染计算机病毒而崩溃或在内存发现计算机病毒时，通过"干净的"系统引导盘启动，DOS 扫描器便成为主要的杀毒工具。

不过，在 Windows 下"重新引导并切换到 MS–DOS 方式"对大多数防杀计算机病毒软件来说存在漏洞。此时针对 Windows 的监视已失效，只有少数软件在 Windows 目录下的 dosstarrt.bat 中加入 DOS 指令扫描器。可以将 DOS 指令扫描器添加到 dosstart. bat 去，增加 DOS 下的保护。

② 32 位计算机病毒扫描器。供用户对本地硬盘或网络进行扫描。它是专门为 Windows 而设计的 32 位软件，从而支持长文件名及确保发挥最高的性能。

（2）实时监控程序。通过动态实时监控进行防毒。一般是通过虚拟设备程序（VxD）或系统设备程序（Windows NT 下的 SYS）形式而不是传统的驻留内存方式（TSR）进行实时监控。实时监控程序在磁盘读取等动作中实行动态的计算机病毒扫描，并对计算机病毒和一些类似计算机病毒的活动发出警告。

（3）未知计算机病毒的检测。新的计算机病毒平均以每天 4~5 个的速度出现，而计算机病毒特征代码库的升级一般每月一次，这是不够的。理想的防杀计算机病毒软件除了使用特征代码来检测已知计算机病毒外，还可用如启发性分析（Heuristic Analysis）或系统完整性检验（IntegrityCheck）等方法来检测未知计算机病毒的存在。然而，要 100%地区分正常程序和计算机病毒是不大可能的。在检测未知计算机病毒时，最后的判断工作常常要靠用户的经验。

（4）压缩文件内部检测。从网络上下载的免费软件或共享软件大部分都是压缩文件，防杀计算机病毒软件应能检测压缩文件内部的原始文件是否带有计算机病毒。

（5）文件下载监视。相当一部分计算机病毒的来源是在下载文件中，因此有必要对下载文件，尤其是下载可执行程序时进行动态扫描。

（6）计算机病毒的清除能力。仅仅检测计算机病毒还不够，软件还应该有很好的清除计算机病毒能力。

（7）计算机病毒特征代码库升级。定时升级计算机病毒特征代码库非常重要。当前通过因特网进行升级已成为潮流，理想的是单击按钮即可直接连线进行升级。

（8）重要数据备份。对用户系统中重要的数据进行备份，以便在系统受计算机病毒攻击而崩溃时进行恢复。通常数据备份在启动盘上，并包含有防杀计算机病毒软件的病毒扫描器。

（9）定时扫描设定。对个人用户来说，这一功能并不重要，但对网络管理员来说，它可以避开高峰时间进行扫描而不影响工作。

（10）注重计算机病毒检测率。检测率是衡量防杀计算机病毒软件最重要的指标。

这里引用一个间接参考标准：美国 ICSA（国际计算机安全协会）定期对其 AVPD 会员产品进行测试，要求对流行计算机病毒检测率为 100%，对随机抽取的非流行计算机病毒检测率为 90%以上。

2．主要的防护工作

（1）检查 BIOS 设置，将引导次序改为硬盘先启动。

（2）关闭 BIOS 中的软件升级支持，如果是底板上有跳线的，应该将跳线跳接到不允许更新 BIOS。

（3）用防杀计算机病毒软件检查系统，确保没有计算机病毒存在。

（4）安装较新的正式版本的防杀计算机病毒软件，并经常升级。

（5）经常更新计算机病毒特征代码库。

（6）备份系统中重要的数据和文件。

（7）在 Word 中将"宏病毒防护"选项打开，并打开"提示保存 Normal 模板"，退出 Word，然后将 Normal.dot 文件的属性改成只读。

（8）在 Excel 和 PowerPoint 中将"宏病毒防护"选项打开。

（9）若要使用 Outlook/Outlook express 收发电子函件，应关闭信件预览功能。

（10）在 IE 或 Netscape 等浏览器中设置合适的因特网安全级别，防范来自 ActiveX 和 Java Applet 的恶意代码。

（11）对外来的盘和网上下载的软件等都应该先进行查杀计算机病毒，然后再使用。

（12）经常备份用户数据。

（13）启用防杀计算机病毒软件的实时监控功能。

10.3.2 小型局域网的病毒防范

1．小型局域网的特点

小型局域网大多以一台服务器和多台工作站组成，服务器主要提供简单的文件共享服务、打印服务和小规模的数据库访问服务。对等网络、Windows NT 网、NetWare 网及 UNIX/Linux 网为局域网的典型代表，计算机病毒一旦感染了其中的一台计算机，将会很快蔓延到整个网络，而且不容易一下子将网络中传播的计算机病毒彻底清除。所以对于小型局域网的计算机病毒防范必须要全面预防计算机病毒在网络中的传播、扩散和破坏，客户端和服务器端必须要同时考虑。

2．简单对等网络的病毒防范

简单对等网络，就是将一些计算机简单地通过集线器（Hub）连接在一起的方式。这类网络的特点是架构简单，没有明确的服务器，大多采用文件共享的方式进行数据交换。

由于这种网络相对封闭，或者某些主机通过拨号接入的方式连接到因特网，计算机病毒只能通过某台主机的盘侵入整个网络。对这类网络的防毒主要还是基于单机计算机病毒的防范，同时对每台计算机安装计算机病毒实时监控程序，可以防止计算机病毒通过文件共享等方式在网络内传播。

3．Windows 网络的病毒防范

大多数中小企业的局域网都是 Windows 网络。Windows 网络一般是由一台 Windows 主域控制器作为中心服务器，管理用户信息和访问权限控制。而工作站大多是采用有硬盘的 PC 计算机，操作系统以 Windows 7/8 专业版、Windows NT Workstation 为主，主要做文件共享和打印共享。网络相对封闭，或通过在中心服务器上安装访问代理程序（Proxy）来接入因特网。

除了对每台工作站进行单机的防护外，针对 Windows 网络的特点，Windows 网络的防毒还应采取如下措施：

（1）Windows NT/2003 服务器必须全部为 NTFS 分区格式。有的用户在安装系统时，一部分为 FAT16 分区格式，一部分为 NTFS 分区格式。这样就会把计算机病毒感染到服务器的 FAT16 分区中，严重时计算机病毒破坏 FAT16 分区而导致 Windows NT 无法正常启动。

（2）Windows 服务器很容易把光盘作为共享给用户调用，因此要严格控制不知名的外来光盘的使用，以免感染计算机病毒。

（3）用户的权限和文件的读写属性要加以控制。用户权限越大，在工作站上能看到的共享目

录和文件就越多。一旦工作站感染计算机病毒，所能传染的范围就越大，破坏性就越强。若公用
文件属性为只读形式，则计算机病毒无法传播，系统就更安全。

（4）由于登录 Windows 网络的工作站基本上为有盘工作站，这样为计算机病毒进入网络创造
了更多的机会。必须在工作站上选择优秀的具有实时检查、实时杀毒功能的杀毒软件，则能阻止
计算机病毒从工作站进入网络系统。

（5）在服务器端安装基于 Windows 服务器上开发的 32 位/64 位的实时检查、实时杀毒的服务
器杀毒软件，可消除计算机病毒在网上的传播。

（6）利用登录 Windows 网络后执行脚本的功能，实现工作站防杀计算机病毒软件的升级和
更新。

（7）尽量不要直接在服务器上运行如各类应用程序，包括 Office 之类的办公自动化软件，因
为有很多计算机病毒发作是恶性的，一旦遇到格式化硬盘、删除重要文件等现象，那后果就非常
严重。

（8）服务器必须物理上绝对安全，不能有任何非法用户能够接触到该服务器，并且设置成只
从硬盘启动。因为目前有些工具可以在 DOS 下直接读写 NTFS 分区。

综上所述，Windows 网络防范计算机病毒应先从工作站入口开始，采取切实有效的措施，防
止工作站感染计算机病毒，同时也在服务器端安装可靠、有效的网络杀毒软件，实时阻止计算机
病毒在网络中的转播、扩散。另外，还必须对网络服务器重要的数据进行备份，一旦网络出意外，
也能随时恢复正常。

4．UNIX/Linux 网络的病毒防范

对于 UNIX 网络来说，其安全性和用户权限的控制可以说是很强大的，但并不是说没有计算
机病毒的危害存在。大多数的 UNIX/Linux 网络主要是由一台或多台安装 UNIX/Linux 操作系统的
服务器做 Web Server 或 FTP Server，通常也有 Mail Server。而工作站端大多是安装 Windows 7/8/10
操作系统的计算机。对这种网络的计算机病毒防护主要还是基于工作站的单机防护。可以在
UNIX/Linux 服务器上安装 Samba 服务，从某个安全的工作站定期对服务器磁盘上的文件进行扫描。

10.3.3　大型网络的病毒防范

1．大型复杂企业网络的特点

这是目前比较流行的企业组网方式。整个网络分为内网（Intranet）和外网（Extranet）。内网
和外网之间基本上是处于隔离状态，一般通过防火墙设备在内、外网之间建立一条受控的通路，
从内网访问因特网一般采用代理的方式，外网通过路由器或直接与因特网相连。内网大多采用
Windows 网络组建，分配虚拟地址，并安装有内部办公自动化信息系统，如 Lotus Domino 或 Microsoft
Exchange server 等；而外网一般多为 UNIX/Linux 网络，也有采用 NetWare 网络或 Windows 网络的，
分配实地址，并对外提供服务。外网一般安装有 Web 服务器、FTP 服务器、电子函件服务器、域
名服务器，以及其他一些服务器等。从整个网络来看，可能有多个内网和一个外网构成，也有在
外网中再划分子网的情况。

2．大型复杂企业网络的病毒防范

对于这种网络的计算机病毒防护，除了要对各个内网严加防范，更重要的是要建立多层次的

网络防范架构，并同网管结合起来。主要的防范点有因特网接入口、外网上的服务器、各内网的中心服务器等。

可以采用以下一些主要手段：

（1）在因特网接入口处安装网点型计算机病毒防治产品。

（2）在外网单独设立一台服务器，安装服务器版的网络防杀计算机病毒软件，并对整个网络进行实时监控。

（3）如果外网的服务器是基于 Windows NT 操作系统的，那么需要在外网的各个服务器上安装相应的计算机病毒防护软件，比如电子邮件服务器使用的是 Microsoft Exchange Server，那么就需要在该服务器上安装专为 Microsoft Exchange Server 设计的防杀计算机病毒软件。

（4）外网上如果有工作站，需要进行单机防范布防，并适当参考小型局域网的防范要点进行有选择地增加。

（5）在每个内网参照小型局域网的防范要点布防。

（6）内网中的工作站参考单机防范的重点，适当参考小型局域网的防范要点进行布防。

（7）建立严格的规章制度和操作规范，定期检查各防范点的工作状态。

10.4　防杀计算机病毒产品

随着计算机病毒的出现及蔓延，市场上出现了各式各样的防杀计算机病毒的产品，有硬件产品如硬件防病毒卡，也有软件产品如防杀病毒软件、病毒防火墙等。计算机病毒防治产品是用户常用的防杀计算机病毒工具，它使用简单，不需要用户具有很专业的防杀计算机病毒的技术和知识，而且快捷、安全，能够清除已知的计算机病毒。尽管它们不是万能的，但确实对抑制计算机病毒的肆虐和危害起到了很大的作用，在一定程度上避免了更大的损失。

计算机病毒防治产品有其不同的功能及缺点，必须对其原理有所了解，才能正确使用，扬长避短，发挥其防杀计算机病毒作用。

10.4.1　防杀计算机病毒产品的分类

在目前的计算机市场上有形形色色的计算机病毒防杀产品供用户选用。不同的计算机病毒防杀产品有其特殊的功能。对计算机病毒防杀产品有多种分类方法。

1．按使用操作平台分类

按使用操作平台分类，计算机病毒防治产品可分为 Windows 平台、Windows NT 平台、NetWare 平台以及一些 UNIX、Linux、Mac 平台等，同时针对特殊的应用又可分出 Exchange、Lotus Domino 等不同平台上的计算机病毒防治产品。

2．按使用范围分类

按使用范围分类，计算机病毒防杀产品可分为单机版和网络版。单机版计算机病毒防杀产品主要是面向单机用户防杀计算机病毒的，也可对网络中的计算机提供单机防杀计算机病毒服务。网络版主要是面向网络防杀计算机病毒的，由于网络防杀计算机病毒的特殊性，单机版计算机病毒防治产品不可替代网络版计算机病毒防治产品。

3．按实现防杀计算机病毒手段分类

按实现防杀计算机病毒手段分类，计算机病毒防治产品可分为防杀计算机病毒软件和防杀计算机病毒卡。防杀计算机病毒软件是目前比较流行的计算机病毒防治产品，具有预防、检测和消除等功能。防杀计算机病毒卡主要是预防计算机病毒的，所以又称防计算机病毒卡，其独特的作用机制对预防计算机病毒有特殊作用。

4．按功能分类

按功能分类，计算机病毒防杀产品可分为检测类、消除类和实时监测类。目前计算机病毒防杀产品的发展趋势是集成化，越来越多的产品都是集实时监测、检测、消除计算机病毒于一体的软件。计算机病毒防杀产品都有其各自的优点和缺点。

10.4.2 防杀计算机病毒软件的特点

防杀计算机病毒软件是当前国际上最流行的对抗计算机病毒工具之一，也是用户最熟悉的工具软件之一。防杀计算机病毒软件有很多优点，也有许多缺点。总的来讲，它具有以下主要特点：

1．能够识别并清除计算机病毒

识别并清除计算机病毒是防杀计算机病毒软件的基本特征之一，它最突出的技术特点和作用是能够比较准确地识别计算机病毒，并有针对性地加以清除，杀灭计算机病毒的个体传染源从而限制计算机病毒的传染和破坏。

2．查杀病毒引擎库总是需要不断更新

由于计算机病毒的多样性和复杂性，以及 DOS、Windows 等操作系统的开放性和技术上的原因，再加上计算机病毒变种不断出现，使得目前流行的防杀计算机病毒软件的更新总是落后于计算机病毒的出现，防杀计算机病毒处于被动的地位。它只能对已知计算机病毒进行检测、清除，而对新出现的计算机病毒几乎无能为力。

由于计算机病毒的不断出现，任何计算机病毒防治产品，如果不能及时更新查杀病毒引擎库就起不到防杀计算机病毒的效果。目前世界上公认的计算机病毒防治产品的更新周期为 4 周，超过这一周期仍未更新的产品几乎是形同虚设。

10.4.3 对计算机病毒防杀产品的要求

计算机病毒防杀产品是防治计算机病毒的武器，对其安全性、兼容性、功能性等有特殊要求。

1．计算机病毒防杀产品的自身安全

计算机病毒防杀产品也是软件产品，它自身也有安全问题。防杀计算机病毒软件自身也是程序，它也可以成为计算机病毒感染的目标。用染毒的计算机病毒防治产品来查杀计算机病毒，会造成系统受感染。在有毒的环境下，使用未做写保护的计算机病毒防治产品，产品自身也会感染计算机病毒。常驻内存的计算机病毒防杀产品程序代码，无力保护自身代码不受攻击。

2．计算机病毒防杀产品与系统和应用软件的兼容

计算机病毒往往利用操作系统控制系统资源，有时甚至直接越过操作系统强行控制计算机系

统硬件资源，侵入并破坏计算机系统。计算机病毒这一特点，决定了查杀计算机病毒技术对操作系统具有很强的依赖性。计算机病毒防杀产品只有与操作系统紧密连接，才可正常工作和发挥防杀计算机病毒的功能。同样，也要求计算机病毒防治产品与应用软件兼容。

3．对查毒产品的要求

静态检查计算机病毒产品主要用来检查程序是否染病毒。对这类产品的主要要求能发现尽可能多的计算机病毒、误报警率低、速度快。它识别的计算机病毒种类愈多，实用价值就愈大。

在使用静态检查计算机病毒产品时，必须注意产品自身不能染毒，产品运行的环境是清洁无毒的，计算机病毒不能进驻内存。

4．对杀毒产品的要求

查计算机病毒是安全操作，杀计算机病毒是危险操作。查计算机病毒产品只是打开并读取被查文件，产品对被查对象文件不做任何写入动作，最坏的情况不过是误报警或是有毒而未报警，被查文件不会损坏。而杀毒产品在清除计算机病毒时，必须对对象文件做写入动作。如果杀毒产品自身有毒，或是判错了计算机病毒种类、变种或遇到新变种等情况，那么杀毒产品就可能将错误代码写入对象文件，或写入到对象文件的错误位置，造成将文件损坏。如果是清除硬盘系统区的主引导型计算机病毒，此种失误，可使硬盘无法识别和启动。

因此，使用杀毒产品时，必须牢记杀引导型计算机病毒，应事先对硬盘引导区进行备份；杀文件型计算机病毒，应先备份染毒文件，后杀毒。

有了防杀计算机病毒软件，还要注意定期升级计算机病毒特征代码库及软件版本，这样才能保证软件具备消除最新计算机病毒的能力。防杀计算机病毒软件应该选用正式版本，测试版本和盗版软件一般都不能保证功能的完全实现。

10.4.4 常见的计算机病毒防杀产品

在我国，计算机病毒防杀产品需要通过国家有关部门的检验、取得销售许可证后才可以在市场上销售。以下按单机版和网络版分类列举一些目前已经取得销售许可证的计算机病毒防治产品。

1．单机计算机病毒防杀产品

市场上常见的单机版计算机病毒防杀产品有 KVW3000、瑞星、金山毒霸、Kill、安全之星 1+e、北信源、诺顿（Norton AntiVirus）、趋势（Trend）、MeAfee、熊猫卫士（Panda）、CA InoculateIT 等。

2．网络计算机病毒防杀产品

市场上常见的网络版计算机病毒防杀产品有 360 安全卫士、瑞星、Kill、北信源、启明星辰（天蘅）、诺顿（Norton）、趋势（Trend）、McAfee、熊猫卫士（Panda）、CA InoculateIT 等。

3．其他比较有名的反病毒软件

其他还有一些比较有名的反病毒产品，如 AVP、Dr.Web、安博士等。

计算机病毒防范技术伴随着计算机技术和病毒制造技术的发展而发展，只有不断提高防范的技术手段才可能有效防范计算机病毒的入侵。计算机病毒防范是一个长期的过程，任何的松懈和漏洞都可能造成不可估量的损失。

习　题

1. 什么是计算机病毒?计算机病毒具有哪些特性?
2. 计算机病毒的传播途径有哪些?
3. 计算机病毒的类型有哪些?
4. 计算机病毒的检测方法一般有哪些?
5. 简述特征字串查毒法的原理及其优缺点。
6. 简述单机和网络防范计算机病毒的要点。

第11章 信息隐藏技术

信息隐藏（Information Hinding，也称信息伪装）是一门近年来蓬勃发展、引起人们极大兴趣的学科。它集多学科理论与技术于一身，利用人类感觉器官对数字信号的感觉冗余，将一个消息（通常为秘密信息）伪装隐藏在另一个消息（通常为非机密的信息）中，实现隐蔽通信或隐蔽标识。信息隐藏不同于传统的密码学技术，虽然两者都用于秘密通信，但有明显的区别。密码技术是通过特殊的编码将要传递的秘密信息转变成密文的形式，以对通信双方之外的第三者隐藏其信息的内容，显然，这些杂乱无章的密文，可能会引起公共网上拦截者的注意并激发他们破解机密资料的热情。而信息隐藏则是对第三者完全隐藏了秘密信息的存在，它们看起来与一般非机密资料没有两样，因而十分容易逃出拦截者的破解。其道理如同生物学上的保护色，巧妙地将自己伪装隐藏于环境中，免于被天敌发现而遭受攻击一样。

信息隐藏学是一门有趣的、古老的学问，从中国古代文人的藏头诗，到德国间谍的密写信，到现在的隐蔽信道通信，都无不闪烁着人类智慧的火花。今天，数字化技术、计算机技术和多媒体技术的飞速发展，又为信息隐藏学赋予新的生命，为应用信息隐藏技术和信息隐藏科学的发展开辟了崭新的领域。因此，数字信息隐藏技术已成为近些年来信息科学领域研究的一个热点。被隐藏的秘密信息可以是文字、密码、图像、图形或声音，而作为宿主的公开信息可以是一般的文本文件、数字图像、数字视频和数字音频等。

随着数字技术和网络技术的迅速发展，人们越来越多地采用多媒体信息进行交流。但各种多媒体信息以数字形式存在，制作其完美复制变得非常容易，从而可能会导致盗版、伪造和篡改等问题。作为信息隐藏领域的一个重要分支——数字水印应运而生，它为知识产权保护和多媒体防伪提供了一种有效的手段并拥有很大的、潜在的应用市场。

下面将介绍信息隐藏技术的原理，包括它的模型、特征、主要分支和应用，然后对它的两个主要分支——隐写术和数字水印进行讨论。

11.1 信息隐藏技术原理

11.1.1 信息隐藏模型

信息隐藏系统的模型可以用图 11-1 表示。把待隐藏的信息称为秘密信息（Secret Messag），它可以是版权信息或秘密数据，也可以是一个序列号；而公开信息则称为宿主信息（Cover Messag，也称载体信息）， 如视频、音频片段等。这种信息隐藏过程一般由密钥（Key）来控制，即通过嵌入算法（Embedding Algorithm）将秘密信息隐藏于公开信息中，而隐蔽宿主（隐藏有秘密信息的公开信息）则通过通信信道（Communication Channel）传递，然后对方的检测器（Detector）利用密钥从隐蔽宿主中恢复/检测出秘密信息。

图 11-1　通常的信息隐藏系统模型

由此也可以看出，信息隐藏技术主要由下述两部分组成：

（1）信息嵌入算法，它利用密钥来实现秘密信息的隐藏。

（2）隐蔽信息检测/提取算法（检测器），它利用密钥从隐蔽宿主中检测/恢复出秘密信息。在密钥未知的前提下，第三者很难从隐蔽宿主中得到或删除，甚至发现秘密信息。

11.1.2　信息隐藏系统的特征

信息隐藏不同于传统的加密，因为其目的不在于限制正常的资料存取，而在于保证隐藏数据不被侵犯和发现。因此，信息隐藏技术必须考虑正常的信息操作所造成的威协，即要使机密资料对正常的数据操作技术具有免疫能力。这种免疫力的关键是要使隐藏信息部分不易被正常的数据操作（如通常的信号变换操作或数据压缩）所破坏。要求隐藏的数据量与隐藏的免疫力是一对矛盾体，不存在一种完全满足这两种要求的方法，通常只能根据需求的不同有所侧重，采取某种妥协。从这一点来看，实现真正有效的数据隐藏的难度很大，十分具有挑战性。

根据目的和技术要求，一个信息隐藏系统的特征有：

1）健壮性（Robustness）

健壮性指不因宿主文件的某种改动而导致隐藏信息丢失的能力。这里所谓"改动"包括传输过程中的信道噪声、滤波操作、重采样、有损编码压缩、D/A 或 A/D 转换等。

2）不可检测性（Undetectability）

不可检测性指隐蔽宿主与原始宿主具有一致的特性，如具有一致的统计噪声分布等，以便使非法拦截者无法判断是否有隐蔽信息。

3）透明性（Invisibility）

利用人类视觉系统或人类听觉系统属性，经过一系列隐藏处理，使目标数据没有明显的降质现象，而隐藏的数据却无法人为地看见或听见。

4）安全性（Security）

安全性指隐藏算法有较强的抗攻击能力，即它必须能够承受一定程度的人为攻击，而使隐藏信息不会被破坏。

5）自恢复性

由于经过一些操作或变换后，可能会使原图产生较大的破坏，如果从留下的片段数据仍能恢复隐藏信号，而且恢复过程不需要宿主信号，这就是所谓的自恢复性。这要求隐藏的数据必须具有某种自相似特性。

需要指出的是，以上这些特征会根据信息隐藏的目的与应用而有不同的侧重。例如在隐写术中，最重要的是不可检测性和透明性，但健壮性就相对差一点；而用于版权保护的数字水印特别强调具有很强的对抗盗版者可能采取的恶意攻击的能力，即水印对各种有意的信号处理手段具有很强的健壮性。用于防伪的数字水印则非常强调水印的易碎性，能敏感地发现对数据文件的任何篡改和伪造等。

11.1.3　信息隐藏技术的主要分支与应用

按照 Fabien A.P.Petitcolas 等在其文献中的意见，广义的信息隐藏技术的主要分支如图 11-2 所示。

图 11-2　信息隐藏技术的主要分支

隐蔽信道由 Lampson 定义为：在多级安全水平的系统环境中（如军事计算机系统），那些既不是专门设计的也不打算用来传输信息的通信路径称为隐蔽信道。这些信道在为某一程序提供服务时，可以被一个不可信赖的程序用来向它们的操纵者泄漏信息。例如在互联网中，IP 包的时间戳就可以被人们利用来传输一比特数据（偶时间增量发送的包表示逻辑 0，奇时间增量发送的包表示逻辑 1）。

匿名通信就是寻找各种途径来隐藏通信消息的主体，即消息的发送者和接收者。这方面的例子包括电子邮件匿名中继器，此外洋葱路由也是一种，它的想法是：只要中间参与者不互相串通勾结，通过使用一组邮件中继器或路由器，人们可以将消息的踪迹隐蔽起来。根据谁被匿名（发送者、接收者，或两者），匿名通信又可分为几种不同的类型。Web 应用强调接收者的匿名性，而电子邮件用户们更关心发送者的匿名性。

隐写术是信息隐藏学的一个重要分支。

版权标志包括易碎水印和数字指纹、数字水印两种健壮的版权标志。易碎水印的特点是脆弱性，通常用于防伪，检测是否被篡改或伪造。数字水印又分为可见数字水印和不可见数字水印。可见数字水印（Visible Watermarking）最常见的例子是有线电视频道上所特有的半透明标识（Logo），其主要目的在于明确标识版权，防止非法使用，虽然降低了资料的商业价值，却无损于所有者的使用。而不可见数字水印将水印隐藏。视觉上不可见（严格说应是无法察觉），目的是为了将来起诉非法使用者，作为起诉的证据，以增加起诉非法使用者的成功率，保护原创造者和所有者的版权。不可见数字水印往往用在商业用的高质量图像上，而且往往配合数据解密技术一同使用。

11.2　数据隐写术

在过去的几年中，人们提出了许多不同的数据隐写术，其中大部分可以看作是替换系统，即尽量把信号的冗余部分替换成秘密信息,它们的主要缺点是对修改隐蔽宿主具有相当的脆弱性。

根据嵌入算法,可以大致把隐写术分成以下六类:

(1)替换系统。用秘密信息替代隐蔽宿主的冗余部分。

(2)变换域技术。在信号的变换域嵌入秘密信息(如在频域)。

(3)扩展频谱技术。采用了扩频通信的思想。

(4)统计方法。通过更改伪装载体的若干统计特性对信息进行编码,并在提取过程中采用假设检验方法。

(5)失真技术。通过信号失真来保存信息,在解码时测量与原始载体的偏差。

(6)载体生成方法。对信息进行编码以生成用于秘密通信的伪装载体。

在此主要介绍前三种技术,给出一些较实用、常见的算法。需要指出的是,这些算法有些也适用在数字水印上。

11.2.1　替换系统

1. 最低比特位替换

最低比特位替换(Least Significant Bit Embedding, LSB)是最早被开发出来的,也是使用最为广泛的替换技术。通常,黑白图像,通常是用八个比特来表示每一个像素(Pixel)的明亮程度,即灰阶值(Gray—value)。彩色图像则用三个字节来分别记录 RGB 三种颜色的亮度。将信息嵌入至最低比特,对宿主图像的图像品质影响最小,其嵌入容量最多为图像文件大小的 1/8。当然,可以不只嵌入一个比特,但相对的,嵌入后图像品质自然较差。

这里以 BMP 为例介绍一种实用的最低比特位替换法。

彩色图像的 BMP 图像文件是位图文件,位图表示的是将一幅图像分割成栅格,栅格的每一点称为像素,每一个像素具有自己的 RGB 值,即一幅图像是由一系列像素点构成的点阵。

BMP 图像文件格式,是微软公司为其 Windows 环境设置的标准图像格式,并且内含了一套图像处理的 API 函数。随着 Windows 在世界范围内的普及,BMP 文件格式越来越多地被各种应用软件所支持。24 位 BMP 图像文件的结构特点为:

(1)每个文件只能非压缩地存放一幅彩色图像。

(2)文件头由 54 个字节的数据段组成,其中包含有该位图文件的类型、大小、图像尺寸及打印格式等。

(3)从第 55 个字节开始,是该文件的图像数据部分,数据的排列顺序以图像的左下角为起点,每连续三个字节便描述图像一个像素点的颜色信息,这三个字节分别代表蓝、绿、红三基色在此像素中的亮度,若某连续三个字节为 00H,00H,FFH,则表示该像素的颜色为纯红色。

一幅 24 位 BMP 图像,由 54 个字节的文件头和图像数据部分组成,其中文件头不能隐藏信息,从第 55 个字节以后为图像数据部分,可以隐藏信息。图像数据部分是由一系列的 8 位二进制数所组成,由于每个 8 位二进制数中"1"的个数或者为奇数或者为偶数,约定:若一个字节中"1"的个数为奇数,则称该字节为奇性字节,用"1"表示;若一个字节中"1"的个数为偶数,则称该字节为偶性字节,用"0"表示。用每个字节的奇偶性来表示隐藏的信息。

例如,设一段 24 位 BMP 文件的数据为 01100110, 00111101, 10001111, 00011010, 00000000, 10101011, 00111110,10110000,则其字节的奇偶排序为:0,1,1,1,0,1,1,1。现在需要隐藏信息 79,

由于 79 转化为 8 位二进制为 01001111，将这两个数列相比较，发现第三、四、五位不一致，于是对这段 24 位 BMP 文件数据的某些字节的奇偶性进行调制，使其与 79 转化的 8 位二进制相一致：

第三位：将 10001111 变为 10001110，则该字节由奇变为偶。

第四位：将 00011010 变为 00011011，则该字节由奇变为偶。

第五位：将 00000000 变为 00000001，则该字节由偶变为奇。

经过这样的调制，此 24 位 BMP 文件数据段字节的奇偶性便与 79 转化的 8 位二进制数完全相同，这样，8 个字节便隐藏了一个字节的信息。

综上所述，将信息嵌入 BMP 文件的步骤为：

① 将待隐藏信息转化为二进制数据码流。

② 将 BMP 文件图像数据部分的每个字节的奇偶性与上述二进制数码流进行比较。

③ 通过调整字节最低位的"0"或"1"，改变字节的奇偶性，使之与上述二进制数据流一致，即将信息嵌入 24 位 BMP 图像中。

信息提取是把隐藏的信息从伪装媒体中读取出来，其过程和步骤正好与信息嵌入相反：

a. 判断 BMP 文件图像数据部分每个字节的奇偶性，若字节中"1"的个数为偶数，则输出"0"；若字节中"1"的个数为奇数，则输出"1"。

b. 每判断 8 个字节，便将输出的 8 位数组成一个二进制数（先输出的为高位）。

c. 经过上述处理，得到一系列 8 位二进制数，便是隐藏信息的代码，将代码转换成文本，或图像，或声音，就是隐藏的信息。

由于原始 24 位 BMP 图像文件隐藏信息后，其字节数值最多变化 1（因为是在字节的最低位加"1"或减"1"），该字节代表的颜色浓度最多只变化了 1/256，所以，已隐藏信息的 BMP 图像与未隐藏信息的 BMP 图像，用肉眼是看不出差别的；将信息直接嵌入像素 RGB 值的优点是嵌入信息的容量与所选取的掩护图像的大小成正比，使用这种方法，一个大小为 32 KB 的 24 位 BMP 图像文件，可以隐藏约 32 KB/8=4 KB 的信息（忽略文件头不能隐藏数据的 54 个字节），该方法具有较高的信息隐藏率。

需要指出的是，以上其实是对彩色图像的每个字节进行最低比特位替换，然而更为一般、更为通用的是对每个像素（像上面的 BMP 每个像素是三个字节）进行最低比特位替换。

提高最低比特替换法的容量的方法有两种：第一种是固定增加每个像素的替换量（Fixed-sized LSB Embedding）。根据实验分析，一般的图像在每个像素都固定替换三个比特的信息时，人眼仍然很难察觉出异样。但直接嵌入四个比特的信息量时，在图像灰阶值变化和缓的区域（Smooth Area）就会出现一些假轮廓（False contouring），因此在嵌入时必须辅以一些其他技术才能增加其隐蔽性。图 11-3 是隐藏信息的图像，其中第一个是原图，而后演示了分别替换 1~8 个比特后的结果。第二种方法是先考虑每个像素本身的特性，再决定要在每个像素嵌入多少比特的信息量（Variable-sized LSB Embedding）。结合上述两种方法，在完全不考虑不可检测性及健壮性的需求下，一张图像的嵌入容量最高可达到图像大小的 1/2 以上。若将不可检测性列入需求考虑时，嵌入容量则和每一张掩护图像本身内容信息相关，根据实验，嵌入容量平均为掩护图像的 1/3 左右。

2. 基于调色板的图像

对一幅彩色图像，为了节省存储空间，人们将图像中最具代表的颜色组选取出来，利用 3 个字节分别记录每个颜色的 RGB 值，并且将其存放在文件的头部，这就是调色板；然后针对图像中每个像素的 RGB 颜色值，在调色板中找到最接近的颜色，记录其索引值（Index）。调色板的颜色总数若为 256，则需要用 1 个字节来记录每个颜色在调色板中的索引值（这可节省 2/3 的存储空间）；最后，这些索引值会再使用非失真压缩技术（Losslss Compression），如 LZW，压缩后再存储在文件中。在网络上，这种类型的图像文件格式中，最具代表性的是 CompuServ 公司所开发出来的 GIF 格式文件。

图 11-3　分别替换 1~8 个比特后的结果

早期，信息是被隐藏在彩色图像的这个调色板中，利用调色板中颜色排列的次序来表示嵌入的信息，由于这种方法并没有改变每个像素的颜色值，只是改变调色板中颜色的排列号，因此，嵌入信息后的伪装图像与原始图像是一模一样的。然而，这种方法嵌入的信息量很小，无论掩护图像的尺寸为多大，可供嵌入的信息最多为调色板颜色的总数，嵌入容量小是这个技术的缺点之一。加上有些图像处理软件在产生调色板时，为了减少搜寻调色板的平均时间，会根据图像本身的特性调整调色板颜色的排列次序。因此，在嵌入信息时，改变调色板中颜色的次序，自然会暴露出嵌入的行为。后来开发出来的技术就不再将信息隐藏在调色板，而是直接嵌入在每个像素的颜色值上（如前面在 LSB 中所介绍的例子），这样嵌入容量和图像大小成正比，而不再是仅仅局限在调色板的大小。

另一种嵌入的方法则是将信息嵌在每个像素所记录的索引值中。由于调色板中相邻颜色的差异可能很大，所以直接在某个像素的索引值的最低比特嵌入信息，虽然在索引值的误差仅仅为 1 的情况下，像素的颜色也可能更改很大，使整张图像看起来极不自然，增加了暴露嵌入行为的风险。为了改善这项缺失，一种直觉的做法就是先将调色板中的颜色排序，使其相邻的颜色差异缩小。但是如同前面所提及的，更改调色板中颜色的次序，容易引起疑虑，增加了暴露嵌入行为的可能性。所以，Romana Machado 提出了另一种可行的方法，其嵌入步骤如下：

（1）复制一份调色板，依颜色的亮度（Luminance）做排序，使新调色板中相邻颜色之间的差异减到最小。

（2）找出要嵌入信息的像素颜色值在新调色板中的索引值。

（3）取出一个比特的信息，将其嵌入新索引值的最低比特（LSB）。

（4）取出嵌入信息后的索引值的颜色 RGB 值。

（5）找出这个 RGB 值在原始调色板中的索引值。

（6）将这个像素的索引值改成步骤（5）找到的索引值。

注意，这个嵌入的方法并没有改变原先的调色板，而且最后的索引值和原始的索引值之间的差异并不只是 1 而已。然而，这两个索引值所代表的颜色在新调色板中却是相邻的颜色，因此差异不大。当接收方收到图像时，取出信息的步骤如下：

① 复制一份调色板，并对其颜色根据亮度做排序。

② 取出一个像素，根据索引值在旧调色板中，取出其颜色 RGB 值。

③ 找出这个 RGB 值在新调色板中的索引值。

④ 取出这个索引值的 LSB，即是所要的信息。

根据亮度来排序的缺点是，亮度相近的颜色，并不代表颜色看起来就相似。例如，RGB 值为（6,98,233）的颜色，其亮度经公式计算为 0.299R + 0.587G+0.114B=85.882。RGB 值为（233,6,98）的颜色亮度则为 84.361。两个颜色看起来完全不同，亮度差距却极为有限。因此使用 Romana Machado 的 stego 嵌入信息在图像中，可能将原本像素颜色为（6,98,233）改成（233,6,98）。这是因为每一个 RGB 颜色值都为三维空间上的一点，将其对映到一维的亮度上，自然无法反应出真正的色彩差距。为了改善这个缺失，Jiri Fridrich 根据 Romana Machado 的方法进行改进，提出一个隐蔽性更高的嵌入技术。首先，Fridrich 将嵌入的方法改成同位比特（Parity Bit），即（R+G+B）mod 2，并定义两个颜色（R_1,G_1,B_1），（R_2,G_2,B_2）的距离 d 如下：

$$d = \sqrt{(R_1 - R_2)^2 + (G_1 - G_2)^2 + (B_1 - B_2)^2}$$

利用随机数产生器选取一个像素，然后直接在调色板中找出一个颜色距离最小的，并且同位比特值与嵌入信息相同的颜色，然后将其索引值改成这个颜色的索引值。根据实验数据显示，使用这个改进的方法，伪装图像与掩护图像之间的平均差异或像素颜色的最大改变值都降低许多。

11.2.2 变换域技术

最低比特替换技术的缺点是替换的信息完全没有健壮性，而变换域技术则相对比较强壮，它是在载体图像的显著区域隐藏信息，比 LSB 方法能够更好地抵抗攻击，如压缩、裁减和一些图像处理。它们不仅能更好地抵抗各种信号处理，而且还保持了对人类器官的不可觉察性。目前有许多变化域的隐藏方法，一种方法是使用离散余弦变化（DCT）作为手段在图像中嵌入信息，还有使用小波变化的。下面介绍一个基于 DCT 变换的 JPEG 图像文件信息隐藏的例子。

JPEG 图像压缩标准是属于一种区块（Block-based）压缩技术，每个区块大小为 8×8 像素，由左而右、由上而下依序针对每个区块分别去做压缩。下面以灰阶图像模式来说明，其压缩步骤如下：

（1）将区块中每个像素灰阶值都减去 128。

（2）然后将这些值利用 DCT 变换，得到 64 个系数。

（3）将这些系数分别除以量化表中相对应的值，并将结果四舍五入。

（4）将二维排列的 64 个量化值，使用 Zigzag 的次序（见表 11-1）转成一维的排序方式。

（5）最后再将一串连续 0 配上一个非 0 量化值，当成一个符号（Symbol），用 Huffman 码来编码。

表 11-1 Zigzag 次序表

0	1	5	6	14	15	27	28
2	4	7	13	16	26	29	42
3	8	12	17	25	30	41	43
9	11	18	24	31	40	44	53
10	19	23	32	39	45	52	54
20	22	33	38	46	51	55	60
21	34	37	47	50	56	59	61
35	36	48	49	57	58	62	63

在整个压缩过程中，会造成失真的部分主要是在步骤（3）。量化表中的值越大，则压缩倍率越大，图像品质则越差。在 JPEG 标准规格书中，并没有强制限定量化表中的值为何，只是提供一个参考用的标准量化表（见表 11-2）。一般的图像软件，在压缩前，都会让使用者选定压缩品质等级，然后再根据下列公式计算出新的量化表。注意，下列的公式只是其中的一种调整量化表的方法而已。

表 11-2 JPEG 标准量化表

16	11	10	16	24	40	51	61
12	12	14	19	26	58	60	55
14	13	16	24	40	57	69	56
14	17	22	29	51	87	80	62
18	22	37	56	68	109	103	77
24	35	55	64	81	104	113	92
49	64	78	87	103	121	120	101
72	92	95	98	112	110	103	99

$$scale\_factor = \begin{cases} 5000 / quality, & if\ quality \leqslant 50 \\ 200 - quality \times 2, & if\ quality > 50 \end{cases}$$

$$quantization[i,j] = (std\text{-}quantization[i,j] \times scale\_factor + 50)/100$$

这里的 quality 代表的是使用者所设定的压缩品质等级，而 std-quantization[i, j]表示标准量化表中的第(i, j)个值，quantization[i, j]则是计算出来的新量化表。

为了确保嵌入的信息不会遭受量化的破坏，因此嵌入的动作必须在量化之后进行。如果直接将信息嵌入四舍五入后的整数系数的最低比特，那么嵌入所造成的最大可能误差 1，加上四舍五入产生的最大可能误差，因此最大可能误差值可达 1.5。假设量化表中的值为 16，则量化后 1.5 的误差值，代表的是量化前误差达到 24。为了改善这项缺失，Robert Tinsley 将四舍五入与嵌入两个动作合并改良，原先为实数的 DCT 系数转成整数时，不再按四舍五入的法则，而是取决于嵌入信息是什么，再决定将小数位进位或舍去。如此便可将误差值限制在 1 的范围之中，减少了 1/3 的误差。

在嵌入信息前，JPEG 的量化四舍五入最大误差为 0.5，嵌入信息后，最大误差扩大为 1，相当于将量化表的值放大一倍再去压缩图像，换算成压缩品相相当于从 quality =50 降到 25 的结果。有一点值得注意的是，DCT 变换会将图像能量集中在低频部分，再经过量化之后，许多频率的系数均为零，以 Zigzag 的次序，将连续 0 集中，所以利用 Huffman 编码才会有较好的压缩效率。因此，嵌入信息时，应该避免将信息嵌入这些值为 0 的系数。当然，越高频的系数越可能被量化成 0，自然较少有嵌入机会。此外，嵌入时也要特别注意避免使非 0 系数变成 0，以免嵌入的信息取不出来。

要将信息嵌入 JPEG 压缩文件并不容易，因为图像中许多容易嵌入信息的地方，都已经被压缩掉，压缩的倍率越高，越不容易嵌入，而且嵌入的资料越多，图像品质就越差。

11.2.3　扩展频谱技术

接着要介绍一种 Spread Spectrum 图像隐藏技术（SSIS），SSIS 并不直接将二元的信息嵌入图像中，而是将其转换成用以建立杂讯（White Noise）模型的 Gaussian 变数，然后再将其嵌入伪装图像中。这是为了避免嵌入的信息引起别人的怀疑，特地将其转换电子取像设备（photoelectronic system）所造成的杂讯模型。

要嵌入的信息首先使用一把密钥（key 1）加密后，再经过错误更正码（Error Correction Code）的编码，得到一个二元的串流 m，分别用+1，−1 表示。此外，以另一把密钥（key 2）当种子，放进用以模拟杂讯的 Gaussian 随机数产生器，产生一连串的实数随机数 n。将 m 与 n 做调制（modulation）得出 s，之后利用第三把密钥（key 3）把 s 的次序交错（Interleaving），最后再按掩护图像与人眼视觉的特性去放大缩小 s，然后嵌入于掩护图像，得到一张伪装图像。

由于在取出嵌入信息时，必须要用到原来的图像，这对秘密通信的负担太大，因此 SSIS 系统利用图像处理的复原滤波器（Restoration Filter）来从伪装图像中得到一张原始掩护图像的近似图。根据实验，alpha-trimmed mean filter 所设计出来的近似图，和其他滤波器，如 mean filter、median filter、adaptive Wiener filter 等所产生的近似图比较，虽然与原始掩护图像之间有较大的误差（MSE），但对于嵌入信息的比特错误率。（Error Bit Rat, EBR）却最小，所以 SSIS 系统中复原滤波器即是利用一个 3×3 的视窗，将最大和最小的灰阶值去掉，然后算出其余的平均值。

由于复原滤波器所计算出的近似图和掩护图像不可能相同，因此 SSIS 系统使用一个错误更正码（ECC）来纠正这些错误。另外，为避免发生的错误集中在一起，使得某些区段发生的错误率超过错误更正码的纠错能力，所以 SSIS 使用了一个交错器（Interleaving），来将可能发生的错误打乱，使其平均发生于各个区段。这个交错器也提供了另一层的安全性，在不知道交错器的密钥情况下，便无法正确取出嵌入的信息。

此外，在 SSIS 系统中的嵌入强度（Stegosignal Power），最好根据掩护图像的特性来调整，系统才会有最好的效能。例如，在掩护图像中有大片的平缓变化区域时（Significant Smooth Area），复原滤波器能得到较好的近似图，所以取出的错误较低；若掩护图像中有较多变化较大的区域时（High Frequency Area），嵌入信息取出错误率较高，那么就必须增加嵌入强度。

SSIS 系统所嵌入的信息具备了抗杂讯与低阶的抗压缩能力。当然，在伪装图像中加入越多的杂讯，则越需要强大的错误更正码以正确取出信息，相对的，系统在容量方面所付出的代价也越高。而压缩品质参数 quality 低到 80 时，在提取嵌入信息时的比特错误率，也就是 BER 值变成

0.3001，就必须使用具有容错能力 BER=0.35 的 Reed Solomon 码来纠正因压缩所产生的错误。

11.2.4　对隐写术的一些攻击

1．检测隐藏信息

在伪装图像中检测隐藏信息存在性的一种方法是寻找明显的、重复的模式，它可能指示出伪装工具和隐藏消息的身份和特征。人眼可见的失真或模式是易于检测的。用于验证这些模式的一种方法是将原始载体和伪装图像进行比较，并注意视觉上的差别。如果无法获得原始载体，有时也可以利用那些已知的隐藏方法所具有的特征模式来识别隐藏消息的存在，并有可能识别所用的嵌入工具。

2．提取隐藏信息

这基本取决于检测技术，只有对隐藏技术有深入的了解，能成功检测出隐藏信息的存在以及所用的隐藏技术、工具，才能成功地提取信息。

3．破坏隐藏信息

很多时候破坏隐藏信息要比检测更困难，有时需要让伪装对象在通信信道上通过以破坏掉所嵌入的信息。对于以添加空格和"不可见"字符形式在文本中隐藏的信息，重新排版即可轻松去掉。对于图像中的隐藏信息，可以采用多种图像处理技术来破坏，如有损压缩、扭曲、旋转、缩放、模糊化等，对变换域隐藏的信息，破坏嵌入的信息需要实质性的处理，可以采用多种方法的组合。对于音频、视频等攻击可以采用加入噪声、滤波器去除噪声等信号操作。

如同密码学的编码与分析攻击一样，信息的伪装和分析攻击也在不断地对抗与相互发展中。

11.3　数　字　水　印

随着数字技术和因特网的发展，各种形式的多媒体数字作品（图像、视频、音频等）纷纷以网络形式发表，其版权保护成为一个迫切需要解决的问题。数字水印（Digital Watermarking）是近年出现的数字产品版权保护技术，目的是鉴别出非法复制和盗用的数字产品。作为信息隐藏技术研究领域的重要分支，数字水印一经提出就迅速成为多媒体信息安全研究领域的一个热点问题，出现了许多数字水印方案，也有许多公司推出了数字水印的产品。

11.3.1　数字水印模型与特点

数字水印技术即是通过在原始数据中嵌入秘密信息——水印（Watermark）来证实该数据的所有权，且并不影响宿主数据的可用性。被嵌入的水印可以是一段文字、标识、序列号等，而且这种水印通常是不可见或不可察觉的，它与原始数据（如图像、音频、视频数据）紧密结合并隐藏其中。数字水印的嵌入和检测过程如图 11-4 所示。

不同的应用对数字水印的要求是不尽相同的，一般认为数字水印应具有如下特点：

1．安全性

数字水印的信息应该是安全的，难以被篡改或伪造，同时有较低的错误检测率。

2．透明性

数字水印应是不可知觉的，即数字水印的存在不应明显干扰被保护的数据，不影响被保护数据的正常使用。

图 11-4　数字水印的嵌入和检测过程

3．健壮性

数字水印必须难以（最好是不可能）被除去，如果只知道部分水印信息，那么试图除去或破坏水印应导致严重的降质而不可用。数字水印应在下列情况下具有健壮性：

（1）一般的信号处理下的健壮性：即使有水印的数据经过了一些常用的信号处理，水印仍应能被检测到，这包括 A/D、D/A 转换、重采样、重量化、滤波、平滑、有失真压缩等常用的信号处理方法。

（2）一般的几何变换（仅对图像和视频而言）下的健壮性：包括旋转、平移、缩放及分割等操作。

（3）欺骗攻击（包括共谋攻击和伪造）下的健壮性：数字水印应对共谋攻击等欺骗攻击是健壮的，而且如果水印在法庭上用作证据，水印必须能抵抗有第三者合作的共谋攻击和伪造。

同一个数字水印算法应对图像、视频、音频三种媒体都适用，这有助于在多媒体数字产品中加上数字水印，并且有利于硬件实现水印算法。

4．确定性

水印所携带的所有者等信息能够唯一地被鉴别确定，而且在遭到攻击时，确认所有者等信息的精确度不会降低许多。

需要指出的是，由于对数字水印的定义尚未统一，许多文献中讨论的数字水印并不具备上述特点，或只具有部分上述特点。

11.3.2　数字水印的主要应用领域

1．版权保护

版权保护即数字作品的所有者可用密钥产生一个水印，并将其嵌入原始数据，然后公开发布他的水印版本作品。当该作品被盗版或出现版权纠纷时，所有者即可利用图 11-4 的方法从盗版作品或水印版作品中获取水印信号作为依据，从而保护所有者的权益。

2．加指纹

为避免未经授权的复制制作和发行，出品人可以将不同用户的 ID 或序列号作为不同的水印（指纹）嵌入作品的合法复制中。一旦发现未经授权的 复制，就可以根据此复制所恢复出的指纹来确定它的来源。

3．标题与注释

标题与注释即将作品的标题、注释等内容（如一幅照片的拍摄时间和地点等）以水印形式嵌入该作品中，这种隐式注释不需要额外的带宽，并且不易丢失。

4．篡改提示

当数字作品被用于法庭、医学、新闻及商业时，常需要确定它们的内容是否被修改、伪造或特殊处理过。为实现该目的，通常可将原始图像分成多个独立块，再将每个块加入不同的水印。同时可通过检测每个数据块中的水印信号，来确定作品的完整性。与其他水印不同的是，这类水印必须是脆弱的，并且检测水印信号时，不需要原始数据。

5．使用控制

这种应用的一个典型的例子是 DVD 防复制系统，即将水印信息加入 DVD 数据中，这样 DVD 播放机即可通过检测 DVD 数据中的水印信息而判断其合法性和可复制性，从而保护制造商的商业利益。

11.3.3　数字水印的一些分类

可以按照不同的标准对数字水印进行分类，如从水印的载体上可分为静止图像水印、视频水印、声音水印、文档水印和黑白二值图像水印，从外观上可分为可见水印和不可见水印（更准确地说应是可察觉水印和不可察觉水印），从水印的使用目的可分为基于数据源（Source based）的水印（即水印用来识别所有者，主要应用住版权信息的鉴别和认证上，用于认证及判断所收到的图像或其他电子数据是否曾经被篡改）和基于数据目的（Destination based）的水印（即水印用来确定每一份拷贝的买主或最终用户，主要用于追踪非法使用拷贝时的最终用户），从水印加载方法是否可逆可分为可逆、非可逆、半可逆、非半可逆水印，根据所采用的用户密钥的不同可分为私钥（Secret Key）水印和公钥（Public Key）水印等。

当然，最主要的分类方法也可按数字水印的实现算法来分。

11.3.4　数字水印算法

近年来，数字水印技术研究取得了很大的进步，下面对一些典型的算法进行分析，除特别指明外，这些算法主要针对图像数据（某些算法也适用于视频和音频数据）。

1．空域算法

该类算法中典型的水印算法是将信息嵌入随机选择的图像点中最不重要的像素位（即 LSB）上，这可保证嵌入的水印是不可见的。但是，由于使用了图像不重要的像素位，算法的健壮性差，水印信息很容易被滤波、图像量化、几何变形的操作破坏。另外一个常用方法是利用像素的统计特征将信息嵌入像素的亮度值中。Patchwork 算法方法是随机选择 N 对像素点（a_i，b_i），然后将每个 a_i 点的亮度值加 1，每个 b_i 点的亮度值减 1，这样整个图像的平均亮度保持不变。适当地调整参数，Patchwork 方法对 JPEG 压缩、FIR 滤波以及图像裁剪有一定的抵抗力，但该方法嵌入的信息量有限。为了嵌入更多的水印信息，可以将图像分块，然后对每一个图像块进行嵌入操作。

2. 变换域算法

该类算法中，大部分水印算法采用了扩展频谱通信（Spread Spectrum communication）技术。算法实现过程为：先计算图像的离散余弦变换（DCT），然后将水印叠加到 DCT 域中幅值最大的前 k 系数上（不包括直流分量），通常为图像的低频分量。若 DCT 系数的前 k 个最大分量表示为 $D = \{d_i\}$，$i = 1, \ldots, k$，水印是服从高斯分布的随机实数序列 $W = \{\omega_i\}$，$i = 1, \ldots, k$，那么水印的嵌入算法为 $d_i = d_i(1 + a\omega_i)$，其中常数 a 为尺度因子，控制水印添加的强度。然后用新的系数做反变换得到水印图像 I。解码函数则分别计算原始图像 I 和水印图像 I^* 的离散余弦变换，并提取嵌入的水印 W^*，再做相关检验 $W \times W^* / \sqrt{W \cdot W^*}$，以确定水印的存在与否。该方法即使当水印图像经过一些通用的几何变形和信号处理操作而产生比较明显的变形后仍然能够提取出一个可信赖的水印复制。一个简单改进是不将水印嵌入 DCT 域的低频分量上，而是嵌入中频分量上以调节水印的健壮性与不可见性之间的矛盾。另外，还可以将数字图像的空间域数据通过离散傅里叶变换（DFT）或离散小波变换（DWT）转化为相应的频域系数；其次，根据待隐藏的信息类型，对其进行适当编码或变形；再次，根据隐藏信息量的大小和其相应的安全目标，选择某些类型的频域系数序列（如高频或中频或低频）；再者，确定某种规则或算法，用待隐藏的信息的相应数据去修改前面选定的频域系数序列；最后，将数字图像的频域系数经相应的反变换转化为空间域数据。该类算法的隐藏和提取信息操作复杂，隐藏信息量不是很大，但抗攻击能力强，很适合在数字作品版权保护的数字水印技术中使用。

3. 压缩域算法

基于 JPEG、MPEG 标准的压缩域数字水印系统不仅节省了大量的完全解码和重新编码过程，而且在数字电视广播及 VOD（Video on Demand）中有很大的实用价值。相应地，水印检测与提取也可直接在压缩域数据中进行。下面介绍一种针对 MPEG-2 压缩视频数据流的数字水印方案。虽然 MPEG-2 数据流语法允许把用户数据加到数据流中，但是这种方案并不适合数字水印技术，因为用户数据可以简单地从数据流中去掉，同时，在 MPEG-2 编码视频数据流中增加用户数据会加大位率，使之不适于固定带宽的应用，所以关键是如何把水印信号加到数据信号中，即加入到表示视频帧的数据流中。对于输入的 MPEG-2 数据流而言，它可分为数据头信息、运动向量（用于运动补偿）和 DCT 编码信号块三部分，在方案中只有 MPEG-2 数据流最后一部分数据被改变，其原理是，首先对 DCT 编码数据块中每一输入的 Huffman 码进行解码和逆量化，以得到当前数据块的一个 DCT 系数；其次，把相应水印信号块的变换系数与之相加，从而得到水印叠加的 DCT 系数，再重新进行量化和 Huffman 编码，最后对新的 Huffman 码字的位数 n_1 与原来的无水印系数的码字 n_0 进行比较，只有 n_1 不大于 n_0 时，才能传输水印码字，否则传输原码字，这就保证了不增加视频数据流位率。该方法有一个问题值得考虑，即水印信号的引入是一种引起降质的误差信号，而基于运动补偿的编码方案会将一个误差扩散和累积起来，为解决此问题，该算法采取了漂移补偿的方案来抵消因水印信号的引入所引起的视觉变形。

4. NEC 算法

该算法由 NEC 实验室的 Cox 等人提出，该算法在数字水印算法中占有重要地位，其实现方法是，首先以密钥为种子来产生伪随机序列，该序列具有高斯 $N(0,1)$ 分布，密钥一般由作者的标识码和图像的哈希值组成，其次对图像做 DCT 变换，最后用伪随机高斯序列来调制（叠加）该图像除直流（DC）分量外的 1000 个最大的 DCT 系数。该算法具有较强的健壮性、安全性、透明性等。由于采用特殊的密钥，因此可防止 IBM 攻击，而且该算法还提出了增强水印健壮性和抗攻击算法的重要原则，即水印信号应该嵌入源数据中对人感觉最重要的部分，这种水印信号由独立同分布随机实数序列构成，且该实数序列应该具有高斯分布 $N(0,1)$ 的特征。

5．生理模型算法

人的生理模型包括人类视觉系统（Human Visual System，HVS）和人类听觉系统（Human Audio System，HAS）。该模型不仅被多媒体数据压缩系统利用，同样可以供数字水印系统利用。视觉模型的基本思想均是利用从视觉模型导出的 JND（Just Noticeable Difference）描述来确定在图像的各个部分所能容忍的数字水印信号的最大强度，从而避免破坏视觉质量。也就是说，利用视觉模型来确定与图像相关的调制掩模，然后再利用其来插入水印。这一方法同时具有好的透明性和健壮性。

11.3.5　数字水印攻击分析

所谓水印攻击分析，就是对现有的数字水印系统进行攻击，以检验其健壮性，通过分析其弱点所在及其易受攻击的原因，以便在以后数字水印系统的设计中加以改进。攻击的目的在于使相应的数字水印系统的检测工具无法正确地恢复水印信号，或不能检测到水印信号的存在。这和传统密码学中的加密算法设计和密码分析是相对应的。

1．IBM 攻击

这是针对可逆、非盲（Non-oblivious）水印算法而进行的攻击。其原理为设原始图像为 I，加入水印 WA 的图像为 IA=I+WA。攻击时，攻击者首先生成自己的水印 WF，然后创建一个伪造的原图 IF=IA-WF，即 IA=IF+WF；此后，攻击者可声称他拥有 IA 的版权，因为攻击者可利用其伪造原图 IF 从原图 I 中检测出其水印 WF，但原作者也能利用原图从伪造原图 IF 中检测出其水印 WA。这就产生无法分辨与解释的情况。而防止这一攻击的有效办法是研究不可逆水印嵌入算法，如哈希过程。

2．Stir Mark 攻击

Stir Mark 是英国剑桥大学开发的水印攻击软件，由于它是采用软件方法来实现水印载体图像进行的各种攻击，从而在水印载体图像中引入了一定的误差，但人们可以水印检测器能否从遭受攻击的水印载体中提取或检测出水印信息来评定水印算法抗攻击的能力。如 Stir Mark 可对水印载体进行重采样攻击，它首先模拟图像用高质量打印机输出，然后再利用高质量扫描仪扫描，重新得到其图像在这一过程中引入的误差。另外，Stir Mark 还可对水印载体图像进行几何失真攻击，即它可以几乎注意不到的轻微程度对图像进行拉伸、剪切、旋转等几何操作。Stir Mark 还通过应用一个传递函数，来模拟非线性的 A/D 转换器的缺陷所带来的误差，这通常见于扫描仪或显示设备。

3．马赛克攻击

其攻击方法是首先把图像分割成为许多个小图像，然后将每个小图像放在 HTML 页面上拼凑成一个完整的图像。一般的 Web 浏览器在组织这些图像时，都可以在图像中间不留任何缝隙，并且使这些图像看起来和原图一模一样，从而使得探测器无法从中检测到侵权行为。这种攻击方法主要用于对付在 Internet 网上开发的自动侵权探测器，该探测器包括一个数字水印系统和一个所谓的 Web 爬行者。但这一攻击方法的弱点在于，一旦当数字水印系统要求的图像最小尺寸较小时，则需要分割成非常多的小图像，这样使生成页面的工作会非常烦琐。

4. 共谋攻击

所谓共谋攻击（Collusion Attacks），就是利用同一原始多媒体数据集合的不同水印信号版本，来生成一个近似的多媒体数据集合，以此来逼近和恢复原始数据，其目的是使检测系统无法在这一近似的数据集合中检测出水印信号的存在，其最简单的一种实现是平均法。

5. 跳跃攻击

跳跃攻击主要用于对音频信号数字水印系统的攻击，其一般实现方法是，在音频信号上加入一个跳跃信号（Jitter），即首先将信号数据分成 500 个采样点为一个单位的数据块。然后在每一数据块中随机复制或删除一个采样点，来得到 499 或 501 个采样点的数据块，接着再将数据块按原来的顺序重新组合起来。实验表明，这种改变即使对古典音乐信号数据也几乎感觉不到，但是却可以非常有效地阻止水印信号的检测定位，以达到难以提取水印信号的目的。类似的方法也可以用来攻击图像数据的数字水印系统，其实现方法也非常简单，即只要随机地删除一定数量的像素列，然后用另外的像素列补齐即可，该方法虽然简单，但仍能有效破坏水印信号存在的检验。

11.3.6 数字水印的研究前景

数字水印是当前数字信号处理、图像处理、密码学应用、通信理论、算法设计等学科的交叉领域，是目前国际学术界的研究热点之一。国外许多著名的研究机构、公司和大学都投入了大量的人力和财力，如美国的 MIT、Purdue、Columbia 大学、george Mason 大学、德国的 ErIangen-Nuremberg 大学、美国的 NEC 研究所、IBM 研究所、AT&T Bell 实验室等。这些研究小组及公司许多都有有关数字水印及信息隐藏方面的商业软件，也有一些软件和源代码可免费获得。

从了解的情况和国内有关数字水印方面的文献来看，国内似乎尚无数字水印或信息隐藏的商业软件，可能的情况是有一些单位有实验软件或演示软件。从理论和实际成果两方面来看，国内在数字水印方面的研究工作还处于刚起步阶段。

由于数字水印技术是近几年来国际学术界才兴起的一个前沿研究领域，处于迅速发展过程中，因此，掌握其发展方向对于指导数字水印的研究有着重要意义。我们认为今后的数字水印技术的研究将侧重于完善数字水印理论，提高数字水印算法的健壮性、安全性，研究其在实际网络中的应用和建立相关标准等方向。

数字水印在理论方面的工作包括建立更好的模型、分析各种媒体中隐藏数字水印信息的容量（带宽）、分析算法抗攻击和健壮性等性能。同时，也应重视对数字水印攻击方法的研究，这有利于促进研制更好的数字水印算法。

许多应用对数字水印的健壮性要求很高，这需要有健壮性更好的数字水印算法，因此，研究健壮性更好的数字水印算法仍是数字水印的重点发展方向，但应当注意到在提高算法健壮性的同时应当结合 HVS 或 HAS 的特点，以保持较好的不可见性及有较大的信息容量。另外，应注意自适应思想以及一些新的信号处理算法在数字水印算法中的应用，如分形编码、小波分析、混沌编码等在水印算法中也应有应用的场合。

数字水印应用中安全性自然是很重要的要求，但数字水印算法的安全性是不能靠保密算法得到的，这正如密码算法必须公开，必须经过公开的研究和攻击其安全性才能得到认可，数字水印算法也一样。因此，数字水印算法必须能抵抗各种攻击，许多数字水印算法在这方面仍需改进提高，研制更安全的数字水印算法仍是水印研究的重点之一。

对于实际网络环境下的数字水印应用，应重点研究数字水印的网络快速自动验证技术，这需要结合计算机网络技术和认证技术。

应该注意到，数字水印要得到更广泛的应用必须建立一系列标准或协议，如加载或插入数字水印的标准、提取或检测数字水印的标准、数字水印认证的标准等都是急需的，因为不同的数字水印算法如果不具备兼容性，显然不利于推广数字水印的应用。同时，需要建立一些测试标准，如 Stir Mark 几乎已成为事实上的测试标准软件，以衡量数字水印的健壮性和抗攻击能力。这些标准的建立将会大大促进数字水印技术的应用和发展。

在网络信息技术迅速发展的今天，数字水印技术的研究更具有明显的意义。数字水印技术将对保护各种形式的数字产品起到重要作用，但必须认识到数字水印技术并非是万能的，必须配合密码学技术及认证技术、数字签名或者数字信封等技术一起使用。一个实用的数字水印方案必须有这些技术的配合才能抵抗各种攻击，构成完整的数字产品版权保护解决方案。

习　　题

1. 信息隐藏技术与信息加密技术有什么异同点？
2. 信息隐藏技术有哪些分支？各自举例说明。
3. 有哪些数据隐写方法？编程实现书中介绍的 LSB 方法。
4. 数字水印技术有哪些分类方法？数字水印技术有什么特点？
5. 数字水印有哪些算法？如何对数字水印进行攻击？

第 12 章 PKI／PMI 技术

随着网络技术和电子商务的迅猛发展，电子商务已经成为人们进行商务活动的新模式。电子商务有比传统商务方式更巨大的方便性和灵活性。然而，网络面临的安全问题也随之而来，例如内部窃密和破坏、截收、非法访问、破坏信息的完整性、破坏系统的可用性等诸多问题。于是需要构建一个安全的信息基础设施平台，为电子商务提供良好的应用环境。解决网络与系统安全的技术与设备有防火墙、入侵检测、漏洞扫描、网络隔离等。这些信息安全技术对防外来攻击、防非法入侵等发挥着较大的作用。

但是，这些技术并不能全面地满足电子商务的安全需要，电子商务的发展对信息安全提出的不仅仅是信息的机密性，还包括信息的完整性和不可否认性。PKI 技术能很好地满足这一需求。由于通过网络进行的电子商务活动缺少物理的接触，因而使得用电子方式验证信任关系变得至关重要。而 PKI 技术恰好是一种适用于电子商务的密码技术，它能够有效地解决电子商务应用中的机密性、真实性、完整性、不可认性和存取控制等安全问题。

PKI 是 Public Key Infrastructure 的缩写，意为公钥基础设施。简单地说，PKI 技术就是利用公钥理论和技术建立的提供信息安全服务的基础设施。公钥体制是目前应用最广泛的一种加密体制，在这一体制中，加密密钥与解密密钥各不相同，发送信息的人利用接收者的公钥发送加密信息，接收者再利用自己专有的私钥进行解密。这种方式既保证了信息的机密性，又能保证信息具有不可抵赖性。目前，公钥体制广泛地用于 CA 认证、数字签名和密钥交换等领域。

12.1 理 论 基 础

PKI 从字面上理解，就是利用公共密钥理论和技术建立的提供安全服务的基础设施。而基础设施就是在某个大环境下普遍适用的系统和准则。在现实生活中有一个大家熟悉的例子，这就是电力系统，它提供的服务是电能，可以把电灯、电视、电炉等看成是电力系统这个基础设施的一些应用。公共密钥基础设施（PKI）则是希望从技术上解决网络身份认证、电子信息的完整性和不可抵赖性等安全问题，为网络应用（如浏览器、电子邮件、电子商务）提供可靠的安全服务。

从理论上讲，只要 PKI 具有友好的接口，那么普通用户只要知道如何接入 PKI 就能获得安全服务，完全无须理解 PKI 是如何实现安全服务的。正如电灯只要接通电源就能亮一样，它并不需要知道电力系统是如何将电能传送过来的。值得注意的是，虽然都是服务，但安全服务和电能服务在表现形式上却有很大的差别：通过电灯的亮与不亮，我们可以感觉到电能服务的存在与否；而安全服务却是对用户透明，隐藏在其他应用的后面，用户无法直观地感觉到它是否有效或起作用。因此，虽然并不需要精通密码理论，但如果理解了 PKI 为什么能够解决网上的安全问题，它的基本理论基础是什么，就会更有利于推动 PKI 的应用和发展。

12.1.1　可认证性与数字签名

信息的可认证性是信息安全的一个重要方面。认证的目的有两个：一个是验证信息发送者的真实性，确认他没有被冒充；另一个是验证信息的完整性，确认被验证的信息在传递或存储过程中没有被篡改、重组或延迟。认证是防止敌手对系统进行主动攻击（如伪造、篡改信息等）的一种重要技术。认证技术主要包括数字签名、身份识别和信息的完整性校验等技术。在认证体制中，通常存在一个可信的第三方，用于仲裁、颁发证书和管理某些机密信息。

信息认证所需要检验的内容包括消息的来源、消息的内容是否被篡改、消息是否被重放。消息的完整性经常通过杂凑技术来实现。杂凑函数可以把任意长度的输入串变化成固定长度的输出串，它是一种单向函数，根据输出结果很难求出输入值，并且可以破坏原有数据的数据结构。因此，杂凑函数不仅应用于信息的完整性，而且经常应用于数字签名。

从上面的分析看，公钥密码技术可以提供网络中信息安全的全面解决方案。采用公钥技术的关键是如何确认某个人真正的公钥。在 PKI 中，为了确保用户及他所持有密钥的正确性，公共密钥系统需要一个值得信赖而且独立的第三方机构充当认证中心（CA），来确认声称拥有公共密钥的人的真正身份。要确认一个公共密钥，CA 首先制作一张"数字证书"，它包含用户身份的部分信息及用户所持有的公共密钥，然后 CA 利用本身的密钥为数字证书加上数字签名。CA 目前采用的标准是 X.509 V3。

任何想发放自己公钥的用户，可以去认证中心（CA）申请自己的证书。CA 中心在认证该人的真实身份后，颁发包含用户公钥的数字证书，它包含用户的真实身份，并证实用户公钥的有效期和作用范围（用于交换密钥还是数字签名）。其他用户只要能验证证书是真实的，并且信任颁发证书的 CA，就可以确认用户的公钥。

在日常生活中，经常需要人们签署各种信件和文书，传统上都是用手写签名或印鉴。签名的作用是认证、核准和生效。随着信息时代的来临，人们希望对越来越多的电子文件进行迅速的、远距离的签名，这就是数字签名。数字签名与传统的手写签名有很大的差别。首先，手写签名是被签署文件的物理组成部分，而数字签名不是；其次，手写签名不易复制，而数字签名正好相反，因此必须阻止一个数字签名的重复使用；第三，手写签名是通过与一个真实的手写签名比较进行验证，而数字签名是通过一个公开的验证算法来验证。数字签名的签名算法至少要满足以下条件：签名者事后不能否认；接受者只能验证；任何人不能伪造（包括接受者）；双方对签名的真伪发生争执时，有第三方进行仲裁。

在数字签名技术出现之前，曾经出现过一种数字化签名技术，简单地说就是在手写板上签名，然后将图像传输到电子文档中，这种数字化签名可以被剪切，然后粘贴到任意文档上，这样非法复制变得非常容易，所以这种签名的方式是不安全的。数字签名技术与数字化签名技术是两种截然不同的安全技术，数字签名使用了信息发送者的私有密钥变换所需传输的信息。对于不同的文档信息，发送者的数字签名并不相同。没有私有密钥，任何人都无法完成非法复制。从这个意义上来说，数字签名是通过一个单向函数对要传送的报文进行处理得到的，用以认证报文来源并核实报文是否发生变化的一个字母数字串。

该技术在具体工作时，首先发送方对信息施以数学变换，所得的信息与原信息唯一对应；在接收方进行逆变换，得到原始信息。只要数学变换方法优良，变换后的信息在传输中就具有很强的安全性，很难被破译、篡改，这一个过程称为加密，对应的反变换过程称为解密。

现在有两类不同的加密技术，一类是对称加密，双方具有共享的密钥，只有在双方都知道密钥的情况下才能使用，通常应用于孤立的环境之中，比如在使用自动取款机（ATM）时，用户需要输入用户识别号码（PIN），银行确认这个号码后，双方在获得密码的基础上进行交易，如果用户数目过多，超过了可以管理的范围时，这种机制并不可靠。另一类是非对称加密，也称为公开密钥加密，密钥是由公开密钥和私有密钥组成的密钥对，用私有密钥进行加密，利用公开密钥可以进行解密，但是由于公开密钥无法推算出私有密钥，所以公开的密钥并不会损害私有密钥的安全，公开密钥不需保密，可以公开传播，而私有密钥必须保密，丢失时需要报告鉴定中心及数据库。

数字签名的算法很多，应用最为广泛的三种是：Hash 签名、DSS 签名和 RSA 签名。

1. Hash 签名

Hash 签名不属于强计算密集型算法，应用较广泛。它可以降低服务器资源的消耗，减轻中央服务器的负荷。Hash 的主要局限是接收方必须持有用户密钥的副本以检验签名，因为双方都知道生成签名的密钥，较容易攻破，存在伪造签名的可能。

2. DSS 和 RSA 签名

DSS 和 RSA 采用了公钥算法，不存在 Hash 的局限性。RSA 是最流行的一种加密标准，许多产品的内核中都有 RSA 的软件和类库。早在 Web 飞速发展之前，RSA 数据安全公司就负责数字签名软件与 Macintosh 操作系统的集成，在 Apple 的协作软件 PowerTalk 上还增加了签名拖放功能，用户只要把需要加密的数据拖到相应的图标上，就完成了电子形式的数字签名。与 DSS 不同，RSA 既可以用来加密数据，也可以用于身份认证。和 Hash 签名相比，在公钥系统中，由于生成签名的密钥只存储于用户的计算机中，安全系数大一些。

数字签名可以解决否认、伪造、篡改及冒充等问题。具体要求：发送者事后不能否认发送的报文签名、接收者能够核实发送者发送的报文签名、接收者不能伪造发送者的报文签名、接收者不能对发送者的报文进行部分篡改、网络中的某一用户不能冒充另一用户作为发送者或接收者。数字签名的应用范围十分广泛，在保障电子数据交换（EDI）的安全性上是一个突破性的进展，凡是需要对用户的身份进行判断的情况都可以使用数字签名，比如加密信件、商务信函、定货购买系统、远程金融交易、自动模式处理等。

数字签名的引入过程中不可避免地会带来一些新问题，需要进一步加以解决，数字签名需要相关法律条文的支持。

（1）需要立法机构对数字签名技术有足够的重视，并且在立法上加快脚步，迅速制定有关法律，以充分实现数字签名具有的特殊鉴别作用，有力地推动电子商务以及其他网上事务的发展。

（2）如果发送方的信息已经进行了数字签名，那么接收方就一定要有数字签名软件，这就要求软件具有很高的普及性。

（3）假设某人发送信息后脱离了某个组织，被取消了原有数字签名的权限，以往发送的数字签名在鉴定时只能在取消确认列表中找到原有确认信息，这样就需要鉴定中心结合时间信息进行鉴定。

（4）基础设施（鉴定中心、在线存取数据库等）的费用，是采用公共资金还是在使用期内向用户收费？如果在使用期内收费，会不会影响到这项技术的全面推广？

数字证书是一个经证书认证中心（CA）数字签名的包含公开密钥拥有者信息以及公开密钥的文件。认证中心（CA）作为权威的、可信赖的、公正的第三方机构，专门负责为各种认证需求提供数字证书服务。认证中心颁发的数字证书均遵循 X.509 V3 标准。X.509 标准在编排公共密钥密码格式方面已被广为接受。X.509 证书已应用于许多网络安全，其中包括 IPSec（IP 安全）、SSL、SET、S/MIME。

数字证书包括证书申请者的信息和发放证书 CA 的信息，认证中心所颁发的数字证书均遵循 X.509 V3 标准。数字证书的格式在 ITU 标准和 X.509 V3 中定义。根据这项标准，数字证书包括证书申请者的信息和发放证书 CA 的信息。证书各部分的含义如表 12-1 所示。

表 12-1　证书各部分的含义

域	含　义
Version	证书版本号，不同版本的证书格式不同
Serial Number	序列号，同一身份认证机构签发的证书序列号唯一
Algorithm Identmer	签名算法，包括必要的参数
Issuer	身份认证机构的标识信息
Period Of Validity	有效期
Subject	证书持有人的标识信息
Subject's Public Key	证书持有人的公钥
Signature	身份认证机构对证书的签名

CA 的信息包含发行证书 CA 的签名和用来生成数字签名的签名算法。任何人收到证书后都能使用签名算法来验证证书是否是由 CA 的签名密钥签发的。

12.1.2　信任关系与信任模型

在基于 Internet 的分布式安全系统中，信任和信任关系扮演了重要的角色。例如，作为分发公钥的 KDC（Key Distribution Center）的用户必须完全信任 KDC，相信它是公正和正确的，不会与特殊用户勾结，也不会犯错误。有时，一个被用户信任的实体可以向用户推荐他所信任的实体，而这个实体又可以推荐其他实体，从而形成一条信任路径。直观地讲，路径上的结点越远，越不值得信任。所以，有必要引进信任模型。

信任模型主要阐述了以下几个问题：

（1）一个 PKI 用户能够信任的证书是如何被确定的？

（2）这种信任是如何被建立的？

（3）在一定的环境下，这种信任如何被控制？

为了进一步说明信任模型，我们首先需要阐明信任的概念。每个人对术语"信任（Trust）"的理解并不完全相同，在这里我们只简单地叙述在 ITU_T 推荐标准 X.509 规范（X.509，

Section3.3.23）中给出的定义：Entity"A"trusts entity"B"when"A"assumes that"B"will behave exactly as"A"expects。如果翻译成中文，这段话的意思是：当实体 A 假定实体 B 严格地按 A 所期望的那样行动，则 A 信任 B。从这个定义可以看出，信任涉及假设、期望和行为，这意味着信任是不可能被定量测量的，信任是与风险相联系的，并且信任的建立不可能总是全自动的。在 PKI 中，我们可以把这个定义具体化为：如果一个用户假定 CA 可以把任一公钥绑定到某个实体上，则他信任该 CA。

目前常用的有四种信任模型：

（1）认证机构的严格层次结构模型（Strict Hierarchy of Certification Authorities Model）。

（2）分布式信任结构模型（Distributed Trust Arc ehitecture Model）。

（3）Web 模型（Web Model）。

（4）以用户为中心的信任模型（User-CentricTrust Model）。

1. 认证机构的严格层次结构模型

认证机构（CA）的严格层次结构可以被描绘为一棵倒置的树，根在顶上，树枝向下伸展，树叶在下面。在这棵倒置的树上，根代表一个对整个 PKI 系统的所有实体都有特别意义的 CA——通常称为根 CA（Root CA），它充当信任的根或信任锚（Trust Anchor），也就是认证的起点或终点。在根 CA 的下面是零层或多层中介 CA（Intermediate CA），也被称为子 CA（Subordinate CA），因为它们从属于根 CA。子 CA 用中间结点表示，从中间结点再生出分支。与非 CA 的 PKI 实体相对应的树叶通常被称为终端实体（End Entities）或被称为终端用户（End Users）。在这个模型中，层次结构中的所有实体都信任唯一的根 CA。这个层次结构按如下规则建立：

（1）根 CA 认证（更准确地说是创立和签署证书）直接连接在它下面的 CA。

（2）每个 CA 都认证零个或多个直接连接在它下面的 CA。注意：在一些认证机构的严格层次结构中，上层的 CA 既可以认证其他 CA 也可以认证终端实体。虽然在现有的 PKI 标准中并没有排除这一点，但是在文献中层次结构往往都是假设一个给定的 CA 要么认证终端实体要么认证其他 CA，但不能两者都认证。我们将遵循这个惯例，但不应该认为这是有限制的。

（3）倒数第二层的 CA 认证终端实体。

在认证机构的严格层次结构中，每个实体（包括中介 CA 和终端实体）都必须拥有根 CA 的公钥，该公钥的安装是在这个模型中为随后进行的所有通信进行证书处理的基础，因此，它必须通过一种安全的方式来完成。例如，一个实体可以通过物理途径如信件或电话来取得这个密钥，也可以选择通过电子方式取得该密钥，然后再通过其他机制来确认它，如将密钥的散列结果（有时被称为密钥的"指纹"）用信件发送、公布在报纸上或者通过电话告之。

值得注意的是，在一个多层的严格层次结构中，终端实体直接被其上层的 CA 认证（也就是颁发证书），但是它们的信任锚是另一个不同的 CA（根 CA）。如果是没有子 CA 的浅层次结构，则对所有终端实体来说，根和证书颁发者是相同的。这种层次结构被称为可信颁发者层次结构（Trusted Issuer Hierarchies）。

这里有一个例子，说明在认证机构的严格层次结构模型中进行认证的过程。一个持有根 CA 公钥的终端实体 A 可以通过下述方法检验另一个终端实体 B 的证书。假设 B 的证书是由 CA2 签发的，而 CA2 的证书是由 CAl 签发的，CAl 的证书又是由根 CA 签发的。A（拥有根 CA 的公钥

KR）能够验证 CA1 的公钥 K1，因此它可以提取出可信的 CA1 的公钥。然后，这个公钥可以被用作验证 CA2 的公钥，类似地就可以得到 CA2 的可信公钥 K2。公钥 K2 能够被用来验证 B 的证书，从而得到 B 的可信公钥 KB。A 现在就可以根据密钥的类型来使用密钥 KB，如对发给 B 的消息加密或者用来验证据称是 B 的数字签名，从而实现 A 和 B 之间的安全通信。

2. 分布式信任结构模型

与在 PKI 系统中的所有实体都信任唯一一个 CA 的严格层次结构相反，分布式信任结构把信任分散在两个或多个 CA 上。也就是说，A 把 CA1 作为他的信任锚，而 B 可以把 CA2 作为他的信任锚。因为这些 CA 都作为信任锚，因此相应的 CA 必须是整个 PKI 系统的一个子集所构成的严格层次结构的根 CA（CA1 是包括 A 在内的严格层次结构的根，CA2 是包括 B 在内的严格层次结构的根）。

如果这些严格层次结构都是可信颁发者层次结构，那么该总体结构被称为完全同位体结构（Fully Peered Arehitecture），因为所有的 CA 实际上都是相互独立的同位体（在这个结构中没有子CA）。另一方面，如果所有的严格层次结构都是多层结构（Multi Level Hierarchy），那么最终的结构就被称为满树结构（Fully Freed Architecture）（注意，根 CA 之间是同位体，但是每个根又是一个或多个子 CA 的上级。）混合结构（Htybrid Treed Arehitecture）也是可能的（具有若干个可信颁发者层次结构和若干个多层树状结构）。一般说来，完全同位体结构部署在某个组织内部，而满树结构和混合结构则是在原来相互独立的 PKI 系统之间进行互连的结果。尽管 PKI 网络（PKI Networking）一词用得越来越多（特别是对满树结构和混合结构），但是同位体根 CA（Peer Root CA）的互连过程通常被称为交叉认证（Cross Certification）。

3. Web 模型

Web 模型是在环球网（World Wide Web）上诞生的，而且依赖于流行的浏览器，如 Netscape 公司的 Navigator 和 Microsoft 公司的 Internet Explorer。在这种模型中，许多 CA 的公钥被预装在标准的浏览器上。这些公钥确定了一组浏览器用户最初信任的 CA。尽管这组根密钥可以被用户修改，然而几乎没有普通用户对于 PKI 和安全问题能精通到可以进行这种修改的程度。

初看之下，这种模型似乎与分布式信任结构模型相似，但从根本上讲，它更类似于认证机构的严格层次结构模型。因为在实际上，浏览器厂商起到了根 CA 的作用，而与被嵌入的密钥相对应的 CA 就是它所认证的 CA，当然这种认证并不是通过颁发证书实现的，而只是物理地把 CA 的密钥嵌入浏览器。

Web 模型在方便性和简单互操作性方面有明显的优势，但也存在许多安全隐患。例如，因为浏览器的用户自动地信任预安装的所有公钥，所以即使这些根 CA 中有一个是"坏的"（例如，该 CA 从没有认真核实被认证的实体），安全性将被完全破坏。A 将相信任何声称是 B 的证书都是 B 的合法证书，即使它实际上只是由其公钥嵌入浏览器中的 CAbad 签署的挂在 B 名卜的 C 的公钥。所以，A 就可能无意间向 C 透露机密或接受 C 伪造的数字签名。这种假冒能够成功的原因是：A 一般不知道收到的证书是由哪一个根密钥验证的。在嵌入其浏览器中的多个根密钥中，A 可能只认可所给出的一些 CA，但并不了解其他 CA。然而在 Web 模型中，A 的软件平等而无任何疑问地信任这些 CA，并接受它们中任何一个签署的证书。

当然，在其他信任模型中也可能出现类似情况。例如，在分布式信任结构模型中，A 或许不能认可一个特定的 CA，但是其软件在相关的交叉认证是有效的情况下，却会信任该 CA 所签署的证书。在分布式信任结构中，A 在 PKI 安全方面明确地相信其局部 CA "做正确的事"，例如，与可信的其他 CA 进行交叉认证等。而在 Web 模型中，A 通常是因为与安全无关的原因而取得浏览器的，因此，从它的安全观点来看，没有任何理由相信这个浏览器是在信任 "正确的" CA。

另外一个潜在的安全隐患是没有实用的机制来撤销嵌入浏览器中的根密钥。如果发现一个根密钥是 "坏的"（就像前面所讨论的那样）或者与根的公钥相应的私钥被泄密了，要使全世界数百万个浏览器都自动地废止该密钥的使用是不可能的，这是因为无法保证通报的报文能到达所有的浏览器，而且即使报文到达了浏览器，浏览器也没有处理该报文的功能。因此，从浏览器中去除坏密钥需要全世界的每个用户都同时采取明确的动作，否则，一些用户将是安全的而其他用户仍处于危险之中，但是这样一个全世界范围内的同时动作是不可能实现的。

最后，该模型还缺少有效的方法在 CA 和用户之间建立合法协议，该协议的目的是使 CA 和用户共同承担责任，因为浏览器可以自由地从不同站点下载，也可以预装在操作系统中，CA 不知道（也无法确定）它的用户是谁，并且一般用户对 PKI 也缺乏足够的了解，因此不会主动与 CA 直接接触。这样，所有的责任最终或许都会由用户承担。

4. 以用户为中心的信任模型

在以用户为中心的信任模型中，每个用户自己决定信任哪些证书。通常，用户的最初信任对象包括用户的朋友、家人或同事，但是否信任某证书则被许多因素所左右。

著名的安全软件 Pretty Good Privacy（PGP）最能说明以用户为中心的信任模型，在 PGP 中，一个用户通过担当 CA（签署其他实体的公钥）并使其公钥被其他人所认证来建立（或参加）所谓的信任网（Web of Trust）。例如，当 Alice 收到一个据称属于 Bob 的证书时，她将发现这个证书是由她不认识的 David 签署的，但是 David 的证书是由她认识并且信任的 Catherine 签署的。在这种情况下，Alice 可以决定信任 Bob 的密钥（即信任从 Catherine 到 Darid 再到 Bob 的密钥链），也可以决定不信任 Bob 的密钥（认为 "未知的" Bob 与 "已知的" Catherine 之间的 "距离太远"）。

因为要依赖于用户自身的行为和决策能力，因此以用户为中心的模型在技术水平较高和利害关系高度一致的群体中是可行的，但是在一般的群体（它的许多用户有极少或者没有安全和 PKI 的概念）中是不现实的。而且，这种模型一般不适合用在贸易、金融或政府环境中，因为在这些环境下，通常希望或需要对用户的信任实行某种控制，显然这样的信任策略在以用户为中心的模型中是不可能实现的。

12.2 PKI 的组成

PKI 是一种遵循标准的密钥管理平台，它能够为所有网络应用透明地提供采用加密和数字签名等密码服务所必需的密钥和证书管理。PKI 必须具有认证机构（CA）、证书库、密钥备份及恢复系统、证书作废处理系统、PKI 应用接口系统等基本成分，构建 PKI 也将围绕这五大系统来构建。

1. 认证机构

CA 是证书的签发机构，它是 PKI 的核心。众所周知，构建密码服务系统的核心内容是如何实现密钥管理，公钥体制涉及一对密钥，即私钥和公钥，私钥只由持有者秘密掌握，无须在网上传送，而公钥是公开的，需要在网上传送，故公钥体制的密钥管理主要是公钥的管理问题，目前较好的解决方案是引进证书（Certificate）机制。

证书是公开密钥体制的一种密钥管理媒介。它是一种权威性的电子文档，形同网络计算环境中的一种身份证，用于证明某一主体（如人、服务器等）的身份以及其公开密钥的合法性。在使用公钥体制的网络环境中，必须向公钥的使用者证明公钥的真实合法性。因此，在公钥体制环境中，必须有一个可信的机构来对任何一个主体的公钥进行公证，证明主体的身份以及他与公钥的匹配关系。CA 正是这样的机构，它的职责归纳起来有：

（1）验证并标识证书申请者的身份。

（2）确保 CA 用于签名证书的非对称密钥的质量。

（3）确保整个签证过程的安全性，确保签名私钥的安全性。

（4）证书材料信息（包括公钥证书序列号、CA 标识等）的管理。

（5）确定并检查证书的有效期限。

（6）确保证书主体标识的唯一性，防止重名。

（7）发布并维护作废证书表。

（8）对整个证书签发过程做日志记录。

（9）向申请人发通知。

其中，最为重要的是 CA 自己的一对密钥的管理，它必须确保其高度的机密性，防止他方伪造证书。CA 的公钥在网上公开，整个网络系统必须保证完整性。

证书的主要内容如表 12-2 所示。

表 12-2　证书的主要内容

字　段	定　义	举　例
主题名称	唯一标识证书所有者的标识符	C=CN, O=CCB, OU=IT
签证机构名称	唯一标识证书签发者的标识符	C=CN, O=CCB, CN=CCB
主体的公开密钥	证书所有者的公开密钥	1024 位的 RSA 密钥
CA 的数字签名	CA 对证书的数字签名，保证证书的权威性	用 MD5 压缩过的 RSA 加密
有效期	证书在该期间内有效	不早于 2000.1.1 19:00:00 不迟于 2002.1.1 19:00:00
序列号	CA 产生的唯一性数字，用于证书管理	01:09:00:08:00
用途	主体公钥的用途	验证数字签名

注：设为 X.400 的格式。

在表 12-2 中，CA 的数字签名保证了证书（实质是持有者的公钥）的合法性和权威性。主体（用户）的公钥可有两种产生方式：

（1）用户自己生成密钥对，然后将公钥以安全的方式传送给 CA，该过程必须保证用户公钥的可验证性和完整性。

（2）CA 替用户生成密钥对，然后将其以安全的方式传送给用户，该过程必须确保密钥对的机密性、完整性和可验证性。该方式下由于用户的私钥为 CA，故对 CA 的可信性有更高的要求。

用户 A 可通过两种方式获取用户 B 的证书和公钥，一种是由 B 将证书随同发送的正文信息一起传送给 A，另一种是所有的证书集中存放于一个证书库中，用户 A 可从该地点取得 B 的证书。

CA 的公钥可以存放在所有结点处，方便用户使用。

表 12-2 中的"用途"是一项重要内容，它规定了该证书所公证的公钥的用途。公钥必须按规定的用途来使用。一般公钥有两大类用途：

（1）用于验证数字签名。消息接收者使用发送者的公钥对消息的数字签名进行验证。

（2）用于加密信息。消息发送者使用接收者的公钥加密用于加密消息的密钥，进行数据加密密钥的传递。

相应地，系统中需要配置用于数字签名/验证的密钥对和用于数据加密/脱密的密钥对，这里分别称为签名密钥对和加密密钥对。这两对密钥对于密钥管理有不同的要求：

① 签名密钥对。签名密钥对由签名私钥和验证公钥组成。签名私钥具有日常生活中公章、私章的效力，为保证其唯一性，签名私钥绝对不能作备份和存档，丢失后只需重新生成新的密钥对，原来的签名可以使用旧公钥的备份来验证。验证公钥需要存档，用于验证旧的数字签名。用作数字签名的这一对密钥一般可以有较长的生命期。

② 加密密钥对。加密密钥对由加密公钥和脱密私钥组成。为防止密钥丢失时丢失数据，脱密私钥应该进行备份，同时还可能需要进行存档，以便能在任何时候脱密历史密文数据。加密公钥无须备份和存档，加密公钥丢失时，只需重新产生密钥对。

加密密钥对通常用于分发会话密钥，这种密钥应该频繁更换，故加密密钥对的生命周期较短。

不难看出，这两对密钥的密钥管理要求存在互相冲突的地方，因此，系统必须针对不同的用途使用不同的密钥对，尽管有的公钥体制算法，如目前使用广泛的 RSA，既可以用于加密，又可以用于签名，在使用中仍然必须为用户配置两对密钥、两张证书，其一用于数字签名，另一用于加密。

数字证书注册审批机构（Registration Authority，RA）系统是 CA 的证书发放、管理的延伸。它负责证书申请者的信息录入、审核以及证书发放等工作，同时，对发放的证书完成相应的管理功能。发放的数字证书可以存放于 IC 卡、硬盘等介质中。RA 系统是整个 CA 中心得以正常运营不可缺少的一部分。

RA 提供 CA 和用户之间的界面，它捕获和确认用户身份并提交证书请求给 CA，决定信任级别的确认过程的质量可以存放在证书中。证书依靠 PKI 环境的结构可以通过几个途径进行分发，例如，通过用户自身，或者通过目录服务。一个目录服务器可能已经存在于组织中或者可能被 PKI 解决方案所支持。

所有 PKI 的组件都是可互操作的，这一点非常重要，因为它们未必来自同一供应商。例如，CA 可能面对现存的系统，那些已经安装了目录服务器的组织，PKI 应该使用开放标准的接口如 LDAP 和 X.500（DAP），以保证它可以和遵循标准的目录服务器一起工作。

此外，很多组织更喜欢智能卡和硬件安全模块（HSM）的提供者。同样，通过使用开放标准的接口如 PKCS#11（cryptoki），PKI 就拥有足够的灵活性与多种安全令牌一起工作。

在很多 PKI 系统中，要求面对面的注册提供必须的信任级别。然而这并不总是适宜的，所以远程注册也可能需要。PKI 允许用户通过电子邮件、普通网络浏览器、自动通过 VPN 网络通信服务来请求证书。

对一些大规模应用，证书可能需要被自动地批量创建，例如对银行卡或身份证。在这些示例中，PKI 需要连接到卡数据库的自动化 RA 过程具有灵活性。

尽管 PKI 系统上的规则很复杂，它的管理却不应当如此。PKI 必须能让非技术人员如业务管理者能够充满信心地操作它。这些操作者不应当去处理复杂的密码算法、密钥或者签名。它应该像点击鼠标一样轻松，剩下的事由程序自动完成。界面应该是图形界面而且直观，有助于进行管理任务而不是使它陷入复杂的数据库记录中。

灵活性和易用性对 PKI 系统的投资回报有非常重要的影响，因为它们能对培训、维护、系统配置、集成还有未来用户的增长造成后果。这些问题能使 PKI 系统的拥有费用远远高于初始实现，因此需要在评估协调中考虑。

PKI 正逐渐成为组织的安全基础设施的中心，任何 CA 必须能够反映和实现组织的安全策略。为了确保证书管理过程准确地反映 CA 和 PA 操作者和证书使用者的角色，一个策略驱动的 PKI 系统是关键的。例如，CA 操作者可能要将终端用户证书撤销权授给 RA 操作者，而保留 RA 操作者证书的撤销权利。

2．证书库

证书库是证书的集中存放地，它与网上"白页"类似，是网上的一种公共信息库，用户可以从此处获得其他用户的证书和公钥。

构造证书库的最佳方法是采用支持 LDAP 协议的目录系统，用户或相关的应用通过 LDAP 来访问证书库。系统必须确保证书库的完整性，防止伪造、篡改证书。

3．密钥备份及恢复系统

如果用户丢失了用于脱密数据的密钥，则密文数据将无法被脱密，造成数据丢失。为避免这种情况的出现，PKI 应该提供备份与恢复脱密密钥的机制。

密钥的备份与恢复应该由可信的机构来完成，例如 CA 可以充当这一角色。值得强调的是，密钥备份与恢复只能针对脱密密钥，签名私钥不能作备份。

4．证书作废处理系统

证书作废处理系统是 PKI 的一个重要组件。同日常生活中的各种证件一样，证书在 CA 为其签署的有效期以内也可能需要作废，例如，A 公司的职员 a 辞职离开公司，这就需要终止 a 证书的生命期。为实现这一点，PKI 必须提供作废证书的一系列机制。作废证书有如下三种策略：

（1）作废一个或多个主体的证书。

（2）作废由某一对密钥签发的所有证书。

（3）作废由某 CA 签发的所有证书。

作废证书一般通过将证书列入作废证书表（Certificate Revocation List，CRL）来完成。通常，系统中由 CA 负责创建并维护一张及时更新的 CRL，而由用户在验证证书时负责检查该证书是否在 CRL 之列。CRL 一般存放在目录系统中。

证书的作废处理必须在安全及可验证的情况下进行，系统还必须保证 CRL 的完整性。

5．PKI 应用接口系统

PKI 的价值在于使用户能够方便地使用加密、数字签名等安全服务，因此一个完整的 PKI 必须提供良好的应用接口系统，使得各种各样的应用能够以安全、一致、可信的方式与 PKI 交互，确保所建立起来的网络环境的可信性，同时降低管理维护成本。

为了向应用系统屏蔽密钥管理的细节，PKI 应用接口系统需要实现如下功能：

（1）完成证书的验证工作，为所有应用以一致、可信的方式使用公钥证书提供支持。

（2）以安全、一致的方式与 PKI 的密钥备份与恢复系统交互，为应用提供统一的密钥备份与恢复支持。

（3）在所有应用系统中，确保用户的签名私钥始终只在用户本人的控制之下，阻止备份签名私钥的行为。

（4）根据安全策略自动为用户更换密钥，实现密钥更换的自动、透明与一致。

（5）为方便用户访问加密的历史数据，向应用提供历史密钥的安全管理服务。

（6）为所有应用访问统一的公用证书库提供支持。

（7）以可信、一致的方式与证书作废系统交互，向所有应用提供统一的证书作废处理服务。

（8）完成交叉证书的验证工作，为所用应用提供统一模式的交叉验证支持。

（9）支持多种密钥存放介质，包括 IC 卡、PC 卡、安全文件等。

（10）PKI 应用接口系统应该是跨平台的。

12.3 PKI 的功能和要求

1．证书、密钥对的自动更换

证书、密钥都有一定的生命期限。当用户的私钥泄露时，必须更换密钥对；另外，随着计算机速度的日益提高，密钥长度也必须相应地增长。因此，PKI 应该提供完全自动（无须用户干预）的密钥更换以及新证书的分发工作。

2．交叉认证

每个 CA 只可能覆盖一定的作用范围，即 CA 的域，例如，不同的企业往往有各自的 CA，它们颁发的证书都只在企业范围内有效。当隶属于不同 CA 的用户需要交换信息时，就需要引入交叉证书和交叉认证，这也是 PKI 必须完成的工作。

两个 CA 安全地交换密钥信息，这样每个 CA 都可以有效地验证另一方密钥的可信任性，我们称这样的过程为交叉认证。事实上，交叉认证是第三方信任的扩展，即一个 CA 的网络用户信任其他所有自己 CA 交叉认证的 CA 用户。

从技术的角度来看，交叉认证要制造两个 CA 之间的交叉证书。当 CA "甲"和 CA "乙"进行交叉认证，CA "甲"制造一个证书并在上面签名，这个证书上包含有 CA "乙"的公钥，反之亦然。因此，不管用户属于哪一个 CA，都能保证每个 CA 信任另外一个，同样，在一个 CA 的用户通过第三方信任的扩展可以信任另一个 CA 的用户。

安全地交换密钥信息本身，其引发的技术处理细节远没有处理交叉认证的问题多。由于交叉认证是第三方信任的扩展，因此对每个 CA 来讲，最重要的事情是要能完全适应其他安全策略。以护照为例，如果一个国家没有事先对另外一个国家的护照制造和发放的策略进行调查，就声称他信任这个国家的护照，这几乎是不可能的事情。譬如，在建立信任关系之前，每个国家都会希望了解其他国家在发放护照之前通过怎样的过程细节来验证一个所谓公民的身份。CA 的交叉认证也会产生同样的问题。譬如，在交叉认证之前，两个 CA 都会去了解对方的安全策略，包括在

CA内哪个人负责高层的安全职责。同时，还可能要两个CA的代表签署一个具有法律依据的协议。在这些协议中会陈述双方需要的安全策略，并签字保证这些策略要切实实施。

交叉认证扩展了CA域之间的第三方信任关系。例如，两个贸易伙伴，每一个都有自己的CA，他们想要验证由对方CA发的证书。或者，一个大的、分布式的组织可能在不同的地理区域需要不同的CA。交叉认证允许不同的CA域之间建立并维持可信赖的电子关系。

交叉认证指两个操作。第一个操作是两个域之间信任关系的建立，这通常是一个一次性操作。在双边交叉认证的情况下，两个CA安全地交换他们的验证密钥。这些密钥用于验证他们在证书上的签名。为了完成这个操作，每个CA签发一张包含自己公钥（这个公钥用于对方验证自己的签名）的证书，该证书称为交叉证书。第二个操作由客户端软件来做。这个操作包含了验证由已经交叉认证的CA签发的用户证书的可信赖性，这个操作需要经常执行，常常被称为跟踪信任链。链指的是交叉证书确认列表，沿着这个列表可以跟踪所有验证用户证书的CA密钥。

3．其他一些功能

1）加密密钥和签名密钥的分隔

如前所述，加密和签名密钥的密钥管理需求是相互抵触的，因此PKI应该支持加密和签名密钥的分隔使用。

2）支持对数字签名的不可抵赖

任何类型的电子商务都离不开数字签名，因此PKI必须支持数字签名的不可抵赖性，而数字签名的不可抵赖性依赖于签名私钥的唯一性和机密性，为确保这一点，PKI必须保证签名密钥与加密密钥的分隔使用。

3）密钥历史的管理

每次更新加密密钥后，相应的解密密钥都应该存档，以便将来恢复用旧密钥加密的数据。每次更新签名密钥后，旧的签名私钥应该妥善销毁，防止破坏其唯一性；相应的旧验证公钥应该进行存档，以便将来用于验证旧的签名。这些工作都应该是PKI自动完成的。

4．对PKI的性能要求

1）透明性和易用性

这是对PKI的最基本要求，PKI必须尽可能地向上层应用屏蔽密码服务的实现细节，向用户屏蔽复杂的安全解决方案，使密码服务对用户而言简单易用，同时便于单位、企业完全控制其信息资源。

2）可扩展性

证书库和CRL必须具有良好的可扩展性。

3）互操作性

不同企业、单位的PKI实现可能是不同的，这就提出了互操作性要求。要保证PKI的互操作性，必须将PKI建立在标准之上，这些标准包括加密标准、数字签名标准、Hash标准、密钥管理标准、证书格式、目录标准、文件信封格式、安全会话格式、安全应用程序接口规范等。

4）支持多应用

PKI应该面向广泛的网络应用，提供文件传送安全、文件存储安全、电子邮件安全、电子表单安全、Web应用安全等保护。

5）支持多平台

PKI 应该支持目前广泛使用的操作系统平台，包括 Windows、UNIX、MAC 等。

12.4　PKI 相关协议

12.4.1　X.500 目录服务

X.500 是一种 CCITT（ITU）针对已经被国际标准化组织（ISO）接受的目录服务系统的建议，它定义了一个机构如何在一个企业的全局范围内共享名字和与它们相关的对象。一个完整的 X.500 系统称为一个"目录"，而 X.500 已经被接受作为提供世界范围的目录服务的一种国际标准，它与 X.400 电子函件标准密切相连。X.500 是层次性的，其中的管理域（机构、分支、部门和工作组）可以提供这些域内的用户和资源的信息，它被认为是实现一个目录服务的最好途径，但是实现需要很大投资，却没有其他方式的速度快。NetWare 目录服务（NDS）是 X.500 式实现的一个很好的例子。

X.500 目录服务是一种用于开发一个单位（或组织）内部人员目录的标准方法，这个目录可以成为全球目录的一部分，这样在世界任何一个角落，只要能和 Internet 相连的地方，任何人都可以查询这个单位中人员的信息，可以通过人名、部门、单位（或组织）进行查询，许多公司或组织都提供 X.500 目录；这个目录像人们熟悉的目录一样有一个树状结构，它的结构如下：国家、单位（或组织）、部门和个人。有两个知名的 X.500 目录，也是最大的 X.500 目录，它们是用于管理域名注册的 InterNIC 和存储全美国家实验室的 Esnet。在 X.500 中每个本地目录称为目录系统代理（DSA），一个 DSA 代表一个或多个单位（或组织），而 DSA 之间以目录信息树（DIT）连接。用于访问一个或多个 DSA 的用户程序称为 DUA，它包括 whois、finger 和其他用于提供图形用户界面的程序。X.500 在全球目录服务（GDS）中作为分布计算机环境的一部分实现。一些大学也以轻载目录访问协议（LDAP）为基础使用 X.500 作为电子邮件服务和姓名查询的方法。

X.500 目录服务可以向需要访问网络任何地方资源的电子函件系统和应用，或需要知道在网络上的实体名字和地点的管理系统提供信息。这个目录是一个数据库，或在 X.500 描述中称为目录信息数据库（DIB）。在数据库中的实体称为对象，如有用户对象和资源对象，对象包括描述这个对象的信息。

对象被组织成树状结构，这种结构模仿了一个机构的组织形式。例如，表示一个公司的部门或分支的对象从一个树的根处分支出来。其中，有一些称为机构对象（Organizational Object）的类型，这是因为它们能够"包括"其他对象，例如机构单元对象（Organizational unit Objects），或公用名称对象（Common name Objects）。机构单元对象定义一个分支或部分子分支，而一个公用名称对象是指表示物理实体，如人、打印机、服务器的端点结点。

这个目录的每个分支代表一个分支机构和部门，它们实际上位于不同的地理区域。DIB 的主备份是存放在其中的单一地点的。虽然远程用户可以访问这个 DIB 的主备份，但是这在广域网环境中是很低效的。因此，在这个目录树中 DIB 被分解成分区，并且这些分区是存放在每个地点的服务器上的。只有相关的分区被复制到每个地点。当用户需要对象的信息时，首先查询本地的分区。如果在本地分区不能获得所需的信息，就通过广域网来查询这个主 DIB。这种策略有助于降低长途费用，缩短访问时间，并且通过将 DIB 复制到其他地点间接地提供了一种备份效果。

12.4.2　X.509

在和 CA 进行一些接触时，我们经常会接触到一个概念——X.509，它是一种行业标准或者行业解决方案，在 X.509 方案中，默认的加密体制是公钥密码体制。为进行身份认证，X.509 标准及公共密钥加密系统提供了数字签名的方案。用户可生成一段信息及其摘要（也称信息"指纹"）。用户使用专用密钥对摘要加密以形成签名，接收者用发送者的公共密钥对签名解密，并将之与收到的信息"指纹"进行比较，以确定其真实性。

此问题的解决方案即 X.509 标准与公共密钥证书。本质上，证书由公共密钥+密钥拥有者的用户标识组成，整个字块有可信赖的第三方签名。典型的第三方即大型用户群体（如政府机关或金融机构）所信赖的 CA。

此外，X.509 标准还提供了一种标准格式 CRL，下面就来看一看 X.509 标准下的证书格式及其扩展。

目前 X.509 有不同的版本，但都是在原有版本（X.509 V1）的基础上进行功能的扩充，其中每一版本必须包含下列信息：

（1）版本号：用来区分 X.509 的不同版本号。

（2）序列号：由 CA 给予每一个证书分配唯一的数字型编号，当证书被取消时，实际上是将此证书的序列号放入由 CA 签发的 CRL 中，这也是序列号唯一的原因。

（3）签名算法标识符：用来指定用 CA 签发证书时所使用的签名算法。算法标识符用来指定 CA 签发证书时所使用的公开密钥算法和 Hash 算法，需向国际指明标准组织（如 ISO）注册。

（4）认证机构：即发出该证书的机构唯一的 CA 的 X.500 名字。

（5）有效期限：证书有效的时间包括两个日期，即证书开始生效期和证书失效的日期和时间，在所指定的这两个时间之间有效。

（6）主题信息：证书持有人的姓名、服务处所等信息。

（7）认证机构的数字签名：以确保这个证书在发放之后没有被改过。

（8）公钥信息：包括被证明有效的公钥值和使用这个公钥的方法名称。

X.509 标准第三版在 V2 的基础上进行了扩展，V3 引进一种机制。这种机制允许通过标准化和类的方式将证书进行扩展，包括额外的信息，从而适应下面的一些要求：

（1）一个证书主体可以有多个证书。

（2）证书主体可以被多个组织或社团的其他用户识别。

（3）可按特定的应用名（不是 X.500 名）识别用户，如将公钥同 E-mail 地址联系起来。

（4）在不同的证书政策和使用下会发放不同的证书，这就要求公钥用户要信赖证书。

12.4.3　公开秘钥证书的标准扩展

公开秘钥证书并不限于以下所列出的这些标准扩展，任何人都可以向适当的权利机构注册一种扩展。将来会有更多的适于应用的扩展列入标准扩展集中。值得注意的是这种扩展机制应该是完全可以继承的。

每一种扩展包括三个域：类型、可否缺省、值。类型字段定义了扩展值字段中的数据类型，这个类型可以是简单的字符串、数值、日期、图片或一个复杂的数据类型。为便于交互，所有的数据类型都应该在国际知名组织进行注册。可否缺省字段是一比特标识位。当一个扩展标识为不可缺省时，说明相应的扩展值很重要，应用程序不能忽略这个信息。如果使用一份特殊证书的应用程序不能处理该字段的内容，就应该拒绝此证书。

公开密钥证书的标准扩展可分为以下几组：

（1）密钥和政策信息，包括机构密钥识别符、主体密钥识别符、密钥用途（如数字签字，不可否认性、密钥加密、数据加密、密钥协商、证书签字、CRL 签字等）、密钥使用期限等。

（2）主体和发证人属性，包括主体代用名、发证者代用名、主体检索属性等。

（3）证书通路约束，包括基本约束，指明是否可以做证书机构。

（4）与 CRL 有关的补充。

12.4.4　LDAP 协议

LDAP（Lightweight Directory Access Protocol）基于 X.500 标准，但是比较简单，并且可以根据需要定制。与 X.500 不同，LDAP 支持 TCP/IP，这对访问 Internet 是必须的。LDAP 的核心规范在 RFC 中都有定义，所有与 LDAP 相关的 RFC 都可以在 LDAPman RFC 网页中找到。LDAP 技术发展得很快，在企业范围内实现 LDAP 可以让运行在几乎所有计算机平台上的所有的应用程序从 LDAP 目录中获取信息。LDAP 目录中可以存储各种类型的数据：电子邮件地址、邮件路由信息、人力资源数据、公用密钥、联系人列表等。通过把 LDAP 目录作为系统集成中的一个重要环节，可以简化员工在企业内部查询信息的步骤，甚至连主要的数据源都可以放在任何地方。

如果需要开发一种提供公共信息查询的系统，一般的设计方法可能是采用基于 Web 的数据库设计方式，即前端使用浏览器而后端使用 Web 服务器加上关系数据库。后端在 Windows 的典型实现可能是 Windows NT+IIS+Access 数据库或者是 SQL 服务器，IIS 和数据库之间通过 ASP 技术使用 ODBC 进行连接，达到通过填写表单查询数据的功能；后端在 Linux 系统的典型实现可能是 Linux+Apache+postgresql，Apache 和数据库之间通过 PHP3 提供的函数进行连接。使用上述方法的缺点是后端关系数据库的引入导致系统整体的性能降低和系统的管理比较烦琐，因为需要不断的进行数据类型的验证和事务的完整性的确认；并且前端用户对数据的控制不够灵活，用户权限的设置一般只能是设置在表一级而不是设置在记录一级。

目录服务的推出主要是解决上述数据库中存在的问题。目录与关系数据库相似，是指具有描述性的基于属性的记录集合，但它的数据类型主要是字符型，为了检索的需要添加了 BIN（二进制数据）、CIS（忽略大小写）、CES（大小写敏感）、TEL（电话型）等语法，而不是关系数据库提供的整数、浮点数、日期、货币等类型，同样也不提供像关系数据库中普遍包含的大量的函数，它主要面向数据的查询服务（查询和修改操作比一般是大于 10∶1），不提供事务的回滚机制，它的数据修改使用简单的锁定机制实现 All or Nothing，它的目标是快速响应和大容量查询并且提供多目录服务器的信息复制功能。

LDAP 的流行是很多因素共同作用的结果，它可能最大的优势是：可以在任何计算机平台上，用很容易获得的而且数目不断增加的 LDAP 的客户端程序访问 LDAP 目录，而且也很容易定制应用程序为它加上 LDAP 的支持。

LDAP 协议是跨平台的和标准的协议，因此应用程序不用为 LDAP 目录放在什么样的服务器上操心。实际上，LDAP 得到了业界的广泛认可，因为它是 Internet 的标准。厂商都很愿意在产品中加入对 LDAP 的支持，因为他们根本不用考虑另一端（客户端或服务端）是什么样的。LDAP 服务器可以是任何一个开发源代码或商用的 LDAP 目录服务器（或者还可能是具有 LDAP 界面的关系型数据库），因为可以用同样的协议、客户端连接软件包和查询命令与 LDAP 服务器进行交互。与 LDAP 不同的是，如果软件商想在软件产品中集成对 DBMS 的支持，那么通常都要对每一个数据库服务器单独定制。不像很多商用的关系型数据库，用户不必为 LDAP 的每一个客户端连接或许可协议付费，大多数 LDAP 服务器安装起来很简单，也容易维护和优化。

LDAP 服务器可以用"推"或"拉"的方法复制部分或全部数据，例如，可以把数据"推"到远程的办公室，以增加数据的安全性。复制技术是内置在 LDAP 服务器中的而且很容易配置。如果要在 DBMS 中使用相同的复制功能，数据库厂商就会让用户支付额外的费用，而且也很难管理。

LDAP 允许用户根据需要使用 ACI 控制对数据读和写的权限。例如，设备管理员可以有权改变员工的工作地点和办公室号码，但是不允许改变记录中的其他域。ACI 可以根据谁访问数据、访问什么数据、数据存在什么地方以及其他对数据进行访问控制。因为这些都是由 LDAP 目录服务器完成的，所以不用担心在客户端的应用程序上是否要进行安全检查。

LDAP 提供很复杂的不同层次的访问控制或者 ACI。因这些访问可以在服务器端控制，这比用客户端的软件保证数据的安全要安全得多。

LDAP 目录以树状的层次结构来存储数据。如果用户对自顶向下的 DNS 树或 UNIX 文件的目录树比较熟悉，也就很容易掌握 LDAP 目录树这个概念。就像 DNS 的主机名那样，LDAP 目录记录的标识名（Distinguished Name，DN）是用来读取单个记录以及回溯到树的顶部。

12.5　PKI 的产品、应用现状和前景

12.5.1　PKI 的主要厂商和产品

1. VeriSign

VeriSign（www.verisign.corn）是最大的公共 CA，也是最早广泛推广 PKI 并建立公共 CA 的公司之一。VeriSign 除了是公认的最可信公共 CA 之一，还提供专用 PKI 工具，包括称为 OnSite 的证书颁发服务，这项服务充当了本地 CA，而且连接到了 VeriSign 的公共 CA。

2. Entrust 公司的 PKI 产品

Entrust / PKI 5.0 是 Entrust 公司的 PKI 产品。该公司总部设在美国得克萨斯州，其产品在电子商务安全产品市场中处于全球领先地位。最新的 IDC 调查报告表明，Entrust 公司在全球 PKI 市场中占据 35% 的份额。Entrust 的 PKI 5.0 充分体现了可管理性和安全性，获得了 Common Criteria Evaluation（CCE）EAL-3 and FIPS 140-1 level 1 to 3 的安全认证。

Entrust 的 CA 具有良好的灵活性，它可以向各种设备或应用程序颁发数字证书，包括终端 PC 用户、Web 服务器、Web 浏览器、VPN 设备、SET 用户等。凡是支持 X.509 证书格式的设备或应用程序都可以获得数字证书，这最大限度地利用了 PKI 所能提供的功能。此外，Entrust 的 CA 的灵活性还表现在它可以针对个别特殊用户定制相应的特殊证书，并在这个特殊证书中赋予该用户一些特殊权力。

Entrust 的 CA 有着较完善的 CA 数据库功能，包括数据库加密、完整性检验、CA 专有硬件、

对敏感操作的分级权限设定等，它们充分保障了数据的安全性。

Entrust 的 RA 在用户登记方面既保证了安全性又保证了易用性。它将 RA 管理员角色从功能上划分为不同等级，不同等级的管理员具有不同的操作权限。此外，RA 不仅可用于授权和撤销证书，还具有多项功能以支持整个 PKI 系统的安全性，如密钥备份、密钥恢复、更新用户注册信息、改变所属 CA、自动更新证书等。

为了保障数据的安全性，对用户的签名私钥和解密私钥必须严格保密。为了让他人验证签名或发送密文，还要公开签名验证公钥和加密公钥，这些密钥对和相应的证书都需要定期更新，这也包括 CA 本身的根密钥对。其他 PKI 产品通常都需要用户手工更新密钥对和证书，这就需要用户掌握一定的证书知识，无形之中增加了系统使用的复杂度和使用成本。Entrust 的 PKI 5.0 产品在密钥和证书管理方面采用了自动更新用户和 CA 密钥对技术，保证系统在密钥对生命期终止之前可以自动、无缝且安全地更新密钥对，从而大大降低了系统的使用成本。

PKI 5.0 也提供了较为完善的密钥备份和恢复系统。当因意外导致密钥丢失时，用户可以很方便地找回丢失的密钥。用户解密密钥的整个历史都可以安全地恢复，这样用户就可以在自己曾经拥有的解密密钥中自行选择恢复相应的密钥。

在证书撤销系统中，PKI 5.0 支持所有的证书撤销格式和标准，包括证书撤销列表 CRL、CRL 分布点以及在线证书状态协议（Online Certificate Status Protocol，OCSP）。它通过适时自动地发布证书撤销信息，保证被撤销证书的用户立即被隔离，并且不对其他正常用户造成不便。

为了确保公正性，Entrust/PKI 5.0 提供了较好的签名密钥对和加解密密钥对管理。这两对密钥对是相互隔离的，并且系统不对签名密钥对做备份，只有用户本人才拥有签名密钥对，这就充分保证了加密信息的不可否认性。

在 PKI 的网络结构方面，Entrust/PKI 5.0 支持树状和网状两种结构。在树状结构中，顶层的根 CA 具有最大的管理权限；而在端对端的网状结构中，相邻的 CA 控制着各自的 CA 域，它很适合于彼此平等的不同组织。在目录服务方面，它支持任何兼容 LDAP 的目录，可最大限度地保证安全性和灵活性。

在一个 PKI 系统中，策略管理是非常重要的核心部分。策略制定得好坏很大程度上影响整个 PKI 系统的性能。比如，用户什么情况下需要使用最强的加密算法、用户访问权限的设定以及密钥属性的设定等。CA 的策略管理、RA 的策略管理、用户的策略管理、PKI 网络结构的策略管理等都需要根据整个 PKI 体系的性能并结合具体应用环境进行详细周密的考虑。PKI 5.0 产品充分考虑了各项策略的制定和实施，并且给用户提供了相当的选择自由。

在可扩展性方面，Entrust/PKI 5.0 做到了大容量、高可用性和高级网络带宽管理。大容量体现在每个 CA 最多可有一百万用户；高可用性表现在提供自动更新密钥和证书，并且有多机备份以防止意外灾难性故障；高级网络带宽管理充分利用了 cache 技术，减少了网络拥塞的机会。

在互用性方面，Entrust/PKI 5.0 支持国际上的各项标准，如 X.509 格式证书、CRL、OCSP、LDAP、PKIX、PKCS、IPSec 和 SSL 等。对其他安全产品也表现出了良好的兼容性，如支持 Baltimore、Verisign、Microsoft、Netscape 等。

3. Baltimore Technologies 公司

UniCERT 是 Baltimore Technologies 公司推出的 PKI 产品。这是一家跨国 IT 企业，总部设在爱

尔兰首都都柏林，主要从事网络安全领域的产品开发。这些产品在管理多个 CA 之间的交互操作方面建立了良好的声誉，这使得它们特别适合于公共 CA 和非常大型的组织。

1）UniCERT 的构成

由于可扩展性的需要，UniCERT 的部件分成三个层次：

（1）核心部件：包括 CA、CAO、RA、RAO、UniCERT Gateway 和 Token Manager。CA 是整个 PKI 的核心，它的主要功能是颁布证书或证书撤销信息（如证书撤销列表）；而 CAO 则是 CA 的操作客户端，也可以说是 CA 的图形界面，另外，CAO 对整个 PKI 系统的管理员来说还是一个设计工具，管理员可以用 CAO 提供的编辑器来确定整个 PKI 系统的结构和安全策略。RA、RAO 和 UniCERT Gateway 一起构成了注册机构，而用户注册的工作在 RAO 或 UniCERT Gateway 完成，其中 RAO 用于面对面的注册，Gateway 用于远程注册。UniCERT Gateway 包括 Web Gateway、E-mail Gateway 和 VPN Gateway。相对而言，RA 模块最小，主要起通信作用，相当于 CA 和 RAO、Gateway 之间的路由器，每一个 RA 及与其相连的多个 RAO 或 Gateway 一起构成了一个操作域，这个域通过 RA 与 CA 相连。Token Manager 是一个独立的模块，用于管理令牌以及硬件安全模块。

（2）高级部件：包括 Archive Server、Advanced Registration Module（ARM）、WebRAO 和 WebRAO Server。Archive Server 是一个数据安全管理模块，可用于存储用户的私钥、管理证书及证书撤销信息。ARM 是为系统集成商、软件商以及商业 CA 提供的用于开发 PKI 系统的应用并将它们集成在一起。WebRAO 允许操作员通过浏览器来认可证书请求，而 WebRAO Server 则是 WebRAO 与 RA 之间的信息传递中介。

（3）扩展部件：包括 Timestamp Server（TS）和 Attribute Certificate Server（ACS）。其中，TS 可验证交易中的时间戳，它提供对时间戳的认证、完整性以及不可否认性要求的支持。ACS 是属性证书服务器。属性证书是另外一种形式的证书，区别于普通的证书。

2）UniCERT 的特点

总的来说，UniCERT 是一个策略驱动、模块化的 PKI。依靠 CAO 上的策略编辑，UniCERT 可使整个 PKI 系统贯彻同一个安全策略，同时依靠模块化的设计，UniCERT 实现了高度的灵活性和可扩展性。其主要特点体现在以下方面：

（1）灵活。UniCERT 可以有多种不同的注册方式，可以是面对面的，也可以是远程的，还可以是用户自定义的。它也支持多种格式的证书颁发和证书撤销机制，包括 CRL v2 和 OCSP。此外，它还支持第三方软件和加密硬件。

（2）易用。全 GUI 界面，有 PKI 编辑器和策略编辑器。此外还有详细的报告、审计和备份机制。

（3）策略支持。可以编辑整个 PKI 的安全策略，包括证书颁发条件、证书内容、证书目的以及管理证书生命周期的机制等。支持证书扩展，还可以支持与证书相关但不放在证书中的敏感数据，并保证其安全性。

（4）可扩展。uniCERT 是一个依规模划分的 PKI 系统，可以实现从小到大的扩展。它采用模块化的设计，并且能保证模块之间的通信是安全的。它也可以划分操作域，且操作域的大小只受数据库大小的限制。同时，它还支持无限的 CA 层次和任意的交叉认证，支持 CA 克隆。

（5）开放。支持所有相关的工业标准，实现了多数可行的商业协议，采用了多数流行的加密算法。

（6）安全。支持硬件加密模块（HSM）、智能卡以及令牌等；支持灾难恢复，有非常强大的密钥加密存储功能。

4．其他公司产品

RSA 是老牌的安全软件公司，后来又开始了不断的并购，如从 Security Dynamic 得到了 SecureID，RSA Keon 的理念相当先进，业界无出其右者。

Microsoft 已经提供了一个证书管理服务作为 Windows NT 的一个附加件，并且现在已经把完整的 CA 功能都合并到了 Windows 2000 中。低成本（特别是对于那些拥有 Windows 2000 服务器的用户）使得它们的工具对于严格意义上的内部使用极具吸引力。

Thawte 是紧跟在 VeriSign 后的第二大公共 CA，并且它为内部的 PKI 管理提供了一个"入门级 PKI 程序（Starter PKI Program）"。

12.5.2　PKI 的应用现状和前景

在美国，随着电子商务的日益兴旺，电子签名、数字证书已经在实际中得到了一定程度的应用，就连某些法院都已经开始接受电子签名的档案。国外开发 PKI 产品的公司也有很多，比较有影响力的 Baltimore 和 Entrust 都推出了可以应用的产品。Entrust 公司的 Entrust/PKI 5.0 可提供多种功能，能较好地满足商业企业的实际需求。VeriSign 公司也已经开始提供 PKI 服务，Internet 上很多软件的签名认证都来自 VeriSign 公司。

从发展趋势来看，随着 Internet 应用的不断普及和深入，政府部门需要 PKI 支持管理，商业企业内部、企业与企业之间、区域性服务网络、电子商务网站都需要 PKI 的技术和解决方案，大企业需要建立自己的 PKI 平台，小企业需要社会提供的商业性 PKI 服务。

此外，作为 PKI 的一种应用，基于 PKI 的虚拟专用网（Virtual Private Network，VPN）市场也随着 B2B 电子商务的发展而迅速膨胀。据 Infonetics Research 的调查和估计，VPN 市场由 1997 年的 2.05 亿美元开始以 100% 的增长率增长，到 2001 年达到 119 亿美元。

总的来看，PKI 的市场需求非常巨大，基于 PKI 的应用包括许多内容，如 WWW 服务器和浏览器之间的通信、安全的电子邮件、电子数据交换、Internet 上的信用卡交易以及 VPN 等。因此，PKI 具有非常广阔的市场应用前景。

PKI 技术正在不断发展中，按照国外一些调查公司的说法，目前的 PKI 系统仅仅处于示范工程阶段，许多新技术正在不断涌现，CA 之间的信任模型、使用的加解密算法、密钥管理的方案等也在不断变化之中。

Internet 网络的安全应用已经离不开 PKI 技术的支持。网络应用中的机密性、真实性、完整性、不可否认性和存取控制等安全需求只有 PKI 技术才能满足。中国作为一个网络发展大国，发展自己的 PKI 技术是很有必要而且是非常迫切的。因此，研究和开发我国自主的、完整的 PKI 系统，以支持政府、银行和企业安全地使用信息资源和国家信息基础设施已是刻不容缓，这对于我国电子商务、电子政务、电子事务的发展将是非常关键和重要的。

12.6　PMI

PKI 的初衷是想成为应用于 Internet 的可以提供身份鉴别、信息加密、防止抵赖的应用方案。然而，事情的发展并不总是像人们期望的那样，PKI 的应用产生了很多问题。首先是实施的问题，

PKI 的技术非常新，大多数用户都不了解。PKI 系统定义了严格的操作协议，严格的信任层次关系。任何向 CA 申请数字证书的人必须经过线下的身份验证，这种身份验证工作很难扩展到整个 Internet 范围，通常只有小范围的实施。因此，现今构建的 PKI 系统都局限在一定范围内，这造成了 PKI 系统扩展问题。

同时，为了解决每个独立的 PKI 系统之间的信任关系，出现了交叉认证、桥 CA（Bridge-CA）等方法。然而由于不同 PKI 系统都定义了各自的信任策略，在进行互相认证时，为了避免由于信任策略不同而产生的问题，普遍的做法是忽略信任策略。这样，本质上是管理 Internet 上的信任关系的 PKI 就仅仅起到身份验证的作用，至于这个身份有什么权利、可以做哪些事情、不可以做哪些事情，在经过了交叉认证以后就全部消失了，要实现策略只有通过其他手段。

为了解决上述问题，PMI 出现。

12.6.1 PMI 简介

PMI（Privilege Management Infrastructure，授权管理基础设施）在 ANSI、ITUX.509 和 IETF PKIX 中都有定义。国际电联电信委员会 2001 年发表的 X.509 的第四版首次将权限管理基础设施的证书完全标准化。X.509 的早期版本侧重于公钥基础设施的证书标准化。

PMI 授权技术的基本思想是以资源管理为核心，将对资源的访问控制权统一交由授权机构进行管理，即由资源的所有者进行访问控制管理。与 PKI 信任技术相比，两者的区别主要在于 PKI 证明用户是谁，并将用户的身份信息保存在用户的公钥证书中；而 PMI 证明这个用户有什么权限、什么属性、能干什么，并将用户的属性信息保存在授权证书（又称管理证书）中。

图 12-1 显示了 PMI 服务系统的体系结构。从图中可以看出，PMI 系统主要分为授权管理中心（又称 AA 中心）和资源管理中心（又称 RM 中心）两部分。授权服务平台是授权管理中心的主要设备，是实现 PMI 授权技术的核心部件，主要为用户颁发 CA 授权证书。

图 12-1　PMI 的体系结构

PMI 使用了属性证书（Attribute Certificate），这种数字证书只包含证书所有人 ID、发行证书 ID、签名算法、有效期、属性等信息。一般的属性证书的有效期都比较短，如果属性证书的有效期很短，到了有效期的日期，证书将会自动失效，从而避免了公钥证书在撤销时的种种弊端。属性一般由属性类别和属性值组成，也可以是多个属性类别和属性值的组合。这种证书利用属性来定义每个证书持有者的权限、角色等信息，从而可以解决 PKI 中所面临的一部分问题，对信任进行一定程度的管理。

表 12-3 对 PKI 和 PMI 进行了比较。

表 12-3　PKI 和 PMI 的比较

概　　念	PKI 实体	PMI 实体
	公钥证书	属性证书
证书发布者	证书机构	属性机构
证书用户	主体	持有者
证书绑定关系	主体名和公钥	持有者名和权限属性
废除	证书废除列表(CRL)	属性证书废除列表(ACRL)
信任根源	证书机构根源或信任锚	机构源
子机构	子证书机构	属性机构

PMI 授权给 PKI，指定 PKI 可以鉴定的内容，因此 PKI 和 PMI 有很多相似之处。公钥证书用于维护用户名和用户公钥之间牢固的绑定关系，而属性证书（AC）用于维护用户名和一个或多个属性权限之间的牢固的绑定关系。

在这方面，公钥证书可以看作是常规 AC 的特殊形式。给公钥证书进行数字签名的实体称为证书机构（CA），给属性证书（AC）进行签名的实体称为属性机构（AA）。PKI 的信任根源通常称为 CA 根源，而 PMI 的信任根源被称为机构源（SOA）。CAs 可以拥有它们信任的子 CAs，并给它们指定鉴定和证明的权限。类似地，SOA 也可以给子 AAs 指定授权的权限。如果用户希望废除他或他的签名公钥，CA 将发布一个证书废除列表，同样，如果用户希望废除授权许可，AA 将发布一个属性证书废弃列表（ACRL）。

12.6.2　PERMIS 工程

PERMI 是欧洲委员会投资的权限和角色管理基础设施标准确认工程，PERMI 在建立 X.509 基于角色的 PMI 中遇到了挑战，该 PMI 应该能用于三个欧洲城市的不同应用。这个工程的成员来自 Barchelona（西班牙）、Bologna（意大利）和 salford（英国）。这三个中心具有运转 PKI 的经验，为了完成强大的鉴定和授权链他们很自然希望增加 PMI 能力。三个城市选择的应用显著不同，因此如果它同时满足三个城市的要求，这将会是先进 PMI 一般性的好的测试。

在 Barchelona，希望实现建筑师能够下载城市道路图，用他们构思的计划更新地图，并能够上传新的建筑计划和向城市规划的服务器发出建筑许可证的请求。这将显著提高当前系统的效率。目前，计划和请求是作为文件邮寄给城市各部门。

Barchelona 是一个主要的旅游城市和商业中心，它在整个城市和飞机场有很多汽车租用点。然而，在 Barchelona 停车有很大的限制，经常需要向租用的车辆发出停车罚票。而当车辆租用公司收到停车罚票时，租用者已经离开了这个国家。

这个计划用来向车辆租用公司提供在线访问城市停车罚票数据库，以便当汽车在他们租用结束回来后，公司能够及时检测是否有这辆车的停车罚票。公司将把司机的详细情况发送给城市的相应部门，因而罚款也将发送给个人。数据保护法要求车辆租用公司只能访问发给属于该公司车辆的罚票而不能访问属于其他车辆租用公司的罚票，因此需要严格控制授权。

PERMIS 工程的挑战性在于建立一个基于角色的 X.509 权限管理基础设施，这个基础设施能够满足这些不同的应用，并且这也意味着它能够用于更广泛的应用中。

12.6.3　PERMIS 的权限管理基础设施（PMI）实现

PMI 实现有三个主要组成部分：授权策略、权限分配者（PA）和 PMI API。

1. 授权策略

授权策略指定在什么条件下，谁对某种客体具有何种访问权。基于域的策略授权比给每个客体配置各自独立的 ACLs 更可行。后者很难管理，使管理者的劳动加倍，因为对每个客体不得不重复任务，同时安全性更低，因为很难了解整个域的用户具有哪种访问权。

基于策略的授权在另一方面允许域管理者——SOA 给整个域指定授权策略，同时所有客体也将被一套相同的规则所控制。

PERMIS 工程很早就决定为指定的授权使用分层 RBAC。RBAC 在规模（Scalabity）方面比 DAC 有优势，并且能处理大量的用户。一般情况下，角色比用户少得多。

PERMIS 工程希望能够用一种语言指定授权策略，这种语言要求能够很容易被电脑解析同时 SOAs 不用软件工具也能读取。各种以前存在的策略语言，如 Ponder 接受测试，但没人认为它是理想的语言。XML 被认为是策略描述语言的合适候选。

首先，X.500 PMI RBAC 策略指定了文档类型定义（DTD），DTD 是一个标记语言，它包含了创建 XML 策略的规则。DTD 包含以下组成部分：

（1）主体策略：指定主体域，例如只有来自主体域的用户可以被授权访问那些被策略覆盖的资源。

（2）角色分层策略：指定不同的角色和他们彼此间的层次关系。

（3）SOA 策略：指定哪个 SOAs 可以分配角色。

（4）角色分配策略：指定哪种 SOAs 可以将何种角色分配给哪种主体。

（5）客体策略：指定策略覆盖范围内的客体域。

（6）动作策略：指定客体所支持的动作或方法，以及传递给每种动作的参数。

（7）客体访问策略：指定在什么条件下，哪种角色可以对哪种客体执行何种动作。

SOA 可以用被推荐的 XML 编辑工具为域建立授权策略，并把它存储在本地文件中以便可以被 PA 所用。

2. 权限分配者（PA）

PA 是 SOA 或 AA 用来给用户分配权限的工具。由于 PERMIS 使用 RBAC，SOA 指定角色 ACs 的形式用 PA 给用户分配角色。它将会指定给不同城市中不同应用中的所有用户，

一旦 PA 创建了角色分配 ACs，它们就被存在一个轻量级目录访问协议（LDAP）目录中。由于 ACs 是由发布它们的 AA 进行数字签名的，可以防止被篡改。

PA 的另一个功能是创建授权策略，它作为一个策略 AC（Policy AC）而被数字签名。策略 AC

是一个标准的 X.509 AC——持有者和发行者的名字相同。

3. PMI API

开放组织已经定义了标准授权 API（AZN API），并用 C 语言指定。它以 ISO10183-3 访问控制框架为基础，指定了访问控制执行函数（AEF）和访问控制决定函数（ADF）之间的接口。

PERMIS 在 Java 虚拟机中指定 PERMIS API，并假定客体和 AEF 要么能协同定位，要么能通过可信任的局域网相互进行通信，从而简化了 AZN API。

PERMIS API 包括四个简单的调用：initialise、get creds、decision、shutdown。这些调用的功能如下所述，调用 initialise 告诉 ADF 读取策略 AC，AEF 传递可信任 SOA 的名字和 LDAP URLs 列表，从这里 ADF 可以取得策略 AC 以及角色 ACs。当 AEF 启动后 initialise 就被调用。在 initialise 成功以后，ADF 将会读取 XML 形式的策略，这个策略将会控制它将来做出的所有决定。

当用户开始对客体调用时，AEF 将鉴定用户并通过调用 get creds 把用户独一无二的 LDAP 名字（DN）传递给 ADF。

在三个城市中，将以不同方式鉴定用户。在 Salford，用户向 AEF 发送一封安全多用途互联网邮件扩展（S/MIME）邮件。在 Barcelona 和 Bologna，用户将打开一个安全套接层（SSL）的连接。在这两种情况下，用户将对公开信息进行数字签名，对该签名的确认将产生用户的 DN。ADF 用这个 DN 取得来自 LDAP URLs 列表的所有 ACs，这个列表是在初始化时传递的。角色 ACs 是否依赖于策略，例如，检查 DN 是否在有效的主体域中，以及检查 ACs 是否在策略的有效时间内等。无效的角色 ACs 将被丢弃，而来自有效 ACs 的角色将提取出来保留给用户。

一旦用户被成功鉴定，将尝试对客体执行某种动作。对每种尝试，AEF 通过调用 decision 向 ADF 传递客体名字和尝试的动作，以及它的参数。Decision 将检查用户所拥有的角色是否允许这种动作，充分考虑在客体访问策略中指定的所有条件。如果动作允许，结果返回为"true"，否则返回为"false"。用户可能对不同的客体尝试任意次数的动作，对每种尝试都将调用 decision。

为了防止用户长期打开一个连接，例如，直到用户的 ACs 过期，PERMIS API 支持会话时间超时。一旦调用 get creds，AEF 指定在信任书更新前会话可以打开多长时间。如果会话时间超时，decision 将抛出异常，告诉 AEF 要么关闭用户的连接要么重新调用 getcreds。

AEF 可以在任何时候调用 shutdown，它的目的是结束 ADF 并废弃当前的策略。当应用友好关闭或 SOA 希望在域内动态地增加一种新的授权策略时将调用 shutdown。在 shutdown 之后 AEF 可以调用 initialise，这样 ADF 将读到最新的授权策略并做出访问控制决定。

12.6.4 PKI 的应用

PKI 是一种遵循既定标准的密钥管理平台，它能够为所有网络应用提供加密和数字签名等密码服务及所必需的密钥和证书管理体系。

原有的单密钥加密技术采用特定加密密钥加密数据，而解密时用于解密的密钥与加密密钥相同，这称为对称型加密算法。采用此加密技术的理论基础的加密方法如果用于网络传输数据加密，则不可避免地出现安全漏洞。因为在发送加密数据的同时，也需要将密钥通过网络传输通知接收者，第三方在截获加密数据的同时，只需再截取相应密钥即可将数据解密使用或进行非法篡改。区别于原有的单密钥加密技术，PKI 采用非对称的加密算法，即由原文加密成密文的密钥不同于由密文解密为原文的密钥，以避免第三方获取密钥后将密文解密。

数字证书是公开密钥体系的一种密钥管理媒介，它是一种权威性的电子文档，形同网络计算环境中的一种身份证，用于证明某一主体（如人、服务器等）的身份以及其公开密钥的合法性，又称数字 ID。数字证书由一对密钥及用户信息等数据共同组成，并写入一定的存储介质内，确保用户信息不被非法读取及篡改。

加密密钥对：发送者要将加密数据发送给接收者，首先要获取接收者的公开的公钥，并用此公钥加密要发送的数据，即可发送；接收者在收到数据后，只需使用自己的私钥即可将数据解密。此过程中，假如发送的数据被非法截获，由于私钥并未上网传输，非法用户将无法将数据解密，更无法对文件做任何修改，从而确保了文件的机密性和完整性。

签名密钥对：此过程与加密过程的对应。接收者收到数据后，使用私钥对其签名并通过网络传输给发送者，发送者用公钥解开签名，由于私钥具有唯一性，可证实此签名信息确实为由接收者发出。此过程中，任何人都没有私钥，因此无法伪造接收方的签名或对其做任何形式的篡改，从而达到数据真实性和不可抵赖性的要求。

PKI 技术可运用于众多领域，其中包括虚拟专用网络（VPN）、安全电子邮件、Web 交互安全及备受瞩目的电子商务安全领域。

基于网络环境下数据加密/签名的应用越来越广泛，PKI 作为技术基础可以很好地实现通行于网络的统一标准的身份认证，其中既包含有线网络，也涵盖了无线通信领域。因此可以预见，PKI 的应用前景将无比广阔。

习　题

1. 阐述信任关系与信任模型的定义，并列出目前常用的四种信任模型。
2. PKI 的组成分为哪几大部分？它们主要的功能各是什么？
3. 请简述交叉认证的过程。
4. X.500、X.509 和 LDAP 三者之间有何区别和联系？
5. PKI 的主要厂商和产品有哪些？PKI 的应用现状和前景如何？
6. PERMIS 的权限管理基础设施（PMI）是如何实现的？

第13章 信息安全实验

信息安全是一门实践性很强的课程，需要做许多实验。本章首先对本书涉及的所有实验总体环境进行规划、部署、配置与说明，并列出进行实验所需要的环境条件需求。然后，针对信息安全的一些关键问题，按照网络操作系统安全配置、网络安全攻击和防护技术等实验项目进行较详细介绍。

实验 1 网络安全实验环境搭建

配置良好的实验环境是进行网络安全实验的基础性工作。通常，网络安全实验配置应该具有两个以上独立的操作系统，而且任意两个操作系统可以通过以太网进行通信，鉴于两个方面的客观因素：

（1）许多计算机不具有联网的条件。

（2）网络安全实验对系统具有破坏性。

因此，在做网络安全实验时，大多不能提供多台真实的计算机，可在一台计算机上安装一套操作系统，然后利用工具软件再虚拟出几套操作系统来实现。其中还应有一套服务器版为操作系统，作为网络安全的攻击对象，以便进行各种网络安全实验。

通常，网络安全实验设备及环境需求为：

（1）计算机 1 台。

（2）虚拟机软件 VMware。

（3）Windows 7/8/10 中文版网络操作系统。

（4）Windows Server 2003 企业版光盘镜像文件或 Windows Server 2003 虚拟机配置文件。

（5）Windows 7/8 光盘镜像文件或 Windows 7/8 虚拟机配置文件。

Ubuntu 9.04 桌面版光盘镜像文件或 Ubuntu 虚拟机配置文件。同时，为了能够捕获网络中的一些数据包并加以分析，需要在主机上安装捕获数据包的软件，譬如比较常用的 Sniffer Pro。除此之外，实验用的主机还要安装 Visual C++6.0。主机软件推荐配置如表 13-1 所示。

表 13-1 主机软件推荐配置

操作系统	Windows 7/8/Windows server 2003/Linux
浏览器	Internet Explorer 8.0
虚拟机软件	VMware 6.0
网络嗅探器软件	Sniffer Pro
编程工具软件及编译环境	Visual C++6.0 /CCC 4

注意：网络安全实验中的许多程序属于木马和病毒程序，在做实验的过程中，在主机和虚拟机上不要加载任何防火墙或者防病毒监控软件。

为搭建一个网络安全实验环境，需先介绍虚拟机 VMware 的安装和配置，然后介绍虚拟机下操作系统的安装方法以及主机和虚拟机的网络配置。

1．VMware 虚拟机的安装和配置

首先在一台计算机上安装一套操作系统，然后安装虚拟机软件 VMware。在 VMware 下虚拟出三套操作系统，分别是 Windows 7/8、Windows Server 2003 和 Ubuntu 9.04，其中 Windows Server 2003 操作系统主要作为网络安全的攻击对象。虚拟机上的操作系统可以通过虚拟网卡和实际主机的操作系统进行通信。在本示例中，主机上安装 Windows 7/8/10 操作系统，并且打上相关的补丁。为了使所有的网络安全攻击与防御技术实验都可以成功完成，虚拟机上的 Windows Server 2003 不安装任何补丁。

（1）VMware 6.5 汉化版的安装程序大小约为 31 MB，运行安装程序，VMware 6.5 安装的欢迎页界面如图 13-1 所示。

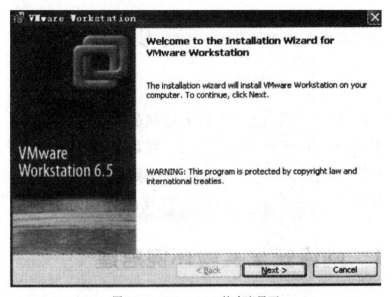

图 13-1　VMware 6.5 的欢迎界面

（2）接下来的几步均按照系统的默认选项进行设置，VMware 6.5 的注册号为
JHXUR-GOM88-GA44V-4MRN6。安装过程大概要持续 3～5 min。

（3）英文版安装完毕后，系统提示重新启动计算机，此时先取消重启，安装程序将接着进行汉化，汉化完成后手动重启计算机才能使用 VMware。重启计算机以后，打开 VMware 程序。

2．安装虚拟机的操作系统

安装完虚拟机以后，就如同组装了一台 PC，这台 PC 需要安装操作系统。在此以 Windows 7/8 的安装为例，介绍在虚拟机环境下操作系统的安装过程。

（1）选择菜单栏"文件"→"新建"→"虚拟机"命令，弹出"新建虚拟机向导"对话框，如图 13-2 所示。

图 13-2 "新建虚拟机向导"对话框

（2）选择"典型"安装方式，单击"下一步"按钮，进入选择操作系统界面，设置要安装的操作系统类型，如图 13-3 所示，选择"Windows 7/8"。

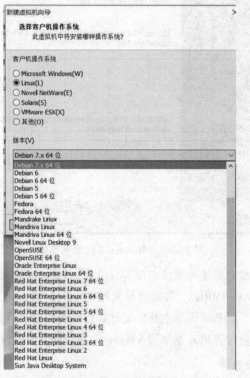

图 13-3 选择要安装的操作系统

（3）单击"下一步"按钮，进入网络连接方式选择界面，如图 13-4 所示。这里列出了四种网络连接方式，其中"使用桥接网络"方式最方便，因为这种连接方式使虚拟机就像是一台独立的计算机一样。这里选择"使用桥接网络"方式。

图 13-4 网络连接方式选择界面

（4）单击"下一步"按钮，出现磁盘分配界面。安装 Windows 7/8 操作系统，虚拟磁盘要尽量大一些，这里选择默认的 16 GB。单击"完成"按钮，完成新虚拟机的创建。

（5）还有一项很重要的工作，Windows 7/8 安装需要一个 2 GB 以上的临时文件交换区，如果没有这个交换区，后面会安装失败。因此这里还要添加一个虚拟硬盘，以保证 Windows 7/8 的顺利安装。方法是：

① 打开虚拟机设置界面。

② 单击"虚拟机设置"下方的"添加"按钮，弹出"添加硬件向导"对话框。

③ 在"硬件类型"中选择"硬盘"，单击"下一步"按钮。

④ 选择"创建一个新的虚拟硬盘"，单击"下一步"按钮。

⑤ 虚拟机磁盘类型选择"SCS"，单击"下一步"按钮。

⑥ 指定磁盘容量，这里选择大小为 4 GB，单击"下一步"按钮。

⑦ 指定磁盘文件名，默认即可。可以在 VMware 的主界面中看到刚才配置的虚拟机。

（6）安装虚拟机上的操作系统。使用 Windows 7/8+SP1 的光盘镜像 ISO 文件进行安装有两种方法：

方法一：

① 双击虚拟机主界面中"设备"下的"CD-ROM1（IDE1:0）"，弹出图 13-5 所示的对话框，选择"使用物理驱动器"，因为虚拟光驱软件 DEMON 加载 Windows 7/8 镜像文件后所在的盘符是"J:"，所以这里选择物理驱动器"J:"。

② 单击绿色的启动按钮开启虚拟机，按"F2"键进入系统设置界面，再进入虚拟机的 Boot 菜单，将虚拟机改为从光盘启动，然后保存退出。

③ 接着出现"windows is loading files…"窗口，之后进入 Windows 7/8 的安装界面。

方法二：

图 13-5 选择虚拟光盘盘符

① 在图 13-5 中选择"使用 ISO 镜像",单击"浏览"按钮,找到 Windows 7/8 的镜像文件所在位置。

② 单击绿色的启动按钮启动此虚拟机,之后会进入 Windows 7/8 的安装界面。

(7)接下来还需要在"输入产品密钥"处输入产品密钥串号,例如:6F2D7-2PCG6-YQQTB-FWK9V-932CC。然后安装程序开始复制文件。

(8)安装程序复制完文件之后,为了能正常启动 Windows 7/8 操作系统,先单击红色按钮将 Windows 7/8 虚拟机关闭,然后将"CD-ROM"改为"Auto detect"。再按【F2】键进入系统设置界面,进入虚拟机的 BIOS,将虚拟机改为从硬盘启动。

(9)安装完成之后,虚拟机上的 Windows Vista 操作系统即可使用。

(10)虚拟机下其他操作系统的安装方法与 Windows 7/8 类似,不再赘述。这里已经有一个做好的 Windows Server 2003 的虚拟机配置文件,选择"File"→"Open"命令,可以在虚拟机中加载操作系统。

(11)单击"下一步"按钮进入文件存放路径的设置界面,整个虚拟机上操作系统就包含在"Windows Server 2003 Standard Edition.vmx"文件中,单击"打开"按钮,可以在虚拟机中加载操作系统,相当于在计算机上安装完成了操作系统。

(12)单击绿色的启动按钮开启操作系统,可以看到 Windows Server 2003 的启动界面。

(13)下面用同样的方法安装 Ubuntu9.04 桌面版操作系统。整个虚拟机上操作系统包含在"Ubuntu.vmx"这个文件中,单击"打开"按钮。

(14)单击绿色的启动按钮开启操作系统,就可以看到 Ubuntu 的启动界面。

(15)至此,在虚拟机下成功安装了三套操作系统。分别进入主机操作系统和虚拟机操作系统,配置主机和虚拟机的 IP 地址,使主机和虚拟机在同一网段,并可以通信。IP 地址分配如表 13-2 所示。

表 13-2 主机与虚拟机 IP 地址分配表

操 作 系 统	IP 地址
主机(Windows XP)	172.18.25.99
虚拟机(Windows 7/8)	172.18.25.98
虚拟机(Windows Server 2003)	172.18.25.97
虚拟机(Ubuntu 9.0.4)	172.18.25.96

(16)用 ping 命令来测试主机和虚拟机能否通信。在主机的 DOS 窗口中输入 ping172.18.25.97。测试结果表明主机和虚拟机已经连通,这样一个虚拟的网络环境就配置好了。

实验 2　Windows 操作系统安全配置

操作系统的安全配置是整个操作系统安全策略的核心,其目的是从系统根源构筑安全防护体系,通过用户和密码管理、共享设置、端口管理和过滤、系统服务管理、本地安全策略、外部工具使用等手段,形成一套有效的系统安全策略。操作系统到底安全不安全,主要还是看使用者的使用方法,同样的操作系统不同的人使用会有不同的安全效果。实际上并不存在真正安全的操作系统，关键是怎样才能让操作系统更安全。本部分的实验将主要介绍对常见的操作系统采取什么样的安全配置，才能够正确应对各种入侵，保证操作系统本身所提供的网络服务更安全一些。

Windows 操作系统尽管存在许多令人不如意之处，但仍然是应用范围最广的系统之一。面对如此庞大纷繁的操作系统，使之安全运行势在必行。目前，关于 Windows 安全技术和概念方面的讨论很多，本实验主要针对具体的安全防护措施和技术，对 Windows 7/8、Windows Server 2003 系统安全进行加固配置，包括系统安全策略配置、用户管理、系统安全审核、网络服务和端口安全管理、IPSec 策略配置等内容。

1．实验目的

（1）掌握安全策略的设置方法，了解安全策略的主要内容和用途。

（2）掌握利用管理工具管理本地用户账户的方法，了解 Windows 账户的命名规则和口令要求。

（3）掌握 Windows 下审核策略的设置方法，了解审核策略的制定准则。

（4）掌握 Windows 环境中网络服务和端口的安全管理技术。

2．实验设备及环境

（1）Windows 7/8 操作系统。

（2）Windows Server 2003 操作系统（虚拟机）。

3．实验任务及内容

1）安全策略配置

Windows 系统安装的默认配置是不安全的，在使用前，应该进行一些设置。通过本地安全策略可以控制：

（1）访问计算机的用户。

（2）授权用户使用计算机上的哪些资源。

（3）是否在事件日志中记录用户或组的操作。

① 以系统管理员的身份登录到 Windows 7/8 操作系统，对密码策略进行修改，在"控制面板"窗口中依次选择"管理工具"→"本地安全策略"选项，在打开的窗口中选择"账户策略"→"密码策略"选项，如图 13-6 所示。

图 13-6　"本地安全策略"窗口

② 双击右侧的"密码必须符合复杂性要求"选项，弹出图 13-7 所示的对话框。如果启用该策略，则密码须符合以下最低要求：

 a. 不能明显包含用户账户名或用户全名的一部分。

 b. 长度至少为 6 个字符。

 c. 必须包含：英文大写字母（A~Z）、英文小写字母（a~z）、10 个基本数字（0~9）以及非字母字符（如!、$、#、%）四类字符中的三类字符。

③ 双击右侧的"密码长度最小值"选项，弹出图 13-8 所示的对话框，设置密码长度最小值。

图 13-7　密码复杂性的设置

图 13-8　密码长度最小值的设置

④ 双击右侧的"密码最长存留期"选项，弹出图 13-9 所示的对话框。该安全设置确定系统要求用户更改密码之前可以使用该密码的时间，范围是 1~999 天，默认为 42 天，设置为 0 表示密码永不过期。

⑤ 双击右侧的"密码最短存留期"选项，弹出图 13-10 所示的对话框。该安全设置确定用户在可以更改密码之前必须使用该密码的时间。可以设置为 1~998 天，密码最短使用期限必须小于密码最长使用期限。

⑥ 双击右侧的"强制密码历史"选项，弹出图 13-11 所示的对话框。该安全设置确定与某个用户账户相关的密码的数量，可以设置为 0~24 之间。该策略可以防止用户重新使用旧密码，确保旧密码不能继续使用，从而能够增强安全性。

图 13-9　密码最长存留期的设置

图 13-10　密码最短存留期的设置

⑦ 双击右侧的"为域中所有用户使用可还原的加密来存储密码"选项，弹出图 13-12 所示

的对话框。该安全设置确定操作系统是否使用可还原的加密来存储密码,此策略为某些应用程序提供支持,这些应用程序使用的协议需要用户密码来进行身份认证。使用可还原的加密储存密码与储存纯文本密码在本质上是相同的。因此,除非应用程序需求比保护密码信息更重要,否则不要启用此策略。

<table>
<tr><td>图 13-11　强制密码历史的设置</td><td>图 13-12　用可还原的加密来储存密码的设置</td></tr>
</table>

从上面这些设置项中不难得到一个最简单有效的密码安全方案,即首先启用“密码必须符合复杂性要求”策略,然后设置“密码最短存留期”,最后开启“强制密码历史”。设置好后,在“控制面板”窗口中重新设置管理员的密码,这时的密码不仅本身是安全的(不低于 8 位且包含不同类别的字符),而且以后修改密码时也不易出现与以前重复的情况,这样的系统密码安全性较高。

2)Windows 用户管理

在 Windows 中,用户管理对于系统和组织安全性非常重要。在组织内部,应具有用来确定每个新用户具有正确权限的过程。当用户离开组织时,应具有保证用户不能再访问系统的过程。

(1)Windows 用户账户。

Windows 提供本地用户账户、域用户账户和内置用户账户三种类型的用户账户。本地用户账户允许用户登录到一台特定计算机上,从而可以访问该计算机上的资源。域用户账户允许用户登录到域中,从而可以访问网络中的资源。内置用户账户允许用户执行管理任务或者访问本地和网络资源。一般 Administrator 账户不能被删除,在实际应用时为了增强入侵难度,可以更改 Administrator 账户名,比如改成 guestone。

(2)账户规则。

① 命名规范。命名规范确定域中的用户如何被标识,命名规范可参考表 13-3。

表 13-3　命名规范

规　范	说　明
用户登录名必须唯一	本地用户账号应该在本计算机上是唯一的。域用户账号的登录名应该在域活动目录中是唯一的
最多使用 20 个字符	Windows 只识别用户名称的前 20 个字符
避免使用无效字符	无效字符包括:／\[]：；[=,<>+*?
用户登录名不区分大小写	用户登录名称对大小写不敏感
表明用户类型	在用户登录名前加上一个标识来说明用户类型

② 口令要求。为了保护对计算机的访问，每个用户必须有口令，对于口令的要求是：

a. 一定为 Administrator 设定一个安全的口令。

b. 使用难以猜测的口令，例如避免使用与用户名称明显相关的口令。

c. 口令可以多达 128 个字符，推荐使用最少 8 个字符的口令。

d. 使用大写和小写、数字和有效的非字母符号相混合的口令。

（3）添加和管理本地用户。

① 以系统管理员的身份登录到 Windows 操作系统，在"控制面板"窗口中双击"管理工具"选项，打开"计算机管理"窗口，选择左侧"本地用户和组"→"用户"。

② 右击"用户"，从弹出的快捷菜单中选择"新用户"命令，添加用户名为 test 的用户。如果在密码策略中启用了复杂性密码要求，这时系统会提示密码不符合复杂性要求，需要按照密码复杂性要求选择密码。

③ 为当前用户选择合适的组，默认的当前用户属于 users 组，需要提升 test 的权限时，把它放入 Administrators 组中。方法是：在用户列表中双击 test 用户，出现用户属性界面，选择"隶属于"选项卡，单击"添加"按钮，弹出图 13-13 所示的对话框，在"输入对象名称来选择"编辑框中输入 Administrators，单击右侧的"检查名称"按钮，出现 Administrators 组的信息，再单击"确定"按钮即可。

图 13-13 "选择组"对话框

（4）添加域用户。

① 以 Domain Admins 组成员的身份登录 Windows Server 2003 操作系统（虚拟机），然后在"控制面板"窗口中依次选择"管理工具"→"Active Directory 用户和计算机"选项。

② 右击"Users"选项，选择"新建"→"用户"命令。

③ 输入"姓"、"名"以及"用户登录名"，然后单击"下一步"按钮。

④ 输入并确认密码，取消勾选"用户下次登录时须更改密码"复选框，然后单击"下一步"按钮。

⑤ 双击刚加入的用户 myuser，出现该用户的属性信息，选择"隶属于"选项卡，可以修改用户所属的组，修改用户的权限。

3）系统安全审核

安全审核是 Windows 系统最基本的入侵检测方法。当有人尝试对系统进行某种方式（如尝试用户密码、改变账户策略和未经许可的文件访问等）入侵时，都会被安全审核记录下来。许多管理员在系统被入侵了几个月都还不知道，直到系统遭到破坏。设置审核策略的步骤如下：

（1）以系统管理员的身份登录到 Windows 操作系统，对审核策略进行修改，在"控制面板"

窗口依次选择"管理工具"→"本地安全策略"选项，在打开的窗口中选择"审核策略"选项。

（2）双击右侧的"审核对象访问"，弹出对话框，对审核对象访问的策略进行修改。修改完成后单击"确定"按钮即可。

（3）右击想要审核的文件或文件夹，选择"属性"命令，在弹出的窗口中选择"安全"选项卡。单击"高级"按钮，然后选择"审核"选项卡，再单击"添加"按钮，弹出对话框，在此处可以对要审核的行为进行编辑。

4）网络服务和端口管理

Windows 中有许多用不到的服务自动处于激活状态，Terminal Services（终端服务）和 IIS（Internet 信息服务）等都可能给系统带来安全漏洞。为了能够远程管理服务器，许多机器的终端服务都是开放的。如果开放了，要确认已经正确地配置了终端服务。有些恶意程序也能以服务方式悄悄地运行服务器上的终端服务。要留意服务器上开启的所有服务并每天检查。另外，需要把系统不经常使用的网络端口关闭，防止黑客攻击。TCP/IP 筛选器是 Windows 自带的防火墙，功能比较强大，可以替代防火墙的部分功能。

（1）服务管理。

① 以 Domain Admins 组成员的身份登录 Windows server 2003 操作系统（虚拟机）。选择"控制面板"→"管理工具"→"服务"选项。

② 在右侧窗体中单击某一服务，在"操作"菜单中选择"启动""停止""暂停"等命令可对服务进行管理。

③ 配置服务的启动方式。右击要配置的服务，选择"属性"命令，在弹出对话框的"常规"选项卡中选择"启动类型"列表中的"自动"、"手动"或"禁用"。在"登录"选项卡中可以指定服务用来登录的用户账户。

（2）关闭不用的端口。

关闭端口意味着减少所提供的访问，如果服务器安装在防火墙的后面，被入侵的机会就会少一些。

（3）禁止建立空连接。

空连接使用的端口号是 139，通过空连接可以复制文件到远端服务器，默认情况下，任何用户可通过空连接连接服务器，从而枚举账号并猜测密码，这是一个漏洞。通过下面两种方法可禁止建立空连接：

① 在注册表中找到相应的键值 HKEY_LOCAL_MACHINE\System\CurrentControlSet\Control\LSA，将 DWORD 值 RestrictAnony-mous 的键值改为 1。

② 设置"本地安全策略"→"本地策略"→"安全选项"中的"网络访问：不允许 SAM 账户和共享的匿名枚举"为启用。

4. 实验报告

（1）详细描述加入本地用户的过程，并使用该用户登录系统进行权限测试。

（2）根据以下要求制订系统的审核策略：记录对计算机不成功的访问尝试；记录对 C:\WINNT\system32\drivers\etc\hosts 文件（或者其他文件）的读写操作；记录一个管理员执行的操作以跟踪未授权的更改。

（3）根据实际需要找出本系统不需要的服务，把这些服务端口关闭。

（4）根据实际需要制定出本系统所需要的端口，把其余的端口关闭。

（5）思考题。

① 描述各个密码安全策略的主要作用。

② 如何设置安全性高且容易记忆的口令？

③ 简述审核策略、密码策略和账户策略的含义。

④ 如何使用安全策略对域用户的权限进行设置。

⑤ 分析系统审核在系统安全中的作用。

⑥ 查找资料，分析 Windows 中空连接可能带来的危害。

⑦ 分析 IPSec 可以防止哪些网络攻击。

实验 3 Linux 操作系统安全配置

目前已有多种基于 GNU/Linux 的操作系统，如 Debian、SuSE、Gentoo、RedHal，和 Mandriva。其中 Debian 是一个广受称道、技术先进且有良好支持的发行版；而基于 Debian 的 Ubuntu 是一个自由、开源的操作系统，且有自己的发行版（每 6 个月发行一版），以用户为核心，简单易用，承诺对每个发行版有 18 个月的安全升级支持。Ubuntu 自带最新版的 Gnome 桌面，拥有大量的服务和桌面应用程序。Ubuntu 十分注重系统的安全性，它采用 Sudo 工具，所有与系统相关的任务均使用此指令，并输入密码，比以登入系统管理员账号进行管理工作有更佳的安全性。

1．实验目的

（1）了解 Ubuntu 操作系统的特点。

（2）掌握 Ubuntu 操作系统的安全配置方法。

2．实验设备及环境

Ubuntu 9.04 操作系统（虚拟机）。

3．实验任务及内容

1）设置口令最小长度和最短使用时间

口令是系统中认证用户的主要手段，系统安装时默认的口令最小长度通常为 5，但为保证口令不易被猜测攻击，可增加口令的最小长度，至少为 8。为此，需修改文件/etc/login.defs 中的参数 PASS_MTN_LEN。同时应限制口令的使用时间，保证定期更换口令，建议修改参数 PASS_MIN_DAYS。具体步骤如下：

（1）打开终端，输入命令：gedit，如图 13-14 所示，这将以 root 身份打开文档编辑器。

图 13-14　运行命令打开文档编辑器

（2）在 gedit 视图下，打开文件/etc/login.defs，增加参数 PASS_MIN_LEN，设为 8；修改参数 PASS_MIN_DAYS，设为 30。

2）用户超时注销

如果用户离开时忘记注销账户，则可能给系统安全带来隐患。这可通过修改/etc/profile 文件，保证账户在一段时间没有操作后，自动从系统注销。用 gedit 打开并编辑文件/etc/profile，在"HIST–FILESIZE="行的下一行增加一行：TMOUT=600，则所有用户将在 10 min 无操作后自动注销。

3）禁止访问重要文件

对系统中的某些关键性文件如 inetd.conf、services 等可修改其属性，防止意外修改和被普通用户查看。

首先改变文件属性为 600：

#chmod 600 /etc/inetd.conf

保证文件的属主为 root，然后还可以将其设置为不能改变：

#chattr +i /etc/inetd.conf

这样，对该文件的任何改变都将被禁止。

只有 root 重新设置复位标志后才能进行修改：

#chattr –i /etc/inetd.conf

4）允许或禁止远程访问

在 Ubuntu 中可通过/etc/hosts.allow 和/etc/hosts.deny 这两个文件允许或禁止远程主机对本地服务的访问。通常的做法是：

（1）用 gedit 打开并编辑 hosts.deny 文件，加入下列行：

#Deny access to everyone.

ALL：ALL@ALL

则所有服务对所有外部主机禁止，除非由 hosts.allow 文件指明允许。

（2）用 gedit 打开并编辑 hosts.allow 文件，加入下列行：

#Just an example：

ftp：202.119.1167.18   njit.com

则将允许 IP 地址为 202.119.1167.18 和主机名为 njit.com 的机器作为 Client 访问 FTP 服务。

（3）设置完成后，可用 tcpdchk 检查设置是否正确。

5）限制 Shell 命令记录大小

默认情况下，bash shell 会在文件$HOME/. Bash_history 中存放多达 500 条命令记录（不同的系统默认记录条数不同）。系统中每个用户的主目录下都有一个这样的文件。用上述方法打开并编辑/etc/profile 文件，修改其中的选项为 HISTFILESIZE=30 或 HISTSIZE=30。

6）注销时删除命令记录

编辑/etc/skel/.Bash_logout 文件，增加如下行：

rm –f $ HOME/.bash_history

这样，系统中的所有用户在注销时就会删除其命令记录。

如果只需要针对某个特定用户，如 root 用户进行设置，则可只在该用户的主目录下修改/$ HOME/. Bash_history 文件，增加相同的一行即可。

7）限制超级用户的权力

root 是所有 Linux 系统保护的重点，由于它权力无限，因此最好不要轻易授权超级用户。但有些程序的安装和维护工作要求必须有超级用户权限，在这种情况下，可以利用其他工具让这类用户有部分超级用户权限。Sudo 就是这类工具。

Sudo 程序允许一般用户经过组态设定后，以用户自己的密码再登录一次，取得超级用户权限，但只能执行有限的几条指令。例如，应用 Sudo 后，可以让管理磁带备份的管理人员每天按时登录到系统中，取得超级用户权限去执行文档备份工作，但却没有特权去做其他只有超级用户才能做的工作。Sudo 不但限制了用户的权限，而且还将每次使用 Sudo 所执行的指令记录下来，不管该指令的执行是成功还是失败。从 Sudo 的日志中，可以追踪到谁做了什么以及改动了系统的哪些部分。

8）更改 SSH 端口号

用上述方法打开并编辑文件/etc/ssh/sshd—config，将 Port 改为 1000 以上端口，以降低端口被扫描到的概率。

9）防止其他主机 ping 本机

（1）在终端输入命令：echo l > /proc/sys/net/ipv4/icmp_ignore_a11。

（2）用防火墙禁止（或丢弃）icmp 包。

（3）首先启用 Iptables 服务：services Iptables start。

（4）配置规则：iptables –A　INPUT –p icmp –j DROP。

10）不要显示出操作系统和版本信息

如果希望某个人远程登录到服务器时不显示操作系统和版本信息，打开并编辑/etc/inetd.conf 文件，在 telnet strearn tcp nowait root/usr/sbin/tcpd in.telnetd 一行后加上"–h"。加"–h"标志可使 Telnet 不显示系统信息，而仅显示"login:"。

4. 实验报告

（1）描述 Linux 操作系统的安全配置过程。

（2）根据实验过程，总结 Linux 的操作系统安全配置技术和要点，有哪些应该注意的事项。重点是实验中遇到的问题和解决方法。

（3）查阅资料，分析 Iptables 的安全机制。

实验 4　密码系统

1. 实验目的与要求

（1）掌握 DES 算法的基本原理。

（2）掌握 DES 运算的基本原理。

（3）掌握 RSA 算法的实现方法。

2. 实验环境

（1）本实验使用 DES 加解密工具 2.0 及 RSATool 2.14 工具软件。

（2）操作系统为 Windows 7/8。

3．实验任务及内容

1）DES 加密实验

通过本实验掌握 DES 算法的原理及过程，完成 DES 密钥扩展运算，完成 DES 数据加密运算。其实验步骤如下：

（1）进入密码实验程序，掌握 DES 算法的加/解密原理。

（2）打开 DES 加解密工具 2.0，开始 DES 加密实验，如图 13-15 所示。

（3）选择密钥的输入为十六进制码、二进制码、原始字符格式，输入密钥；若为十六进制码格式，则输入 16 个字符的十六进制码（0~9，a~f，A~F）。

（4）单击"加密"按钮，将输入的密钥转化为 64 位比特流。

（5）勾选"使用 3DES"复选框，得到 56 位有效密钥位，并分为密钥 1 和密钥 2 两部分，各 28 位。

图 13-15　DES 加密实验界面

（6）进入第二部分——加密，选择文件加密，输入源文件及目的文件路径，并输入密钥。

（7）单击"加密"按钮，进行加密操作，密钥扩展的结果将显示在列表框中，密文将显示在密文编辑框中。

（8）单击"解密"按钮，密文将被解密，显示在明文编辑框中，填充的字符将被自动除去。也可以修改密钥，再单击"解密"按钮，观察解密是否正确。

（9）单击"清空"按钮即可进行下次实验，应多次输入不同数据，记录每次得到的结果。

2）RSA 算法实验

（1）熟悉 RSA 运算原理。

（2）打开 RSA-Tool2 加密工具，如图 13-16 所示。

为了生成符合要求的随机 RSA 密钥，请进行如下操作：

① 在"Number Base"组合框中选择进制为 10。

② 单击"Start"按钮，然后随意移动鼠标指针直到提示信息框出现，以获取一个随机数种子。

③ 在"KeySize(Bits)"编辑框中输入 32。

图 13-16　RSA-Tool2 加密工具

④ 单击"Generate"按钮生成。

⑤ 复制"Prime(P)"编辑框中的内容到"Public Exp.(E)"编辑框。

⑥ 在"Number Base"组合框中选择进制为 16。

⑦ 记录下"Prime(P)"编辑框中的十六进制文本内容。

⑧ 再次重复第②步。

⑨ 在"KeySize(Bits)"编辑框中输入所希望的密钥位数，从 32 到 4096，位数越多，安全性越高，但运算速度越慢，一般选择 1024 位已足够。

⑩ 单击"Generate"按钮生成。

单击"Test"按钮测试，在"Message to encrypt"编辑框中随意输入一段文本，然后单击"Encrypt"按钮加密，再单击"Decrypt"按钮解密，看解密后的结果是否和所输入的一致。如果一致表示所生成的 RSA 密钥可用，否则需要重新生成。到此生成完成，"Private Exp.(D)"编辑框中的内容为私钥，第⑦步所记录的内容为公钥，"Modulus (N)"编辑框中的内容为公共模数。

4. 实验报告

（1）描述 DES 算法中大量的置换运算的作用，DES 算法中 S 盒变换的作用。

（2）描述在 DES 算法中哪些是弱密钥，DES 算法中哪些是半弱密钥。

（3）对于长度不足 16 B 整数倍的明文加密，除了填充法外，还有没有其他的方法？

（4）对于 128 位的 AES 算法，需要安全参数为多少的 RSA 系统与之相匹配？

实验 5　攻 防 系 统

1. 实验目的与要求

（1）掌握端口扫描这种信息探测技术的原理。

（2）掌握漏洞扫描这种信息探测技术的原理。

（3）掌握使用常见的密码破解工具。

（4）掌握远程控制攻击技术的原理。

（5）掌握远程控制攻击的防范措施。

2．实验环境

（1）网络局域网环境。

（2）远程计算机。

操作系统：Windows NT。

组件：IIS 6.0、终端服务组件。

服务：Web 服务、SMTP 服务、终端服务、NetBIOS 服务、DNS 服务等。

（3）本地计算机。

操作系统：Windows 7/8。

软件：SuperScan 4、Xscan-gui、SAMInside（可自行下载相应程序运行）。

3．实验任务及内容

1）端口扫描实验

端口扫描的实质是对目标系统的某个端口发送一个数据包，根据返回的结果，判断该端口是否打开并处于监听状态。至于具体发送什么数据包类型，则根据各种扫描技术的类型不同而有所不同。

通过本实验掌握常规的 TCP Connect 扫描、半开式的 TCP SYN 扫描、UDP 端口扫描，查看扫描报告并分析各种网络服务与端口号的对应关系。其实验步骤如下：

（1）运行实验工具目录下的 SuperScan4.exe。

（2）在"Hostname/IP"文本框中输入目标服务器的 IP 地址（如 192.168.33.×），也就是扫描对象，并单击"-〉"按钮将其添加至右边的 IP 地址列表中，如图 13-17 所示。

图 13-17　输入目标服务器的 IP 地址

（3）切换至"Host and Service Discovery"选项卡，仅勾选"TCP Port Scan"复选框，并将"Scan Type"设置为"Connect"，如图 13-18 所示。

图 13-18　设置 Scan 选项进行扫描

（4）切换至"Scan"选项卡，单击▶按钮开始进行第一次扫描，并大致记录至扫描完毕时需要花费的时间。

（5）第一次扫描完毕之后，单击"View Html Results"按钮查看扫描报告。将这种扫描技术的名称及扫描的结果写入实验报告。

（6）再次切换至"Host and Service Discovery"选项卡，仅勾选"TCP Port Scan"复选框，将"Scan Type"设置为"SYN"。

（7）再次切换至"Scan"选项卡，单击▶按钮开始进行第二次扫描，并大致记录至扫描完毕时需要花费的时间。

（8）第二次扫描完毕之后，单击"View Html Results"按钮查看扫描报告。将这种扫描技术的名称以及扫描的结果写入实验报告。

（9）比较两次扫描所花费的时间。在实验报告中对此进行描述，并尝试对此进行解释。

（10）再次切换至"Host and Service Discovery"选项卡，仅勾选"UDP Port Scan"复选框。

（11）再次切换至"Scan"选项卡，单击▶按钮开始进行第三次扫描。

（12）第三次扫描完毕之后，单击"View Html Results"按钮查看扫描报告。将这种扫描技术的名称以及扫描的结果写入实验报告。

（13）将三次扫描所得的端口号与其相关服务的对应关系写入实验报告，格式如"80/TCP：HTTP 服务""53/UDP：DNS 服务"等。

2）漏洞扫描实验

漏洞扫描，就是自动检测远程或本地主机安全性弱点的过程。它采用积极的、非破坏性的办法来检验系统是否有可能被攻击。它利用了一系列的脚本模拟对系统进行攻击的行为，然后对结果进行分析。它还针对已知的网络漏洞进行检验。

通过本实验掌握 NetBios "空会话" 漏洞扫描、IIS 和 CGI 漏洞扫描、弱口令漏洞扫描，查看漏洞扫描报告并分析各种漏洞的补救措施。其实验步骤如下：

（1）运行实验工具目录下的 xscan-gui.exe。

（2）单击 ⚙ 按钮，或者选择 "设置" → "扫描参数" 命令。

（3）在 "基本设置" 选项卡中输入目标服务器的 IP 地址（如 192.168.33.×），也就是漏洞扫描对象。

（4）在 "高级设置" 选项卡的 "其他设置" 中，选择 "无条件扫描"。这是为了防止漏过无法 ping 通的目标主机。

（5）单击 "确定" 按钮，结束扫描参数的设置，回到 XScan 主界面。

（6）单击 ⚙ 按钮，或者选择 "设置" → "扫描模块" 命令。

（7）在 "扫描模块" 的左边列表中仅勾选 "NetBios 信息" 复选框。单击 "确定" 按钮，结束 "扫描模块" 的设置，回到 XScan 主界面。

（8）单击 ▷ 按钮，或者选择 "文件" → "开始扫描" 命令，进行 NetBios "空会话" 漏洞扫描。

（9）第一次扫描完毕之后，查看自动打开的扫描报告，将扫描的结果写入实验报告。

（10）再次进入 "扫描模块" 设置界面，选中 "NT-Server 弱口令" "FTP 弱口令" "Anonymous Pub" "POP3 弱口令" "SMTP 弱口令" "SQL-Server 弱口令"。单击 "确定" 按钮，回到 XScan 主界面。

扫描完毕之后，查看自动打开的扫描报告。将扫描的结果写入实验报告。理解各种漏洞的形成原因，并分析相应的弥补、防御措施，并将其写入实验报告。

3）Windows 口令破解实验

口令破解的方法主要是字典法，利用字典文件进行口令破解。常见的口令破解模式主要有：

（1）字典模式。即使用指定的字典文件进行口令猜解。

（2）混合模式。即指定字典规则，对字典条目进行某种形式的变化，增加字典内容，从而提高猜解的效率。

（3）暴力模式。即遍历所有可能的密钥空间，进行口令猜解。

通过本实验掌握从 SAM 文件导入密码散列破解、字典模式破解、暴力模式破解，检测本地计算机的密码脆弱性。其实验步骤如下：

（1）运行实验工具目录下的 SAMInside.exe，进入主界面，如图 13-19 所示。

（2）单击 🔽 下拉按钮，选择 "Imort PWDUMP-file..." 选项。

（3）在 Import PWDUMP-file 对话框中，选择实验工具目录下的文件 Pwdump_SAM.txt，单击 "打开" 按钮返回主界面。Pwdump_SAM.txt 是事先用 pwdump 工具从目标服务器上导出的 sam 文件，采用 pwdump 自定义的格式。

（4）马上即可查看到自动破解出来的用户弱密码。将这时查看到的用户名和所对应的密码写入实验报告中，统一采用 username:password 的格式。

（5）在 Username 栏中仅选择图 13-19 中的用户。

图 13-19　SAMInside 主界面

（6）单击 下拉按钮，选择"Dictionary attack"选项。

（7）再次单击 下拉按钮，选择"Options..."选项。

（8）在弹出的"Dictionary attack settings"对话框中，单击"Add"按钮，在弹出的对话框中添加一个密钥猜解字典，这里选用实验工具目录下的 single.dic。

（9）回到"Dictionary attack settings"对话框，在"Additionally check"组合框中选中"Reversed words"选项。单击"OK"按钮回到主界面。

（10）单击 按钮，进行基于字典模式的破解。

（11）查看破解出来的用户弱密码。将这时查看到的用户名和所对应的密码写入实验报告中，统一采用 username:password 的格式。

（12）单击 下拉按钮，选择"Brute-force attack"选项。

（13）再次单击 下拉按钮，选择"Options"选项。

（14）在弹出的"Brute-force attack options"对话框中，选择暴力破解所包括的各种字符可能性（选择的字符越多，则需要猜解的时间也越多），单击"OK"按钮回到主界面。建议一般情况下选择大写字母、小写字母和数字。

（15）单击 按钮，进行基于暴力模式的破解。

（16）观察状态栏中显示的破解速度，将该数值（包括单位）写入实验报告中。

（17）如果在一段时间内暴力破解成功，那么将这时查看到的用户名和所对应的密码写入实验报告中，统一采用 username:password 的格式；同时也将花费的时间写入实验报告中。

（18）回到主界面。单击 按钮，删除刚才从 pwdump-sam 文件中导入破解的用户。

（19）单击 下拉按钮，选择"Import from local machine using LSASS"选项。

（20）回到主界面，重复进行上述的自动模式破解、字典模式破解和暴力模式破解。将所有可能的结果写入实验报告中。

4）远程控制实验

通过本实验掌握远程文件控制、远程屏幕查看、远程进程查看、远程网络信息查看、读取远端服务器配置的方法。其实验步骤如下：

（1）运行实验工具目录下的 G_Client.exe（注意不是 G_Server.exe）。

（2）选择"文件"→"添加主机"命令。

（3）在"显示名称"文本框中输入目标服务器的 IP 地址（如 192.168.33.×），也就是我们的远程控制对象；在"访问口令"输入框中输入连接口令，默认为空；在"监听端口"输入框中连接端口（即远程服务器监听的端口）号，默认为 7626。单击"确定"按钮返回主界面。

（4）在主界面"文件管理器"选项卡左侧的列表中选中所添加的目标主机（192.168.33.×）结点。观察在右侧文件树中是否能够查看到目标服务器上的驱动器列表。

（5）在"文件管理器"中展开目标服务器的结点，在右边的文件列表中找到文件 C:\ServerData\test.txt，将其下载到本地计算机。请将该文件的内容导入实验报告中。

（6）切换到"命令控制台"选项卡，展开"控制类命令"→"捕获屏幕"结点。

（7）在右下方区域选择屏幕捕获的"捕获区域"参数为"全屏"，"色深""品质""传输格式"等参数为默认，然后单击"查看屏幕"按钮。在自动弹出的"图像显示"窗口中查看所捕获到的屏幕图像，在该窗口中右鼠选择"保存图像"命令，将屏幕图片保存到本地计算机，并将该图片导入实验报告。

（8）在"控制类命令"中选中"进程管理"，在右下方区域中单击"查看进程"按钮。将所得到的远程服务器上存在的进程列表写入实验报告中。

（9）在"网络类命令"中选中"网络信息"，在右下方区域中单击"查看共享"按钮，将所得到的远程服务器上所开放的文件共享列表写入实验报告中。

（10）在"网络类命令"中选中"网络信息"，在右下方区域中单击"查看连接"按钮，将所得到的远程服务器上的网络连接列表写入实验报告中。

在"设置类命令"中选中"服务器端配置"，在右下方区域中单击"读取服务器配置"按钮，将所得到的配置信息写入实验报告中。

4．实验报告

（1）常用的扫描工具有哪些？

（2）漏洞扫描的工作机制是什么？

（3）本实验中远程网络信息查看的结果是什么？

实验 6　网 络 侦 察

所谓网络侦察就是对网络资源的探测、扫描与监听。网络扫描是一种网络安全攻击技术，目的是利用各种工具对攻击目标的 IP 地址或地址段的主机查找漏洞。扫描采取模拟攻击的形式对目标可能存在的已知安全漏洞逐项进行检查，目标可以是 PC、服务器、交换机、路由器和数据库应用等。根据扫描结果向扫描者或管理员提供周密可靠的分析报告。网络监听的目的是截获通信的内容，监听的手段主要是通过嗅探器捕获数据包对协议进行分析。常见的嗅探器除了著名的 Sniffer Pro 以外，还有一些常用的监听软件，如协议分析器（Ethereal）、嗅探经典（Iris）、密码监听工具（Win Sniffer）、密码监听工具（pswmonitor）和非交换环境局域网的 fssniffer 等。

1．实验目的

（1）了解网络扫描的原理，掌握使用端口扫描器的技术。

（2）掌握 Windows 下口令攻击的技术、方法以及防御措施。

（3）熟练利用网络扫描工具扫描目标计算机安全漏洞。

（4）熟练利用网络嗅探工具进行网络监听。

2．实验设备及环境

（1）Windows 7/8 操作系统。

（2）Windows Server 2003 操作系统（虚拟机）。

（3）工具软件：LophtCrack、PortScan、Shed、X-Scan、Sniffer Pro、pswmonitor。

3．实验任务及内容

本实验的主要内容是利用常见的网络扫描工具、嗅探工具，扫描系统账号、开放端口、共享目录探测网络系统的安全漏洞。

1）系统账号扫描及口令破解

LophtCrack 简称 LC，是一款网络管理员必备的工具，可以用来检测 Windows、UNIX 用户是否使用了不安全的密码；同样也是比较好的 Windows NT/2003/XP/UNIX 管理员账号密码破解工具。事实证明，简单的或容易遭受破解的管理员密码是最大的安全威胁之一，因为攻击者往往以合法的身份登录计算机系统而不被察觉。LophtCrack 能直接从注册表、文件系统、备份磁盘，或是在网络传输的过程中找到口令。LophtCrack 开始破解的第一步是精简操作系统存储加密口令的哈希（Hash）列表。之后才开始口令的破解，这个过程称为 cracking。它采用以下三种不同的方法来实现：

（1）字典攻击。LophtCrack 将字典中的词逐个与口令哈希表中的词作比较。当发现匹配的词时，显示结果，即用户口令。LophtCrack 自带一个小型词库。如果需要其他字典资源可以从互联网上获得。这种破解的方法，使用的字典容量越大，破解结果越好。

（2）Hybrid 方法。这是建立在字典破解基础上的。现在许多用户选择口令不再单单只是由字母组成的，常会使用诸如"mytestll"或"abcddd!!"等添加了符号和数字的字符串作为口令。这类口令较复杂，但通过口令过滤器和一些方法，破解也不是很困难，Hybrjd 就能快速地对这类口令进行破解。

（3）最后一种也是最有效地方法是"暴力破解"。现在所谓复杂的口令一般都能被破解。只是时间长短问题，且破解口令时间远远小于管理员设置的口令有效期。使用这种方法也能了解一个口令的安全使用期限。

LophtCrack5 的主界面如图 13-20 所示，利用该工具可以对计算机上的用户进行账号扫描和破解。

图 13-20　LophtCrack5 的主界面

首先选择"Session"→"Import"命令，在弹出的对话框中选择"Add"，输入虚拟机的 IP 地址（172.18.25.98），单击"OK"按钮，出现如图 13-21 所示的界面，再单击"OK"按钮。

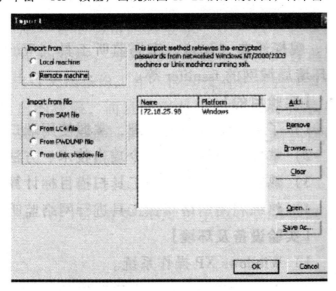

图 13-21　配置目标机器

然后，选择"Session"→"Begin Audit"命令，开始扫描用户和破解密码，结果如图 13-22 所示。在扫描结果中有 Administrator 权限的账号 yj 和密码 1234567，这样就得到了系统的权限。这种方法的缺点是，如果对方用户密码设置比较长而且怪，需要破解很长时间。

2）开放端口扫描

获得对方开放了哪些端口也是扫描的重要内容。使用工具软件 PortScan 可以得到对方计算机开放了哪些端口，主界面如图 13-23 所示。

图 13-22　账户扫描结果

图 13-23　端口扫描主界面

对 Windows Server 2003 系统（虚拟机 IP：172.18.25.97）进行端口扫描，在 Scan 文本框中输入 IP 地址，单击"START"按钮，扫描结果如图 13-24 所示。

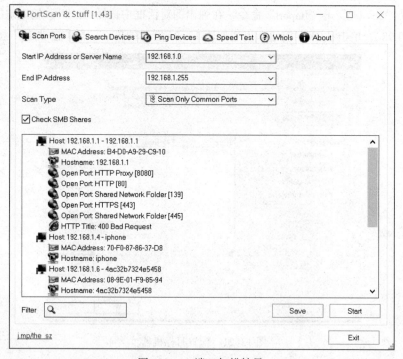

图 13-24　端口扫描结果

利用网络端口扫描工具软件可以将所有端口的开放情况做一个探测，获知对方开放了哪些网络服务，进而对某些服务的漏洞进行攻击。

3）漏洞扫描

漏洞扫描是主动式防御策略的网络扫描，它通过执行一些脚本文件模拟对系统进行攻击的行为并记录系统的反应，从而发现其中的漏洞。X-Scan3.3 是一款适用于 Windows NT/2000/XP/2003 系统的常见漏洞扫描软件。该软件采用多线程方式对指定的 IP 地址段（或单机）进行安全漏洞检测，支持插件功能，提供了图形界面和命令行两种操作方式。扫描内容包括：

（1）远程操作系统类型及版本。

（2）标准端口状态及端口 Banner 信息。

（3）SNMP 信息，CGI 漏洞，IIS 漏洞，RPC 漏洞，SSL 漏洞。

（4）SQL-SERVER、FTP-SERVER、SMTP-SERVER、POP3-SERVER。

（5）NT- SERVER 弱口令用户，NT 服务器 NETBIOS 信息。

（6）注册表信息等。扫描结果保存在/log/目录中，index_*. htm 为扫描结果索引文件。

① 选择"扫描模块"命令，设置如图 13-25 所示。

图 13-25　"扫描模块"对话框

② 利用 X-Scan3.3 可以对常用的网络以及系统的漏洞进行全面的扫描，勾选复选框后，单击"确定"按钮即可。

③ 确定要扫描主机的 IP 地址或者 IP 地址段。选择"扫描参数"命令，若扫描一台主机，在指定 IP 范围框中输入 172.18.25.97（虚拟机）。

④ 设置完毕后，进行漏洞扫描，单击"开始"按钮，开始对目标主机进行扫描。

结果显示发现了许多系统漏洞，利用这些漏洞可以实施系统入侵。选择"查看"→"扫描报告"命令，可以看到前面扫描的详细结果。

除了这些扫描工具外，比较著名的工具软件还有活动主机探测程序 QckPing、扫描全才 scanlock、扫描经典工具"流光"及其他一些扫描工具，如 holes、SuperScan 等。

4）网络监听

利用监听工具 Sniffer Pro 进行网络监听。

（1）进入 Sniffer 主界面,捕获数据包之前必须首先设置所要捕获的数据包类型。选择"Capture"→"Define Filter"命令。

（2）在捕获数据包的过滤器窗口中，选择"Address"选项卡，窗口中需要修改两个地方：

① 在"Address"下拉列表中，选择数据包的类型为 IP，在"Stationl"下输入主机的 IP 地址，主机的 IP 地址是 172.18.25.99。

② 在与之对应的 Station2 下输入虚拟机的 IP 地址，虚拟机的 IP 地址是 172.18.25.98。

（3）设置完毕后，选择"Advanced"选项卡，拖动滚动条找到 IP 项，勾选 IP 和 ICMP 复选框。

（4）这样 Sniffer 的过滤器就设置完毕了。选择"Capture"→"Start"命令，启动捕获数据包；然后，在主机的 DOS 窗口中 ping 虚拟机（172.18.25.98）。

（5）ping 指令执行完毕后，单击"停止并分析"按钮，在出现的窗口选择"Decode"选项卡，可以看到数据包在两台计算机间的传递过程，如图 13-26 所示。

从图 13-60 中可以看出 Sniffer 已将 ping 命令发送的数据包成功捕获，可以清楚地看到该数据包的内容。

图 13-26　Sniffer 捕获的数据包分析

4. 实验报告

（1）描述使用网络扫描工具对系统进行系统账号扫描、网络端口扫描、共享目录扫挂量漏洞扫描的过程，分析扫描结果；并分析各自的技术原理和优缺点。

（2）描述使用 Sniffer Pro 捕获数据包的过程，可查看到哪些数据包的内容？

（3）根据实验过程，总结运用网络扫描工具、嗅探工具等扫描系统账号、开放端口、共享目录，探测网络系统的安全漏洞的技术要点，主要是在实验中遇到的问题及其解决方法。

（4）查阅资料，分析如何设置用户的口令才比较安全。

（5）根据网络监听原理，分析如何抵御网络监听攻击。

实验 7　防火墙的安装与配置

防火墙是设置在被保护网络与外部网络之间的一道屏障，实现网络的安全保护，以防止发生不可预测的、潜在的破坏性入侵。防火墙本身具有较强的抗攻击能力，它是提供网络安全服务、实现网络安全的基础设施。严峻的网络安全形势，促进了防火墙技术的不断发展，防火墙安全产品非常多。该实验主要讲解利用工具软件如天网防火墙搭建和配置防火墙策略的方法。

1．实验目的

（1）了解防火墙的定义、功能、必要性和局限性。

（2）掌握利用工具软件搭建和配置防火墙安全策略的方法。

2．实验设备及环境

（1）Windows 7/8 操作系统。

（2）Windows Server 2003 操作系统（虚拟机）。

（3）天网防火墙软件。

3．实验任务及内容

本实验通过在 Windows Server 2003 系统下安装天网防火墙来实现。天网防火墙个人版（简称天网防火墙）是由天网安全实验室面向个人计算机用户研发的网络安全工具。它根据系统管理者设定的安全规则把守网络，提供强大的访问控制、信息过滤等功能，抵挡网络入侵和攻击。天网防火墙把网络分为本地网和互联网，可以针对来自不同网络的信息，设置不同的安全方案，适合以任何方式连接上网的个人用户。

1）对应用程序的安全设置

（1）在 Windows Server 2003 操作系统（虚拟机）中安装天网防火墙，运行后出现图 13-27 所示的对话框。单击"应用程序"按钮可以设定与外网进行连接的应用程序。

（2）单击"应用程序"按钮，弹出"应用程序访问网络权限设置"界面，在界面中添加的应用程序，防火墙允许其与外网的连接；未添加的应用程序，不允许与外网连接。如果通过防火墙阻断了木马程序的外连请求，则计算机中了木马也不会被远程控制。

（3）单击"选项"按钮，可以对应用程序访问网络的规则做具体设置，如图 13-28 所示。比如，其中"通过 TCP 协议发送信息"是指应用程序可以通过 TCP 协议连接外网。

图 13-27　天网防火墙主界面

2）包过滤规则的设置

包过滤规则作用在网络层和传输层，根据数据包报头源地址、目的地址和端口号、协议类型等标志确定是否允许数据包通过，只有满足过滤规则的数据包才被转发到相应的目的地端口，其余的数据包则从数据流中丢弃。

（1）单击"IP 规则管理"按钮，出现"自定义 IP 规则"界面，如图 13-29 所示。在此界面中有大量安装时默认设置的 IP 规则。此处有"修改 IP 规则"和"添加 IP 规则"按钮。

图 13-28 "添加应用程序规则高级设置"对话框

图 13-29 "自定义 IP 规则"界面

（2）新建一条规则，用来禁止外部主机用 ping 命令连接本机，确定之后，外部主机将无法 ping 通本机。

（3）在虚拟机上安装一个 FTP 软件并启用 FTP，然后修改原规则中的"禁止所有人连接"，将其改为"禁止所有人访问本机 FTP"，设置 FTP 相关的端口，确定之后，从主机（172.18.25.99）尝试登录虚拟机的 FTP 服务，将被拒绝。

（4）新建一条规则，禁止所有人连接其他程序的端口。它将与前两条规则联合作用，禁止外部计算机连接本机未授权程序打开的端口。

上述三条规则在防火墙中必须按照上述顺序配置，才能发挥应有的作用；如果顺序不对，则不能实现上述的正常安全需求。

4．实验报告

（1）根据实验过程，描述配置天网防火墙的安全规则。

（2）配置一实验访问规则：允许本机访问外网的某一台 FTP 服务器，但不允许本机访问此计算机的其他服务，以及不允许本机访问外网的 Web 服务器。

（3）根据实验过程，总结搭建和配置软件防火墙的技术。配置防火墙时主要应注意哪几个环节和步骤？

（4）查阅资料，分析软件防火墙和硬件防火墙有哪些区别及各自适用于什么样的网络环境。

实验 8　入侵检测系统的搭建与配置

入侵检测系统（IDS）是一种对网络传输进行即时监视，在发现可疑传输时发出警报或者采取主动反应措施的网络安全设施。与其他网络安全设施不同，IDS 是一种积极主动的安全防护措施。一个合格的入侵检测系统能大大简化管理员的工作，保证网络安全运行。本实验主要介绍在 Ubuntu 平台上，如何部署入侵检测工具 OSSEC HIDS 来实现入侵检测系统的方法。

1．实验目的

（1）了解入侵检测系统的定义、功能、必要性和局限性。

（2）了解常见的入侵检测系统。

（3）掌握利用工具软件搭建和配置入侵检测系统的方法。

2．实验设备及环境

（1）Ubuntu9.04 操作系统（虚拟机）。

（2）Windows 7/8 操作系统。

（3）OSSEC HIDS 入侵检测系统。

3．实验任务及内容

本实验通过在 Ubuntu 平台上部署入侵检测工具 OSSEC HIDS 来实现入侵检测。OSSEC 是一款开源的入侵检测系统，包括日志分析、全面检测、rook-kit 检测。作为一款 HIDS，OSSEC 应该被安装在一台实施监控的系统中。如果有多台计算机都安装了 OSSEC，就可以采用客户机/服务器模式来运行。客户机通过客户端程序将数据发回到服务器端进行分析。

OSSEC 最大的优势在于它几乎可以运行在任何一种操作系统上，如 Windows、Linux、OpenBSD/FreeBSD 以及 MacOS。不过运行在 Windows 上的客户机无法实现 root-kit 检测，而其他系统上的客户机则没有问题。

1）系统搭建

（1）首先，暂时获取 root 权限，在终端运行命令：#sudo su。

（2）下载最新版本的 OSSEC 源文件，在终端运行命令：#wget http：//www. ossec. net files/ossec-hids-2.0.tar.gz。

（3）解压文件，在终端运行命令：#tar -xzvf ossec-hids-2.0.tar.gz，解压后，在当前目录下出现文件夹 OSSEC-hids-2.0，双击打开该文件夹，可以看到解压后的所有内容，其中 install. sh 文件就是安装程序。

（4）在终端运行./install.sh，安装 OSSEC 系统。

（5）安装时的选项包括：

① Local installation。

② /var/ossec。

③ Yes to email notification：myemail@mydomain. eom and yes to using my SMTP server。

④ Yes to integrity check daemon。

⑤ Yes to rootcheck。

⑥ Active response enabled。

⑦ Firewall-drop response enabled。

⑧ No additions to the whitelist。设定好之后，OSSEC 的编译就可以顺利进行。安装脚本会自动检测到 Ubuntu 并建立正确的初始化脚本，下面测试 OSSEC。

2）测试

（1）首先建立新的系统用户 user2，这个操作可以被立即检测到，打开 OSSEC 下的报警日志。

（2）输入错误的密码来测试 SSHD 检测功能：用 SU 命令从用户 yj 切换到 userl，输入错误的密码，这个操作也可以被立刻检测到，并记录到报警日志中。

4. 实验报告

（1）从主机对虚拟机（Ubuntu 系统）进行开放端口扫描的结果，观察 OSSEC HIDS 系统的反应，并做记录。

（2）根据实验过程，总结安装入侵检测系统的实验心得体会，主要是实验过程中遇到的问题和解决方法。

（3）查阅资料，分析入侵检测系统与防火墙如何协调工作。

实验 9 网络安全审计

网络安全审计是对网络安全脆弱性进行测试、评估、分析的一种过程。网络安全审计系统是一种对网络活动进行解析、记录、分析，以帮助安全管理人员了解、发现、追查网络安全事故的网络安全取证与分析工具。当发生安全事件后，它能根据审计记录，追查出攻击者，或者查找出安全事件的真正原因。对于安全审计，有许多现成的模式，更有林林总总的标准和模型。本实验通过一个常见的网络安全审计管理系统（网络电子眼）介绍实现网络审计系统功能的方法。

1. 实验目的

（1）了解网络安全审计的重要性和作用。

（2）掌握常见网络安全审计工具的使用方法。

2. 实验设备及环境

（1）Windows 7/8 操作系统。

（2）IIS（Internet Information Server）、MySQL。

（3）网络安全审计管理系统（如奥威斯网络科技有限公司研发的网络电子眼）。

3. 实验任务及内容

通常，网络安全审计管理系统都拥有智能过滤机制\多模块设计方案，可以对在校学生、企业员工的上网行为进行管理和控制，可以对黄赌毒之类的网站进行封堵、报警；另外，它还拥有强大的日志查询、统计功能，为处理一些不良网络行为提供依据。作为一个实验示例，采用奥威斯网络科技有限公司研发的网络电子眼作为网络安全审计管理系统，如果在路由网络环境下局域网主机用 Hub 连接，可以将该系统安装在连接到 Hub 上的任何一台计算机上。

1）安装网络安全审计管理系统（网络电子眼）

（1）安装 MySQL 数据库。

① 进入安装文件夹\mysqldb\，运行 setup.exe，直到 MySQL 安装完成。

② 启动 MySQL 服务。

（2）安装网络电子眼。

① 进入安装文件夹，运行 setup.exe，开始安装网络电子眼，出现用户协议界面。

② 单击"是"按钮则进入如图 13-30 所示的界面。

图 13-30　安装 WinpCap 协议

③ 单击上述界面中的"安装 WinpCap"，安装协议（如果系统中已安装该协议可以省略）。单击"下一步"按钮继续安装，进入图 13-31 所示的界面。

图 13-31　选择安装路径

④ 安装过程中出现绑定网卡的选择，在服务器有多网卡的情况下，一定要绑定内部网卡。

⑤ 最后完成全部安装过程，重启计算机。

（3）安装和配置 IIS。

① 双击"控制面板"窗口中的"添加/删除程序"选项。

② 单击"添加删除 Windows 组件"，选中"Internet 信息服务(IIS)"（最好查看"详细信息"选中"Interne 服务管理器"、"Personal Web Manager"、"World Wide Web 服务器"三项）继续下一步。根据提示将系统安装光盘放入 CD-ROM 内直到 IIS 服务安装成功。

③ 双击"控制面板"窗口中的"管理工具"下的"Internet 服务管理器"选项。

④ 配置 IIS 默认站点的主目录。右"默认 Web 站点"，选择"属性"命令，选择"主目录"选项卡，并将"本地路径"改成：C：/Program Files\奥威斯\网络安全管理系统–校园 e 版\webfiles（《奥威斯网络安全管理系统》的安装路径），如图 13–32 所示。

⑤ 修改 IIS 的启动文档。选择"文档"选项卡，并将"启用默认文档"改成 login.asp，如图 13–33 所示。

⑥ 确定完成全部的配置工作。

图 13–32　改变主目录

图 13–33　改变默认文档

2）系统配置

（1）本系统在启动运行之后，在状态栏上会有一个系统小图标。

（2）在系统小图标上右击，选择"设置"命令，在弹出的对话框中输入用户名与密码（默认用户：admin ，默认密码：admin），单击"确定"按钮，则会弹出"系统设置"对话框。

（3）报警：在安装本系统的服务器上可以直接查看报警的详细信息；也可以清除报警信息和关闭报警功能，如图 13–34 所示。

（4）日志管理：需要保留、恢复历史日志记录时可以使用这个功能，其中有自动导出和手动导出两种方式，如图 13–35 所示。

（5）站点配置：在任何一台计算机上安装好网络电子眼并配置好 IP 地址与端口号，那么在网络中任何一台机器便可访问本系统。

3

图 13-34　报警功能　　　　　　　　　图 13-35　日志管理

3）系统登录

（1）本地登录。双击右下角的小图标或执行系统安装路径下的 AwsNmSE.exe 文件（默认用户：admin，默认密码：admin），如图 13-36 所示。

（2）远程登录。局域网内任何一台可以与安装本系统的服务器通信的计算机都能通过 IE 浏览器（例如在 IE 的地址栏中输入服务器的地址 http：//1721.8.25.109/）登录本系统（默认用户：admin 默认密码：admin）。

图 13-36　系统登录界面

4）主机管理

（1）动态添加主机信息。用户不必手工添加主机信息。系统运行时，当局域网内有主机上网时系统将自动添加该主机的信息（主机名、IP 地址、所属工作组名）到管理界面，赋予默认的角色，并以默认角色的控制规则控制该主机的网络活动。

（2）自动搜索主机信息。选择"机器管理"左边树形框中的"自动搜索机器"，弹出自动搜索主机界面，自动搜索主机时主机信息将自动添加到管理界面，其主机名、所属工作组名将为实际的名称并以默认角色进行控制。自动搜索完成之后，可以改变主机名和其所属的组名以及配置角色。

（3）主机信息。当局域网内有主机变更或更换新网卡时，用户可以将一台不用的主机删除。

5）角色管理

角色是主机的逻辑表示，是把一个星期的每一天分成不同的时间段，且在此不同时间段内使用不同的控制规则。主机使用不同的角色，从而实现此角色的功能。

默认角色是本系统定义的角色，用户不可以将其删除和修改名称，系统默认设置该角色控制规则为默认的规则，用户可以为默认角色设置其他控制规则。操作如下：

（1）在左边树框中选择默认角色。

（2）在右边表格栏中（控制规则）出现此默认角色的控制规则，单击此下拉列表，选择所需的控制规则。

（3）默认角色的控制规则为所选的规则。

6）规则管理

默认控制规则是系统定义的控制规则，用户不可以对其进行删除或改名，但可以修改其各项设置。

（1）添加控制规则。

① 在左边树形框中选择规则管理。

② 在右边表格栏下方输入规则名称和规则描述。

③ 单击"确定"按钮则添加了一控制规则。

④ 对此控制规则进行相应的设置。

（2）修改控制规则。

可以对已经设好的控制规则进行重新设置和取名，操作过程与添加控制规则相似。

（3）删除控制规则。

① 选择规则管理。

② 在右边表格中会出现所有的规则，选择需要删除的规则。

③ 单击"删除"按钮即可。

删除一条控制规则时必须保证在没有角色使用该规则的前提下才能删除。

（4）设置控制规则。

在左边树形框中选择需要设置的规则，则右边显示此规则的各项设置。控制规则包括：全局控制、端口控制、系统列表、自定义站点列表和自定义关键字列表，根据需要在这里配置规则。

7）端口管理

用户可以对自己所关心的应用程序通信端口设置控制信息，并为其取一个名称，从而达到控制特定应用程序的目的。端口列表是对通信端口的设置，包括常规端口、低端端口、高端端口。端口管理包括添加端口列表、修改端口列表、删除端口列表、设置端口列表。

8）用户自定义站点管理

对站点归类管理，有利于对有用信息的查找以及对不健康网站的封堵。站点管理下分为站点列表，每个站点列表下可有许多站点链接。

9）日志查询

日志查询分为普通查询与高级查询。

（1）普通查询。普通查询包含时间、主机、日志类型，如图13-37所示。

① 时间。查询在此时间段的主机上网记录。

② 主机。查询勾选的主机的上网记录。

③ 日志类型。分为正常（OK）、系统报警（SW）、系统封堵（SC）、系统封堵且报警（SCW）、站点报警（uw）、站点封堵（UW）、站点封堵且报警（UCW）、关键字报警（KW）、关键字封堵（KC）、关键字封堵且报警（KCW）几种类型的日志。

（2）高级查询。在普通查询的基础上多个"IP"项，查询用户输入的IP范围的主机上网日志，如图13-38所示。在界面左栏选择"日志查询"，在中栏设置查询条件，设置好查询条件后单击"查询"按钮即可，查询结果显示在右栏中。当日志量很大时，查询过程可能要花几分钟的时间。

10）日志统计

日志统计分为普通统计与高级统计。普通统计包含时间、机器、日志类型，其统计依据（统计方式）分为小时（0~24）、天、星期、周、月、季、年、组、主机、日志类型十项。这是在统计条件的前提下，按照统计项统计出日志数量。高级统计按IP范围可进行有针对性的日志统计。

该审计系统可以按不同的方式显示统计结果。譬如，以报表形式显示统计结果，以柱状图形式显示统计结果，以饼图形式显示统计结果。

图 13-37　日志普通查询

图 13-38　日志高级查询

4．实验报告

（1）参照上述实验步骤，在实际的局域网环境中，安装网络电子眼软件，实施网络安全审计和管理，记录重要步骤，并分别以报表形式、柱状图形式和饼图形式给出统计结果。

（2）根据实验过程，总结网络安全审计系统的安装及审计技术要点。利用网络安全审计系统对上网行为进行管理和控制的关键项目有哪些？

（3）查阅资料，分析网络安全审计在企业网和校园网中的重要意义。

实验 10　Windows 下 VPN 环境的搭建

虚拟专用网络（VPN）可以通过特殊的加密通信协议，对位于不同地理位置的两个或多个企业内部网，通过互联网建立一条专有的通信信道。VPN 技术原是路由器具有的重要技术之一，交换机、防火墙、及 Windows 系统都支持 VPN 功能。本实验讨论介绍在 Windows 下搭建 VPN 的技术方法。

1．实验目的

（1）掌握虚拟专用网的实现原理。

（2）理解并掌握在 Wiindows 操作系统中利用 PPTP（点到点隧道协议）和 IPSec 配置 VPN 网络的方法。

（3）熟悉硬件 VPN 的配置。

2．实验设备及环境

（1）Windows 7/8 操作系统。

（2）Windows Server 2003 操作系统（虚拟机）。

3．实验任务及内容

1）利用 PPTP 配置 VPN 网络

（1）在 Windows 7/8 操作系统中，选择"管理工具"→"本地安全策略"选项，右击"IP 安全策略，在本地计算机"选项，选择"创建 IP 安全策略"命令，如图 13-39 所示，系统将弹出"IP 安全策略向导"对话框。

（2）单击"下一步"按钮，为该安全策略命名，如图 13-40 所示。

（3）单击"下一步"按钮，在"安全通信请求"对话框中，取消勾选"激活默认相应配置"复选框。

图 13-39　右键菜单

（4）单击"下一步"按钮，此时已完成了安全策略向导，保留"编辑属性"的选择，单击"完成"按钮退出。

（5）完成后，将立即弹出其属性对话框。首先取消勾选"使用添加向导"复选框，然后单击"添加"按钮，弹出图 13-41 所示的对话框，在"IP 筛选器列表"选项中选择"所有 ICMP 通讯量"单选按钮。

图 13-40　为安全策略命名

图 13-41　"编辑规则属性"对话框

（6）选择"身份验证方法"选项卡，单击"添加"按钮，弹出图 13-42 所示的对话框。

（7）选择"使用此字串（预共享密钥）"单选按钮，然后输入共享密钥，如图 13-43 所示，单击"确定"按钮退出。

（8）返回"本地安全设置"窗口，右击新建的安全策略，选择"指派"命令。

图 13-42　筛选器操作

图 13-43　身份验证方法

（9）此时观察主机和虚拟机的 ICMP 通信，将发现以下情况：在已配置策略的一端，系统将提示"Negotiating IP Security"，如图 13-44 所示；没有配置的一端，系统直接提示 Request timed out。

图 13-44　利用 ping 测试 VPN

（10）在 Windows Server 2003 操作系统（虚拟机）上，进行上述策略的同样设置，再次观察 ping 效果，此时可以发现 ICMP 通信恢复正常。

2）利用 IPSec 配置 VPN 网络

（1）配置 VPN 服务器。

① 在 Windows Server 2003 操作系统中选择"管理工具"→"路由和远程访问"选项，弹出如图 13-45 所示的窗口。

② 右击左侧栏中的路由器名，选择"配置并启用路由和远程访问"命令，弹出图 13-46 所示的安装向导，按照向导，分步进行配置。

（2）配置 VPN 客户端。

① 在 Windows 操作系统中选择"控制面板"→"网络连接"选项，进入"网络连接"界面，单击"新建连接向导"按钮，进入"新建连接向导"对话框，如图 13-47 所示。

图 13-45 "路由和远程访问"界面

图 13-46 "路由和远程访问服务器
安装向导"对话框

② 单击"下一步"按钮，进入"网络连接类型"界面，选择"连接到我的工作场所的网络"单选按钮，如图 13-48 所示。

图 13-47 "新建连接向导"对话框

图 13-48 "网络连接类型"界面

③ 此后根据向导提示进行配置。配置完成之后，打开这个新建连接，弹出 VPN 客户端连接界面，如图 13-49 所示。

图 13-49 VPN 客户端连接界面

4．实验报告

（1）按照上述实验步骤搭建 VPN，记录重要步骤及注意事项。

（2）用 Sniffer Pro 捕获数据包，比较设置 VPN 前后，ICMP 数据包有何不同。

（3）根据实验过程，总结搭建 VPN 的技术经验，重点是在实验中遇到的问题和解决方法。

（4）了解硬件 VPN 的实现方式，在条件许可的情况下，采用 IPSec VPN 方式，进行路由器到路由器的 IPsec 配置，搭建一个虚拟专用网络。

实验报告模板

实　验　报　告

姓名：＿＿＿＿＿＿　学号：＿＿＿＿＿＿＿　班级：＿＿＿＿＿＿　日期：＿＿＿＿＿

实　验　名　称

一、实验内容

二、实验涉及的相关概念或基本原理

三、实验步骤（提示：简单说明，体现实验完成过程思路）

四、实验过程（提示：重点内容，详细描述，配以适当图示或命令）

五、实验总结分析（提示：重点内容详细描述，实验结果分析，实验最终达到的效果或自己的收获）

六、实验思考题（按要求回答）

参 考 文 献

[1] 特南鲍姆. 计算机网络（第 4 版）[M]. 潘爱民，译. 北京：清华大学出版社，2004.

[2] 克兰德. 挑战黑客：网络安全的最终解决方案[M]. 陈永剑，沈兰生，任鲲鹏，等译. 北京：电子工业出版社，2000.

[3] 谭伟贤，杨力平. 计算机网络安全教程[M]. 北京：国防工业出版社，2000.

[4] 祁明. 电子商务安全与保密[M]. 北京：高等教育出版社，2001.

[5] 刘化君. 网络编程与计算技术[M]. 北京：机械工业出版社，2009.

[6] 吴功宜. 计算机网络高级编程[M]. 北京：清华大学出版社，2007.

[7] 杜晔. 网络攻防技术教程[M]. 武汉：武汉大学出版社，2008.

[8] 温世让. 计算机网络信息安全认识与防范[M]. 广州：中山大学出版社，2000.

[9] 张世永. 网络安全原理[M]. 北京：科学出版社，2003.

[10] 杨云江. 计算机与网络安全实用技术[M]. 北京：航空工业出版社，2007.

[11] 李辉等. 计算机安全学[M]. 北京：机械工业出版社，2005.

[12] 石志国. 计算机网络安全教程[M]. 北京：清华大学出版社，2009.

[13] 刘荫铭. 计算机安全技术[M]. 北京：清华大学出版社，2000.

[14] 刘化君. 防火墙部署与配置技术研究[J]. 中国教育网络，2010（4）：25-27.

[15] 印润远. 基于 M-BIRCH 算法的多 Agent 入侵检测研究[J]. 计算机应用研究，2009（7）：21-23.

[16] 杨茂云. 信息与网络安全[M]. 北京：电子工业出版社，2007.

[17] 顾巧论. 计算机网络安全[M]. 北京：科学出版社，2003.

[18] 印润远，王志伟. 一种新型的组密钥协商协议[J]. 计算机应用研究，2005.

[19] 杨波. 网络安全理论与应用[M]. 北京：电子工业出版社，2001.

[20] 高传善. 数据通信与计算机网络[M]. 北京：高等教育出版社，2004.